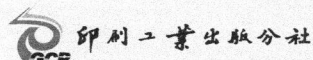

普通高等教育"十四五"包装本科规划教材

包装与环境

（第二版）

主　编 | 戴宏民　戴佩华

**BAOZHUANG
YU HUANJING**

文化发展出版社
Cultural Development Press
·北京·

内容简介

本书集作者30年在包装与环境领域的研究成果及心得,修订后成为新的11章,依次为:包装的生态学基础;生态环境问题及环境污染对人体的危害;包装的资源环境效应;绿色包装的兴起、发展及绿色包装制度;生命周期评价理论;国际环境管理标准及清洁生产;新型绿色包装材料;绿色包装辅助材料;食品包装安全性;绿色包装的减量化低碳化及再利用;包装材料的回收再利用技术。

本书可作为普通高校包装工程专业本科生及研究生学习"包装与环境"或"绿色包装"课程的教材,也可作为包装行业技术与管理人员的参考书。

图书在版编目(CIP)数据

包装与环境 / 戴宏民,戴佩华主编. — 2版. — 北京:文化发展出版社,2024.2

ISBN 978-7-5142-4210-2

Ⅰ. ①包… Ⅱ. ①戴… ②戴… Ⅲ. ①包装技术-无污染技术-教材 Ⅳ. ① TB484

中国国家版本馆 CIP 数据核字(2024)第 042269 号

包装与环境(第二版)

主　　编:戴宏民　戴佩华

出 版 人:宋　娜
责任编辑:杨　琪　　　　　　责任校对:岳智勇
责任印制:邓辉明　　　　　　封面设计:韦思卓
出版发行:文化发展出版社(北京市翠微路2号 邮编:100036)
发行电话:010-88275993　　010-88275710
网　　址:www.wenhuafazhan.com
经　　销:全国新华书店
印　　刷:北京捷迅佳彩印刷有限公司
开　　本:787mm×1092mm　　1/16
字　　数:438千字
印　　张:18.25
版　　次:2024年3月第2版
印　　次:2024年3月第1次印刷
定　　价:68.00元
ＩＳＢＮ:978-7-5142-4210-2

◆ 如有印装质量问题,请与我社印制部联系　电话:010-88275720

《包装与环境》研究包装与环境的相互关系，探讨与介绍包装与环境相容、发展无公害包装或绿色包装的方法与途径。

《包装与环境》（第二版）对 2007 年出版的第一版同名著作进行了充实及更新合并，成为新的 11 章。依次为：包装的生态学基础；生态环境问题及环境污染对人体的危害；包装的资源环境效应；绿色包装的兴起、发展及绿色包装制度；生命周期评价理论；国际环境管理标准及清洁生产；新型绿色包装材料；绿色包装辅助材料；食品包装安全性；绿色包装的减量化低碳化及再利用；包装材料的回收再利用技术。

《包装与环境》（第二版）在修订中注重了以下几点：一是加强了生态学基础内容，突出环境污染对人体的危害；二是将作者近年的研究成果"绿色包装的发展趋势"和"基于 Web 的 LCA 数据管理信息系统的研究与开发"纳入第四章和第五章，第四章中还新增了绿色包装制度；三是更新了第七章的生物降解塑料、新增了高强度低克重瓦楞纸板的内容，展示出我国科技人员的最新研究成果，为防止黏合剂、涂料、印刷油墨和塑料助剂中有害成分对食品包装的危害，在第八章第一节中专述了应建立起有效的安全管理体系；四是强调食品包装的安全性，从食品包装安全性的检测指标、食品包装应防止害虫和微生物的侵害、食品包装材料的安全性"迁移"的机理及特性、最易发生"迁移"的化学物质和对人体最有害的"迁移"物质、"迁移"量的实验测定及数学模型、食品包装的安全性法规等多个角度进行了阐述；五是第九章中新增了包装低碳化的重要性、低碳化技术及包装低碳化途径的内容。除上述主要内容外，还对过时内容进行了更新，充实了有关内容；对行文的文字及逻辑也进行了订正。

《包装与环境》（第二版）由戴宏民教授和戴佩华博士担任主编及对全书内容进行修订。天津科技大学王建清教授任主审。武军、冯有胜、张书彬、蓝文祥、刘琴、杨祖彬、杨福馨参与了第一版的编写工作。在此还要对本书引用资料的各位作者表示由衷的敬意和谢意。

本书可作为普通高校包装工程专业本科生及研究生学习"包装与环境"或"绿色包装"课程的教材，也可作为包装行业技术与管理人员的参考书。

2023 年 9 月

戴宏民

目录

绪　论　/　1

第一章　包装的生态学基础　/　5

第一节　生态学的若干基本概念　/　5
第二节　生态系统的营养结构及食物链　/　7
第三节　污染物质在生态环境中的迁移及转化　/　9
第四节　生态系统的功能及生态平衡与恢复　/　12
第五节　生物生存的生态参数　/　17

第二章　生态环境问题及环境污染对人体的危害　/　21

第一节　全球当今存在的主要环境问题　/　21
第二节　环境污染物对人体的危害　/　30
第三节　环境污染对人体健康的危害　/　33

第三章　包装的资源环境效应　/　37

第一节　包装对环境的正面效应　/　37
第二节　包装对环境的负面效应　/　49
第三节　包装消耗能源的环境效应　/　54

第四章　绿色包装的兴起、发展及绿色包装制度　/　58

第一节　绿色包装在全球环保大潮中兴起　/　58

第二节　包装与环境相容的发展过程　/　60
　　第三节　绿色包装的定义及分级标准　/　62
　　第四节　绿色包装制度　/　64
　　第五节　绿色包装的发展趋势　/　69

第五章　生命周期评价理论　/　79

　　第一节　概述　/　79
　　第二节　LCA目标与范围的确定　/　84
　　第三节　清单分析　/　87
　　第四节　影响评价　/　99
　　第五节　生命周期解释　/　108
　　第六节　生命周期评价的应用　/　111

第六章　国际环境管理标准及清洁生产　/　115

　　第一节　ISO 14000的产生及基本思想　/　115
　　第二节　ISO 14000的构成　/　119
　　第三节　ISO 14000的实施　/　122
　　第四节　推行清洁生产　/　129
　　第五节　包装清洁生产可采用的技术　/　133

第七章　新型绿色包装材料　/　142

　　第一节　绿色包装材料概述　/　142
　　第二节　新型纸及纸板包装材料　/　144
　　第三节　可降解塑料　/　150
　　第四节　可食性包装材料　/　159
　　第五节　代木包装材料　/　162
　　第六节　铝箔及镀铝包装材料　/　167
　　第七节　绿色纳米包装材料　/　169

第八章　绿色包装辅助材料　/　173

　　第一节　包装辅助材料概述　/　173
　　第二节　绿色包装黏合剂　/　175

第三节　绿色包装涂料 / 183
　　第四节　绿色包装印刷油墨 / 195
　　第五节　绿色包装用塑料助剂 / 214

第九章　食品包装安全性 / 219

　　第一节　食品包装安全性的检测指标 / 219
　　第二节　食品包装应防止害虫和微生物的侵害 / 220
　　第三节　食品包装材料的安全性——"迁移"的机理及特性 / 221
　　第四节　"迁移"量的实验测定和模型计算 / 225
　　第五节　食品包装安全性法规 / 229

第十章　绿色包装的减量化低碳化及再利用 / 233

　　第一节　包装减量化低碳化及再利用的重要性 / 233
　　第二节　包装减量化的判据及主要途径 / 237
　　第三节　低碳化技术及包装低碳化途径 / 240
　　第四节　回收处理包装废弃物的重要举措 / 244
　　第五节　回收包装废弃物的处理处置技术 / 253

第十一章　包装材料的回收再利用技术 / 260

　　第一节　纸包装材料的回收再利用技术 / 260
　　第二节　塑料包装材料的回收再利用技术 / 264
　　第三节　玻璃包装材料的回收再利用技术 / 275
　　第四节　金属包装材料的回收再利用技术 / 278

参考文献 / 280

绪 论

《包装与环境》探索与研究包装与环境相容的有关问题。"包装"指保护商品在流通过程中不破损不变质且方便装卸和促进销售的包装盒、箱、袋、瓶、罐、桶；以及在物流运输过程中起到商品载体承载作用的包装容器、托盘和集装箱（袋），而"环境"则主要指影响人类生存与发展的生态环境，包括影响人类生存与发展的水资源、土地资源、生物资源以及气候资源在数量与质量上的总称。

17世纪兴起的工业革命推动了人类社会的物质文明空前的发展，在改造自然和发展经济方面建立了辉煌的业绩，但同时由于"高生产、高消耗、高污染"的生产模式，不合理地开发利用资源，不重视治理工业化过程中产生的废气、废水和固体废弃物，因而造成地球资源日益匮乏、能源日益短缺、环境日趋恶化，由于直接将各种有毒、有害废气、废水和固体废弃物排放到环境中，还造成了一系列生态环境问题，如酸雨、臭氧层破坏、全球变暖、水污染、水体富营养化、光化学烟雾、垃圾堆积等。包装工业也同其他工业一样，在促进商品繁荣、提高人民生活水平、推动市场经济发展的同时，给人类带来了严重的负面效应：①产品生命周期短，多数产品一次性使用后即成为废弃物，属于资源消耗性产品。②随着人民消费水平的提高，包装废弃物在城市生活垃圾中所占比重越来越大：20世纪末在工业发达国家，已在重量上占到1/3，在体积上占到1/2；在我国，重量上也已占到15%～20%，在体积上占到30%，包装废弃物年产生量达到0.4亿吨。在包装废弃物中，不可降解的塑料垃圾更形成刺目的"白色污染"，对环境造成"视觉污染"和"潜在危害"，后者通过环境介质——大气、水体和土壤，参与生态系统的物质循环和生物的食物链，对环境和人身健康具有潜在的、长期的危害性。③由于实行粗放式生产，所以包装工业在生产过程中大量排出"三废"，尤其以纸包装的制浆造纸生产、金属包装的涂装及打磨工艺、玻璃包装的熔融成型、塑料包装的原料采掘为甚。④在这个凡是商品均有包装的现代商品社会，约占全部包装用量 70% 的食品包装在保护食品和延长保存期的同时，也因在生产和使用时产生的有毒有害物质通过挥发和迁移而危害人体健康。⑤大量的包装废弃物和城市生活垃圾填埋处置需要占地，欧美等国最初均在山谷和凹地建设填埋场处置垃圾，但是年复一年，可供填埋使用的土地越来越少，无法继续消化如此多的包装废弃物和城市生活垃圾。因此，到了 20 世纪 80 年代中期，城市固体废弃物污染和"白色污染"已成为全球突出性的环境问题，引起了世界各国的高度重视。

包括包装工业在内的工业粗放生产引发的资源匮乏、能源短缺、环境恶化直接影响着生态系统安全和人体健康，不但影响人类当前的生存与发展，而且还关系到人类未来的发展和生存，因而引起了人们对可持续发展的思考。1992 年，联合国在巴西里约热内卢召开了环境与发展大会，通过了《里约宣言》和《21 世纪议程》两个纲领性文件，确立了"满足当代人的需求又不损害子孙后代需求的发展"的可持续发展为 21 世纪最重要的政策取向。许多国家在大会后均据此制定了本国可持续发展战略，中国也将可持续发展战略列为环境与发展十大对策之首，可持续发展的行动计划在全球每一个角落推行，成为人类共同追求的目标。

因此，无论从减少包装废弃物和改变包装工业粗放生产对环境造成的污染方面，还是满足经济可持续发展的要求方面考虑，均要求包装要与环境相容：要求选择包装材料时，必须考虑如何减少和消除包装垃圾；且重视对包装废弃物的回收利用，实行减量化—回收循环利用—焚烧—最终处置的废弃物管理层次原则。同时发展包装工业必须考虑环境的保护与治理，建立起环境管理体系和实施清洁生产，努力实现废物产出最小化和废弃物再生资源化。

如何使包装与环境相容，生产出资源消耗少、环境污染小、不危害人体健康的包装产品，需要应用生态学、生命周期评价和产业生态学去分析和研究。生态学研究生物与环境之间的相互关系；生命周期评价是用于评估产品在其整个生命周期中对环境影响的技术和方法；产业生态学则建立在生态学基础上，通过模拟生物新陈代谢过程和生态系统的结构与功能，形成工业代谢（认为生产过程是一个将原料、能源和劳动力转化为产品和废弃物的代谢过程）和产品系统（指与产品生产、使用和用后废弃处理相关的生命周期全过程，包括原材料采掘、原材料生产、产品制造、产品使用和产品用后处理等各个阶段。产品系统和自然环境的输入、输出组成产业生态系统。产品系统是产业生态系统的核心），以能使用生命周期评价方法去研究产业活动在自然界中通过工业代谢，即在输入资源和能源后以及在输出排放中对环境造成的污染和对生态造成的破坏，以分析研究产品系统在整个生命周期对环境（生态环境）的影响，从而研究产品系统与周围环境（生态环境）的相互关系。其目的是减轻产业活动对环境（生态环境）的压力。

为研究产业活动对环境的压力，图 0-1 表示了产品系统（产业生产系统）与自然系统（自然环境）之间的物质循环，产品系统的输入来自自然环境，其生产过程中的输出排放也回到自然环境；人类最关心的是产品系统的输入和输出对人类赖以生存的生态环境（自然环境中具有一定生态关系构成的系统整体称为生态环境）的污染及破坏。

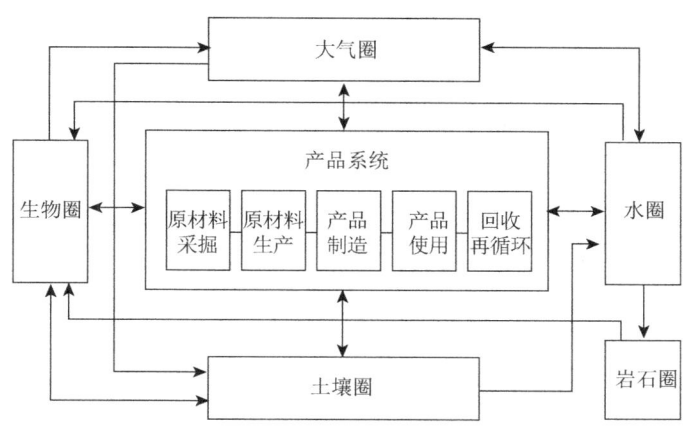

图 0-1 产业生产系统与自然系统的物质循环

图 0-2 表示产品系统的投入及输出与造成生态环境问题（生态耗竭、环境污染）之间的关系。图 0-2 所示的是一辆质量为 765kg 的汽车模拟产品系统，系统的投入来自自然环境，需要消耗各种原材料约为 2200kg（不包括淡水消耗），消耗约 7000kg 标准煤，造成生态系统破坏和大自然资源消耗；而汽车产品系统在生产过程中向环境排放固体废弃物约 6000 kg，排放废气 10900kg，向水体排放污染物 86760kg，造成土地、大气和水体污染。因此，我们应当依据自然环境的环境容量，平衡产品系统的输入和输出，以减轻产品系统对自然环境（生态环境）的压力。

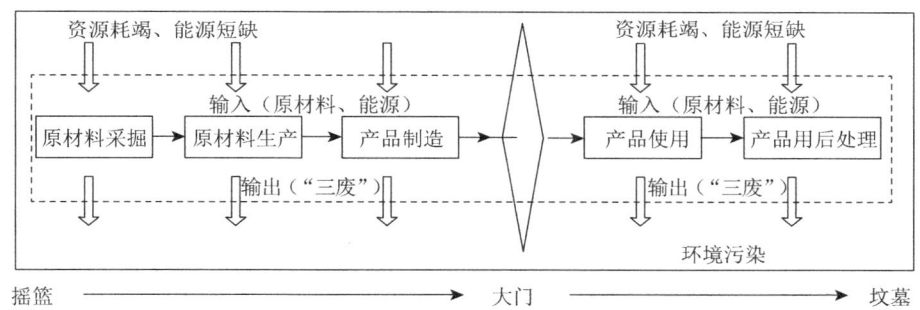

图 0-2 产品系统与生态环境问题

评价产品系统输入输出对环境会造成什么影响，影响的大小如何，从而采取措施减轻产业活动对环境的压力，需用能对环境影响大小进行量化计算的生命周期评价。生命周期评价通过确定和定量化研究能量和物质利用及废弃物的环境排放来评估一种产品、工序和生产活动造成的环境负载。它是产业生态学最核心的内容。

产业生态学即以生命周期评价为工具，评价产品系统在输入输出过程中，对资源和能源的消耗、对环境的污染和生态的破坏。生命周期评价的特点是强调从产品生命周期全过程，即从产品的原材料采掘、原材料生产、产品制造、产品使用和产品使用后的回收及处理的全过程，使用互相联系、不断重复进行的四个步骤：目的与范围的确定、清单分析、影响评价和结果解释对产品的资源能源消耗及所引起的环境影响进行评价。对于包装产品，生命周期评价被重点应用于对产品的输入输出对环境产生的影响进行评价和计算固废物产生量和原材料消耗量方面，它是评价包装产品环境性能、开发与环境相容的绿色包装产品的最佳方法和工具。

《包装与环境》即以生态学、产业生态学和生命周期评价理论为指导，研究使包装与环境相容的举措、方法和标准。

第一章　包装的生态学基础

生态学是研究有机体（生物及人类）与其周围环境包括非生物环境和生物环境相互关系的科学。生态学中的生态指生物的生存状态，环境则是指与生物生存状态、影响人类生活和生产活动有关的生态环境。产业生态学建立在生态学基础之上，借助工业代谢，将原料、能源和劳动力的输入转化为产品和废弃物的输出，从而研究产品系统与周围环境的相互关系。在这里，周围环境主要指以人类为主体、影响人类生活和生产活动的生态环境。故本章中会介绍生态学、生态环境和生态系统的若干基本概念，以及生态系统的食物链、污染物质在生态环境中的迁移及转化、生态平衡及生态参数。

第一节　生态学的若干基本概念

1. 生态学

生态学是德国生物学家恩斯特·海克尔于1866年定义的一个概念：生态学是研究有机体与其周围环境（包括非生物环境和生物环境）相互关系的科学。

2. 生态

生态指生物（原核生物、原生生物、动物、真菌、植物五大类）在一定的自然环境下生存和发展的状态。简单地说，生态就是指一切生物的生存状态，以及它们之间和它与环境之间环环相扣的关系。

3. 有机体

有机体指具有生命的个体的统称，包括植物和动物，最低等、最原始的是单细胞生物，最高等、最复杂的是人类。

4. 环境

环境一般包括自然环境与社会环境。广义的环境既包括以大气、水、土壤、植物、动物、微生物等为内容的物质因素，也包括以观念、制度、行为准则等为内容的非物质因素。既包括自然因素，也包括社会因素。既包括非生命体形式，也包括生命体形式。狭义的环境包括以大气、水、土壤、植物、动物、微生物等为内容的物质因素。相对于人类这个主体而言的一切自然环境要素的总和数，称为生态环境，包括影响人类生存与发展的水资源、土地资源、生物资源以及气候资源数量与质量的总称。

5. 生态环境

生态与环境虽然是两个相对独立的概念，但两者又紧密联系、水乳交融、相互交织，因而出现了"生态环境"这个新概念：生态环境是由生态关系组成的环境的简称，指与人类密切相关的，影响人类生活和生产活动的各种自然包括人工干预下形成的第二自然力量物质和能量或作用的总和，是生物及其生存繁衍的各种自然因素和条件的总和，是一个关系到社会和经济持续发展的大复合生态系统，包括影响人类生存与发展的水资源、土地资源、气候资源以及生物资源数量与质量的总称。生态环境问题则是指人类为其自身生存和发展，在利用和改造自然的过程中，对自然环境（或为生态环境）破坏和污染所产生的危害人类生存的各种负反馈效应。

生态环境与自然环境在含义上十分相近，有时人们将其混用，但严格说来，生态环境并不等同于自然环境。自然环境的外延比较广，各种天然因素的总体都可以说是自然环境，但只有具有一定生态关系构成的系统整体才能称为生态环境。仅非生物因素组成的整体，虽然可以称为自然环境，但并不能叫作生态环境。

6. 生态系统

指在自然界的一定的空间内，生物与环境构成的统一整体。在这个统一整体中，生物与环境之间相互影响、相互制约，并在一定时期内处于相对稳定的动态平衡状态。生态系统的类型众多，一般可分为自然生态系统和人工生态系统。自然生态系统还可进一步分为水域生态系统和陆地生态系统，有森林生态系统、草原生态系统、海洋生态系统、淡水生态系统等。人工生态系统则可以分为农田、城市等生态系统。生态系统的范围可大可小，相互交错，太阳系就是一个生态系统，太阳就像一台发动机，源源不断给太阳系提供能量。地球最大的生态系统是生物圈；最为复杂的生态系统是热带雨林生态系统；人类主要生活在以城市和农田为主的人工生态系统中。生态系统是开放系统，为了维系自身的稳定，生态系统需要不断输入能量，否则就有崩溃的危险；许多基础物质在生态系统中不断循环，其中碳循环与全球温室效应密切相关。生态系统是生态学领域的一个主要结构和功能单位，属于生态学研究的最高层次。

生态系统一般由两大部分、四个基本成分组成。两大部分即生命系统和非生物环境；四个基本成分（元素）指生产者（利用太阳能进行光合作用合成有机物绿色植物）、消费者（以动植物为食的草食动物和肉食动物）、分解者（也称还原者，有各种细菌真菌和蚯蚓）

和非生物环境（阳光、水、空气、无机盐与有机质）；其中以生产者最重要。生命系统包括植物、动物、微生物；非生物环境也称环境系统，是生态系统的物质和能量的来源，包括生物活动的空间和参与生物生理代谢过程的各种要素，如温度、光、水、氧气、二氧化碳以及各种矿物质等营养物质。

7. 环境系统

它是环境各要素及其相互关系的总和。环境系统的范围可以是全球性的，也可以是局部性的。地球表面各环境要素及其相互关系的总和，构成地球环境系统。

地球环境系统中，各种物质之间，由于成分不同和自由能的差异，在太阳能和地壳内部放射能的作用下，进行着永恒的能量流动和物质交换。各种生命元素如氧、碳、氮、硫、磷、钙、镁、钾等在地表环境中不断循环，并保持恒定的浓度。环境系统是一个开放系统，但能量的收入和支出保持平衡，因而地球表面温度恒定。环境系统在长期演化过程中逐渐建立起自我调节系统，维持它的相对稳定性。所有这些都是生命发展和繁衍必不可少的条件。地球环境系统是一个动态平衡体系，各种环境因素彼此相互依赖，其中任何一个因素发生变化便会影响整个系统的平衡，推动它的发展，建立新的平衡（见环境演化），因此现今的地球环境与原始地球环境已有很大的差别。

环境系统包含的元素包括非生物的和生物的。非生物因素有温度、光、电离辐射、水、大气、土壤、岩石以及其他如重力、压力、声音和火等。生物因素是指各种有机体，它们彼此作用，并同非生物环境密切联系。环境系统实际上是一个不可分割的整体，但通常把地球环境系统分为大气圈、水圈、岩石圈（或土壤-岩石圈）和生物圈。在这些圈层的交界面上，各种物质的相互渗透、相互依赖和相互作用的关系表现得尤其明显。

环境系统和生态系统两个概念的区别在于，前者着眼于环境整体，它自地球形成以后就存在；而后者则侧重于生物彼此之间以及生物与其环境之间的相互关系，是生物出现以后的环境系统。

包括包装产品在内的产品系统的工业污染通过输出，向环境排放出大量有毒有害的废气、废水、固废物，污染了人类赖以生存的生态环境，造成了一系列的生态环境问题，直接影响着地球这个大生态系统的生态安全和人体的健康、生存和发展。

第二节 生态系统的营养结构及食物链

1. 生态系统及其营养结构

生态系统是生物与环境的综合体，是当今生态学研究的中心。生态系统是自然界的基本单位，这个基本单位由生物及其周围的环境组成，在生物与环境之间相互作用、相互影响、相互制约，不断地进行着物质与能量的交换，并在一定的时期内处于动态平衡中。前面已述的生态系统由四个部分组成。①生产者。生产者主要指绿色植物。凡是能够进行光合作用制造有机物的生物，单细胞的藻类、苔藓、草本植物、灌木、乔木均属于生产者。有一些能利用化学能把无机物转化为有机物的化能自养微生物，也被列入生产者之列。生产者利用太阳能或化学能把无机物转化为有机物，把太阳能转化为化学能，不仅供自身生长发育的需要，也是其他生物类群以及人类的食物和能源的供应者。②消费者。消费者主要是动物，分为一级消费者、二级消费者等。草食动物直接以植物为食，是一级消费者；以草食动物为食的肉食动物，称为二级消费者；以二级消费者为食的动物，称为三级消费者等。消费者虽不是有机物的最初生产者，但在生态系统的物质与能量转化过程中，也是一个极为重要的环节。③分解者。分解者是指各种具有分解能力的微生物，包括一些微型动物，如鞭毛虫、土壤线虫等。分解者在生态系统中的作用是把动植物的尸体分解成简单的化合物，再重新供生产者利用。④无生命物质。无生命物质是指生态系统中的各种无生命的无机物、有机物和各种自然因素。

以上四个部分构成一个有机的统一整体，相互之间沿着一定的途径，不断进行物质与能量的交换。一般情况下，在一个生态系统中，许多种类的生物组成生物群落，它包括许多种动物、植物和微生物以及无生命物质等。就一个池塘来讲，其中的一些水生高等植物和许多单细胞或多细胞的藻类，能进行光合作用制造有机物，是这个生态系统中的生产者；其中的许多蚤类、摇蚊幼虫和浮游动物，它们以单细胞的藻类为食，是一级消费者；鱼类以一级消费者为饵料，是二级消费者；在池塘中生活的一些食鱼的鸟类，是三级消费者；在池水和底泥中的一些微生物，能把池塘中的动植物尸体分解成简单的化合物，是这个生态系统的分解者；池塘中的水、底泥及其中的各种无机物和有机物、水面的大气、水中的溶解氧、温度、阳光等各种自然因素，又是这个生态系统的无生命物质。从而构成一个完整的生态系统。

大小不同的生态系统都有各自的结构和功能，都有一定形式的能量流动和物质循环。生态系统的营养结构是指生态系统各组分之间建立起来的营养供求关系，是生态系统中能量流动和物质循环的基础，它是生态系统中生物与非生物之间通过营养纽带联系的一种营养关系。在生态系统的营养结构中，各生态系统的环境、生产者、消费者和还原者不同，它们构成了各自的营养结构。当从食物对象的角度研究营养结构时，生态系统的营养结构实质上是由生物食物链所形成的食物网构成的。

2. 食物链（网）及营养级

生态系统中，通过食物关系把多种生物连接起来，一种生物以另一种生物为食，另一种生物再以第三种生物为食，彼此形成一个以食物连接起来的"链锁"关系，称为食物链。食物链的各个环节叫营养级。生产者为第一营养级，一级消费者为第二营养级，依次为第三营养级、第四营养级等，通常为4~5级，一般不超过7级。低位营养级是高位营养级的营养及能量的供应者，例如，在草原生态系统中，野兔吃青草、狐狸吃野兔、狼吃狐狸，就构成了"青草→野兔→狐狸→狼"的食物链。食物链作为生态系统营养结构的基本单元，是系统内物质循环利用、能量转化和信息传递的主要渠道。食物链上每一个食性级称为一个营养级。上例中青草为第一营养级，野兔为第二营养级，依此类推，分别用符号 T_1、T_2、

T3……表示。

根据食性不同，一般把食物链分成四类。①捕食性食物链：这种食物链又称放牧式食物链，它是以植物为基础，其构成形式是植物→小动物→大动物，后者可以捕（采）食前者。如在草原上，其构成形式是青草→野兔→狐狸→野狼；在湖泊中，其构成形式是藻类→甲壳类→小鱼→大鱼。②碎食性食物链：这种食物链是以碎食物为基础，碎食物是由高等植物叶子的碎片经细菌和真菌的作用，再加入微小的藻类构成；这种食物链的构成形式是碎食物→碎食消费者→小肉食性动物→大肉食性动物。如在某些湖泊或沿海，其构成形式是树叶碎片及小的藻类→虾（蟹）→鱼→食鱼的鸟类。③寄生性食物链：这种食物链是以大动物为基础，由小动物寄生到大动物身体上构成，如哺乳类或鸟类→跳蚤→原生动物→细菌→病毒。④腐生性食物链：这种食物链是以腐烂的动植物尸体为基础，腐烂的动植物尸体被土壤或水中的微生物分解利用，构成了这种食物链。

第三节　污染物质在生态环境中的迁移及转化

污染物进入环境后，会发生迁移和转化，并与其他环境要素和物质发生化学作用、物理作用或物理化学作用。迁移是指污染物在环境中发生空间位置和范围的变化，这种变化往往伴随着污染物浓度在环境中的变化。污染物的转化是指污染物在环境中改变其存在形态或转变为其他物质的过程。

1. 污染物迁移与富集

污染物迁移方式包括物理迁移、化学迁移和生物迁移。化学迁移一般包含物理迁移，而生物迁移又包含化学迁移和物理迁移。物理迁移指污染物在环境中的机械运动，如随水流、气流运动和扩散，在重力作用下的沉降等。化学迁移是指污染物经化学过程发生的迁移，包括溶解、离解、氧化还原、水解、络合、螯合、化学沉淀、生物降解等。生物迁移是指污染物通过有机体吸收、新陈代谢、生育、死亡等生理过程实现的迁移。有的污染物（如包装材料的重金属元素、有机氯等稳定的有机化合物）一旦被人和生物吸收，就很难排出体外，而在体内积累，并通过食物链进一步富集，使生物体中该类污染物的含量达到物理环境中含量的数百倍、数千倍甚至数百万倍。

2. 污染物的转化

污染物的转化是指污染物在环境中经物理作用、化学作用或生物作用改变其存在形态或转变为其他物质的过程。污染物的转化可分为物理转化、化学转化和生物化学转化。物理转化包括污染物的相变、渗透、吸附、放射性衰变等。化学转化包括光化学反应、氧化还原反应及水解反应和络合反应等。生物化学转化就是代谢反应。

3. 污染物的迁移转化研究概况

污染物的迁移转化受其本身的物理化学性质和它所处的环境条件的影响，其迁移速率、范围和转化的快慢、产物以及迁移转化的主导形式等都会发生变化。中国科学院生态环境研究中心徐晓白院士、南京大学王连生教授、南开大学戴树桂教授和中国科学院动物研究所黄玉瑶研究员共同完成的"典型化学污染物在环境中的环境过程机制及多水平生态毒理效应"研究获 2005 年度国家自然科学奖二等奖。他们应用环境化学、生态学、毒理学、环境卫生学等多学科理论和方法，对持久性有机污染物、多氯联苯、有机锡、氯代芳烃、多环芳烃及其衍生物、类雌激素污染物及氯代二噁英等一系列典型污染物进行了系统研究，并建立了多介质循环模型和危害性预测模型，揭示了这些污染物质的化学变化、降解机理、毒理和生态效应机理。

（1）有机锡的环境行为、多介质模型、分子毒理学效应以及生态效应

有机锡化合物广泛用于工农业、交通和卫生等部门，主要用作聚氯乙烯稳定剂、防污涂料及杀虫剂、杀菌剂等。有机锡农药和防污涂料是水环境中有机锡的主要来源，对多种生物都有不同程度的毒害作用。例如模拟三丁基锡的生态毒理学效应表明，三丁基锡对鱼、蚤、虾有明显的毒理效应和生理生化影响，同时海水中微藻对三丁基锡有明显的转化和降解能力。

（2）二噁英的生成及降解机理

徐晓白院士等人通过多途径研究，阐明了六六六（含氯有机化合物）热解生成二噁英的机理。该类污染物持久性强，一旦进入环境，难以排除和治理。四氯代-二苯并-二噁英（TCDD）半衰期达 4 年，其高氯代物更稳定。

（3）硝基多环芳烃的环境行为和生态毒理学研究

该研究包括：大气颗粒物、大气海洋沉积物等中的硝基多环芳烃分布；测定了硝基多环芳烃几种最基本的理化参数（溶解度、正辛醇、水分配系数等）；探讨硝基多环芳烃在大型蚤及鱼体中的富集、消失或归趋，以及该物质与 DNA 形成加合物的机理。

（4）多氯联苯的环境行为和对内分泌的干扰作用

对非等间隔多氯联苯（PCB）保留指数体系进行了定性，成功地分析了多种环境样品中各类多氯联苯同类物的含量。研究了 PCB52 晶体结构，对 PCB 光解规律及毒性提出了新的机理解释。发现土壤中 PCB 经过多年迁移转化后，其同类物分布与原污染源比较有较大的变化。国产 PCB3 和 PCB5 能导致模型动物前腿畸形（大约 80%）和性腺畸形（大约 15%），这两种 PCB 有很强的内分泌干扰作用。

（5）氯代芳烃结构与毒性作用机理的关系

系统地研究了氯代芳烃的结构与性质之间的因果关系、结构与活性之间的量变规律，建立了氯代芳烃结构、性质、活性的数据库，提出了新的 QSAR（定量结构-活性相关）计算方法，如简捷、适应性广的 Lewis 酸碱定量法。如在厌氧条件下，氯代芳烃降解脱卤反应主要是疏水效应和电性效应等。以上研究进一步明确了典型化学污染物的环境过程机制及生态效应方面的影响，为建立一套综合研究污染物化学行为和生态效应的先进方法提供了理论基础，在国内外得到广泛应用，取得了显著的社会效益和经济效益。

4. 食品包装材料向食品中的迁移

（1）食品包材向食品中迁移的物理本质和数学模型

前面讲过：迁移是指污染物在环境中发生空间位置和范围的变化，这种变化往往伴随着污染物在环境中浓度的变化。在迁移中，最令我们重视的是食品包装材料中的污染物向食品中迁移，其迁移的物理本质是扩散。由于食品包装材料两侧污染物浓度不同，污染物会通过扩散由食品包材高浓度一侧迁移到食品中。如在迁移物质扩散的过程中，在加热时还存在传热运动。生理学家 Adolf Fick 指出传导和扩散有类似的物理属性，可以采用 Fick 扩散定律来预测从食品包装材料向食品中迁移的物质的迁移量（详见第九章）。

Fick 扩散定律表明：迁移量除与食品/包装体系的几何尺寸有关外，还要确定迁移物质的扩散系数和分配系数，扩散系数可用偏于安全的"恶劣环境"模型来确定；分配系数则以平衡时迁移物在聚合物中的浓度与在食品模拟液中的浓度之比来确定。由于根据 Fick 定律建立的数学模型进行了一系列前提和假设的简化，故确定迁移量的精确性较差；常用在气相色谱仪等现代仪器上测定迁移量的实验结果来修正扩散系数模型。用数学模型结合实验测试获得的结果是制定食品包装材料安全限量法规的重要依据。

（2）影响迁移量的因素

食品包装材料向食品内的迁移量与包装的容积和表面积，食品中的脂肪含量，迁移成分的分子结构特性和挥发性有关，但是迁移的时间和温度因素对迁移量的影响最大。食品包装容积增加，迁移量随迁移成分的浓度减小而减小；包装表面积增加，迁移量则随迁移成分浓度增加而增加。包装材料厚度越大，油墨中化学物质渗透、迁移就越困难。

食物脂肪含量越高，化学物质越易穿透纸、塑料等包装物而向食品迁移。在水性、酸性、酒精类和脂肪类等四类食品中，化学物质在脂肪类食品中最易发生迁移。

小分子量或挥发性的化学物质较易发生迁移，分子量大于 1000 的物质则相对较难发生迁移。化学物质的迁移量与分子结构特性有关，如油墨的迁移量与迁移成分的分子结构特性、连接料树脂分子的极性、承印物基材的分子特性、残留溶剂的分子特性等有关。

温度越高，无论是薄膜中的高分子，或是残留的溶剂等都会发生剧烈的热运动，因而迁移就越严重；在 20℃下 6～12 个月达到的迁移平衡，40℃下只进行 10 天就可等效达到。在常温下，时间越长，化学物质向食品内的迁移量则会越大。湿度越大或油墨水分越多，油墨成分中有关物质受水分解的作用越严重，迁移量也会越大。

（3）最易发生迁移的化学物质和对人体最有害的迁移物质

大量实验研究表明：纸、塑料、金属、玻璃、陶瓷等包装材料（含油墨、黏结剂和涂层）中许多小分子化学物质，包括挥发性有机化合物、芳香族碳水化合物、有机氯化物、增塑剂、稳定剂、着色剂、固化剂、防油剂、杀菌剂、表面活性剂、重金属元素残余、微量元素、金属容器内壁的有机涂层、陶瓷容器内表面釉层的重金属元素等均会向与其直接接触的食品发生迁移；印刷油墨的苯溶剂残留及颜染料中的重金属，复合材料的有机溶剂型黏合剂也会通过渗透，向与其非直接接触的食品中迁移。

最易发生迁移的有害化学物质有：①为改善聚合物材料的加工和使用性能，在聚合过程中加入的各种小分子添加剂，如 DEHA 增塑剂、酞酸酯类增塑剂等；②塑料在聚合中的单体残留，如氯乙烯、苯乙烯等；③聚合物成分在某些条件下降解产生的低分子物质；④再生食品材料在循环过程中受到低分子肮脏物的污染，在再生产过程中也会产生一些低分子物质；⑤印刷油墨或复合薄膜黏合剂的溶剂残留、有机挥发物和光引发剂。

在可能和最易发生迁移的化学物质中，塑料的氯乙烯（VCM）单体残留、DEHA 增塑剂、酞酸酯类增塑剂等迁移物；回收塑料添加涂料的重金属及有害污染迁移物；纸包装的多氯联苯和多氯化合物、挥发性有机化合物（VOC）、双酚 A（BPA）的迁移物；以及油墨、黏合剂、涂料中的苯溶剂残留；金属容器内涂层的锌、铅、双酚 A 迁移物；有色玻璃容器的铅迁移物；陶瓷容器内表面釉层的铅、锌、镉迁移物等对人体最为有害，可致癌、致毒、致畸以及导致内脏系统疾病等。

第四节　生态系统的功能及生态平衡与恢复

一、生态系统的功能

1. 生态生产

人类周围的生态环境系统是整个自然界的一个组成部分。它是生物群落（即一定区域里生物的集合）与环境之间不断进行物质循环和能量流动而形成的统一整体。生态系统内部的物质循环和能量流动，保证其生生不息，不断向前发展演化。我们把生态系统的这一动态发展过程，看作是生态系统的生产和再生产过程，简称为生态生产。生态生产有自然性和社会性两重含义。

生态系统的自然性是指构成生态系统的各要素之间，在相互依存、相互作用的过程中所进行的物质循环和能量流动。生态系统内部的物质循环和能量流动是生态系统进行生产和再生产的基本方式。生态系统在进行生产和再生产的过程中，具有生态生产能力、生态自净能力、生态自我调节或自我组织能力、生态稳态反应能力等性质。

生态系统的社会性是指相对于人类，将生态系统的发展当作一种生产过程来看待，目的是促使自己要像抓物质生产、人口生产那样去保护生态环境，进行生态建设，促进生态系统的良性发展。

2. 能量流动

生态系统中全部生命活动所需要的能量均来自太阳。绿色植物利用太阳能进行光合作用制造的有机物质每年可达 1500 亿～2000 亿吨，这是绿色植物提供给消费者的有机物产量。绿色植物通过光合作用把太阳能（光能）转变成化学能储存在这些有机物质中，提供给消费者利用。其中的能量再通过食物链首先转移给草食动物，再转移给肉食动物。动植物死后尸体被分解者分解，把复杂的有机物转变为简单的无机物，在分解过程中将有机物中储存的能量释放到环境中去。同时，生产者、消费者和分解者的呼吸作用消耗一部分能量，被消耗的能量最终也释放到环境中去，这就是能量在生态系统中的流动。

3. **物质循环**

在生态系统的各个组成部分之间，不断地进行着物质循环。碳、氢、氧、氮、磷、硫是构成生命有机体的主要物质，占原生质成分的97%，它们也是自然界中的主要元素，因此，这些物质的循环是生态系统中最基本的物质循环。锰、锌、铜、钼、钴、钙、镁、钾等生物需要的微量元素，在生态系统中也有各自的循环。与环境污染关系较密切的主要有水、碳、氮、磷等物质循环。

（1）水循环

水是由氢、氧组成，是生命过程中氢的主要来源，一切生命有机体的大部分是由水组成的。水又是生态系统中能量流动与物质循环的介质，对调节气候和净化环境起着重要作用。

海洋、湖泊、河流和地表水不断蒸发形成水蒸气进入大气；植物吸收到体内的大部分水分通过叶表面的蒸腾作用进入大气。在大气中水分遇冷形成雨、雪、雹，重新返回地面。一部分直接落到海洋、河流、湖泊等水域中；一部分落到陆地表面。落到陆地上的水一部分渗入地下形成地下水，再供植物根系吸收；一部分在地表形成径流流入海洋、河流和湖泊，最终完成水循环。

（2）碳循环

碳存在于生物有机体和无机环境中。在生物有机体内，碳是构成生物体的主要元素，约占总量的25%。在无机环境中，碳以二氧化碳和碳酸盐的形式存在。在地球表层，碳的含量约为20×10^6亿吨，在大气中的二氧化碳约为7000亿吨，每年约有200亿～300亿吨被陆地上的绿色植物通过光合作用固定到有机物中。生产者和消费者通过呼吸作用又把固定到有机化合物中的二氧化碳释放到大气中去。生产者和消费者的尸体被分解者分解，把蛋白质、脂肪和碳水化合物分解成二氧化碳、水和无机盐，二氧化碳重新返回大气，人们燃烧木材和干草以及化石燃料时，燃料中的碳氧化成二氧化碳并被释放到大气中。因此，碳循环主要是从二氧化碳到生活物质，然后再以二氧化碳的形式回到空气中去，从而完成碳循环。

（3）氮循环

氮存在于生物体、大气和矿物质中。在大气中氮占79%。氮是一种惰性气体，不能直接被大多数生物利用。大气中的氮进入生物有机体主要有四种途径：一是生物固氮，豆科植物和其他少数高等植物通过根瘤菌固定大气中的氮，供植物吸收利用，某些固氮蓝绿藻和固氮细菌也可以固定大气中的氮；二是工业固氮，人为地通过工业手段，将大气中的氮合成氨或铵盐，即合成氮肥，供植物利用；三是岩浆固氮，火山爆发时喷出的岩浆，可以固定一部分氮；四是大气固氮，雷雨天气发生的闪电现象，通过电离作用，可以使大气中的氮氧化成硝酸盐，经雨水淋洗带进土壤。土壤中的氨或铵盐，经硝化细菌作用形成亚硝酸盐或硝酸盐，被植物吸收，在植物体内再与有机酸反应，形成各种氨基酸，进一步合成蛋白质以及核酸。

所以，氮是生物体内蛋白质、核酸等的重要成分。动物直接或间接以植物为食，从植物中摄取蛋白质，这是构成自身蛋白质组成中氮的来源。动物在新陈代谢过程中，将一部分蛋白质分解，生成氨、尿素、尿酸等排入土壤。植物和动物的尸体在土壤微生物的作用下，分解成氨、二氧化碳进入土壤。土壤中的氨形成硝酸盐，一部分被植物利用；另一部分在反硝化细菌的作用下，分解成游离氮进入大气，最后完成氮的循环。

（4）磷循环

磷在生态系统中是典型的沉积物循环。大气中的磷主要来自磷酸盐岩石、有机物残体和废弃物所形成的有机磷酸盐。在磷循环中，必须首先转化成为可溶性磷酸盐溶于水，但并不随水分蒸发而挥发，所以磷由于降水从岩石圈淋溶到水圈，形成可溶性磷酸盐被植物利用。再经过一系列消费者的利用，将其含磷的残体、废弃物等有机化合物归还到土壤中。通过还原者一系列的分解作用，转变成可溶性磷酸盐，又供有机体再次利用。生物所需的磷的数量比较大，但不溶性磷酸盐一般都留在土壤表层，常常被侵蚀而带入大海。这是许多地区土壤中严重缺磷的主要原因。当磷进入大海后，就很难再次参与陆地的磷循环（当然海鸟和海鱼能够补偿一部分）。

4. 信息联系

在生态系统的各组成部分之间及各组成部分的内部，存在着各种形式的信息联系，通过这些信息把生态系统联系成一个统一的整体。生态系统中主要有营养信息、化学信息、物理信息和行为信息。

（1）营养信息

在生态系统中，通过营养交换的形式把信息从一个种群传递给另一个种群，或从一个个体传递给另一个个体，即为营养信息。食物链（网）就是一个营养信息系统。以草本植物、鹌鹑、鼠和猫头鹰组成的食物链为例，其营养信息为：当鹌鹑数量较多时，猫头鹰大量捕食鹌鹑，鼠类很少被害，鼠害猖獗；当鹌鹑较少时，猫头鹰转而大量捕食鼠类，鼠害轻微。这样，通过猫头鹰对鼠类捕食的轻重来传递鹌鹑的数量信息。

（2）化学信息

生物在某些特定条件下，或某个生长发育阶段，分泌出某些特殊的化学物质，这些分泌物对生物不是提供营养，而是在生物的个体或种群之间起着某种信息的传递作用，构成化学信息。如蚂蚁可以通过自己的分泌物留下化学痕迹。化学信息对集群活动的整体性和集群整体性的维持具有极其重要的作用。

（3）物理信息

鸟鸣、兽吼、颜色和光等构成了生态系统的物理信息。鸟鸣、兽吼可以传递惊慌、安全、恫吓、警告、厌恶、有无食物和寻求配偶等各种信息。如大雁迁飞在中途停歇时，总会留一名哨兵担任警戒任务，一旦哨兵发现敌情，即会发出一种特殊的鸣叫声，向同伴们传达敌袭的信息，雁群即立刻起飞。

（4）行为信息

有些动物可以通过自己的各种行为方式向同伴们发出识别、威吓、求偶和挑战等信息。如雄燕在求偶时，会围绕雌燕在空中做出特殊的飞行方式。

二、生态平衡

在任何一个正常的生态系统中，能量流动和物质循环总是不断地进行，在一定的时期内，在生产者、消费者和分解者之间保持着一种相对的平衡状态，也就是系统的能量流动和物质循环较长时期地保持稳定，这种平衡状态就叫作生态平衡。在自然生态系统中，平衡还表现为生物的种类和数量的相对稳定。系统内部因素和外界因素的变化，尤其是人为因素，都可能对系统产生影响，引起系统的改变，甚至破坏系统的平衡。所以，平衡是暂时的、相对的，不平衡是永久的、绝对的。

1. 生态平衡的特征

（1）能量学特征

幼年期生态系统总生产量 P 与群落呼吸量 R 的比值大于 1，而成熟稳定的生态系统中 P/R 接近于 1。可见，P/R 是表示生态系统相对成熟的最好的功能性指标。在成熟的生态系统中，固定的能量与消耗的能量趋于稳定。

（2）食物链特征

幼年期生态系统的食物链结构简单，往往是直线型的，随后发展成以放牧食物链为主；到成熟期，食物链结构十分复杂，大部分以腐食食物链为主。成熟系统复杂的营养结构使它对物理环境的干扰具有较强的抵抗能力，平衡生态系统的自我调节能力较强。

（3）物质循环特征

在成熟生态系统中，具有较大的网络系统和较强的保持 N、P、K、Ca 等营养元素的功能，营养物质丧失少，输入量与输出量接近平衡。

（4）群落结构特征

在演替过程中，一般认为物种多样性增加，某一物种或少数类群占优势的情形减少。达到顶级时期，多样性指数可能有所下降，物种多样性增加，营养结构复杂化，种群间竞争更为激烈，导致生态分化，物种生活史更为复杂化。有机化合物多样性增加，不仅表现在生物量上，而且有机代谢物在调节生态系统组成和稳定性上发挥着重要作用。

（5）选择压力

在物种数量较少时期，具有较高增殖潜力的物种有较大的生存可能性。在系统接近平衡期，选择压力有利于低增殖潜力且具有较强竞争力的物种。因此，量的生产是幼年期生态系统的特征，而质的生产和反馈控制则是成熟生态系统的标志。

（6）稳定

成熟期生态系统的稳定主要表现在：系统内部的生物间相互联系或内部共生发达，保持营养物质的能力提高，对外界抗干扰能力强，具有较大的信息量和较低的熵值。

2. 生态平衡的机制

生态系统之所以能够保持相对的平衡，主要是由于其内部具有自动调节能力。生态系统平衡的调节主要是通过系统的反馈机制、抵抗力和恢复力实现的。消除污染物质，就是依靠环境的自净能力。当系统的某一部分出现机能异常，就可能被不同部分的调节所抵消。系统的组成成分越多，能量流动和物质循环的途径越复杂，其调节能力也越强。相反，成分越单调，结构越简单，其调节能力也越弱。但是，一个生态系统的调节能力再强，也是有一定限度的，超出了这个限度，调节就不能再起作用，生态平衡就会遭到破坏。

3. 生态失衡

导致生态平衡破坏的因素有自然因素，也有人为因素。自然因素主要指自然界发生的异常变化，由这类原因引起的生态平衡的破坏被称为第一环境问题。如火山爆发、山崩、海啸、水旱灾害、地震、台风、流行病等，都会使生态平衡遭受破坏。人为因素主要指人类对自然资源的不合理利用，工农业发展以及人们生活带来的环境污染等，由这些原因引起的生态平衡的破坏，称为第二环境问题。

人为因素引起生态平衡的破坏问题十分严重，主要表现在以下三个方面：一是生物种类的改变。人类有意或无意地使生态系统中的某一种生物消失，或引进某一种生物，都有可能影响到整个生态系统。如在澳大利亚的草原上引进欧洲野兔，结果野兔成灾，使局部草原生态系统被破坏。二是环境因素的改变。工农业迅速发展，人类生活方式发生改变，日常生活中引入各种合成高分子化合物，由此产生大量的污染物质进入环境后，使生态系统的环境因素发生改变，对整个生态系统产生影响，甚至破坏生态平衡。如含有氮、磷等营养物质的污水进入水体后，由于营养成分的增加，水中藻类迅速繁殖，大量藻类的出现，使水中的溶解氧被大量消耗，水中的鱼类等动物因氧气的缺乏而死亡，无机包装物质和生物不能（或难于）降解的合成包装废弃物被引入环境，一方面在雨水淋洗下溶出有害物质污染环境，另一方面导致土壤成分以及性质改变，使土壤微生态环境遭到破坏，土壤水、热、气循环受到影响，最终影响到土壤微生物甚至动植物生长。三是信息系统的破坏。在生态系统中，某些动物在生殖期，雌性通过排出性激素引诱雄性个体，完成交配，繁衍后代。人们排放到环境中的某些污染物质，如果与某一种动物排放的性激素发生反应，使其丧失引诱雄性的作用时，就会破坏这种动物的繁殖，改变生物种群的组成，使生态平衡受到影响，甚至遭到破坏。

三、生态修复

生态修复是指对生态系统停止人为干扰，以减轻负荷压力，依靠生态系统的自我调节能力与自我组织能力使其向有序的方向进行演化，或者利用生态系统的这种自我恢复能力，辅以人工措施，使遭到破坏的生态系统逐步恢复或使生态系统向良性循环方向发展；主要指致力于那些在自然突变和人类活动影响下受到破坏的自然生态系统的恢复与重建工作。绿化树种净化大气、水生植物净化污染水体是污染环境修复的早期工作，在多个方面已取得了进展；近年来，污染土壤及地下水的化学修复和生态修复（包括微生物降解、植物修复和化

学 - 生物联合修复）也逐渐得到重视并成为热点问题。

习近平总书记多次指出："绿水青山就是金山银山"；"生态环境是人类生存最为基础的条件，是我国持续发展最为重要的基础"；"生态环境没有替代品，用之不觉，失之难存"；"在整个发展过程中，我们都要坚持节约优先、保护优先、自然恢复为主的方针，不能只讲索取不讲投入，不能只讲发展不讲保护，不能只讲利用不讲修复，……多干保护自然，修复生态的实事，……"。

工业革命的粗放生产模式，不合理地开发利用资源，不重视治理工业化过程中产生的废气、废水和固体废弃物，造成地球资源日益匮乏、能源日益短缺、环境日趋恶化和一系列生态环境问题，破坏了人类赖以生存的生态系统的生态平衡，严重影响到人类的健康、生存和发展；故我们必须如习近平总书记指出的那样，十分重视对生态环境的保护，重视对失衡生态的修复。包装工业应努力减少对资源和能源的耗费，减少对环境的污染，为保护生态环境，修复失衡生态作出应有的贡献！

第五节　生物生存的生态参数

本节介绍在生态环境中影响生物（动物、植物、人类）生存状态，包括生物新陈代谢、生长发育、繁殖、行为和生理健康的一些生态参数。控制好这些参数，有利于生物的繁殖、发育、生长和健康；反之，则对生物的繁殖、发育、生长和健康有害。

1. 产品毒性

产品毒性指的是存在于空气、水、土壤和食品中的产品对生物的有害影响。衡量产品毒性的主要参数指标是剂量，即每公斤生物体含有毒产品的量。根据所含有毒产品剂量的大小，产品的毒性分为 3 类。第一类为半致死剂量（LD50），即在实验中，动物摄取后，导致 50% 的动物死亡的剂量。LD50 是衡量药物的急性毒性大小与效应力强弱的重要指标，是评价药物优劣的重要参数。LD50 越大表示毒性越小。第二类为半有效剂量（ED50），即在实验中，动物摄取后，使 50% 的动物表现出具体效果的剂量。药物的 ED50 越小，LD50 越大说明药物越安全。第三类为可接受的日常摄入量（ADI），即日常摄入后，不会导致任何不良效果的剂量，以相当于人或动物千克体重的毫克数表示，单位一般是 mg/kg 体重。在此剂量下，终生摄入该化学物质不会对其健康造成任何可测量出的危害。ADI 值越高，说明该化学物质的毒性越低，但是在这种情况下存在的潜在危害，在短期内很难显现出来。有毒产品剂量的单位通常用"mg/kg 体重"来表示。产品中的毒性常用浓度（kg/m^3）和有效作用时间（8 小时 / 天，5 天 / 月）来表示。表 1-1 中，按照有毒产品的摄取方式，即皮肤接触、口腔摄入、呼吸摄取，列举出了不同国家或组织机构的 LD50 数据，以供参考。

表 1-1　不同国家或组织机构的 LD50 产品量对照表

国家或组织机构/类别	皮肤接触/(mg/kg 体重)	口腔摄入/[mg/(kg 体重·d)]	呼吸摄取/(mg/L 空气)
欧盟/剧毒	50	25	0.5
美国/剧毒	200	50	2（200）
联合国/一类	40	5	0.5
欧盟/有毒	400	200	0.5
美国/有毒	2000	5000	200（固体）
联合国/二类	2200	50	10
欧盟/危险	2000	2000	20
联合国/三类	1000	2000（液体）500（固体）	200

一般来说，固体材料是非毒性材料，只有被溶解后才会显示出毒性，毒性的大小取决于它在水中的溶解度和表面复合物的溶解度。一些气体的毒性非常强，像氯乙烯（PVC 单体）、二氧化硫（存在于汽车尾气中和发电厂排放的废气中，通过燃烧硫化物产生的）、一氧化碳（煤和汽油等不完全燃烧产生的）和苯乙烯气体（苯乙烯单体）等。因此，这些气体在空气中的许可含量非常低。有毒的液体一般为有机物。除酒精外，有毒的有机物在水中的溶解性非常差。空气中的雾是由小液滴构成的，蒸发的气体在空气中遇冷凝结成雾（如发电厂冷却塔中的水蒸气）。这些小液滴在水清洗剂的作用下，以稳定的乳状液形式存在的小液滴的尺寸大小会影响物质的毒性。

产品毒性对生物的影响还和生物体的温度及自身条件有关。温度会影响物质的溶解性和化学活性，温度与它们的关系不是线性关系，而是指数关系，其形式为 e_1/T，T 为绝对温度。地球上生命的温度范围为 $-20 \sim 40℃$，在这个范围内，温度对物质毒性产生的影响很小，可以忽略。

2. 温度

温度是一种重要的生态参数，它影响生物的新陈代谢、生长发育、繁殖、行为和分布等，温度的变化对生物的活动起着特殊的限制作用。温度还通过影响其他环境因素，如湿度、土壤肥力和空气流动等，从而对生物产生间接作用。植物的生理活动与温度变化密切相关。大多数植物光合作用最适宜的温度为 $10 \sim 30℃$，在 $5 \sim 40℃$ 才能正常生长和繁殖。多数植物在 $0 \sim 30℃$ 的温度范围内，随温度升高，生长加快。动物也有其生长发育的最适宜的温度。在这一温度下，生物能以最小的能量消耗取得最好的生育效果。例如，所有家禽的最适宜的孵化温度约 $15℃$，当温度低于 $7℃$ 或高于 $29℃$ 时，产量就会下降。

3. 生化需氧量

生化需氧量（BOD）是一种环境监测指标，主要用于监测水体中有机物的污染状况。BOD 指在有氧条件下，微生物分解 1L 水中所含的有机物时所需的溶解氧量。生化需氧量是衡量目前水质有机污染程度常用的重要指标之一，是水质监测的重要参数。BOD 用"mg/L"

来表示，可以用来测量水生生物环境中生物可降解有机成分的量。为了使检测资料有可比性，一般规定一个时间周期，在这段时间内，在一定温度下用水样培养微生物，并测定水中溶解氧消耗情况，一般采用五天时间，五日生化需氧量，记做 BOD_5。数值越大证明水中含有的有机物越多，因此污染也越严重。

水体极易被易于氧化的有机物污染，水中所含溶解氧减少，当氧化作用进行得很快，而水源又不能从空气中吸收充足的氧时，水中的溶解氧量不断减少，甚至接近于零，危及高等需氧生物，而此时厌氧菌繁殖活跃，有机物发生腐败使水体变臭。

4. 酸性（pH 值）

对生物而言，水或土壤中的酸性物质或其基本成分也是主要的生态参数之一。空气中的一些废气，如氯化氢（HCl）和二氧化硫（SO_2），溶于水后可以形成酸（盐酸、硫酸等），最终流入河流使水质受到污染或渗入地下污染土壤。与温度对生物的影响一样，生物也只能在一定的酸性（pH 值）范围内才能够生存，生物可以生存的 pH 值范围为 4.5～9.5。水的 pH 值在 6.5～7.0 时为中性，如果超出这个范围，组成生物体的蛋白质和酶的结构将发生改变，这将会危及生物体的生命安全。因此，废水 pH 值的控制对环境的保护也是相当重要的。在包装材料的生产过程中，经常会使用各种酸以及会通过反应而产生酸性物质，如硫酸、硝酸、碳酸氢钠、碳酸氢钙等，如果将它们直接排放出来，会影响生物的生存环境。因此，应先对包装过程中产生的废弃物进行净化处理，之后才能排放。

5. 渗透压

渗透作用和渗透压与生物的生产过程和生命活动有密切的关系，如水分和矿物质在植物中的吸收和移动、有机物在生物体内的运输、血容量的平衡以及维持细胞张力及弹性等。渗透是溶液通过半透膜由低浓度区域进入高浓度区域的现象。渗透能够发生，是因为溶液中的溶质对溶剂具有吸引力。渗透作用发生时，在高浓度溶液上所施加的恰好能够阻止溶剂进入该溶液的压力就是渗透压。溶液的浓度越大，溶液的渗透压就越大。在植物中，一般盐生植物、旱生植物细胞内的渗透压较高，水生植物的渗透压较低。渗透压可由范特霍夫方程得出的波义耳定律和盖 - 吕萨克气体方程求得：

$$\pi = RCT \tag{1-1}$$

式中，π 为渗透压；R 为气体常数；C 为溶液的摩尔浓度；T 为绝对温度。

渗透非常重要，因为生物的细胞壁是一层薄膜，水分子比其他溶解物质更容易通过。当细胞壁两边的渗透压相等时，渗透效果就不显著，这种现象叫"等渗"。"等渗"溶解提供了一种溶剂的交换方式，并且这种溶剂的交换方式在两个方向上是相同的。在较低的渗透压环境下，细胞会膨胀而破裂。相反，在较高的渗透压环境下，细胞会收缩。生物生存需要水分，这些水分取决于它们所处环境的渗透压。很显然，生物生存环境渗透压的变化会直接影响生物的生命。

6. 电离辐射对环境的影响

电磁波在空间传播的速度接近光速，每秒 30 万千米。波长越短，电子能量越大，穿透力越强。电磁波谱中，波长最短的γ射线、X射线和波长100nm以下的极短波紫外线，其电子能量在12.4eV以上，能引起生物组织的电离作用，称为电离辐射；波长较长的可见光、红外线、微波等，其波长均大于100nm，电子能量较小，约在6eV以下，对生物组织产生热效应和光化学反应，称为非电离辐射。

天然电离辐射遍布于环境中，并对所有人产生照射。这种照射有四种主要成分：宇宙射线、陆地γ射线辐射、食入或吸入半衰期长的放射性核素和吸入氡同位素。人工辐射源包括X射线装置、粒子加速器和核反应堆等。

电离辐射对生物体的危害按其表现性分为躯体效应和遗传效应两种。躯体效应是指电离辐射效应表现在受照射的生物体上时，该生物体细胞损坏，缩短生物体的寿命以致死亡。遗传效应是指电离辐射效应表现在受照生物体的后代身上，包括先天性畸形和遗传性疾病等。

电离辐射也可以造福人类：电离辐射用于工业上，如射线探伤技术、辐射加工技术等；用于农业上，如辐射突变育种技术、食品辐射保藏技术等；用在医学上，如临床诊断和治疗等；用于环境保护方面，如电离辐射治理三废等。当然，利用电离辐射消毒和透过包装对食物进行处理时，会造成一些包装材料结构的改变，对于塑料包装更是如此。通过电离辐射产生的复合物被称为"外来添加剂"，也就是非有意添加剂。这些"外来添加剂"同"有意添加剂"一样，它们通过迁移可以进入食物，它有可能对人体产生危害。

7. 噪声的影响

各种不同频率和强度的声波无规律的杂乱组合，波形呈无规则变化的声音称噪声。目前学界普遍认为，凡是不需要的、使人厌烦的、起干扰作用的声音统称噪声。如汽车的喇叭声、机器的轰鸣声、尖叫声、机械的撞击声、集市的喧闹声和各种音响设备的刺激干扰等都被称为噪声。噪声是以波的形式传播的听觉公害，它具有局限性、分散性和瞬时性的特点。目前，国际上普遍采用A声级来评价噪声的强弱，单位是dB（A）。如听不见为0dB（A），播音时播音室为20dB（A），一般说话为60dB（A），收音机大声量为80dB（A），怠速状态载重汽车旁为100dB（A），怠速状态柴油机旁为120dB（A），启动状态喷气机口为140dB（A）。

噪声源主要来自工业噪声、交通运输工具噪声和公共活动噪声。噪声的危害及对人体健康的影响虽不像水和空气的污染那样直接危及人们的生命安全，但噪声的危害却具有普遍性。长期接触噪声或在噪声很强的环境中生活和工作，对生理健康和心理健康均有不同程度的影响。因此，应采取积极措施，控制噪声的发展，减轻噪声的危害。

噪声可以影响人们的生理健康。影响听觉器官，使听觉器官敏感性下降，听力减退，直至丧失听力。影响神经系统，使人们的中枢神经系统兴奋，引起头痛、头晕、记忆力衰退，甚至引起神经错乱。影响心血管系统，使人们的收缩压出现异常。影响消化系统，使人们的肠胃消化功能发生紊乱。噪声也可以影响人们的心理健康。它可以使人们注意力分散、记忆力下降，干扰人们的情绪，甚至会对人的个性的形成和社会心理产生严重的影响。

第二章 生态环境问题及环境污染对人体的危害

依据产业生态学的工业代谢原理，包括包装工业产品在内的产品系统，在其生命周期全过程的每一阶段，包括原材料采掘、原材料生产、产品制造、产品使用和产品用后处理，均与自然（生态）系统之间有物质循环（见图 0-1），每一阶段均有投入及输出，从而造成环境污染、生态耗竭，产生了一系列的生态环境问题。环境污染物通过污染生态化学中产生的生态效应、污染物的迁移与转化、食物链等途径，主要经呼吸道和消化道侵入人体，也可经皮肤或其他方式侵入，从而危害人体的健康，危及生命安全。

第一节 全球当今存在的主要环境问题

随着生产力和自然科学的迅速发展，人类从对自然的畏惧变为不断对自然展开"征服"改造，其后果是加剧了人类生存环境的恶化，造成了大气污染、水体污染、土地污染等一系列环境问题。环境问题正是由于人类活动作用于环境而引起的环境质量变化，反过来，这种环境质量变化又对人类的生产、生活和健康产生了巨大的负面影响。

当前，人类赖以生存的地球生态环境面临的主要环境问题如下。

1. 大气污染

大气污染是我国目前最严重的环境问题之一。在清洁的大气中，在一定范围内出现了原来没有的微量物质，有可能对人、动物、植物及物品、材料产生不利的影响和危害。当大气中污染物质的浓度达到有害值，会对生态系统和人类正常生存和发展的条件造成破坏，这种对人和物品造成危害的现象叫作大气污染。

大气污染物可以分为两大类，即天然污染物和人为污染物。引起公害的往往是人为污染物，它们主要来源于大规模的工矿企业生产过程以及包装废弃物焚烧。大气污染物主要包括颗粒物、硫氧化合物、碳氧化合物、氮氧合化物、碳氢化合物和其他有害物质（如重金属类、含氟气体、含氯气体）等。大气污染会造成以下环境问题。

（1）温室效应

大气中的某些痕量物质和存在于对流层中的臭氧具有吸收太阳能，并在近地表面产生长波辐射从而使大气增温的作用，这种作用被称为温室效应。在人为干扰之前，温室效应和温室气体就已存在。如大气中的 CO_2 气体和水蒸气等对太阳辐射有强烈的吸收作用，使地球升温，这属"自然温室"效应。现代工业文明使得大气中的水汽、CO_2 等成分大量增加，打破了自然温室效应所形成的热平衡，从而导致气候变暖。由于温室气体 CO_2 量的增加，据科学家预测，到 21 世纪中叶，全球气温将升高 1.5～4.5℃；我国三熟制北界将北移 500km，农牧交错带可能南移 20～150km，农业结构将因此发生改变。

（2）臭氧层破坏

臭氧浓度较高的大气层（同温层）位于 20～30km 的高度，在 25km 处浓度最大，形成了平均厚度为 3mm 的臭氧层。它有效地保护了生物圈，屏蔽了太阳辐射中波长 0.23 至 0.32μm 短波辐射的 99% 以上。科学家认为，大气层里的臭氧浓度每减少 1%，就会使人类皮肤癌患者增加 5%；臭氧含量减少 25%，就会杀死水域中的浮游生物和幼小生物从而危及整个生物圈的安全。目前已有 3%～5% 的臭氧遭到破坏，科学家已在南极上空发现了臭氧层"空洞"，其面积大到可以容纳美洲大陆，深度可以装下珠穆朗玛峰。近年来臭氧层的浓度降低，主要是人为活动产生的大量氮氧化物，超音速飞机排出的大量氮氧化合物和其他气体。尤其是用作致冷剂、除臭剂的氯氟烃化合物（氟利昂）等排入大气，这些物质在平流层中稳定滞留并与臭氧发生化学反应而使臭氧消失。1978 年美国环境保护署 EPA 已禁止使用氟利昂作喷雾剂，然而大气中残存的氟利昂仍在起作用，而许多国家也还在继续使用氟利昂。因此尚需全球性的合作才能有效地解决这一问题。包装工业应采取措施禁止在生产泡沫塑料时使用氟利昂作发泡剂，为制止臭氧层被进一步破坏作出贡献。

（3）酸性沉降

酸雨正式的名称是酸性沉降，是指 pH 值小于 5.6 的雨、雪、雾、雹等大气降水。它可分为"湿沉降"与"干沉降"两大类，前者指的是所有气状污染物或粒状污染物，随着雨、雪、雾或雹等降水形态而落到地面（酸雨、酸雪、酸雾等），后者是指在不降雨的日子，从空中降下来的灰尘所带的一些酸性物质（气溶胶、悬浮微粒）。酸雨危害人类的健康，酸雨中的二氧化硫、二氧化氮会引起哮喘、干咳、头痛以及使眼睛、鼻子、喉咙过敏；酸雨会危害土壤和植物，使土壤贫瘠化，影响植物正常发育；酸雨还会腐蚀建筑物、机械和市政设施。酸雨的成因主要是人为向大气中排放大量酸性物质，煤炭和石油在燃烧或者冶炼时生成的二氧化硫和二氧化氮是造成酸雨的主要污染物。自我国改革开放以来，大量采用新能源，停办或改造中小造纸厂和消耗煤炭严重的企业，已使 SO_2 的排放量急剧减少，我国二氧化硫排放量从 2004 年的 2254.9 万吨下降至 2021 年的 274.78 万吨；但氮氧化合物排放量仍有

1019.7万吨，因此我们还需继续努力，进一步减少二氧化硫和二氧化氮的排放，彻底消除被国外称为"空中死神"的危害而努力！

（4）光化学烟雾

光化学烟雾是汽车、工厂等污染源排入大气的碳氢化合物（HC）和氮氧化合物（NOx）等一次污染物在阳光（紫外光）作用下发生光化学反应生成二次污染物，后与一次污染物混合所形成的有害浅蓝色烟雾。光化学烟雾可随气流漂移数百千米，使远离城市的农作物受到损害。光化学烟雾多发生在阳光强烈的夏秋季节，随着光化学反应的不断进行，反应生成物不断蓄积，光化学烟雾的浓度不断升高。约在3～4h后达到最大值。光化学烟雾会污染大气，影响动植物生长并且大大降低能见度影响出行。

1974年以来，中国兰州的西固石油化工区出现光化学烟雾，其炼油厂、供油站等石油燃烧废气排放到阳光明媚的天空，制造出一个毒烟雾气罩，这种弥漫天空的浅蓝色光化学烟雾，使整座城市上空变得浑浊不清，使人眼睛发红、咽喉疼痛、呼吸憋闷、头昏、头痛。其后，兰州的一些乡村地区也出现光化学烟雾污染，导致高山上的大片树林枯死，水果减产。

日益严重的光化学烟雾问题，逐渐引起人们的重视。人们对于光化学烟雾的发生源、发生条件、反应机理和模式，对生物体的毒性，以及光化学烟雾的监测和控制技术等方面进行了广泛的研究。世界卫生组织和美国、日本等许多国家已把臭氧或光化学氧化剂（臭氧、二氧化氮（NO_2）、过氧乙酰硝酸酯（PAN）及其他能使碘化钾氧化为碘的氧化剂的总称）的水平作为判断大气环境质量的标准之一，并据此发布光化学烟雾的警报。

2. 水污染

水体因某种物质的介入而导致其化学性质、物理性质、生物组成或者放射性等特征的改变，从而影响水的有效利用，危害人体健康或者破坏生态环境，造成水质恶化的现象称为水污染。水污染包括自然污染和人为污染。世界和我国当前水体污染主要是人为污染，包括工业废水、城市生活废水以及各类包装废弃物堆放雨水渗滤液等对江河湖海的污染。2004年我国废水排放量为482.4亿吨，其中工业废水排放量为221.1亿吨，生活污水排放量为261.3亿吨。

水污染可根据污染杂质的不同而主要分为化学性污染、物理性污染和生物性污染三大类。物理性水污染包括悬浮物水污染、热废水和放射性废水，如工业固体废弃物以及漂浮于水体中的各类塑料制品等；化学性水污染包含各种有机、无机废物和毒物污染的废水，如合成包装材料中添加的不容易生物降解的助剂及有机化合物；生物性水污染包含各种生活污水，特别是医院污水和某些工业废水污染水体后，往往可以带入一些病原微生物。例如某些原来存在于人畜肠道中的病原细菌，如伤寒、副伤寒、霍乱细菌等都可以通过人畜粪便的污染而进入水体，随水流动而传播。一些病毒，如肝炎病毒、腺病毒等也常在污染水中被发现。某些寄生虫病，如阿米巴痢疾、血吸虫病、钩端螺旋体病等也可通过水进行传播。水体受到生物性污染后最常见的危害是居民通过饮用、接触等途径而引起介水传染病的暴发流行，对人体健康造成危害。水体生物性污染主要来源于人畜粪便和生活污水的排放。在富营养化水体中藻类大量繁殖聚集成团块，有些藻类能产生毒素如麻痹性贝毒、腹泻性贝毒、神经性贝毒等，而贝类能富集此类毒素，人食用了毒化的贝类后可发生中毒甚至死亡。藻类毒素一旦进入水中，一般供水净化处理和家庭煮沸也不能使之全部失活。

水体富营养化是指在人类活动的影响下，生物所需的氮、磷等营养物质大量进入湖泊、河湖、海湾等缓流水体，引起藻类及其他浮游生物迅速繁殖。水体溶解氧量下降引起的水质污染，使水质恶化，造成鱼类及其他生物大量死亡。在自然条件下，湖泊也会从贫营养状态过渡到富营养状态，不过这种自然过程非常缓慢。而人为排放含营养物质的工业废水和生活污水所引起的水体富营养化则可以在短时间内出现。水体出现富营养化现象时，浮游藻类大量繁殖，形成水华（淡水水体中藻类大量繁殖的一种自然生态现象）。因占优势的浮游藻类的颜色不同，水面往往呈现蓝色、红色、棕色、乳白色等。这种现象在海洋中则叫作赤潮或红潮。其实质是由于营养盐的输入输出失去平衡性，从而导致水生态系统物种分布失衡，单一物种疯长，破坏了系统的物质与能量的流动，使整个水生态系统逐渐走向灭亡。水体表面也会生长以蓝藻、绿藻为优势种的大量水藻，形成一层"绿色浮渣"，水下的藻类会因得不到阳光照射而呼吸水内氧气，不能进行光合作用。水内氧气会逐渐减少，水内生物也会因氧气不足而死亡。死去的藻类和生物又会在水内进行氧化作用，这时水体也会变得很臭。我国的水体污染和富营养化均已十分严重，必须加大治理力度。

在检测水体受污染程度时，常使用生化需氧量（BOD，见第一章）和化学需氧量（COD）二个指标来衡量。COD是指水体中能被氧化的物质进行化学氧化时消耗氧的量，一般以每升水消耗水样中的溶解性物质和悬浮物所需要的氧的毫克数来表示（mg/L，质量浓度），是水质监测的基本综合指标。水中的有机物在被环境分解时，会消耗水中的溶解氧。如果水中的溶解氧被消耗殆尽，水里的厌氧菌就会投入工作，从而导致水体发臭和环境恶化。因此COD值越大，表示水体受污染越严重。COD指标正逐年呈下降趋势，说明我们身边的水正变得越来越清澈。

3. 水土流失

水土流失已成为当今世界重大环境问题之一，对经济的持续发展构成了严重威胁。据统计，全世界目前水土流失面积达25亿公顷，占全球耕地、林地和草地总面积的29%。

水土流失是指在水力、重力、风力等外营力作用下，水土资源和土地生产力的破坏和损失，包括土地表层侵蚀和水土损失，亦称水土损失。1981年科学出版社出版的《简明水利水电词典》提出，水土流失指地表土壤及母质、岩石受到水力、风力、重力和冻融等外力的作用，使之受到各种破坏和移动、堆积过程以及水本身的损失现象。这是广义的水土流失。狭义的水土流失是特指水力侵蚀现象。

根据中国第二次水土流失遥感调查，20世纪80年代末，中国水土流失面积356万km^2，其中水蚀面积165万km^2，风蚀面积191万km^2，在水蚀、风蚀面积中，水蚀风蚀交错区水土流失面积26万km^2。在165万km^2的水蚀面积中，轻度83万km^2，中度55万km^2，强度18万km^2，极强6万km^2，剧烈3万km^2。在191万km^2风蚀面积中，轻度79

万 km²，中度 25 万 km²，强度 25 万 km²，极强 27 万 km²，剧烈 35 万 km²。冻融侵蚀面积 125 万 km²（1990 年的遥感调查数据），没有统计在中国公布的水土流失面积当中。

1991 年我国颁布的《中华人民共和国水土保持法》，为中国第一部专业水保技术法规；2005 年中国水利部在中国范围内开展了为期一年的水土流失与生态安全科学考察。

我国是世界上水土流失最为严重的国家之一，水土流失面广量大：据第一次全国水利普查成果，我国现有水土流失面积 294.91 万平方千米，水土流失范围遍及所有的省、自治区和直辖市；世界上各种水土流失的形式和类型在我国都有分布：①水力侵蚀分布最广泛，在山区、丘陵区和一切有坡度的地面，暴雨时都会产生水力侵蚀。它的特点是以地面的水为动力冲走土壤。例如：黄河流域。②重力侵蚀主要分布在山区、丘陵区的沟壑和陡坡上，在陡坡和沟的两岸沟壁，其中一部分下部被水流淘空，由于土壤及其成土母质自身的重力作用，不能继续保留在原来的位置，分散地或成片地塌落。③风力侵蚀首先分布在中国西北、华北和东北的沙漠、沙地和丘陵盖沙地区，其次是东南沿海沙地，再次是河南、安徽、江苏几省的"黄泛区"（历史上由于黄河决口改道带出泥沙形成）。它的特点是由于风力扬起沙砾，离开原来的位置，随风飘浮到另外的地方降落。例如：河西走廊、黄土高原。

水土流失的主要危害：一是水分损失、洪灾和旱灾交织；二是土壤损失导致土壤薄层化和泥砂淤积，生态灾难加剧；三是土壤养分损失导致土壤贫瘠化和河流盐碱化、湖泊富营养化。严重的水土流失，是我国生态恶化的集中反映，严重威胁国家生态安全、饮水安全、防洪安全和粮食安全，制约山丘区经济社会发展，影响全面建成小康社会进程。

经过水土保持治理，我国水土保持措施保存面积已达到 107 万平方千米，累计综合治理小流域 7 万多条，实施封育保护 80 多万平方千米。1991 年《中华人民共和国水土保持法》颁布实施以来，全国累计有 38 万个生产建设项目制定并实施了水土保持方案，防治水土流失面积超过 15 万平方公里。水土保持作为我国生态文明建设的重要组成部分，其发展水平与全面建成小康社会，以及城镇化、信息化、农业现代化和绿色化等一系列新要求还不完全适应，与广大人民群众对提高生态环境质量的新期待还有一定差距，水土流失依然是我国当前面临的重大生态环境问题。

4. 土地沙漠化

土地沙漠化是人类面临的最严重威胁之一。土地沙漠化包括气候变异和人类活动在内的种种因素造成的干旱、半干旱和亚湿润干旱地区的土地退化。狭义的荒漠化（即沙漠化）乃是指在脆弱的生态系统下，由于人为过度的经济活动，破坏其平衡，使原非沙漠的地区出现了类似沙漠景观的环境变化过程，也就是人为滥砍树木，破坏土地平衡，变成沙子。土地荒漠化则是指干旱和半干旱地区，由于自然因素和人类活动的影响而引起生态系统的破坏，使原来的非沙漠地区出现了类似沙漠环境的变化；在干旱和亚干旱地区，在干旱多风和具有疏松沙质地表的情况下，由于人类不合理的经济活动，使原非沙质荒漠的地区出现了以风沙活动、沙丘起伏为主要标志的类似沙漠景观的环境退化过程。土地沙漠化和土地荒漠化差别不大，但荒漠化严重程度更高。

据统计，沙漠化主要发生在发展中国家。在非洲，撒哈拉沙漠的南缘在最近50年中，已有6500万公顷的土地不再适合于农牧业生产，变成了荒漠。苏丹在最近19年中，沙漠南移了约100km，印度和巴基斯坦的塔尔沙漠在最近5年中，每年以8km的速度移动，以致每年失去13000公顷肥沃的土地。目前，我国土壤沙化形势严峻，主要表现在3个方面：一是土地沙化面积大、分布广，到1999年，全国沙化土地面积已占国土总面积的18.2%。二是土壤沙化扩展快，20世纪90年代前期，土地沙化每年扩展2460平方千米，20世纪90年代后期，则增加到3436平方千米/年，速度十分惊人；三是危害大、损失大，据有关专家测算，全国沙化害每年造成经济损失500亿元以上。而且频繁发生的沙尘暴已严重地影响到我国和全球的生态环境。土地沙化造成一些地区的居民被迫迁移他乡。

5. 土壤退化

土壤退化又称土壤衰弱，是指土壤肥力衰退导致生产力下降的过程。土壤退化是土壤环境和土壤理化性状恶化的综合表征，有机质含量下降，营养元素减少，土壤结构遭到破坏，导致土壤侵蚀，土层变浅，土体板结，土壤盐化、酸化、沙化等。其中，有机质下降，是土壤退化的主要标志。在干旱、半干旱地区，原来稀疏的植被受到破坏，土壤沙化，就是严重的土壤退化现象。地力衰退、土壤盐碱化和沼泽化等也属于土壤退化。

土壤退化虽然是一个非常复杂的问题，但引起其退化的原因是自然因素和人为因素共同作用的结果。但一般所说的土壤退化更多地指人为因素引起的土壤质量降低的过程。自然因素包括破坏性自然灾害和异常的成土因素（如气候、母质、地形等），它是引起土壤自然退化过程（侵蚀、沙化、盐化、酸化等）的基础原因。而人与自然相互作用的不和谐，即人为因素是加剧土壤（地）退化的根本原因。

目前，全球范围内的土壤退化已威胁到生物圈的未来，对人类生存构成了严重威胁。据统计，全世界土地养分亏缺的面积为29.9亿公顷，占陆地总面积的23%。中国的地力衰退十分严重，约有2/3的耕地属于中低产水平。据联合国估计，世界每年约有12亿公顷的灌溉土地因盐碱化而损失生产力，目前盐碱地广泛分布于干旱与半干旱地区，约占该地区总面积的39%。

6. 水资源短缺

随着经济的发展和人口的增加，人类对水资源的需求也在不断增加，再加上存在对水资源的不合理开采和利用，很多国家和地区出现不同程度的缺水问题，这种现象称为水资源短缺。水资源的稀缺，从本质上来说，是由于水资源不可再生性决定的。因为地球上水的总量是固定的，可供饮用的淡水总量就更少了。

水资源的匮乏是世界面临的难题。水虽是一种普通的物质，但在维持地球上人类和其他生物生存的过程中，却又弥足珍贵，是生命的源泉。从整个水圈看，地表水中的海水约占整个水圈的97.5%，而真正能够被人类直接利用的淡水资源只占0.00768%，数量极为有限。

水资源短缺主要分为两个方面：资源性缺水和水质性缺水，资源性缺水主要是水资源分布的地域性差异导致的局部区域水源分布较少而引起的缺水；水质性缺水则是由于区域内水资源的物理形态或水质恶化导致水资源无法利用引起的缺水,水质性缺水往往发生在丰水区。

早在 1977 年,联合国即向全世界发出警告:"水资源短缺不久将成为严重的社会危机,石油危机之后的下一个危机就是水危机。"目前,全世界已有 100 多个国家缺水,严重缺水的国家已达 40 多个,全球 60% 的陆地面积淡水资源不足,20 多亿人饮用水紧缺。非洲的许多国家早已水贵如油,有的国家不得不进口水。科威特、沙特阿拉伯等国家为此花费巨资开发海水淡化装置。我国水资源总量位居世界第六,但人均占有量居世界第 110 位,接近中度缺水水平。2009 年,我国水资源总量为 2.8 万亿立方米,其中地下水 0.83 万亿立方米,由于地表水与地下水相互转换、互为补给,扣除两者重复计算量 0.73 万亿立方米,与河川径流不重复的地下水资源量约为 0.1 万亿立方米。从人均水资源占有量看,我国人均水资源占有量仅为 2220 立方米,约为世界人均的 1/4,在世界银行连续统计的 153 个国家中居第 110 位。按照国际公认的标准,人均水资源低于 3000 立方米为轻度缺水;人均水资源低于 2000 立方米为中度缺水;人均水资源低于 1000 立方米为重度缺水;人均水资源低于 500 立方米为极度缺水。我国目前有 16 个省(区、市)人均水资源量(不包括过境水)低于 1000 立方米(重度缺水),有 6 个省、区(宁夏、河北、山东、河南、山西、江苏)人均水资源量低于 500 立方米(极度缺水)。按流域划分,我国水资源共可分为 10 个主要流域,分别是松花江、辽河、海河、淮河、黄河、长江、东南诸河、珠江、西南诸河、西北诸河流域;水资源在各地区分布不均,进一步加剧了水资源紧张状态。

解决水资源短缺问题,最有前景的应该是开发那些不可用水。比如海水淡化,地下水的开发和采集,以及两极冰川的利用。其实,地球上水资源的量是足够的,我们所说的水资源短缺仅仅是指淡水,或者说可随意利用的水资源稀缺。所以变不可用水为可用水是一大方法;同时号召人们节约用水和重复利用也是另一个办法;此外预防水污染,也是防止水资源短缺的重要方法。

7. 生物多样性锐减

生物多样性是指一定范围内多种多样活的有机体(动物、植物、微生物)有规律地结合所构成的稳定生态综合体。这种多样性包括动物、植物、微生物的物种多样性,物种的遗传与变异的多样性及生态系统的多样性。其中,物种的多样性是生物多样性的关键,它既体现了生物之间及环境之间的复杂关系,又体现了生物资源的丰富性。我们已经知道大约有 200 万种生物,这些形形色色的生物物种就构成了生物物种的多样性。

生物多样性是生物及其与环境形成的生态复合体以及与此相关的各种生态过程的总和,由遗传(基因)多样性、物种多样性和生态系统多样性等部分组成。遗传(基因)多样性和物种多样性是生物多样性研究的基础,生态系统多样性是生物多样性研究的重点。物种多样性是生物多样性最直观的体现,是生物多样性概念的中心;基因多样性是生物多样性的内在形式,一个物种就是一个独特的基因库,可以说每一个物种就是基因多样性的载体;生态系统的多样性是生物多样性的外在形式,保护生物的多样性,最有效的形式是保护生态系统的多样性。其中生态系统多样性最重要,它是物种多样性和遗传多样性的保证。

生物多样性锐减已经危及人类的生存和发展。森林破坏、草原垦耕和过度放牧等导致土地沙漠化、盐碱化和贫瘠化等，同时也导致生态系统简化和退化，破坏了物种生存、进化和发展的环境，物种和遗传资源失去了保障。例如，国际自然与自然资源保护联盟等组织对鸟类的调查表明：在100万年前，平均每300年就会有一种鸟类灭绝；从100万年前到近代，平均每50年就有一种灭绝；最近300年间，平均每2年灭绝一种；而进入20世纪后，每年就灭绝一种。同时，物种内许多分类的消失，使物种呈现单一化和濒危趋势。据估计，目前全球濒危的动物有1000多种，濒危开花植物有20000～30000种，占全部开花植物的10%。我国是生物多样性被破坏较严重的国家之一，高等植物中濒危或接近濒危的物种达4000～5000种，约占我国拥有的物种总数的15%～20%，高于世界10%～15%的平均水平。在联合国《国际濒危物种贸易公约》中列出的640种世界濒危物种中，中国有156种，约占总数的1/4。我国滥捕乱杀野生动物和大量捕食野生动物的现象仍然严重，水生生物物种显著减少乃至消失，渔业资源受到严重破坏，水生生态系统功能衰退。2002年在珠江广州市段观察到，原生动物多为耐污种类或食菌及碎屑种类，而自养种类或食藻种类减少；被称为我国四大渔业资源的大小黄鱼、带鱼和乌贼受到严重威胁，产量大幅下降；围海造田使沿海红树林、芦苇等减少，海域及纳潮量减少，造成航道淤积及港口深水岸线资源的破坏。在厦门，国家二级保护动物文昌鱼的渔场遭到破坏，文昌鱼数量锐减，成为濒危物种。

避免生物多样性减少，要大力发展生态工程，在经济发展的同时注意环境保护，大力发展新技术，提高资源利用率，开发新兴清洁能源，减少二氧化碳排放量，并且做到将地域地理特色与经济发展相结合，真正做到生态经济，生态发展，有利于维持生物多样性；要避免环境污染影响生态系统各个层次的结构、功能和动态，进而导致生态系统退化，导致生物多样性在遗传、种群和生态系统三个层次上降低；以有利于维持生物多样性。

8. 森林面积迅速减少

森林面积包括天然起源和人工起源的针叶林面积、阔叶林面积、针阔混交林面积和竹林面积，不包括灌木林地面积和疏林地面积。全球森林面积只占地球总表面积的约9.4%，也就是约40亿公顷。森林覆盖率是指森林面积占土地总面积的比率，是反映一个国家（或地区）森林资源和林地占有的实际水平的重要指标，一般用百分比表示。日本和韩国的森林覆盖率超过60%，中国台湾接近60%，均超过世界平均水平，欧洲北美纽澳等西方国家的平均森林面积比例也只有30%～35%。我国的森林覆盖率过去是16.5%，低于世界大多数国家，处于第139位，人均森林面积仅为世界人均水平的1/4，人均森林蓄积只有世界人均水平的1/7。全国绝大部分森林资源集中分布于东北、西南等边远山区及东南丘陵。

由于人们对木材资源的大量采伐，地球上的森林面积逐年变小，全球森林损失严重，2014年全球损失了超过1800万公顷林地，一年消失面积相当于两个葡萄牙。森林锐减的地区多是发展中国家，印度尼西亚、菲律宾、泰国等东南亚国家均用宝贵的森林资源换取外汇，出口木材是他们外汇收入的一大来源；森林锐减的另一个原因是亚非拉的一些发展中国家农村人口众多，他们均是用木柴作生活燃料，为了得到薪柴而砍树；森林锐减的第三个原因就是毁林开荒，我国沿着长江三峡生活的农民由于人多地少，就把坡度很陡的山坡都开垦为耕地，从而毁掉了大片林地。森林面积减小，后果十分严重，不仅使森林的生态功能，如空气净化、制造氧气、自然防疫等能力大大下降，且引起干旱少雨、气候变暖、动植物资源减少、水土流失、沙尘暴和空气污染加重了多方面的环境问题。因此保护森林迫在眉睫！植树造林，扩大森林面积，增加森林资源，是关系到经济效益、社会效益、环境效益及人类能否生存的大事。

经过多年植树造林，2020年12月，我国森林覆盖率已达到23.04%，森林蓄积量超过175亿立方米，草原综合植被覆盖度达到56%。"十四五"国土绿化目标基本确定，力争到2025年全国森林覆盖率达到24.1%，森林蓄积量达到190亿立方米，草原综合植被覆盖度达到57%，湿地保护率达到55%，60%可治理沙化土地得到治理。

9. 固体废弃物污染严重

固体废弃物按来源大致可分为生活垃圾、一般工业固体废物和危险废物三种。此外，还有农业固体废物、建筑废料及弃土。固体废物如不加妥善收集、利用和处理处置，将会污染大气、水体和土壤，危害人体健康。生活垃圾是指在人们日常生活中产生的废物，包括食物残渣、纸屑、灰土、包装物、废品等。一般工业固体废物包括粉煤灰、冶炼废渣、炉渣、尾矿、工业水处理污泥、煤矸石及工业粉尘。危险废物是指易燃、易爆、腐蚀性、传染性、放射性等有毒有害废物，除固态废物外，半固态、液态危险废物在环境管理中通常也划入危险废物一类进行管理。

固体废弃物具有最难处置、最具综合性、最贴近环境的问题。固体废物具有两重性，也就是说，在一定时间、地点，某些物品对用户不再有用或暂不需要而被丢弃，成为废物；但对另一些用户或者在某种特定条件下，废物可能成为有用的甚至是必要的原料。固体废物污染防治正是利用这一特点，力求使固体废物减量化、资源化、无害化。对那些不可避免地产生和无法利用的固体废物需要进行处理处置。固体废物还有来源广、种类多、数量大、成分复杂的特点。因此防治工作的重点是按废物的不同特性分类收集运输和储存，然后进行合理利用和处理处置，减少环境污染，尽量变废为宝。

2004年全国城市生活垃圾年产生量约为14亿吨，目前随着商品包装的广泛应用，全国城市生活垃圾年产生量骤增，塑料包装物和农用薄膜导致的白色污染更已蔓延全国各地。达到无害化处理要求的不到10%，给城市生态环境造成巨大压力，在城市垃圾中包装废弃物所占体积已经达到30%～40%，目前我国已经有2/3的城市陷入固废物的包围之中。城市固废物对环境的污染主要有以下方面。

①污染大气：固体废弃物对大气的污染表现在以下三方面。一是废弃物的细粒被风吹起，导致大气中粉尘含量增加，加重了大气的粉尘污染；二是生产过程中由于除尘效率低，大量粉尘直接从排气筒排放到大气环境中，污染大气；三是堆放的固体废弃物中的有害成分由于挥发及发生化学反应等，产生有毒气体，导致大气的污染。

②污染水体：大量固体废弃物排放到江河湖海中，有毒有害固体废弃物进入水体，使一

定的水域成为生物死区。固体废弃物与水（雨水、地表水）接触，废弃物中的有毒有害成分必然被浸滤出来。从而使水体发生酸化、碱化、富营养化、矿化、悬浮物增加甚至毒化等变化，危害生物和人体健康。

③污染土壤：固体废弃物露天堆放，不但占用大量土地，而且其中有毒有害成分也会渗入土壤之中，使土壤碱化、酸化、毒化，破坏土壤中微生物的生存条件，影响动植物生长发育。许多有毒有害成分还会经过动植物进入人的食物链，危害人体健康。

④影响环境卫生，广泛传播疾病：垃圾、粪便等长期丢弃在郊外，不作无害化处理而简单地作为堆肥使用是传播病原体、引起疾病的主要原因。

10. 持久性有机物污染

持久性有机污染物（POPs）指人类合成的能持久存在于环境中、具有很长的半衰期，且能通过食物网积聚，并对人类健康及环境造成不利影响的有机化学物质。它具备四种特性：能通过各种环境介质（大气、水、生物体等）长距离迁移并长期存在于环境中，具有长期残留性、生物蓄积性、半挥发性和高毒性，而对位于生物链顶端的人类来说，这些毒性比之最初放大了七万倍以上。

随着经济的发展，难降解的持久性有机物被广泛使用，由其产生的污染开始显现。因此在《关于持久性有机污染物的斯德哥尔摩公约》中确定的首批禁止使用的12种持久性有机污染物，包括有机氯杀虫剂（艾氏剂、氯丹等）、工业化学品（多氯联苯和六氯苯）和非故意生产的副产物（二噁英和呋喃）等三类及六溴联苯，林丹，多环芳烃和开蓬（十氯酮）。这些持久性有机污染物在我国的环境介质中多有检出，这类有机污染物具有转移到下一代体内并在多年后显现其危害的特点，也被称为"环境激素"或"环境荷尔蒙"，危害很严重。目前这类有机污染物广泛存在于工农业和城市建设等使用的化学品之中，必须引起我们高度警惕，对上述12种持久性有机污染物严格禁止使用。

第二节　环境污染物对人体的危害

1. 污染生态化学

（1）污染生态化学的概念

污染生态化学是环境污染化学的分支学科，是研究污染物质在生态系统中产生生态效应的生物化学过程的科学，是研究环境污染对人体作用的科学。污染生态化学包括化学污染物在生态系统（包括有机体和人群等）中的形成、转化过程、作用机制及其生态效应（生物效应）与生态毒理效应等内容。世界各国对后者，即对环境化学物质（或化学品）的生物效应与生态毒理效应尤为重视；对化学污染物的毒理效应大多集中于大剂量、高风险化学污染物对生物体的急性毒性效应的研究，涉及的环境介质以水体为主。化学物质对水生生物不可逆转的毒害作用是其研究重点。

污染生态化学中产生生态效应的主体是生态系统中最活跃的生物。很多生物是多细胞复合体系，细胞是生物机体的结构单元和功能单位，细胞代谢是一切生命的基础，是物质代谢、能量代谢和信息代谢的场所。细胞从环境中摄取营养物质，经过氧化还原、水解合成、异构化等生物化学反应，产生种类繁多的代谢中间产物，细胞利用其产生的营养物质，并利用代谢产生的能量，合成并构建自身有序的组织结构，进行复杂的生命活动。

（2）污染生态化学的分子基础

细胞代谢是一个酶促反应过程。酶催化具有专一性、高效性和易于失去活性的基本特点。酶通常还是一些化学污染物作用的靶分子，一些化学污染物会抑制酶的生物活性，破坏生物体内酶的结构和功能，导致细胞有序的代谢过程受阻，出现细胞代谢异常，可见酶对细胞的代谢发挥关键性的作用。生物体内的 DNA 是生物遗传的主要物质基础，遗传信息以密码的形式储存在 DNA 分子中，因此，核酸是信息分子，烷化核酸碱基是代谢信息分子之一。代谢信息分子是研究细胞信息代谢的切入点。代谢信息分子可以是无机化学分子、有机化学分子和核酸碱基等。环境中的化学污染物作用于生态系统，产生生态效应，从宏观生态系统和微观细胞信息代谢两方面来研究环境污染物的化学过程，可以通过代谢信息分子传递细胞代谢的基本信息，表达环境污染在宏观环境的化学过程和微观细胞生化效应中的本质。同时代谢信息分子从另一方面表达了环境化学物质的结构与活性以及与酶的相关作用。

（3）烷化核酸碱基代谢信息分子与化学污染物

代谢信息分子表达了污染生态化学和生物信息代谢相互关系的实质。对生物信息代谢进行综合分析和比较研究，以代谢信息分子为生化参数，研究环境污染物在生态系统中的生态效应以及变化趋势的动态关系，将污染物在宏观环境和微观细胞中的化学过程相对统一起来，为污染物的生态效应和生态毒理学的研究，开辟一条新思路和新路径。

苯并（a）芘是大气环境中的典型污染物。苯并（a）芘在细胞内经氧化、代谢、活化后与细胞色素 P450 同工酶作用，形成不稳定的中间体，并立即分解成能与 DNA 以及其他细胞大分子反应的亲电烷化剂，这种亲电烷化剂与 DNA 碱基上的氮和氧的亲核中心部位反应，也容易与鸟嘌呤碱基 7 位上氮的中心部位反应，形成 DNA 加合物 BP-DNA 和 BPDE-DNA。它们在 DNA 烷基转移酶等酶的催化下发生脱嘌呤化作用，释放烷化核酸碱基代谢信息分子 7BP 鸟嘌呤和 7BPDE 鸟嘌呤。因此，通过测定 7BPGua 和 7BPDEGua 便可以获取苯并（a）芘在细胞内的生化反应所产生的生物代谢信息。从理论上讲，所有其他环境化学污染物，若能在细胞内代谢活化为亲电的烷化剂，都可以形成相应的烷化核酸碱基代谢信息分子。例如甲基烷化剂与腺嘌呤和鸟嘌呤作用，形成 3-甲基腺嘌呤和 7-甲基鸟嘌呤代谢信息分子等。

2. 环境化学污染物在人体内的转归

环境污染对人体健康的影响是极其复杂的。环境污染中的化学污染物在人体内的转归大致如下。

（1）化学污染物的侵入和吸收

化学污染物主要经呼吸道和消化道侵入人体，也可经皮肤或其他途径侵入。空气中的气态化学污染物或悬浮的颗粒物,经呼吸道进入人体。水和土壤中的化学污染物,主要是通过饮用水和食物经消化道被人体吸收。

(2) 化学污染物在人体内的分布、蓄积和代谢

化学污染物经上述途径被人体吸收后,通过血液循环分布到人体各组织中,不同的化学污染物在人体各组织中的分布情况不同。化学污染物长期隐藏在组织内,并逐渐积累的现象叫作蓄积。如铅蓄积在骨骼内,DDT 蓄积在脂肪组织内等。除很少一部分水溶性强、分子量极小的化学污染物可以原形排出外,绝大部分化学污染物需要经过酶促反应(或转化)改变毒性,增强其水溶性再进行排泄。化学污染物在体内的这种代谢转化过程,叫生物转化作用。肝脏、肾脏、胃肠等器官对各种化学污染物都有生物转化功能,其中以肝脏最为重要。化学污染物在体内的代谢过程可分为两步:第一步是氧化还原和水解,这一代谢过程主要与氧化酶有关,它能够对多种外源性物质(包括化学致癌物、药物、杀虫剂)和内源性物质(激素、脂肪酸)进行催化,能使这些物质羟化、去甲基化、脱氨基化、氧化等;第二步是结合反应,一般通过一步或两步反应,原属活性的物质就可能转化为惰性物质而起解毒作用,但也有些惰性物质转化为活性物质而增强其毒性的。如农药 1605 在体内氧化成 1600,其毒性就会增强。

(3) 化学污染物的排泄

各种化学污染物在体内经生物转化后排出体外。主要通过肾脏、消化道和呼吸道排除,少量可随汗液、乳汁、唾液等各种分泌液排出,也有的在皮肤的新陈代谢过程中到达毛发而离开肌体,有的化学污染物还能够通过胎盘进入胎儿血液,从而影响胎儿的发育,产生先天性中毒及畸胎。化学污染物在排出过程中,可对排出的器官造成继发性损害,成为中毒表现的一部分。除了通过上述蓄积、代谢和排泄三种方式来改变化学污染物的毒性外,还有一系列的适应和耐受机制。

一般来说,对化学污染物的反应,大致有四个阶段:肌体失调的初期阶段;生理性适应阶段;有代偿机能的亚临床变化阶段;丧失代偿机能的病态阶段。如在接触高浓度有机磷农药时,当血液胆碱酯酶活性稍低于机体的代偿功能时,可能不出现症状。当血液胆碱酯酶活性下降到均值(在一般情况下,以健康人胆碱酯酶活性平均值作为100%)时,便很快出现轻度中毒症状,其酶活性降到均值的 30%～40% 时,症状就相当严重,甚至导致死亡。而长期少量接触有机磷农药引起慢性中毒时,体内胆碱酯酶活性下降的程度与中毒症状间往往不成比例,有时胆碱酯酶活性虽然仅为均值的 5%,但却无任何症状。当某化学性污染物污染环境并作用于人群时,并不是所有的人都会同样出现中毒反应、发病或者死亡,而是出现一种"金字塔"式的分布,这主要是与个体对有害因素的敏感性不同有关。及早发现环境污染,减少环境污染危害的一项重要任务,就是尽早发现亚临床期生理、生化的变化和保护敏感人群。

3. 影响环境污染物对人体作用的因素

环境污染物能否对人体产生危害及危害的程度,主要取决于污染物进入人体的"剂

量"。化学性污染物的剂量和反应关系有以下几种情况。

（1）非必需元素、有毒元素或生物体内尚未检出的某些元素

该类元素由于环境污染而进入人体的剂量达到一定程度，即可引起异常反应，甚至进一步发展成疾病。对于这一类元素主要是制定最高容许限量。

（2）必需元素

人体必需元素的剂量与反应的关系较为复杂。一方面，环境中这类必需元素的含量过少，不能满足人体的生理需要时，会使人体的某些功能发生障碍，形成一系列病理变化；另一方面，如果由于某种原因，使环境中这类元素的含量增加过多，也会作用于人体，引起程度不同的中毒性病变。如饮水中含氟量在 2mg/kg 以上时，斑釉齿发病率升高；含氟量达 8mg/kg 时，则可造成地方性氟病（慢性氟中毒）流行；但如饮水中含氟量在 0.5mg/kg 以下，则龋齿的发病率会显著升高。因此，对这类元素不仅要研究环境中最高允许浓度，而且还要研究最低供应量的问题。

（3）作用时间

很多环境污染物具有蓄积性，只有在体内蓄积达到中毒阈值时，才会产生危害。因此，随着作用时间的延长，污染物的蓄积量会加大。污染物在体内的蓄积受摄入量、污染物的生物半衰期（即污染物在生物体内浓度降低一半所需的时间）和作用时间三个因素影响。

（4）多种因素的联合作用

环境污染物经常与其他物理因素、化学因素同时作用于人体。因此必须考虑这些因素的联合作用和综合影响。如锌可以拮抗铅对 δ-氨基乙酰丙酸脱氢酶的抑制作用，拮抗镉对肾小管的损害；而一氧化碳与硫化氢则可相互促进中毒的发展。因此应当认真考察多种因素同时存在时，其对人体的综合影响。

（5）个体差异

人的健康状况、生理状态、遗传因素等，均可影响人体对环境异常变化的反应强度和性质。人体是否患有其他疾病等因素，对机体的反应也有直接影响，如 1952 年伦敦烟雾事件发生的一周内，比前一年同期多死亡的 4000 人，其中 80% 是原来就患有心肺疾病的人。

第三节　环境污染对人体健康的危害

环境污染对人体健康的危害十分复杂。有的污染物在短期内通过空气、水、食物等多种介质侵入人体，或几种污染物联合大量侵入人体，造成急性危害。也有些污染物小剂量持续不断地侵入人体，经过相当长时间才显露出对人体的慢性危害或远期危害，甚至影响到子孙后代的健康。通常将其按照出现危害的时间分为急性危害、慢性危害和远期危害。

1. 急性危害

环境污染物一次或 24h 内多次作用于人或动物机体所引起的损害称急性危害。

①燃烧烟雾引起的急性危害：20世纪30～70年代，在一些发达的资本主义国家中，相继出现了不少污染事件，引起人群中毒死亡。如1952年12月和1962年12月伦敦地区因烧煤排出的飘尘和SO_2造成的急性烟雾事件分别导致4000人和750人中毒死亡。

②光化学烟雾引起的急性危害。光化学烟雾是汽车尾气中的氮氧化物和碳氢化合物在紫外线照射下，形成光化学氧化剂（O_3、MO_2、NO和过氧乙酰硝酸酯PAN等）与工厂排出的SO_2遇水产生的硫酸雾相结合而形成的光化学烟雾。当大气中光化学氧化剂浓度达到0.1mg/kg以上时就会造成急性危害。急性危害主要是刺激呼吸道黏膜和眼结膜，引起眼结膜炎、流泪、眼睛疼、嗓子疼、胸疼等，严重时会造成操场上运动着的学生突然晕倒，出现意识障碍。这种光化学烟雾事件，多发生在汽车多的城市，如美国的洛杉矶、日本的东京等。我国随着经济建设的迅速发展，大中城市汽车日益增多，应引起重视。环境污染对人体造成的急性危害，近年来在我国也时有发生，如2003年我国某气矿发生特大井喷事故，井内喷射出的大量含有剧毒硫化氢的天然气四处弥漫，造成43人死亡、2142人入院治疗、65000人被紧急疏散安置。2004年我国某化工总厂发生氯气泄漏事件，该事件造成9人死亡，方圆两公里范围内的15万居民被转移疏散。

2. 慢性危害

环境污染物在人或动物生命周期大部分时间或整个生命周期内持续作用所引起的损害称为慢性危害。

（1）大气污染对呼吸道慢性炎症发病率的影响

我国某市某地区对中小学生和成年人上呼吸道慢性炎症的调查结果显示，重污染区与轻污染区小学生慢性鼻炎、慢性咽炎和同时患两种以上慢性鼻、咽腔疾病进行比较，重污染区显著高于轻污染区。

国内外大气污染调查资料也表明，大气污染物对呼吸系统的影响，不仅使上呼吸道慢性炎症的发病率升高，同时由于呼吸系统持续不断地受到飘尘、SO_2、NO_2等污染物的刺激腐蚀，呼吸道和肺部的各种防御功能相继遭到破坏，抵抗力逐渐下降，在大气污染物和空气中微生物联合侵袭下，危害逐渐向深部的细支气管和肺泡发展，继而诱发慢性阻塞性肺部疾患（慢性支气管炎、慢性喘息型支气管炎、支气管哮喘和肺气肿）及继发感染症等。

（2）铅污染对人体健康的危害

①环境中铅污染的来源：一是工矿企业在铅矿开采与冶炼以及铅制品制造和使用过程中，铅随着废气、废水、废渣排入环境造成大气、土壤、蔬菜等污染；二是汽车燃烧含四乙基铅的汽油排放的尾气中的铅。

②铅对造血功能的影响：铅通过抑制血红素合成过程中一些酶（其中最敏感的酶是氨基乙酰丙酸合成酶ALA-D）的催化作用，减少血红素的合成，造成低色素性贫血。同时，铅还抑制红细胞膜上三磷酸腺苷酶活性，使膜内外的钾离子、钠离子和水分失去平衡，导致红细胞内的钾离子和水分流失而引起溶血，造成溶血性贫血。因此，通过测定ALA-D活性、血铅含量和尿铅含量并结合红细胞镜检，便可判断铅对骨髓造血系统产生的危害。

③铅对神经系统的损害：铅能引起末梢神经炎，使人出现运动和感觉异常。麻痹可能是铅抑制肌磷酸激酶活性，使肌肉中磷酸肌酸减少，使肌肉失去收缩动力而产生的结果。

④铅对骨骼的损害：被吸收的铅，在成年人体内有91%～95%形成不稳定的磷酸三铅沉积在骨骼中；在儿童体内多积存于长骨骺端，从X光片上可见长骨骺端钙化带密度增大，宽度加大，骨骺线变窄。

⑤铅对智力的损害：幼儿大脑对铅的危害比成年人敏感。对平均年龄9岁的儿童研究发现血铅超过60μg/100mL时并无症状，但是会出现学习能力低下和注意力涣散等智力障碍，同时伴有举止古怪等行为异常的表现。在232例只有胃肠功能紊乱而无脑病症状的轻度铅中毒的儿童中，有19%的儿童最终出现智力障碍，有13%出现癫痫样疾病。铅还可以通过母体的胎盘侵入胎儿脑组织，危害后代。

（3）汞污染与水俣病

水俣病是1956年发生在日本熊本县水俣湾地区的环境污染疾病，故称水俣病。这是一种中枢神经受损害的中毒症。这种病是水俣湾地区的工厂在生产乙醛时，在用硫酸汞催化乙炔的反应过程中产生的副产品甲基汞随废水排入水俣湾海域，被鱼类吸入体内，鱼体含汞量达到20～30mg/kg（1959年）甚至更高，人们大量食用这种含甲基汞的鱼后就患上水俣病。

（4）铬对人体的危害

据报道，我国某地区的铁合金厂附近，因排出含铬废水而污染附近地下水，使得一些井水含铬量超过我国生活饮用水卫生标准达400倍。附近居民由于长期饮用被铬污染的井水后发生口角糜烂、腹泻、腹痛和消化道机能紊乱等病症。此外，环境污染引起的慢性危害，还有镉中毒、砷中毒等。环境污染对人体的急性危害和慢性危害的划分，只是相对而言，主要取决于剂量-反应关系。如水俣病，在短期内摄入大量甲基汞，也会引起急性危害。

3. 远期危害

（1）致癌物质及其致癌特点

致癌物质是指能在人类或哺乳动物机体中诱发癌症的物质。据推测，人类癌症由病毒等生物因素引起的不超过5%，由辐射等物理因素引起的在5%以下，由化学物质引起的约占90%。国际癌症研究中心研究证明对人致癌的化学物质达26种之多，经实验室研究确定致癌的化学物质达221种。在26种对人致癌的化学物质中，有8种是药物。有些是由于经常性的职业接触致癌的，如联苯胺、苯-双氯甲醚、芥子气、镍、氯乙烯、铬（铬酸盐工业）、氧化镉等。由于工业污染而进入城乡居住环境的致癌物有石棉、砷化合物、煤烟等。这些生产和生活中的致癌物致癌有以下几个特点：一是人群接触某一化学致癌物，具有共同特性的癌症高发；二是持续不断地接触这种化学致癌物，可引起相应的癌症发病率不断升高；三是癌症发病率与摄入这种化学物质的剂量呈现剂量-反应关系；四是如果控制接触，可使发病率降低；五是用致癌物做动物实验，动物患癌肿与人患癌肿相似。

①砷化物与癌症：砷矿开采和冶炼或经常使用含砷农药，砷化物通过废气、废水、废渣排入环境，污染空气、水、土壤以及食物，通过呼吸、饮食或皮肤侵入体内。长期饮用被砷

污染的水，可使皮肤发黑，手掌、足底皮肤角质化，皮肤癌、肝癌等发病率升高。1968年，我国台湾西南沿海某地井水中含砷量高达0.25～0.85mg/L，经过对其中37个村40421个饮用含砷水的居民调查，发现了428例皮肤癌患者。

②石棉与肿瘤：石棉纤维（其中温石棉危害性最大）呈结晶状，有锐利的尖刺。当其进入人体后通过刺入肺泡或胸、腹膜，使膜纤维化并逐渐变厚，形成间皮瘤或癌，这是石棉致癌的特点。

③煤烟与癌症：煤烟中的多环芳烃有苯并（a）芘、苯并（a）蒽、二苯并（a，h）蒽、二苯并（a，e）芘、茚并芘等20多种。美国Carnow等分析了一系列有关肺癌流行病学调查资料后认为，大气中苯并（a）芘浓度每增加$0.1\mu g/100m^3$，肺癌死亡率就相应升高5%，有明显的相关性。香烟的烟雾含有苯并（a）芘，吸烟者吐出的香烟烟雾污染空气，使被动吸烟者受到危害。此外，SO_2、Fe_2O_3等与致癌物同时作用于机体时具有增强致癌的作用。这些外因再遇机体免疫功能衰退、激素分泌失调、营养吸收不良等内因就更有助于癌症的发生。

（2）致突变作用

环境污染物引起细胞遗传信息和遗传物质发生突变的作用，称为致突变作用。发生突变的遗传物质在细胞分裂繁殖过程中能够传递给子细胞，使其具有新的遗传特性。具有致突变作用的物质称为致突变物或称诱变剂。常见的具有致突变作用的环境污染物有亚硝胺类、苯并（a）芘、甲醛、苯、砷、铅、DDT、烷基汞化合物、甲基对硫磷、敌敌畏、谷硫磷、百草枯和黄曲霉素等。突变是生物界的一种自然现象，是生物进化的基础。然而对大多数生物来说，则往往是有害的。如果哺乳动物的生殖细胞发生突变，可能影响妊娠，导致不孕或胚胎死亡等；体细胞发生突变，则可能形成癌肿；环境污染物中的致突变物，有的可通过母体的胎盘作用于胚胎，引起胎儿畸形或行为异常。

近年来，各国采用了快速筛检办法以及早发现环境污染物、食品添加剂、农药、医药中的致突变物。常用的方法有染色体畸变分析方法，如外周血细胞体外培养染色体分析、姐妹染色单体互换分析，以及动物骨髓细胞和睾丸细胞染色体畸变分析；污染物致突变性检测Ames实验等。

（3）致畸作用

环境污染物通过人或动物母体影响胚胎发育和器官分化，使子代出现先天性畸形叫作致畸作用。生物体在胚胎发育和器官分化过程中，由于遗传、化学、物理和生物等因素，以及母体营养缺乏或内分泌障碍都可以引起先天性畸形或畸胎。

引起致畸的因素主要有物理因素、化学因素和生物学因素。物理因素如放射性物质可引起白内障、小头症等畸形；化学因素中的农药（敌枯双、螟蛉畏、有机磷杀菌丹、灭菌丹、敌菌丹、五氯酚钠等）、某些药物、一些食品添加剂、有些职业接触的有毒物质和环境化学污染物等均可引起畸形。如甲基汞能引起胎儿性水俣病；多氯联苯（PCB）引起皮肤色素沉着的"油症儿"等。生物因素对母体怀孕早期感染的风疹等病毒，也会引起胎儿畸形等。

第三章　包装的资源环境效应

效应是指在有限环境下，一些因素和一些结果构成的一种因果现象，例如温室效应、木桶效应等。资源环境效应简称资环效应。对于一个产业生态系统（或产品系统）而言，资源一般是输入端，而环境则是输出端。包装和其他产品系统一样，在输入资源（包含能源）后，会在输出的环境端造成一种因果效应，既有正面效应，也有负面效应。我们最关心的是后者，即在输入资源（包含能源）后，通过产品的全部生产过程，对生态环境造成的各种污染和损坏。

第一节　包装对环境的正面效应

根据商品及流通形式的特点，正确选用包装技术、材料，进行合理的结构设计，可以保护商品在流通过程中不破损不变质，也可保护环境使其不受污染。下面从几个主要方面叙述。

一、包装对外力环境因素的保护功能

运输包装在流通过程中，受着静压力、振动和冲击力的作用，为使包装在外力环境因素作用下对商品具有保护功能，必须选择适宜力学特性的包装材料进行抗压设计、依据商品脆值选择合适缓冲材料而进行的缓冲设计，以及在振动条件下对包装件进行抗振强度和避开包装件固有频率而进行的抗振设计。

保护功能是包装最重要、最基本的功能。在设计保护功能的时候，必须了解使产品品质发生变化的每一种危害；同时也须知在生产、运输、装卸、储存和销售时，影响产品质量的外部环境条件。产品流通的环境参数，如温度、湿度、气压、光线、烟雾等，在流通的过程

中会发生变化；这些环境参数可以用简单的仪器测试定量描述出来；在实验室中也能较容易模拟，为设计的包装提供必要的试验环境。然而在实验室中却很难精确描述在装卸和运输等流通环节中，产品受到的外界冲击和振动等参数；因为这些参数会随着装卸的器具、装卸工人的文明程度、运输方式（汽车、火车、飞机、轮船等）等的变化而变化，甚至在同一车辆上不同位置的包装所受的外力也会不同；位于车辆外沿的包装与位于车辆中部、前部、后部的包装，所受的冲击和振动是不一样的。被包装的产品在包装内会受到振动，它们会与包装内壁碰撞或互相碰撞。当受到的外部干扰频率和包装件本身的固有频率相同或相近时，包装件就会产生共振。这时，产品受到的外界干扰将会非常大，这种情况下，产品最容易损坏。在设计包装时，应尽量避免使包装件本身的固有频率接近外部的干扰频率。另外，在设计产品包装的过程中，应考虑机械因素、物理化学因素以及生物因素的影响。如一些微生物等会损坏包装或通过包装小孔进入包装内，它们会使被包装产品的品质发生改变，对食品包装就更应考虑这方面的影响。

保持包装的完整性主要取决于包装的机械特性。包装不仅要能够抵抗外力的影响，而且还要能够抵抗来自自身的内部压力。因而包装材料选择是否得当，包装设计得是否合理，主要取决于两个方面的因素：一是产品本身的性质，二是包装作业环境的要求、运输环境条件和包装所要实现的功能。包装件必须能够抵抗外力的作用，外力对包装件的作用形式见图3-1。

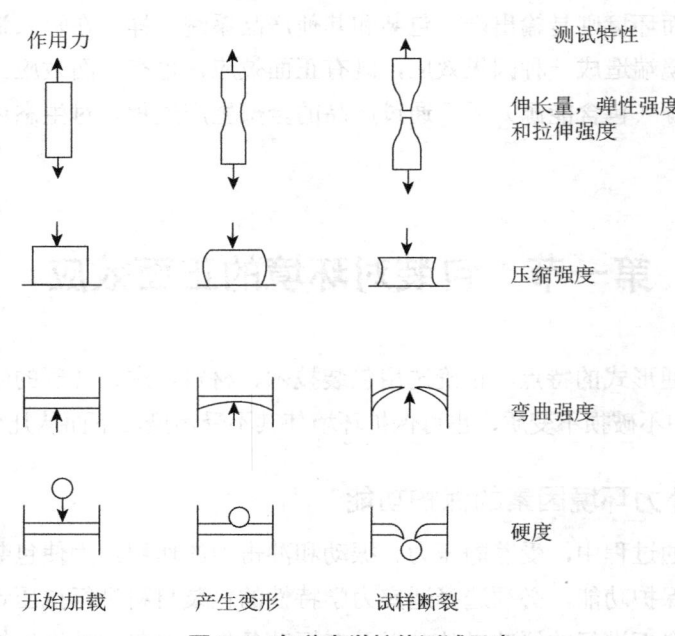

图3-1 包装力学性能测试示意

材料在受到拉伸的情况下，在初始阶段的伸长量与所受的外部载荷呈线性关系，此时材料横截面产生收缩。典型的材料拉伸力-变形曲线见图3-2。在该线性变化区域内，保持弹性变形，即当卸掉载荷后，材料试样将恢复原长。拉应力与应变的比值叫弹性模量（杨氏模量）。一旦超过弹性极限，材料变形的增加速度将超过载荷的增加速度。同一种材料在不同的温度下进行拉伸试验，其力 - 变形曲线也会不一样。图3-3为不同温度下醋酸纤维薄膜拉伸的力 - 变形曲线。

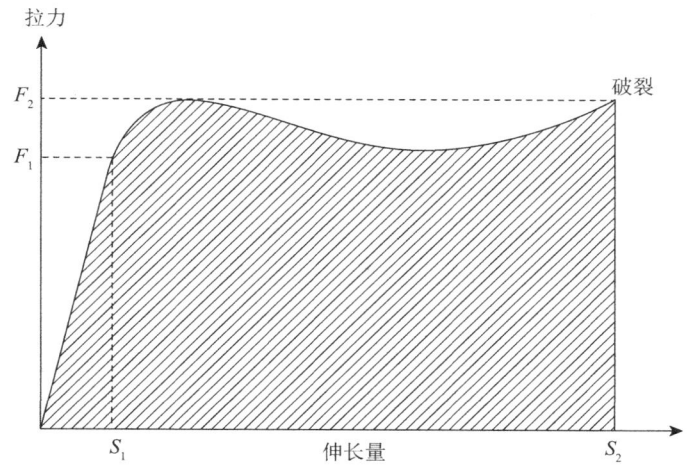

F_1—弹性极限；F_2—最大允许拉力；S_1—弹性变形极限；S_2—断裂伸长变形

图 3-2　材料拉伸力 - 变形曲线

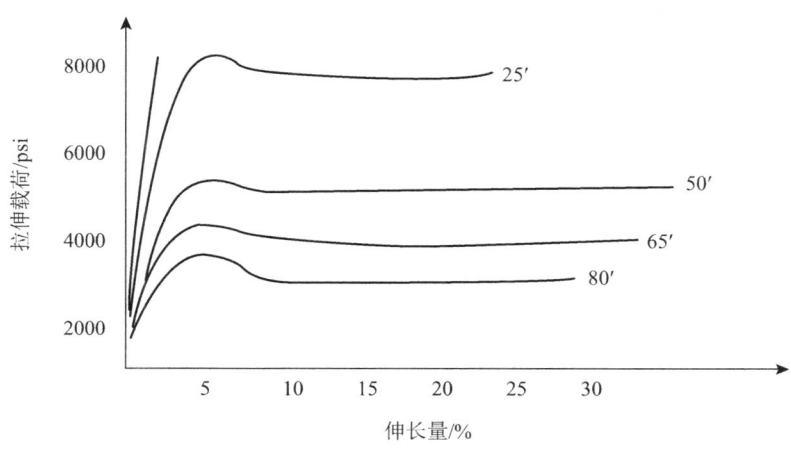

psi：磅 / 平方英寸（拉伸强度）

图 3-3　温度对醋酸纤维薄膜拉伸强度的影响

包装件在运输或储存的堆码过程中会产生静压力，在运输过程中会受到振动，它会对包装件的三个方向（上下、前后、左右）造成影响，产生振动加速度，这些都有可能使包装件受到损坏。因此，外包装箱的抗压强度设计得必须比允许的最大堆码强度大得多。在流通环节中受到的冲击和振动能量等可由包装中的缓冲材料吸收。外界对产品产生的冲击效果与产品的易损性有关。运输包装中用脆值来衡量易损性的大小，即产品在破损前所受到的加速度与重力加速度的比值。某产品的脆值为20g，这就意味着它最大能够抵抗其自身重量20倍的冲击而不会损坏。在设计包装时，就是通过选择适当的缓冲材料，降低传递到产品上的冲击或振动加速度，使其不会超过产品的脆值。

包装件在流通过程中受到的冲击、振动和静压力等均可以通过试验的方法测出。包装件受到的静压力可由压力试验测试。为了模拟包装件受到的实际振动特性，需要在包装上加上载荷，然后将包装件固定在振动台上测试其抗振能力。振动台可以产生水平或垂直方向的加速度。振动测试通常有两种方法，即定频试验和变频试验。GB5170.14—1985 的正弦波振动（定频）试验方法是在低频（3～4Hz）和大振幅（Gm=0.75g±0.25g）的振动条件下考察包装件的强度或检验包装对内装物保护能力的。GB5170.14—1985 的正弦波振动（变频）试验方法，除了考验内装物或包装的抗振性能外，还用来通过扫描确定包装件（振动系统）固有频率，找出共振点，为防振包装的结构设计提供基本参数。在不同运输方式中，振动特性不同，表 3-1 为铁路、公路运输时的振动特性。在运输、搬运过程中，由撞击和其他外力引起的冲击特性，可以通过跌落试验来模拟测得。试验时，包装件从规定的跌落高度自由落到厚钢板或水泥板上。跌落高度按照包装件的重量在 0.3～1.2m 的范围内调整。

表 3-1　铁路、公路运输时的振动特性

运输种类	运行情况		最大加速度 /g		
			上下	左右	前后
铁路货车	运行时的振动（30～60km/h）		0.2～0.6	0.1～0.2	0.1～0.2
	减速时的振动		0.6～1.7	0.2～1.2	0.2～0.5
汽车	一般公路（20～40km/h）	良好路面	0.4～0.7	0.1～0.2	0.1～0.2
		不良路面	1.3～2.4	0.4～1.0	0.5～1.5
	铺装公路（50～100km/h）	满载	0.6～1.0	0.2～0.5	0.1～0.4
		空载	1.0～1.6	0.6～1.4	0.2～0.9

二、包装对光线影响的保护功能

光线会损坏某些食品的光敏成分——维生素，因此对某些食品需按光线的吸收率确定包装材料厚度，进行包装设计。

材料能够反射、过滤或吸收光线。一般情况下，光线的这三种现象会同时存在。吸收光线可以导致化学反应的产生或者加速催化作用。在光线的影响下，材料会发生褪色。食物中含有许多光敏成分，如维生素（维生素 B2 和维生素 C）、色素（β 胡萝卜素）、蛋白质、脂肪和油脂等。通常，光线会加速它们在空气中的氧化和分解。脂肪氧化（腐败、变酸）不仅会使其市场价值和营养价值降低而且还可以造成可溶性维生素（维生素 E 和维生素 A）的分解和损失，有时甚至会形成毒性物质。许多固体产品，如面包或熏肉等，受到外包装的保护，不会受到光线的影响，光线在其包装外层几乎被完全吸收。液体产品包装却比较困难，因为液体产品在包装中总是流动的，并且连续暴露在光线作用下。包装对光线的保护功能包括两个部分，一是使透过包装的光线最少，二是可以阻止某些成分（如空气中的氧气）通过，而这些成分在光线下会加速物质的氧化。透过包装进入内部的光线按朗伯（Lambert）定律计算：

$$I = I_0 e^{-kX} \tag{3-1}$$

式中，I为透射光强；I_0为入射光强；k为吸收率；X为包装材料厚度。光线吸收量与包装材料厚度之间的关系见图3-4。透射光强与入射光强之比为光线透过率，其变化是材料厚度的对数函数。光线的吸收率按式（3-1）计算，相反知道了吸收率，也可以确定包装的厚度。如果包装要求比较小的光线吸收率，那么可以采取增加包装厚度的方法来达到要求。考虑到一些材料的机械性能和其他材料的光线吸收率等因素，采用不同薄膜复合而获得包装壁厚的方法可以取得良好的效果。使用3～5层复合材料作为产品的外包装，可以使包装具有足够的抗拉强度，并且能够有效地阻隔空气和光线的渗透，见图3-4。用公式表示，即

$$I_1 = I_0 e^{-k_1 X_1}$$
$$I_2 = I_1 e^{-k_2 X_2}$$
$$I_3 = I_2 e^{-k_3 X_3}$$

因此，

$$I_3 = I_0 e^{-(k_1 X_1 + k_2 X_2 + k_3 X_3)}$$

式中，k_1、k_2、k_3和X_1、X_2、X_3分别是三种材料的吸收率和厚度。

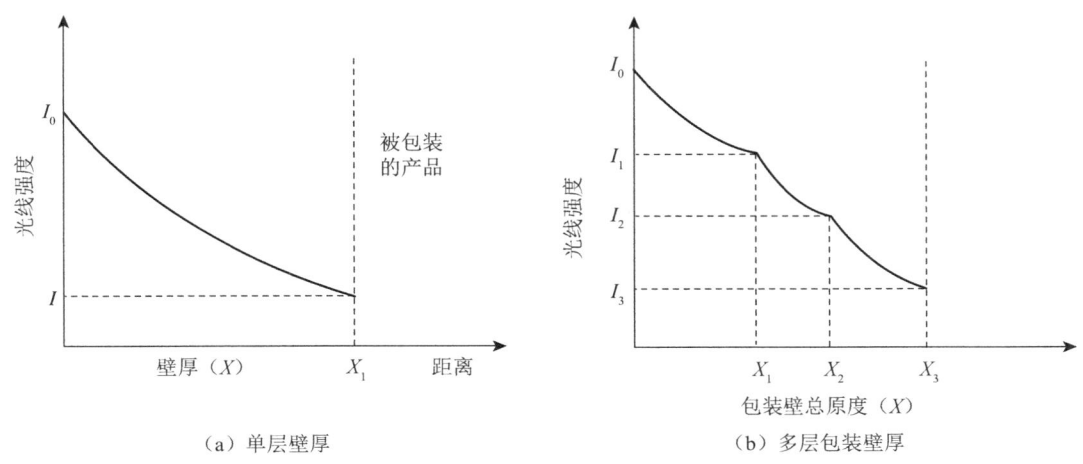

图3-4 光线吸收量与包装材料厚度之间的关系

包装吸收的各种波长的光线强度，可以按照上述公式计算出来。然而，透射过的光线不会被包装产品完全吸收，或多或少有些反射。凯诺（Karel）给出了被包装产品吸收的光线的计算公式：

$$I_{abs} = I_0 \cdot Tr_p \cdot \frac{1-R_f}{1-R_f \cdot R_p} \tag{3-2}$$

式中，I_{abs} 为被包装产品吸收的光线；I_0 为入射光强；Tr_p 为透射光，即透过包装的光线部分；R_f 为包装产品反射的透射光部分；R_p 为包装反射的入射光部分。

考虑到包装材料和被包装产品的各种特性，可以估算出产品质量随着时间的变化而下降的情况。在产品的保质期内，可以通过计算光线透射的允许极限，来衡量产品质量下降的情况。部分包装材料以光的波长为函数的透射曲线见图3-5。从图3-5（a）中可知，HDPE 高密度聚乙烯、聚酯薄膜、醋酸纤维、LDPE 低密度聚乙烯和蜡纸对紫外线有更好的保护能力。从图3-5（b）中看出，有色玻璃（棕色和绿色）与无色玻璃相比，可以减少光线的透过；但是透过的紫外线相同。

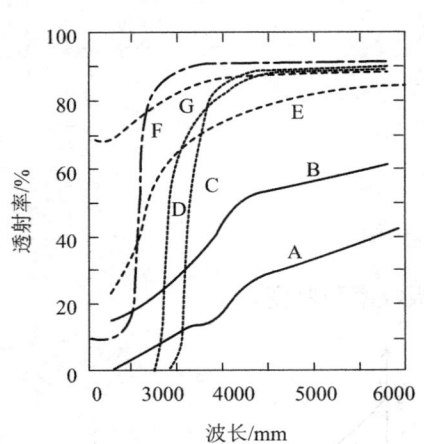

A—HDPE，厚度89μm；B—蜡纸，厚度89μm；
C—聚偏氯乙烯，厚度28μm；D—聚酯薄膜，
厚度35μm；E—氢氯化橡胶薄膜，厚度33μm；
F—醋酸纤维薄膜，厚度25μm；G—LDPE，
厚度38μm

（a）光线在塑料中的透射

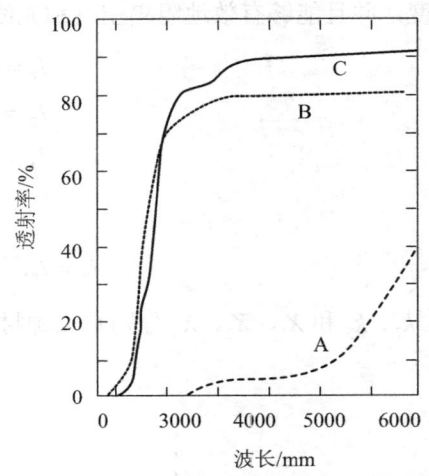

A—琥珀玻璃，厚度3μm；B—半透明玻璃，
厚度3μm；C—窗户玻璃，厚度3μm

（b）光线在玻璃中的透射

图3-5 部分包装材料以光的波长为函数的透射曲线

图3-6 说明，彩色薄膜能够吸收的光谱范围较宽，因而它能够更好地保护产品免受光线的影响。

三、包装对气体和水蒸气的保护功能

包装外部环境和内部环境中气体和水分改变，会对被包装产品有很大的影响。金属、塑料、食品等许多产品容易受空气中氧气的影响而使品质下降，水分的改变也会引起产品品质的改变：如铁制品氧化后会生锈；塑料制品或包装在空气中氧化或在阳光辐射下会变脆，使抗冲击性大大降低；食品中的蛋白质、维生素、脂肪和油脂等在氧气的作用下会发生化学反

应，从而改变食品的品质。阻透性（对气体、水蒸气的阻隔性能）是食品包装材料最主要的性能，包装薄膜的阻氧性及阻湿性（即薄膜对氧气和水蒸气的阻隔性）是水果保鲜期的决定因素。因此为使食品和水果保质保鲜，延长保质期，需要设计高阻隔包装。

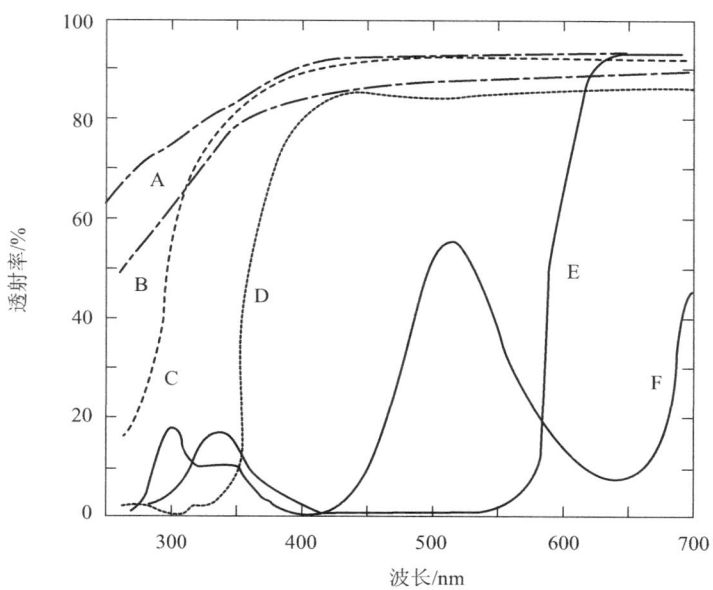

A—普通玻璃纸，厚度 23μm；B—莎纶覆膜玻璃纸，厚度 38μm；C—硝酸纤维覆膜玻璃纸，厚度 25μm；D—玻璃纸覆膜用于吸收紫外线，厚度 25μm；E—红色玻璃纸，厚度 25μm；F—绿色玻璃纸，厚度 25μm

图 3-6　不同类型的不同玻璃纸以波长为函数的光线透射曲线

高阻隔性指一种材料具有很强的阻止另一种材料进入的能力，不论另一种材料是气体、水汽、气味，还是怪味或香气。为了能够估算出产品的保质期，必须掌握包装材料对各种气体（包括氧气、氮气、二氧化碳）和蒸气（水蒸气、香气）的透气率（阻隔性）数据。目前正在使用的高阻隔包装材料中最典型的就是阻氧材料，其中常见的是乙烯-乙烯醇共聚物 EVOH 和尼龙树脂、聚偏二氯乙烯、腈基树脂、聚酰胺等。

水分的改变会引起产品品质的改变，产品中存在的水分与水的活性 a_w 有关，用公式表示为

$$a_w = \frac{P}{P_0} \quad (3-3)$$

式中，P 表示由产品引起的水蒸气气压；P_0 表示纯水表面测得的水蒸气气压。

图 3-7 是各种食物中水含量与水活性的函数图。从图中可知，肉的 a_w 值在 0.95 左右，如果把它放在相对湿度为 75% 的环境中，它会失去水分而变干；而如果把 a_w 值为 0.3 的饼干放在相对湿度为 75% 的环境中，它会吸收水分而受潮变软。当 a_w 太高或太低时，糖会溶化或结晶等。所以每一种产品都有一个相对固定的 a_w 值，当外界环境的相对湿度发生变化后，都会引起产品品质的变化。

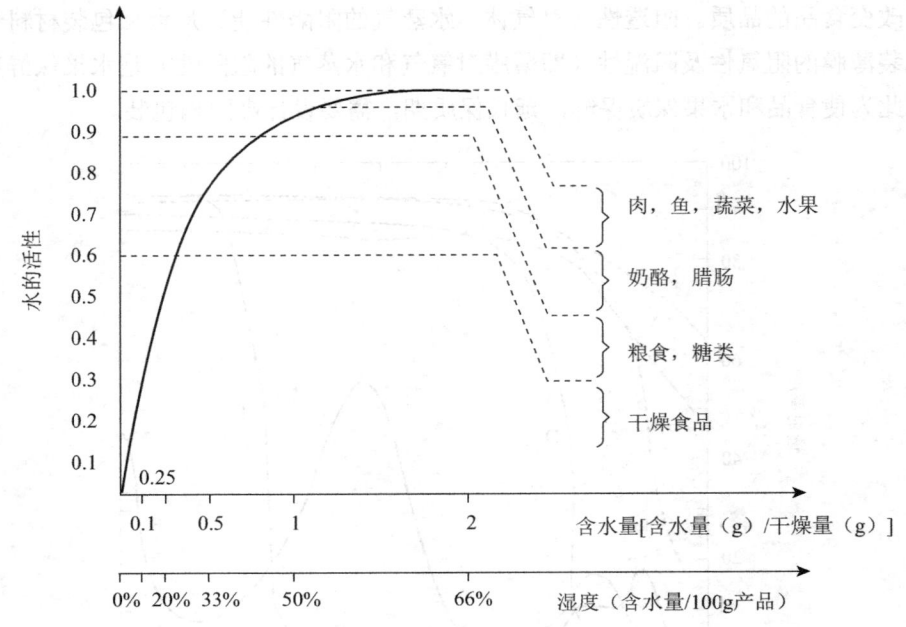

图 3-7 各种食物中水含量与水活性的函数图

一些食品，如水果和蔬菜，它们的保质期除了和温度、水分有关外，还和环境空气中氧气与二氧化碳的比率有关。未经处理的水果和蔬菜，会由于"呼吸"作用，而消耗氧气并产生二氧化碳和水。如果缺乏必需的氧气或者水和二氧化碳，它们就会开始腐烂。产生的二氧化碳的量和消耗的氧气量之比称为呼吸商，即

$$RQ = \frac{CO_2 产生量}{O_2 消耗量} \tag{3-4}$$

对于碳水化合物，如糖和甜食品而言，$RQ = 1$；富含蛋白质的食品在发生氧化反应时，消耗的氧气比产生的二氧化碳多，即 $RQ < 1$；相反，腐烂时，产生的二氧化碳比消耗的氧气多，故 $RQ > 1$。

综上所述，包装外部环境和内部环境中气体和水分的改变，对被包装产品有很大的影响。为了能够估算出产品的保质期，必须掌握包装材料对各种气体（包括氧气、氮气、二氧化碳）和蒸气（水蒸气、香气）的透气率数据。包装材料的气体和蒸气的透气量与时间的函数关系，可以用下面的关系式表示：

$$F = \frac{dM}{dt} = k \times \frac{D}{X} \times S(P_1 - P_2) \tag{3-5}$$

式中，F 表示流量，即单位时间的透气量，cm^3/d 或 mol/d；k 表示气体在包装表面的溶解常数，$cm^3/(cm^2 \cdot Pa)$；D 表示气体在包装材料中的扩散常数，cm/s；X 表示包装材料的厚度，μm；S 表示包装面积，m^2；$\Delta P = P_1 - P_2$，表示局部气体内外的气压差，大气压或 Pa。气体透过包装材料的模式见图 2-8。$K \times D$ 被称为透气常数 B，又可表示为

$$B = \frac{F \times X}{S \times \Delta P} \tag{3-6}$$

单层包装 $\quad F = \dfrac{kDS}{X}(P_1 - P_2) = \dfrac{BS}{X}(P_1 - P_2)$

叠加包装 $\quad F_{tot} = F_1 = F_2 = F_3 \quad X_{tot} = X_1 + X_2 + X_3 \quad S_{tot} = S_1 + S_2 + S_3$

$$B_{tot} = \frac{\sum X_i}{\sum \dfrac{X_i}{B_i}}$$

并排连接包装 $\quad F_{tot} = F_1 + F_2 + F_3 \quad S_{tot} = S_1 + S_2 + S_3$

$$B_{tot} = \frac{\sum B_i S_i}{S_{tot}}$$

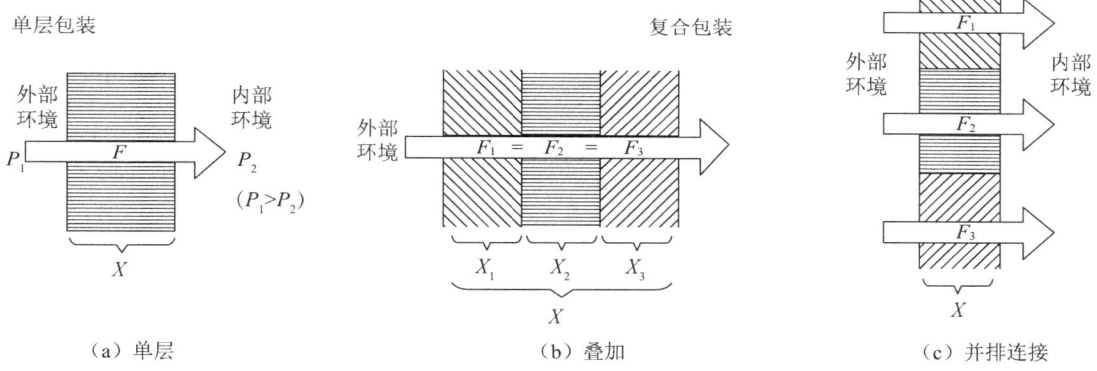

图 3-8　气体透过包装材料的模式

由于单位不同，透气常数也会不同。各单位之间可以按照波义耳和盖-吕萨克关系转换：

$$P \times V = \frac{W}{MM} \times R \times T \tag{3-7}$$

式中，P 表示压力，Pa；V 表示体积，L；W 表示重量，g；MM 表示气体相对分子质量；W/MM 表示气体的量，mol；R 表示气体常数，0.082；T 表示绝对温度，K。根据气体交换来估算产品的保质期，主要是针对塑料包装而言。各种塑料薄膜对氧气、氮气和二氧化碳的渗透见表 3-2 和表 3-3。

表 3-2　30℃时各种包装材料氧气的渗透量

材料	渗透量	
	$cm^3 \cdot mil/(d \cdot m^2 \cdot Pa)$	$cm^3 \cdot 100\mu m/(d \cdot m^2 \cdot Pa)$
LDPE	6000～15000	1500～3800
HDPE	1500～3000	380～750
莎伦（PVC/PVDC）	10～350	3～90
玻璃纸	20～5000	5～1300
特氟龙	25～100	6～25
聚酯薄膜	50～100	13～25
聚三氟氯乙烯	50～1000[①]	13～250
醋酸纤维	1000～3000	250～750
PE与纸复合	100～15000[②]	25～3800
PP（定向）	2450	622
PP（非定向）	3670	933
铝箔	0	0
塑料板	10～400	3～100
Nylon66	55～244	14～62
PS	3980	10^{10}

注：①取决于增塑剂的量；②取决于基材；③取决于水分。

表 3-3　各种塑料薄膜对不同气体的渗透量比较　　[渗透量单位：darrer（巴）]

材料	氮气（B_{N_2}）	氧气（B_{O_2}）	二氧化碳（B_{CO_2}）	$\dfrac{B_{CO_2}}{B_{O_2}}$
莎伦（PVC/PVDC）	1	3.3	19	5.7
Nylon66	6.3	25.4	102	4
聚酯薄膜	5	20	66	3.3
LDPE	890	3030	17800	5.8
HDPE	178	508	2540	5
橡胶	5080	15200	89000	5.8
PP（非定向）	142	937	2300	2.5
PP（定向）	80	622	2160	3.5
PS	—	1014	3350	3.3
PET（定向）	3～4	24～32	60～100	2.5～3.1
PVC（平板）	10～25	20～80	40～200	2～2.5
PE/PVDC	—	(5.5～7.3)×10^{-3}	—	—
玻璃纸	2～6	0.8～2	1.5～24	18～1.2

对塑料而言,气体的渗透性取决于温度。因为塑料具有玻璃态转化温度和熔点,温度在玻璃态转化温度和熔点之间时,塑料具有橡胶结构。温度低于玻璃态转化温度时,其结构类似于玻璃,部分结晶,部分不结晶,分子排列比较有序(高结晶程度),透气性降低。与天然橡胶一样,塑料在橡胶结构温度时,透气性也较高。各种包装材料对水蒸气的渗透常数见表3-4。

表3-4 各种包装材料对水蒸气的渗透常数B(37.8℃,95% RH)

材料	g·mil/(d·100in²)	g·100μm/(d·m²)
玻璃纸	10~100	40~394
纤维素膜+硝酸纤维素膜	0.2~2.0	0.8~8
纤维素膜+莎伦膜	0.1~0.5	0.4~2.0
LDPE	0.8~1.5	3.2~6.0
HDPE	0.3~0.5	1.2~2.0
莎伦(PVC/PVDC)	0.1~0.5	0.4~4.0
PVC	0.5~8.0	2.0~32.0
9μm铝箔	0.1~1.0	0.4~4.0
35μm铝箔	0.1	0.4
纸/铝/PE复合	0.1	0.4
蜡纸	0.2~15.0	0.8
聚酯薄膜	0.8~1.5	3.2~6.0
PP(定向)	0.25	1
PP(非定向)	0.6~0.9	2.5~3.5
PS	6~10	25~40

包装材料吸水后也会影响其透气性,如再生纤维、醋酸纤维和PVC中的水分会影响这些材料的透气性。水的作用就像"增塑剂",吸收水分后塑料薄膜会膨胀,从而会显著增加气体和蒸汽的渗透性。

对于不同材料复合的多层包装材料,可以利用其相应的公式计算出透气值B_{tot}。例如,某种材料是由3层厚度(厚度均为X)相同的铝箔复合而成的,表面为S,其光通量F_{tot}计算公式如下:

$$F_{tot} = F_1 + F_2 + F_3$$
$$X_{tot} = X_1 + X_2 + X_3$$
$$S_{tot} = S_1 = S_2 = S_3$$

总的等式为:

$$F_1 = \frac{B_1 \times S_1}{X_1}(P_1 - P_2) \text{ 或 } (P_1 - P_2) = \frac{F_1 \times X_1}{B_1 \times S_1} = \frac{F_{tot} \times X_1}{S_{tot} \times B_1}$$

$$F_2 = \frac{B_2 \times S_2}{X_2}(P_2 - P_3) \text{ 或 } (P_2 - P_3) = \frac{F_2 \times X_2}{B_2 \times S_2} = \frac{F_{tot} \times X_2}{S_{tot} \times B_2}$$

$$F_3 = \frac{B_3 \times S_3}{X_3}(P_3 - P_4) \text{ 或 } (P_3 - P_4) = \frac{F_3 \times X_3}{B_3 \times S_3} = \frac{F_{tot} \times X_3}{S_{tot} \times B_3}$$

相加得：

$$P_1 - P_4 = \frac{F_{tot}}{S_{tot}}\left(\frac{X_1}{B_1} + \frac{X_2}{B_2} + \frac{X_3}{B_3}\right) = \frac{F_{tot}}{S_{tot}}\left(\frac{X_1 + X_2 + X_3}{B_{tot}}\right)$$

其中，$B_{tot} = \dfrac{X_1 + X_2 + X_3}{\dfrac{X_1}{B_1} + \dfrac{X_2}{B_2} + \dfrac{X_3}{B_3}}$。

如果薄膜的水分影响到透气性，那么这些公式必须慎重使用。例如，表 3-5 为水分对纤维素薄膜（C）、聚乙烯（PE）和 PE/C 复合材料 CO_2 透气性的影响。如果不考虑水分的影响，其结果和实际情况就有些差异。利用表中的数据可以计算出 B_{tot}：

$$B_{tot} = \frac{2X}{X\left(\dfrac{1}{B_1} + \dfrac{1}{B_2}\right)} = \frac{2B_1 B_2}{B_2 + B_2} = \frac{2 \times 10 \times 50000}{50000 + 10} = 20$$

表 3-5　水分对纤维素薄膜（C）、聚乙烯（PE）和 PE/C 复合材料 CO_2 透气性的影响

材料	高潮湿面	相对湿度 /%	透气性 /（$cm^3 \cdot 2.5\mu m \cdot m^{-2}$）（$X_1 = X_2 = 2.5\mu m$）
纤维素膜	—	0	10
纤维素膜	—	100	3000
聚乙烯	—	0	50000
聚乙烯	—	100	47000
C + PE	PE	0	18
C + PE	PE	100	18
C + PE	C	0	18
C + PE	C	100	3500

对于并列连接的薄膜，其透气性可按下列公式计算：

$$F_{tot} = F_1 + F_2 + F_3$$

$$F_{tot} = \left(\frac{B_1 S_1 + B_2 S_2 + B_3 S_3}{X}\right)(P_1 - P_2)$$

$$F_{tot} = \left(\frac{B_{tot} S_{tot}}{X}\right)(P_1 - P_2)$$

其中，$B_{tot} = \left(\dfrac{B_1 S_1 + B_2 S_2 + B_3 S_3}{S_{tot}} \right)$。

如果薄膜上有许多小孔，那么气体和蒸汽的渗透将不再遵循上述气体扩散规则。此时，小孔可以被看作是毛细孔，气体的渗透可根据泊潇（Poiseuille）规则计算。另外，气体的渗透性

$$P = P_0 \cdot e^{-K/T}$$

不会随着温度的升高而线性增加，而是以指数函数的形式增加。形式见上式。

保持食品原有的气味对于产品的品质来说非常重要，但是通过外包装损失的气味又很难计算出来。实际上，包装的透气性主要取决于感观观察和经验。塑料材料不仅能透过气体成分，而且还会透过液体成分，像长期装有油脂的塑料瓶表面有黏稠、油腻的感觉等，就是这种现象。这种液体成分的损失对产品来说不重要，但是它会污染环境，或者可能会使产品的有效成分被薄膜吸收，使产品的品质下降。这些都必须引起足够的重视。

第二节　包装对环境的负面效应

包装在其生命周期全过程之中，特别是生产过程和废弃后会对环境造成严重的污染。下面分述之：

一、包装材料（制品）在生命周期过程中的演变

将生命周期理论应用于包装（含包装产品、包装材料和包装技术）称为包装生命周期分析方法。其定义可以描述为按照一定的目标要求（减少环境污染或节约自然环境资源），从包装产品的整个生命周期，即原材料的提取、生产加工、运输、销售、使用、废弃、回收直至最终处理的全过程，主要是采用量化比较进行分析研究的一种方法。其目的是在包装的整个生命周期时间范围内，比较评价包装产品的环境（资源）性能，或使包装产品、材料、技术对环境的负影响最小，或使资源综合利用率最高。

包装产品的生命周期分析如图3-9所示。包装产品的生命周期分析常用于改进现有包装系统的环境性能，也用于设计新的绿色生态包装系统，选择包装废弃物最佳回收利用方法。国际上许多知名企业集团的产品包装，如可口可乐包装、利乐包装都是利用了生命周期分析法设计出自己的生态包装系统。

市场上大部分的产品都是按一定的工业规模生产或加工处理的。以前的手工包装，现在也采用工业化的处理方法。一些艺术品、珠宝和古代家具，虽然在运输过程中也受到充分的包装保护，但不能把它们当作工业产品。为了使农副产品保持新鲜，也需要对它们进行机械化处理和包装处理。所以，几乎所有的产品及其包装，都需要进行加工处理。

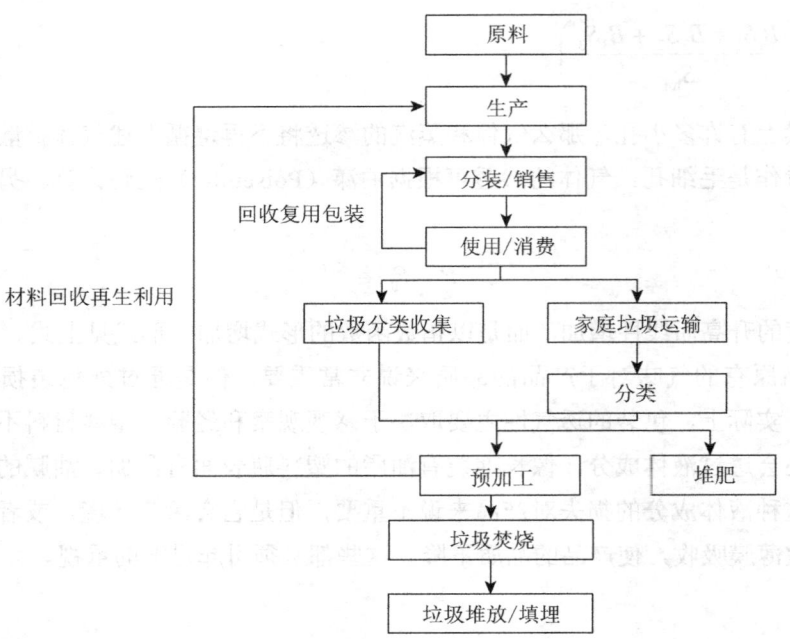

图 3-9 包装产品的生命周期分析

为了生产或处理这些产品及其包装，除了需要原材料之外，还需要耗用机械能或电能。在运输原材料的过程中，也需要消耗能量。无论是靠燃烧煤、天然气或石油等的传统热电厂，还是靠核裂变产生热量的核电厂，都是通过驱动马达产生机械能或产生电能。包装材料及其制品的生产，都必须面对废弃物的处理和污染问题。按照我国相关法规的要求，工业废水必须经过处理，达到标准后才能排放，衡量废水是否达标的参数有温度、酸度、BOD值、COD值、悬浮颗粒和沉淀物的百分含量等。同样，我国的法规也规定了废弃物的排放标准、固态废弃物的处理及再生利用标准，这些标准同样适用于包装材料及其制品的生产制造。在包装材料及其制品的生产制造过程中凡是有缺陷的，都采取现场回收的措施。这些回收的材料被作为新的废弃物，一般不会影响环境。其他的污染，像噪声（包括厂内与厂外的噪声）污染、热污染、光污染和射线污染等，虽然这些污染现象与包装材料没有联系，但它们会对人们的身心产生有害的影响，所以它们也被视为污染物。

产品出厂后被运送到零售商手中，消费者购买使用后，包装与产品分离，变成垃圾或废弃物。这些包装废弃物与工业固态废弃物不同，它们是分散的，很容易和其他包装材料或生活垃圾混合在一起。每一种材料的再生方法是不一样的，在处理过程中，应有选择性地收集、集中到专门的容器中，然后分类，并进行废弃物处理。通常所处理的包装废弃物和固态生活垃圾，其生物活性必须是稳定的。一些工业垃圾，包括田园工业垃圾（如农业固态垃圾）和净化水站的泥浆废水，在特定的条件下可与生活垃圾一起处理。处理的步骤为堆肥、燃烧、压榨、热解（一种干燥蒸馏）。每一个处理步骤都会有新的固体废弃物产生，这些废弃物有些能够被自然界吸收，而有些却不能。因此，包装废弃物对环境的污染问题是一个非常特殊、非常复杂的问题。对于可以回收的包装，由于可以再生使用，通常不把它们列为废弃物。

二、包装生产过程对环境的污染

包装工业生产中的一部分原材料经过加工制作成包装制品，一部分原材料变成污染物排入环境。如包装企业排出的各种废气造成大气污染；排出的各种废水、污水造成水体的污染；生产过程中不能回收利用的包装材料以及包装工业产生的废渣与有害物质对周围环境卫生造成危害。据统计，几乎所有包装制品在加工过程中，都会造成环境的污染。

1. 纸包装生产过程对环境的污染

纸包装在生产过程中，主要是造纸过程中，能耗高、耗水多，并且排出的废液对江河、空气、土壤等环境造成了严重的污染。纸包装所用的纸与纸板均由纤维素构成，这些纤维素存在于树木和其他植物原料之中，造纸过程首要的一步就是制浆，原料可以是木材，也可以是非木纤维（农副产品纤维）和废纸。多数制浆采用化学法，即利用化学药品使与纤维结合在一起的木质素溶解而把纤维素分离出来，要求制浆强度高的包装纸与纸板采用硫酸盐法制取化学浆，主要工序是制浆、蒸煮和回收。对于一些规模小、无三废处理回收系统的造纸企业，生产过程中由于化学药品的作用，不仅要排出黑色的废液，污染江河和农田，还要放出恶臭气体，造成空气污染。采用植物草浆造纸，则会产生更大量的黑液，如没有回收及治理的措施，则黑液顺着排污管道流出后，将污染大片的河水和土地。

纸箱纸盒行业是黏合剂用量最大的行业，最初生产纸箱纸盒采用泡花碱黏合剂，这种黏合剂易返潮、泛碱、黏合强度低，因此黏结的纸箱纸盒易变形变色，造成资源浪费及环境污染，因而我国于1985年已明令禁止使用，改用淀粉黏合剂。纸箱纸盒在印刷装潢时，为达到美观的效果，常需要覆膜，覆膜可在不改变印刷品原有基调的前提下，增加其光泽使之更加鲜艳夺目，并能防潮、防污、耐腐蚀等，从而有效保护了内层。覆膜用黏合剂，多属溶剂型或乳液型，常用的有EVA类、聚氨酯类、聚脂类等有机溶剂型黏合剂。有机溶剂型黏合剂含甲苯、醋酸乙酯、溶剂油等，常占总量60%以上，这些有毒有害成分危害工人身体健康、污染环境，而且还可能引发火灾，所以在重视环境保护的今天，已逐渐被水基纸塑复合黏合剂所取代。

2. 塑料包装生产过程对环境的污染

塑料包装制品的主要原料是高分子合成树脂，是用化学方法制成的。这些制品一般都在液态的环境中，通过加热或冷却生产而成。通常情况下，塑料制品不是反应的唯一产物，反应过程也会伴随着产生其他的化合物。在分离出所需产品后，一些不需要的物质必须处理掉。在反应后的排放物中，悬浮物较多，且生化需氧量较高，它们未经处理不能直接排入大海、湖泊和河流。这些废液中存在少量有毒污染物，如微量的催化剂、溶剂、化合物单体等，它们含有硫和氮难以去除。这些排放的废弃物会使水的pH值升高，同时，由于有机分子反应慢，即使经过废水处理，一段时间后，又会形成新的产物。

用于包装的塑料树脂有两类：一类是半合成树脂，另一类是全合成树脂。半合成树脂，如纤维素可用来合成醋酸纤维、乙基硝酸和硝酸纤维素等包装用薄膜。制造这些再生纤维素薄膜过程中需要使用二硫化碳 CS_2，因此会产生二氧化硫等恶臭的气体和有毒的废水。全合成塑料：一部分由石油和煤加工产物得到，如乙烯、丙烯、苯、甲苯等；另一部分通过反应获得，如苯乙烯、氯乙烯、乙二醇等。在石油和煤的加工过程中，由于存在各种中间产物和最终产物，所以会伴随着废弃物的产生。这些废弃物中含有许多无机物、有机可溶物和不可溶物等，造成水污染。每生产 1t 乙烯，平均产生 $1\sim3m^3$ 废水。生产过程中产生的气体通常是可燃的，在排入大气之前，虽然能够用燃烧的方法处理掉，但会产生二氧化碳等气体，也会造成环境的污染。

3. 金属包装生产过程对环境的污染

金属包装从生命周期全过程，即采矿、冶炼、轧制钢板，到制作包装使用废弃整个过程来看，均会对环境造成污染。金属材料开采冶炼以及制作生产过程，包括选择材料及结构设计、涂装生产、使用储存等，均会对人体及环境造成危害和污染。

在金属桶磨边生产过程中，车间内的空气中充满了大量的烟尘。烟和尘都是微小的颗粒物，尘是因砂轮和钢板相互间的摩擦力作用而形成的颗粒状废弃物，烟则是由钢板上的油污及砂轮中的有机物质受到摩擦热的作用而产生的蒸气冷凝而成的。尤其是在加工镀锌板时，锌受热氧化成为氧化锌的颗粒，是烟气中危害最大的。颗粒物质进入空气以后，其中直径大于 $10\mu m$ 的会因重力作用很快沉降下来，只是在砂轮附近的空气中才有较稳定的高浓度的较粗颗粒。微细颗粒则会较长时间地在空气中飘浮，这些颗粒物质可使砂轮电机及传动系统发生故障，对人体也有害。人们在烟尘弥漫的环境中工作也会影响工作效率，并导致患上尘肺、支气管炎、气喘等疾病。

钢桶涂装前需要对其表面进行除油、防锈、磷化、钝化等化学处理。在表面处理过程中，使用有机溶剂、碱、磷酸盐等，危害人体，污染环境。在涂装过程中，涂料及工艺对环境影响较大。一般溶剂型涂料在喷涂时会产生废气污染。虽然有的厂家采用了良好的通风装置等设备，如水帘式喷涂室等许多有效排放和回收处理设施，但是，有机溶剂和过量喷出的漆雾因排放回收处理欠佳等原因，仍有相当程度的有机溶剂和飞散漆雾的废气污染环境和危害操作者的健康。在涂装干燥过程中，由于使用涂料不同、干燥设备不同，干燥时挥发出性质不同的废气。涂装及干燥过程中进入空气的挥发性有机溶剂主要有甲苯、二甲苯、酯类、酮类、醇类、少量的醛类及胺类等污染环境及危害人类健康的有毒有害气体。

涂装生产中产生的废渣主要来自涂装前处理反应过程中的沉淀物；在被处理钢桶表面形成各种沉积膜时产生的沉淀物等；不同涂装方法的过量涂料漆雾飞散附着在涂装室壁、设备和通风排尘装置、输送道等处，待有机溶剂挥发后则形成的沉积废渣。涂装前表面处理废渣含有大量的多种金属离子，如硫酸亚铁、磷酸盐、锌及其化合物、氢化物、铬、镉、铅及其化合物等。涂装过程中的涂装废渣中含有颜料、合成树脂和有机溶剂及其化学组成物质。涂装生产中对水的污染，主要是酸或碱的污染，会使水的 pH 值改变。

4. 玻璃包装生产过程对环境的污染

在玻璃包装容器的整个生命周期中，对环境污染最严重的是生产过程。玻璃原材料主要是矿物原料，这些矿物原料在高温条件下反应生成玻璃的主体——硅酸盐 Na_2SiO_3，同时生成的副产品 CO_2、HF、SO_2 等气体对环境造成污染；另外加入的辅助材料，如 Al_2O_3、$Al_2(SO_3)_3$、$BaCO_3$、Na_2CO_3 在高温下也同样将产生一些有害气体。上述两方面的废气污染是玻璃包装生产的主要污染。产生废气的方程式如下：

$$CaCO_3 \longrightarrow CaO + CO_2 \uparrow$$

$$CaF_2 + H_2O \longrightarrow CaO + HF \uparrow$$

$$Al_2(SO_3)_3 \longrightarrow Al_2O_3 + SO_2 \uparrow$$

玻璃包装生产过程中对环境产生污染的第三方面因素是熔窑烧煤加热燃烧时产生的 SO_2 和 CO_2，随烟尘排出时对空气造成的污染。

三、包装废弃物对环境的污染

包装多属一次性使用，所以大量的包装产品使用后即成为包装废弃物。20 世纪末在工业发达国家，包装废弃物所形成的固体垃圾在重量上约占城市固体垃圾重量的 1/3，而在体积上则占 1/2，且包装废弃物的总重量还以每年 10% 的速度递增。大量的包装废弃物，尤其是不可降解的塑料包装废弃物对环境造成了严重污染，而且浪费了大量宝贵资源。纸包装虽然具有较好的回收利用性，但目前回收率还不够高，尤其是我国与工业发达国家在回收利用方面还存在较大的差距。纸与其他材料复合后因不易降解，会对环境产生较严重的污染，因此非特殊需要，目前应尽量避免采用纸复合材料进行包装。

塑料包装废弃物是高分子材料，化学结构及性能稳定，一般自行降解速度缓慢，也不易被细菌侵蚀，因此塑料包装废弃后不腐烂、不分解，形成百年不腐的永久垃圾，给环境带来了严重的白色污染。污染环境的塑料废弃物主要有塑料地膜、EPS 发泡塑料、PVC 包装材料等。地膜主要有增温、保温和保墒特性，还可以防治杂草和虫害。但是由于地膜很薄，老化破碎后清除回收十分困难，长期积累在农田中也影响耕作；杂混在饲草中，牲畜吃后，易导致牲畜患疾病或死亡。EPS 主要用作缓冲包装、隔音材料及快餐器皿。它们在铁路沿线及掩埋场中的积累，给环境造成了很大的污染。PVC 包装废弃物在燃烧时会产生 HCl 气体和残留有毒物质，污染大气层及土壤。另外，其他的塑料废弃物，特别是复合塑料废弃物，均会对环境造成不同程度的污染。

金属包装废弃物可经过翻修整理，回收复用，或经回收后回炉重熔铸造，轧制成新型材料或钢材等，因此金属包装是一种易回收再生的包装。但是闭口钢桶在使用后，均或多或少存在着内装物倒不干净的问题，而且当留有残余物的钢桶被废弃后，可能对环境造成污染；金属包装在回收利用过程中，主要的工艺是清洗、脱漆、再涂装等，如果处理不当，也会产生"三废"，对环境造成污染；废旧钢桶在熔化再利用的过程中，由于废旧钢桶中多少有些残余的内容物，在高温下，有的分解为气体，有的燃烧后产生一氧化碳或二氧化碳，有的变成熔渣，这样便又产生了环境污染物。

玻璃包装容器在流通中发生损坏，成为碎渣以及使用后未回收的废弃物，均会对环境产生污染。目前我国对玻璃容器尤其是破碎玻璃的回收情况还很差，目前除对饮料及啤酒采用押金回收复用制度外，罐头、食品、医药、化妆品的包装瓶均很少回收，其他废弃碎玻璃回收情况也很差，不仅浪费了大量资源，对环境的污染也十分严重。

第三节 包装消耗能源的环境效应

能源属于资源，与环境的关系尤为重要。能源推动经济发展，虽有利于环境改善的方面，但在能源获得和利用的过程中，也会改变原有的自然环境或产生大量的废弃物，使人类的生存环境受到破坏和污染。

煤炭在开采过程中会造成矿山生态环境的破坏，威胁生物栖息环境。主要包括对地表的破坏、引起岩层的移动、矿井酸性排水、煤矸石堆积、煤层甲烷排放等。煤炭在消费过程中产生大量二氧化硫、二氧化碳、氮氧化物、一氧化碳、烟尘和汞等污染物，是造成大气污染和酸雨的主要原因；所排放的温室气体，会造成全球性的温室效应，引起全球气候变化。

油田勘探开采过程中的井喷事故、采油废水、钻井废水、洗井废水、处理人工注水产生的污水的排放；气田开采过程中产生的地层水，含有硫、卤素以及锂、钾、溴、铯等元素，其主要危害是使土壤盐渍化；油气田开采过程中的硫化氢排放；炼油废水、废气（含二氧化硫、硫化氢、氮氧化物、烃类、一氧化碳和颗粒物）、废渣（催化剂、吸附剂反应后产物）排放；海上采油影响海洋生态系统，石油因井喷、漏油、海上采油平台倾覆、油轮事故和战争破坏等原因泄入海洋，对海洋生态系统产生严重影响；在交通运输业，机动车消费石油过程中会产生尾气，排放一氧化碳、碳氢化合物、氮氧化物、铅等污染物，对大气造成严重污染。

水电是一种相对清洁的能源，但其对生态环境仍有多方面的不利影响，主要表现在：截流造成污染物质扩散能力减弱，水体自净能力受影响；淹没土地、地面设施和古迹，影响自然景观，尤其是风景区；泥沙淤积会使上游河道截面缩小，河床抬高，下游河岸被冲刷，引起河道变化；改变地下水的流量和方向，使下游地下水位升高，造成土壤盐碱化，甚至形成沼泽，导致环境卫生条件恶化而引起疾病流行；建设过程采挖石料和填土，破坏自然环境；泄洪道变流装置的安装会造成对鱼类等水生生物的破坏，截流阻断鱼类洄游等；会改变河流水深、水温、流速及库区小气候，对库区水生和陆生生物产生不利影响；可能会诱发地震；小水电站还会向生物圈排放一些温室气体（特别是由于水库中生物质的腐烂而产生的甲烷）等。

核能对环境的影响主要来自两个阶段：核燃料生产和辐射后燃料的处理。由于人类无论何时何地都处于各种来源的天然放射性辐射之中，通常燃料生产过程的放射性污染较轻，一般不构成严重危害，但仍须予以充分注意。人类对反应堆已有了一定的安全保障措施，但世界范围内的民用核能计划的实施,已产生了上千吨的核废料。这些核废料的最终处理问题并没有完全解决,在数百年内仍将存在放射性危害。

可再生能源开发利用整体上较传统化石能源来说,更加清洁安全,但是开发利用可再生能源仍然会带来一些环境问题。如风能开发中,风机会产生噪声和电磁干扰,并对景观和鸟类产生负面影响等。太阳能开发也会产生不利环境影响,主要是占用土地、影响景观等。此外,制造光伏电池需要高纯度硅,属能源密集产品,本身需要消耗大量能源。含镉光伏电池的有毒物质排放虽然在安全范围之内,但公众仍担心对健康的危害。生物质能利用对环境的不利影响,主要是占用大量土地,可能导致土壤养分损失和侵蚀,生物多样性减少,以及用水量增加。用汽车运输生物质会排放污染物。另外,农村居民使用薪柴和秸秆等生物质能作炊事和供热燃料的传统利用方式引起的室内空气污染,对居民健康产生严重危害。地热资源开发利用的环境影响主要是地热水直接排放造成地表水热污染;含有害元素或盐分较高的地热水污染水源和土壤;地热水中的 CO_2 和 H_2S 等有害气体排放到大气中;地热水超采造成地面沉降等。海洋能是洁净的能源,对环境不会产生大的不利影响。但潮汐电站会对海岸线生态环境带来一定影响;波浪能发电装置能起到使海洋平静的消波作用,有利于船舶安全抛锚和减缓海岸受海浪冲刷,但波浪能发电装置给许多水生物提供了栖息场所,促使其繁殖生长,可能会堵塞发电装置;海洋温差发电装置的热交换器采用氨作工质,氨可能会污染海洋环境;建在河口的盐差能发电装置,还要解决河水中的沉淀物和保护海洋生物的问题。

改革开放以来,由于经济高速增长,我国已成为世界第二大能源生产国和消费国,能源在使用的过程中会不可避免地产生 SO_2、NO_x、烟尘等物质,这些物质若不加以处理直接排入大气,会造成环境的破坏;同时我国目前能源结构的主体还是消耗煤碳,因此二氧化碳排放量大,居世界第二位,所以节能减排任务重。

包装工业能源消耗大,在消耗能源过程中不仅有能源获取时对环境产生的污染,而且还有其自身生产、运输过程中消耗电能而对环境排放产生的污染,所以包装工业要努力节约能源,节能减排,同时建设脱硫脱硝除尘设施,实现达标排放,为保护生态环境作出贡献!

一、纸包装生产对能源的消耗

纸包装的原材料大多是木材、禾草与回收废纸,在造纸过程中,主要的能源消耗(约85%)用于从木材中分离出纤维和烘干纸张。表 3-6 为生产 1t 木材、纸浆纸、塑料所消耗的能量。

表 3-6 生产 1t 木材、纸浆、纸、塑料所消耗的能量

材料	加工过程	能量 /J
木材	伐运	6640
纸浆	碎木	19360
纸	木加工成纸	42710

(续表)

材料	加工过程	能量 /J
LDPE	石油加工成 PE	39580
	PE 加工成瓶子（5 万个）	43540
HDPE	石油加工成瓶子（5 万个）	44800
PP	石油加工成 PP	43730
PET	PET 生产	76570
	瓶子生产（5 万个）	95230

纸包装可以循环再生使用，但是它不利于利用能量。纸包装与玻璃和金属再循环相比，其蕴含的能量可视为一种有价值的"易燃物"，其燃烧释放出的能量可用于产生机械能或电能。

二、塑料包装生产对能源的消耗

塑料树脂的种类有许多，但用于包装的只有少数几种，其中聚乙烯的比例约为 65%。原油是生产塑料的主要材料，塑料与原材料石油一样，会有一定的含热量，并且有较高的热量值。

塑料包装制品的制造，首先是先将塑料树脂加热到熔化状态，然后通过一些加工工序（如挤压、吹塑、拉伸等）获得所需的造型。表 3-6 中列出一些塑料加工消耗能量的数据，这些加工过程需要通过机械来实现，而这些机械要靠电能来控制。塑料包装的再循环与再使用存在很多困难，用于食品包装的塑料材料的再循环已被禁止。塑料包装材料的再使用同玻璃包装材料类似，即回收后再熔化并重新制成新的包装造型。当然塑料包装废品也可以用来制造其他产品，如花盆、垃圾袋等。塑料能够以单体的形式再循环或利用，使其含有的能量得以恢复，但是其循环成本是非常高的。

三、金属包装生产对能源的消耗

金属包装中常用的材料是马口铁、白铁皮（镀锌薄钢板）、镀铬薄钢板、铝等。铝主要用来制造二片罐包装碳酸饮料等，铝箔是用于阻挡光线的材料，马口铁、白铁皮（镀锌薄钢板）、镀铬薄钢板等主要用于食品包装或用于制造喷雾罐。表 3-7 为生产 1t 玻璃和金属包装的能量消耗。金属用于食品包装，其内壁要涂上涂料，这些涂料也会增加包装的能量消耗，但它没有包含在总的能耗中。生产金属包装所消耗的能量主要取决于所用材料的种类。

表 3-7 生产 1t 玻璃和金属包装的能量消耗

材料	加工过程	总能量 $/10^6$ J
玻璃	原料加工成玻璃	15.694
锡罐（170mL）	原料加工成锡罐	63.104
铝罐（450mL）	原料加工成铝罐	213.730

由于金属包装结构方面的原因，金属包装重复使用的效果不太理想。但是，金属包装可以再生利用，分离比较容易。例如，用电解的方法分离锡，从1000kg的锡铁废料中可以得到980kg铁与5.2kg锡，需要75kW的电能与约30L的燃料。铁和铝废料被送回熔化炉回收后，可以被重新制造成新的包装容器，在制造过程中，需要新的能量消耗。

四、玻璃包装生产对能源的消耗

玻璃包装生产能耗见表3-7。生产不同有色透明玻璃的能量消耗几乎是相同的，微小的差别主要是玻璃上色时原材料生产的能耗差异。玻璃生产中需加入20%～25%的碎玻璃，一般80%的碎玻璃由厂家自己产生的废品提供，其他20%来自家庭废品或分散收集的玻璃废品。在玻璃制造过程中，碎玻璃使用量的增加会降低能耗，如果碎玻璃的使用量达到40%，能耗将减少25%。

对于回收的玻璃包装，估算其平均寿命对于重新使用它们是很有用处的。玻璃包装的平均寿命可以根据玻璃包装的损失量进行计算。例如假设产品到用户手中直至回收的整个过程中，损失量为$a\%$，则100个包装每循环一次，将有$(100-a)$个瓶子得到回收；即每一次循环和每100个瓶子中有a个新瓶投入使用。因此每批次包装在平均$n=100/a$个来回后将全部被新瓶子代替。每个玻璃包装消耗的能量会随着返回数量的增加而减少。

对于可回收的包装，消费者送到包装公司所消耗的能量可以忽略不计。因为一般消费者会返回商店再次购物，商店的经营者也会到供销商那里去取货，故其附加能量消耗也可以忽略不计。

此外，包装辅料的生产，比如缓冲材料、护棱、护角、胶带、捆扎材料等，也需要消耗一定的能源。包装运输中需要消耗大量的资源，包装的"重量"是影响运输成本的主要因素。包装运输的方式有空运、海运、火车运输、卡车运输等。几种运输方式相比，空运效率高、能耗高、费用昂贵，海运慢、能耗较低、费用便宜。单位重量的平均能量消耗率，用kW和10^6J表示。表3-8给出了各种运输方式的运输效率和平均能耗，它说明随着载重量的增加，公路运输相对能耗较低。

表3-8 各种运输方式的运输效率和平均能耗

运输方式		MJ/(t·km)	kW·h/(t·km)	T·km/kW·h	(t·km)/MJ
海运		0.087	0.024	41.10	11.50
铁路		0.406	0.113	8.87	2.46
陆运	1t	7.880	2.190	0.46	0.13
	1～2t	4.590	1.270	0.78	0.22
	3t	3.450	0.960	1.04	0.29
	5～8t	1.650	0.460	2.18	0.60
	10～12t	1.220	0.340	2.96	0.82
	20～30t	0.770	0.220	4.65	1.29

第四章　绿色包装的兴起、发展及绿色包装制度

从20世纪60年代起,全世界掀起了一股保护地球环境、保护自然界生态系统的环保大潮。在这股环保大潮的影响下,以减少包装废弃物、减少包装废弃物对环境造成"白色污染"为主要特点的"绿色包装"(也称"无公害包装"或"环境之友包装")在20世纪80年代应运而生。同时,90年代的世界贸易危机,促使一些国家为保护有限资源、环境和人类健康,制定了包括绿色包装制度在内的一系列环保标准,用以限制来自国外进口的产品、包装或服务,统称绿色贸易壁垒,也促进了绿色包装的产生和发展。

本章将介绍绿色包装的兴起及发展、内涵及定义、绿色包装制度及相关的安全卫生规定。

第一节　绿色包装在全球环保大潮中兴起

在现代经济发展中,包装产品的使用量大面广。包装在发挥正面价值的同时,也因大量消耗资源和能源,从而和其他工业产品一样,对人类的生存环境,包括大气、水、土地、食品等造成严重污染。20世纪60年代后期,全球环境污染、资源匮乏、能源短缺的严重情况已引起全球环保组织的高度重视;1968年4月,全世界30多位科学家聚集在意大利首府罗马,以专题座谈的形式研讨了人类未来的环境问题,这是有关生态危机的第一次重要国际讨论会,会后发表了研究报告。

1972年6月5日,联合国在瑞典斯德哥尔摩举行了第一届世界性的环境会议,研讨当代环境问题,寻求保护全球环境的战略。会议通过了联合国《人类环境宣言》《人类环境行动计划》,由此人们达成共识:保护自然界生态系统的动态平衡是全人类的崇高任务,对于

人类和生物赖以生存的各种自然资源，应该积极保护、科学管理、合理开发和充分利用，绝对不能破坏生态系统的平衡。会议呼吁各国政府和人民为维护和改善人类环境，造福全体人民，造福后代而共同努力。会议还一致决定将 6 月 5 日确定为"世界环境日"。

1978 年以后，许多工业发达国家为保护环境，在国际贸易中逐步推行产品"环境标志"。凡标有"环境标志"的产品，表明该产品从生产到使用，直至最后消费回收均符合环境保护要求。只有在产品取得某国的绿色标志或环境标志后，方能获得进入该国市场的"通行证"，否则禁止其入境。

1985 年，鉴于南极上空出现"臭氧空洞"，世界环境专家在维也纳签订了《保护臭氧层维也纳公约》。1987 年 9 月 15 日，为保护对人类生存有重要意义的臭氧层，全世界 137 个国家和地区的代表聚集在加拿大的蒙特利尔，签订了禁用氯氟烃物质的《关于消耗臭氧层物质的蒙特利尔议定书》（我国于 1991 年加入该议定书签约国），并确定 9 月 15 日为"国际环保臭氧日"。

20 世纪 80 年代，一系列崇尚自然、保护环境的绿色产品相继出现，如"绿色食品""绿色服饰""绿色冰箱""绿色建材""绿色汽车"直至"绿色市场""绿色城市"等，从而在全世界范围内掀起了一股声势浩大的绿色浪潮。随着世界生活水平的提高，凡商品皆有包装，使得包装废弃物尤其是塑料包装废弃物与日俱增，形成刺人眼目、对环境造成严重污染的"白色污染"。为有效解决包装与环境污染的问题，以符合全世界掀起的绿色浪潮，20 世纪 80 年代中后期涌现出"无公害包装"或"环境之友包装"。

1987 年，联合国环境与发展委员会发表了《我们共同的未来》宣言，向世界各国政府和人民正式提出建议：人类的生活方式和生产方式应该调整为对环境更为友善和无害；控制环境污染不只放在进行污染产生之后，而应该放在生活方式和生产过程的调整之中。这一原则促使人们在 20 世纪 80 年代后期开始注意对产品的生产制造、使用、回收利用到丢弃的整个过程，即从产品的整个生命过程——"从摇篮到坟墓"的全过程去综合评价其环境性能，这就产生了生命周期分析方法（LCA）。

1991 年，德国作为世界上第一个重视包装废弃物回收与利用的国家，首先发布了《德国包装条例（Verpackungsgesetz）》，用立法的形式要求所有的包装材料必须能再利用与回收，并且要求制造商、进口商和零售商必须负起包装废弃物回收与利用、保护环境不受污染的责任。接着，欧共体于 1991 年底颁布了关于包装、包装废弃物的指令（即包装与环境法规）；法国、美国也于 1992 年、1993 年相继颁布了包装废弃物处理法令。在这之前，20 世纪 80 年代中期以后，丹麦、英国、荷兰、意大利、瑞士等国已相继公布了包装材料限用或包装废弃物处理的单项环保法规。上述环保法规均规定不符合环境要求的包装不能入境。自此，绿色环境标志、绿色环保法规、多边环境协定在世界上构成了绿色非关税贸易壁垒。

1992 年，为了全人类的共同利益，联合国又在巴西里约热内卢召开环境与发展大会，有 102 位国家元首和政府首脑参加了大会。会议通过了《里约宣言》和《21 世纪议程》两个纲领性文件以及有关森林问题的原则声明和公约，它鼓舞着亿万人民及各行各业为创造优美、文明、平衡、适应人类生存发展的生态环境而努力奋斗；大会还确立了可持续发展为21世纪最重要的政策取向，我国也将可持续发展战略列为环境与发展十大对策之首。同年，在我国召开的一次国际包装学术讨论会上，国外学者对"无公害包装"进行了介绍；1993年初本书作者在发表的论文中，采用绿色的喻义，提出我国应大力发展不造成环境污染的绿色包装。绿色，代表天然生长的植物，喻义植被茂盛，生机勃勃，生命旺盛。中国包装总公司也于1993年向全行业正式发出"发展绿色包装，保护生态环境"的号召。

1996年，国际标准化组织ISO成立TC207委员会，颁布了国际环境系列标准ISO 14000。它是生产"绿色产品"的国际新标准，也是指导"绿色包装"生产的国际新标准。该标准的目标是规范厂商的环境行为，减少生产所造成的环境污染，最大限度地节约资源和能源，改善环境质量，确保绿色产品质量。无疑ISO 14000的颁布将绿色产品、绿色包装的发展向前推进了一大步。

综上所述，绿色包装是在世界环保大潮的推动下，于20世纪八十年代兴起，而在20世纪九十年代随着全世界环保意识的深化，可持续发展战略、生命周期分析理论以及国际绿色标准ISO 14000的确立，绿色包装获得了大发展。毫无疑问，21世纪将是绿色世纪，绿色包装是世界包装发展不可逆转的大趋势。

第二节　包装与环境相容的发展过程

为避免包装对资源环境的负面效应，使包装从对环境造成"白色污染"变为无公害，这就要求包装与环境必须相容，亦即要发展无公害包装或绿色包装。什么是无公害的绿色包装，人们经过不断的探索和认识的深化，对绿色包装的理念也逐步加深了认识。概括起来，绿色包装至今历经了以下三个发展阶段。

一、"包装废弃物回收处理"阶段

包装材料的发展与人类文明发展史和技术进步紧密相关，进入20世纪60年代后，社会商品经济的发展出现了大工业生产、高速化生产、大量消费、一次性消费等适合现代人类高生产、高消费、快节奏等特点的生产和消费方式。而包装是商品经济发展的一个重要环节，商品经济生产要求开发适应高速化、自动化包装的高强度包装材料，商品经济流通又要求开发能确保商品质量和延长寿命的高性能及多功能的包装材料，因而塑料以其质轻、强度高、耐腐蚀性能好且易于多元（多层）复合获得多功能性，从而满足了商品经济的发展要求。因此，从20世纪60年代起，塑料迅速进入包装领域并获得了广泛应用，由于在功能性、节约资源、节约能源以及质量轻方面都具有明显的优势，因而取代了其他部分传统包装材料。但塑料的不腐烂、不分解性以及塑料包装大多一次性使用的特点，使包装废弃物大量增加，在社会上形成了公害，到20世纪80年代，这种污染已在城市形成了刺目的"白色污染"；加之随着商品经济的发展，纸包装、瓦楞纸箱、玻璃包装、金属包装的使用量也大大增加，工业越是发达的国家，人均包装材料消耗量越高，包装废弃物数量也就越大。人们对包装废弃物造成污染采取的对策就是强调回收处理各种包装废弃物以及研制开发可降解的包装材料。两者相比，更多的国家认为回收处理是减少包装废弃物对环境污染的主要方向。包装废弃物回收处理的方式有填埋、焚烧、回收重复利用、回收再生四种，之后又增加了一种堆肥化处理方式。其中，回收利用和回收再生能使包装废弃物回归到生物圈的生物体系之中，进行再循环，是一种再资源化的最佳方式，应予以大力提倡。

为将包装废弃物回收处理，不少国家颁布了相关法令，将回收处理废弃物纳入法制轨道。最早颁布这类法令的国家有美国、丹麦等国家。美国于1973年颁布了《军用包装材料废弃处理标准》；丹麦于1984年立法规定包装材料必须回收并循环使用，重点是饮料包装；欧共体及多数国家在20世纪90年代相继颁布了综合性的包装废弃物限制法规；我国在1996年颁布了《包装废弃物的处理与利用通则》。同时在20世纪70年代初，已有一些国家的专家开始研究光敏剂添加型塑料和淀粉基生物降解塑料，并有专利发表；70年代中后期，美国在国内建成了3条生产线，第一条以谷物基和马铃薯淀粉基为原料进行生产；第二条以糖用甜菜发酵技术提取原料进行生产；第三条从乳酸中提炼聚乳酸树脂。

二、"3R1D"阶段

20世纪80年代中期，美国环保部门就包装废弃物对环境污染的问题进行了一次调查，并就如何减少包装废弃物对环境的污染提出了以下3个方面的意见。

第一，认为商品包装得过多，应尽量不用或少用包装。

第二，应尽量回收利用商品包装容器。

第三，那些不能回收利用的包装材料和包装容器，应该采用可生物降解的材料，用完之后可以被生物分解，不危害公共环境。

1991年，德国联邦会议公布了《德国包装条例（Verpackungsgesetz）》，法令强调了包装与环境协调问题，指出：包装应由与环境相协调且不会造成环境负担的材料制成，所有的包装制造者和使用者都有义务重视包装与环境的协调性。这就要求包装制造者在选择包装材料时，必须考虑如何消除包装垃圾，只有包装垃圾消除后，才能做到包装与环境相协调。这个概念表明与环境相协调的包装亦即对环境无害的绿色包装的含义：凡不符合节约原材料的包装，或不能重复利用的包装，或要付出高昂代价才能回收利用的包装，都不能称为与环境协调的绿色包装。据此，德国在欧洲最先提出了与环境相协调的包装应遵循的"3R1D"原则：即reduce，包装减量化，也称为节省资源化技术；reuse，包装再使用，重复使用；recycle，包装回收再生，循环使用，它和reuse又合称再资源化技术；degrandable，包装材料降解腐化，不形成永久垃圾。上述原则已被世界上公认为包装绿色化的发展方向。

三、"LCA"阶段

LCA（life cycle analysis），即"生命周期分析"方法。该方法指出，评价包装产品（包装材料、包装技术）的环境性能，不能只从包装废弃后对环境的影响去评价，而必须从包装产品的整个生命周期，即原材料提取、生产加工、运输、销售、使用、再使用或回收，直至最终处理的全过程，采用量化比较的方式，去评价包装产品的环境性能。这种分析方法可以用作比较性分析，比较数种包装产品谁的环境性能更好；也可用来通过一个产品的全过程分析，寻求全过程中每个环节对环境的影响，以此来调整产业政策、技术政策、生产工艺和材料选择等。

生命周期分析方法提出于20世纪80年代，该方法至今尚没有统一、标准的分析方法，且计算复杂、分析烦琐，被称为"从摇篮到坟墓"的分析技术；且准确收集产品的数据也存在困难，有时往往会失之毫厘、谬以千里，影响到评价及分析结果的准确性。但这种分析方法的全面性、系统性、合理性、科学性已得到越来越多人的重视和承认，尤其是国际标准化组织ISO的"环境管理技术委员会TC207"于1996年1月制定并陆续颁布实施的国际环境管理系列标准ISO 14000已将生命周期分析方法纳入其中，并作为标准体系中的一个重要子系统。这就奠定了"生命周期分析"方法在评价所有产品，包括包装产品环境性能的权威地位。因此，我们对绿色包装内涵的认识也必须从包装废弃后扩展到包装废弃前的全过程，不仅要重视减少包装废弃物对环境的污染，也要重视采用并行设计、清洁生产等措施减少包装产品在生产及流通过程中对环境的污染。

国家市场监督管理总局、国家标准化管理委员会采用"生命周期分析"方法，于2020年发布的《绿色包装评价方法与准则》中指出："绿色包装"是指在包装产品全生命周期中，在满足包装功能要求的前提下，对人体健康和生态环境危害小、资源能源消耗少的包装。

第三节 绿色包装的定义及分级标准

一、绿色包装的内涵和定义

通过前面对绿色包装理念及内涵扩展的分析，可看出绿色包装的理念具有保护环境和节约资源两个方面的含义。其中最主要的含义是保护环境，但节约资源和保护环境关系十分密切，消耗资源就会带来环境污染，资源消耗越多，废弃物越多，对环境的污染也越大；减少包装资源的耗损，也就从源头上减少了造成环境污染的包装废弃物。最大限度节约资源和能源，也是保护环境的治本措施。表4-1所示是将废铁罐、废铝罐和废纸等处理后再造成钢材、铝材、纸张等，所能节约能源的比例及空气、水污染降低的比例。

表 4-1　节约能源的比例和环境污染下降的比例

项目	铁	铝	纸
能源节约比例 /%	65	95~97	70~75
空气污染降低比例 /%	85	95	74
水污染降低比例 /%	75	97	35

具体说来，绿色包装应具备以下含义。

①实行包装减量化（reduce）。绿色包装在满足保护、方便、销售等功能的条件下，应是用量最少的适度包装。欧美等国将包装减量化列为发展无害包装的首选措施。

②包装应易于重复利用（reuse）或回收再生（recycle）。通过多次重复使用或通过回收废弃物，生产再生制品，或焚烧利用热能，或堆肥化改善土壤等措施，达到再利用的目的。既不污染环境，又可充分利用资源。

③包装废弃物可降解腐化（degrandable）。为了不形成永久垃圾，不可回收利用的包装废弃物要能分解腐化，进而达到改良土壤的目的。当前世界各工业国家均重视发展利用生物或光降解的可降解包装材料。

④包装材料对人体和生物应无毒无害。包装材料中不应含有毒的元素、卤素、重金属或含量应控制在相关标准以下。

⑤在包装产品的整个生命周期中，均不应对环境产生污染或造成公害。即包装产品从原材料采集、材料加工、制造产品、产品使用、废弃物回收再生，直至最终处理的生命周期全过程均不应对人体及环境造成危害。

前面4点应是绿色包装必须达到的要求。最后1点是依据生命周期分析方法，用系统工程的观点，对绿色包装提出的理想化的最高要求。通过上述分析，对绿色包装可作出如下定义：能够循环复用、再生利用或降解腐化，且在产品的整个生命周期中对人体及环境不造成公害的适度包装，称为绿色包装。

二、绿色包装的分级标准

绿色包装是一种理想包装，完全达到它的要求需要一个过程，为了既能有追求的方向，又有可供操作且能分阶段达到的目标，相关部门可以按照绿色食品分级标准的办法，制定绿色包装的分级标准如下。

A级绿色包装：指废弃物能够循环复用、再生利用或降解腐化，含有毒物质在规定限量范围内的适度包装。

AA级绿色包装：指废弃物能够循环复用、再生利用或降解腐化，且在产品整个生命周期中对人体及环境不造成公害，含有毒物质在规定限量范围内的适度包装。

AA级绿色包装也被称为生态包装，重在保护生态环境。

上述分级，主要考虑的是首先要解决包装使用后产生的废弃物问题，这是当前世界各国环境保护工作关注的热点,也是提出发展绿色包装的主要内容。在此基础上再采用生命周期分析方法,进一步解决包装生产过程中的污染;为此,应特别重视贯彻国际环境管理系列标准和实施清洁生产。

包装绿色化的发展优化过程,是一个不断剔除、替换非"绿色"物质的过程,也是一个迭代更新、绿色性能逐渐增强的过程。

第四节 绿色包装制度

绿色包装制度及相关的安全卫生规定是当今世界的非关税的绿色贸易壁垒之一;但它鉴于保护环境的需要,对产品包装提出了更高、更完善的要求,客观上也促进了包装和环境协调相容,从而促进了绿色包装的发展。食品包装机械设计中实施的安全卫生规定,也是以保障人类健康、安全、卫生为由,但更高的设计要求在客观上也形成了一种贸易堡垒。

一、绿色包装制度的概念及形成

绿色包装制度是绿色技术(标准)壁垒的一种。后者和绿色关税制度、绿色市场准入制度、绿色环境标志制度、环境卫生检疫制度、绿色补贴制度等共同构成了当今世界的绿色贸易壁垒。绿色贸易壁垒以保护有限资源、环境和人类健康为由,通过制定一系列环保标准,对来自国外进口的产品、包装或服务加以限制。

绿色包装制度是指发达国家制定的对有关产品包装的更高、更完善的标准制度,它涵盖了包装材料、包装标志标识和废弃物的回收、复用和再生等等方面,目的是防止包装材料及其形成的包装废弃物给环境造成危害,或因结构不合理的包装容器可能危害使用者的健康而采取的环境保护措施,是一种比较完善的包装材料及容器的市场准入制度。绿色包装制度既能有效解决环境问题,实现包装和环境协调发展,符合世界环保潮流;也常被一些国家作为是否准予进口的标准以达到限制进口的目的,成为绿色包装壁垒。绿色包装制度在绿色壁垒中尤以其覆盖的广泛性、内容的复杂性和制定国的多样性而易发生贸易摩擦,故须引起我们高度重视和认真应对。

绿色包装制度和其他绿色贸易壁垒,均源于20世纪90年代的世界贸易危机和60年代出现的环境危机。世界贸易量在"二战"后迅速增长,成为推动各国经济发展的动力,到20世纪90年代,各国经济持续过热增长、导致了全球性的生产过剩,各国进口大量减少,使贸易进出口失去平衡,引起全球性的经济衰退;正是在上述背景下,工业发达国家纷纷出台用绿色贸易壁垒等环境保护法规来限制贸易。同时联合国各组织在此期间也高度重视治理由工业革命带来的环境污染,颁布了一系列国际环保公约及标准:1987年蒙特利尔《保护臭氧层维也纳公约议定书》;1996年WTO乌拉圭回合通过《卫生与动植物检疫措施协议》,建议使用国际标准,并明确规定各国有权采取措施,保护人类和动植物的健康,尤其确保人畜食物免遭污染物、毒素、微生物、添加剂的影响，确保人类健康免遭进口动植物携带疾病而造成危害。1996 年 4 月 ISO 又正式公布 ISO 14000 环境管理体系国际标准，要求从产品原材料选择、生产制造、流通使用到废弃处理的整个生命周期过程评价产品的环境性能；企业生产环境应满足 ISO14001 环境管理体系的要求，一切不符合该标准生产的产品，任何国家都有权拒绝进口。这些国际法规为保护人类的生存环境和健康，解决经济与环境协调发展，为世界各国在统一的环境管理标准下平等竞争提供了条件；但同时也为工业发达国家设置绿色贸易壁垒提供了依据。

欧美在国际环保法规下制定的绿色包装制度，客观上对包装环保性施加了压力，促进了绿色包装发展。

环保大潮的要求和绿色包装制度的压力，是绿色包装发展的两大动力。

我国每年因包装问题使外贸减少外汇收入约为 10%，给出口贸易造成了严重的损失；自加入 WTO 以来，非关税壁垒成为国际贸易中的主要壁垒，而绿色包装制度是其中的重要组成部分。据商务部统计，我国 20 世纪末每年有近 240 亿美元的出口商品因达不到包装要求而受影响，其中相当一部分是因包装不符合绿色要求造成的。因此，我们必须加快发展符合环保大潮和绿色包装制度要求的绿色包装。

二、绿色包装制度的特性

1. 形式的合法性

工业发达国家制定的绿色包装制度，在名义上均以保护本国环境和国家生态安全、保障人类健康和生命安全、保障消费者利益、资源与能源的合理利用等为主旨，因而符合国际上保护人类生存环境的有关法规（ISO 14000 等），从而有了国际立法作为依据；同时也迎合了大家关心生态环境、环保消费的心理要求。

《卫生与动植物检疫措施协议》等国际法规规定各国有权采取措施，保护人类和动植物的健康。也给绿色包装制度和其他绿色壁垒提供了法律支持。

在既有《国际法》作为依据，又有国内环保立法支持下，因此出口国在为绿色包装制度而发生贸易摩擦时，就处于被动和弱势地位。

1998 年，中国商品因木包装检出天牛微生物，被美国海关禁止进口；同年美国农业部签署法令，要求对来自中国的木包装，必须要经过蒸煮或热处理杀菌且有检验和检疫标志；如果违规，则整批产品不准进入美国或者在美国监视下销毁，一切损失由中国负责。这一条令使中国外贸损失近 180 亿美元。

2. 内容的歧视性

因发达国家和发展中国家经济发展水平不同，故由科学技术水平较高、处于技术垄断地位的发达国家单方面制定的绿色包装制度（或其他绿色贸易壁垒），对发达国家来说是可以达到的，但对于发展中国家则很难达到；因而会存在貌似公平，实则不公平的情况，对自由贸易产生不合理的歧视性。

发达国家制定的绿色包装制度是在高科技基础上的检验标准，标准是否科学，以及环保标准在量化上的不确定性又不容讨论，使无制定标准话语权的发展中国家无可奈何，从而导致发展中国家因为达不到高标准而被禁止出口。20世纪90年代初，美国制定陶瓷中对人体有害的重金属铅的限量标准，使素以"陶瓷王国"著称的我国的陶瓷产品，因达不到该限量标准而在美国陶瓷市场的占有份额仅为日本同期同类产品的1/10。

另外，进口厂商还须同该国厂商一样对其包装物进行回收和再利用，不得不依靠当地销售商或废物处理中心来处理包装废弃物，并因此支付高额的费月，从而导致更多的贸易摩擦。

3. 操作上的难适应性

这是绿色包装制度较其他绿色贸易壁垒不同而具有的一项特性。许多国家制定包装环保标准时，往往要考虑其国内的民族习性、颜色图案的市场偏好、废物处理设施等条件。这些条件因国而异，满足了一国环保包装的要求，又可能会受到另一国的限制。为符合不同国家的环保包装要求，进口厂商就必须支付更多的包装成本。

三、欧盟"94/62/EC指令"的主要内容

欧盟94/62/EC《关于包装和包装废弃物处理的欧洲议会和理事会指令》是一项典型的绿色包装制度的综合法规，适用所有的包装。

欧盟指令94/62/EC是一部技术性法规，基本要求具有强制性，是市场准入的第一道技术门槛，只有满足基本要求的产品包装方可投放市场和交付使用。基本要求是指产品包装在以下四方面的要求：①保障健康和生命安全；②保护环境和国家生态安全；③保障消费者利益；④资源与能源的合理利用。限制的主要内容有：严格限制包装和包装材料中有毒有害重金属和金属元素的最大含量；用安全的材料替代受限制或可疑的材料；限制使用不易回收和不具有商业回收利用价值的包装材料（制品）；禁止或限制使用某些原始包装材料，对木质包装须实行强制性措施；对玻璃、金属包装容器内壁层的限制；要求包装性质是减量化、可重复使用、可回收再利用；实行标志、标签、标记制度。

1. 严格限制包装和包装材料中有毒有害重金属和其他金属元素最大含量

在所有包装材料、包装和包装组件中，铅、镉、汞和六价铬的浓度总量最大允许极限为100mg/kg（即100ppm）。

在干燥物质中，其他金属元素允许最大含量（mg/kg）如下：Zn 150，Cr 50，Cu 50，Mo 1，Ni 25，Se 0.75，Cd 0.5，As 5，Pb 50，F 100，Hg 0.5。

对有害的其他物质，制造商也须确保减到最小限度。

在包装和包装材料中，着色剂、涂料、印刷油墨的涂料溶质及其他添加剂中，均会含有金属颗粒。含有金属颗粒的包装废弃物在焚烧时可能随飞灰散发或残留在废渣中；包装废弃物或废渣被埋在填埋场中将形成渗滤液，通过地下水源可能伤害人体健康。铅、镉、汞和六价铬是对人最有害的四种有毒物质；其他金属颗粒进入人体也不易排出而伤害人体健康。

2. 用安全的材料替代受限制或可疑的材料

用 PET 替代 PVC：聚氯乙烯 PVC 的氯乙烯单体因迁移对人体有害、被列为食品、医药以及与儿童接触的产品包装中限制使用的材料。78/142/EEC 规定用于食品包装材料的氯乙烯单体限制在 0.701mg/kg 以下。但为了规避风险，欧盟的企业大都采取安全的、低风险的材料 PET 替代。

用 PP 替代 PS：苯乙烯的单体也是有害的，且在常温或加温状态下容易产生异味，故出于使用安全考虑，在某些应用上也被视为不受欢迎的产品，常以 PP 取代 PS。

包装用纸以氧化法漂白替代含氯物质漂白：包装用纸相当大的数量属于氯漂白，所产生的多氯联苯系极毒物质，会污染水源。故欧盟已普遍用氧化法制造的漂白浆（臭氧漂白）取代氯漂白，其产量已超过 60%。而包装用纸占纸总产量也是 60%。

用水溶剂型取代有机溶剂型的黏合剂和印刷油墨：有机溶剂型黏合剂和印刷油墨中有易挥发或可溶的甲醛、苯、甲苯、二甲苯和甲醇等挥发性有机化合物（VOC），因有害操作者身体健康必须慎重使用，故以无毒的水溶剂型黏合剂取代之。为避免油墨中有害重金属（如锌铬黄）超过限定的量，切忌过分印刷装潢。

禁用偶氮染料：欧盟规定，可释出浓度超过百万分之三十、对人体有害的芳族胺偶氮染料，不得用于与人体长期接触的纺织品或皮革制品的包装（主要是瓦楞纸箱、鞋盒、布袋）上。欧盟各成员国还禁止市场上销售含蓝色素的皮革制品、纺织品及包装。

对可降解塑料：应标明降解条件、时间、能否最终分解成二氧化碳和水。不完全降解塑料仍对环境有害。

以上氯乙烯单体、多氯联苯（PCB）、有机溶剂型黏合剂、印刷油墨中易挥发和可溶物质及有害重金属由于对人有害，均被美欧列为食品、医药以及与儿童接触的产品包装中严格限制使用的材料。

3. 限制使用不易回收和不具有商业回收利用价值的包装材料（制品）

限制使用不易回收利用的热固型塑料包装材料：复合材料不易回收，故应尽量使用单层薄膜的包装；

发泡塑料（EPS、EPE）缓冲垫由于其收集、分类、运输成本高于回收利用（资源或能源）价值，故被视为不能商业化回收利用的产品，已逐渐退出市场，而以纸浆模塑、蜂窝纸板或瓦楞纸板（折叠后）加工成型的缓冲垫，或 EPP、PE 气垫塑料薄膜袋取代之。

4. 禁止或限制使用某些原始包装材料，对木质包装须实行强制性措施

为防止包装材料上的病毒虫害对生态环境的破坏，欧盟指令禁止或限制使用原始包装材料，如：木材、稻草、竹片、柳条、麻和以此为基础的包装制品，如木箱、草袋、竹篓、柳条筐篓、麻袋和布袋等；在包装辅料方面，也禁止或限制以纸屑、木丝作为填充料；对上述包装材料及辅料均应先进行消毒，除虫和其他必要的卫生处理。

在出口机电、五金商品包装中，木质包装仍占有主要地位；联合国粮农组织规定对包装货物的木质材料必须进行加工处理，力争制止以吞噬木屑为生的各类昆虫通过其寄生的木

质出口商品包装材料跨国界蔓延。欧美对进口的木质包装（木质铺垫材料、支撑材料、托盘等），规定均须有出口国出入境检验检疫机关出具的已经过热处理、熏蒸处理、防腐剂处理或其他为进口国所认可的处理措施的证明。

木质包装容器不应有树皮和 3 毫米以上的虫眼。

5. 对玻璃、金属包装容器内壁层的限制

玻璃包装容器应按使用范围（食品、医药、化工），控制可溶性碱性氧化物及砷的涂覆层的溶出量；

金属包装容器的内壁和内壁镀膜涂层在保质期内不能因迁移或溶解与内装物发生化学反应；对食品包装尤为严格。

6. 要求包装性质是减量化、可重复使用、可回收再利用

为保护环境、节约资源，94/62/EC 指令要求包装性质必须减量化、可重复使用（可重复灌装）和可回收再生。企业生产商（供应商）对其出口包装必须履行是否合格的评定程序，证明其出口商品包装符合减量化、可重复使用或可回收再利用的要求。

过度包装判别：确定包装是否属于过度包装，多数国家常用的判断方法是按包装与商品的价值比或按包装内空隙占商品体积的空隙比例来判断；

欧盟"94/62/EC 指令"却是考虑适度包装的多种属性，认为需从满足保护功能、制造要求、填充灌装需要、物流管理要求等 10 种性能指标来判断包装是否"过度"。

最小的适当的重量（体积）的包装，应满足如下 10 种性能指标的要求：满足产品保护要求；符合包装制造规程；满足包装（填充物）操作要求；满足物流管理要求；满足产品介绍和行销需要；为使用者（消费者）能接受；应开启和再次使用方便；满足提供产品资料，使用方法、条形码、生产日期、指导储藏和有效期的需要；满足安全设计需要；包装的形状、大小应符合法律、法规和国际贸易规则的所有协议；符合有关经济、社会和环境含义的议题要求。

对凡符合"可以重复使用"和"可以回收再利用"条件的包装，使用如下图示标志。

可以重复使用标志　　　　可以回收再生标志

7. 实行标志、标签、标记制度

标志有强制性和自愿性的两种。在欧盟市场上强制性标志有 CE 认证标志。它是工业产品进入欧盟市场的通行证，应用在儿童玩具、家电产品、化妆品、医疗设备、易爆炸物品、电气设备和汽车上。自愿性标志有针对纺织品进入欧洲市场的生态标签（ECO-Label），绿点标志（Green Point），单因素环境标志等。

四、欧盟 FSC 认证（森林认证）

欧盟 2013 年实施 FSC 认证（森林认证）新规：其宗旨是为了进一步遏制毁林行为，鼓励合法木材经营，推进森林可持续经营，规范欧盟市场木材贸易企业行为。对木制品提出的严格要求是：以木材为原料的木制品要求 100% 达到合法性或者拿到 FSC 认证。凡输入欧盟的木材及木制品，其生产加工销售链条上所有厂商必须提交木材来源地、国家及森林、木材体积和重量、原木供应商的名称地址等证明木材来源合法性的基本资料等。

行业人士估计按此要求，企业（家具、木包装箱等）将承担成本增幅在 5%～10%。至 2013 年，全球范围获得 FSC 认证的木材约有 10%，而国内市场获得认证的木材不足 1%。

第五节　绿色包装的发展趋势

随着对资源枯竭、环境恶化、气候变暖和食品安全认识的不断深化，人们对绿色包装的认识和要求也从减少固体废弃物及其对环境的污染扩大为在包装生命周期全过程中减排、节能、低碳、降耗、生态、安全，可自行降解，可循环再利用，可持续发展。这表明绿色包装目前的发展正在进入高级阶段——生态包装阶段，它呈现出如下的主要特点：包装材料能完全生物降解，包装原材料生态化，食品包装材料无毒化，节约能源、降低能耗，低碳成为减排的首要指标，3R1D（Reduce，减量化；Reuse，可重复使用；Recycle，可回收再生；Degrandable，可降解腐化）绿色技术进一步提高，电子商务的发展使商品包装回收再利用更显迫切。依据作者的观察和了解，2015 年以来，绿色包装的发展出现了如下八个方面的新趋势。

一、天然高分子生物降解塑料的研发进展快速

天然高分子生物降解塑料的原材料来源于大自然的生物，如植物中的淀粉、纤维素、蛋白质、天然橡胶和动物中的甲壳素、壳聚糖、蛋白质和核酸等，利用天然高分子作原材料是包装生态化的重要取向。天然高分子植物只要通过光合作用就可以合成，因而与稀缺的石化资源比较，具有资源的可持续获得性；天然高分子生物具有多种功能基团，可通过化学或物理方法对其进行改性塑化成为塑料；其废弃物通过大自然中的淀粉酶可分解成二氧化碳和水，因而具有完全降解优势。但由于其具有性脆、易发霉、耐高温性能差等特点，故需通过进一步的化学或物理改性或化学合成，以获得较好的柔韧性、抗拉抗冲击性和耐潮耐热等性能。目前，天然高分子生物降解塑料主要有 2 种类型：全淀粉型和共混型（淀粉或纤维素、甲壳素与可降解合成高分子共混）。全淀粉型和淀粉共混型生物降解塑料又常合称为淀粉基生物降解塑料。

1. 全淀粉型天然高分子生物降解塑料

淀粉含量在 90% 及以上，通过"变构"方式使淀粉分子排列"无序化"，再辅以增塑剂等助剂，经挤出、注塑、吹塑、流延等工艺加工，可制备获得全淀粉型天然高分子生物降解塑料。全淀粉型天然高分子生物降解塑料受到世界各国的高度重视，美国、意大利、日本和我国均有生产。我国以氧化度 ≥ 40% 的双醛淀粉为主要原料生产的全淀粉薄膜透明度高、成本低，使用后能迅速降解，适用于食品和一次性餐饮包装；美国以淀粉、蛋白、纤维、脂类等食品级天然高分子为原料，采用先进工艺生产出全降解的可食性内包装膜及涂膜，获得了广泛应用，仅 2009 年产值就达到 1 亿美元。

2. 共混型天然高分子生物降解塑料

天然高分子（淀粉及纤维素、甲壳素等）的性能优势是降解速度快，弱势是机械力学性能差，因此产生了共混型天然高分子生物降解塑料。它由天然高分子经改性、接枝反应后与可降解的合成高分子材料[如聚己内酯（polycaprolactone，PCL）、聚乳酸（polylactic acid，PLA）、聚乙烯醇（polyvinyl alcohol，PVA）等]混合，并加入化学连结剂等助剂进行共混后而得。共混型的生物质复合材料的机械强度高，生物降解性能较原合成高分子更好，同时还能够降低原合成高分子的生产成本，故成为复合材料研究领域的新热点。用淀粉与 PVA 共混生产的共混型天然高分子生物降解塑料可用作堆肥生物降解塑料垃圾袋。用纤维素与聚乳酸通过挤出——注射模塑进行共混获得的共混型降解塑料与未共混的聚乳酸比较，弹性模量和弯曲弹性模量增大，适于制作饮料包装盒。将纤维素与无毒和可生物降解的 PCL 进行共混，其共混制品机械性能提高了，可用作食品包装材料和药物缓释包装。

目前，德国 Bioplast 塑料、美国 Novon 系列产品和意大利 Mater-Bi 塑料是国际市场上占有率最高的 3 种淀粉基生物降解塑料。我国生产的淀粉基生物降解塑料总产量已占生物降解塑料产量的 60% 以上，并出口欧、美、日、韩等地区和国家。

3. 天然高分子纳米复合材料

将纳米颗粒（最常用蒙脱土或高岭土纳米黏土颗粒作为填料）与天然高分子（淀粉、纤维素、蛋白质、多糖）或其合成高聚物（PLA 等酯类物质）经过添加、改性、合成，形成纳米填料分散于天然高分子基质中的天然高分子纳米复合材料。纳米颗粒所具有的"微粒特性"使天然高分子纳米复合材料与未复合的材料相比，其机械强度以及柔韧性、耐热性、阻隔性和杀菌等性能得到了显著提高，使其作为食品包装材料使用时能够具有更好的力学和使用性能。如在淀粉中添加纳米蒙脱土，制备成的淀粉/蒙脱土纳米复合薄膜可改善淀粉的耐水性，提高杨氏弹性模量和拉伸强度，同时还可提高其阻隔性能。在玉米淀粉中添加纳米二氧化钛，制备成二氧化钛/玉米淀粉复合涂膜剂，经涂膜处理的圣女果在室温储藏 11 天后，其失重率和腐烂率均有降低，表明该复合涂膜剂具有较高的耐水性能。将纳米甘薯渣纤维素溶液辅以甘油添加入玉米淀粉中，制备成纳米甘薯渣纤维素可食性玉米淀粉膜，由于该膜的水蒸气透过性、吸湿性、溶解性和断裂伸长率均随着纳米甘薯渣纤维素溶液的增加而逐渐减小，同时膜的抗拉强度则逐渐增大，最高可达到原来的 3 倍，故近年常应用于果蔬食品保鲜包装。

二、高分子设计方法使化学合成脂肪族生物降解塑料加快发展

1. 高分子设计方法

为进一步改善和提高淀粉基等天然高分子生物降解塑料的强度及柔韧性，研究人员将注意力转向用合成方法开发可生物降解塑料。合成方法有微生物合成和化学合成两种。微生物合成生物降解塑料有通过微生物发酵、聚合的脂肪聚酯物质，如聚羟基脂肪酸酯（Polyhydroxyalkanoate，PHA），它是由许多微生物合成的一种细胞内聚酯，是一种天然的高分子生物材料，具有良好的生物可降解性，但机械强度较差，不能满足包装功能的要求，同时发酵法的生产成本也较高，故目前在包装上使用不多。化学合成生物降解塑料则由树脂和添加剂经聚合反应而获得较好的机械力学性能，在废弃后又能快速生物降解。化学合成原来需要通过大量实验以后才能获得新的聚合物，再根据新的聚合物研究其分子的结构和物性，然后再去研究其加工应用。随着量子化学、分子力学、分子生物学的发展和计算机技术进入化学领域，高分子材料领域就有可能利用分子设计原理，并且根据已积累的相关数据及所掌握的规律，建立一个数理统计模型（采用功能模拟或结构模拟建模），再用数学公式把新聚合物的物性—分子结构设计—理想的合成方法和加工条件关联起来，这种利用计算机运算，由物性（聚合物所需的性能）—结构（设计出与物性相对应的分子链和聚集态结构）—合成（按该结构相关联的分子参数提出合成该聚合物所要求的原料、方法和合成路线）获得预定性能高聚物的方法称为高分子设计，它是原来化学合成高聚物的逆向新思维，是一条化学合成的新捷径。由于摆脱了大量实验工作，从而加快了化学合成新聚合物的速度。

2. 化学合成生物降解塑料

目前，通过化学合成开发出可生物降解的高聚物是含有刚性苯环结构的脂肪族聚酯类物质，主要有聚己内酯 PCL（Polycaprolactone），聚丁二酸丁二醇酯 PBS（Poly butylenes succinate）和聚乳酸 PLA（Polylactic acid）。

PCL 是由 ε-己内酯在金属有机化合物中做催化剂、二羟基或三羟基做引发剂条件下合成的开环聚合物，属于聚合型聚酯。它具有良好的机械力学性能、生物相容性和生物降解性能，可作为食品包装材料。PBS 也是一种能快速生物降解的降解塑料，其原料脂肪族二元酸既可通过石油化工路线生产，也可通过纤维素、糖类等可再生农作物发酵生产。PBS 的抗拉、抗冲击、耐热性能优良，热变形温度接近 100℃，可用于制备餐盒和冷热饮料包装盒。它生产时还可共混碳酸钙或淀粉作为填充料，从而使制品成本降低。我国已建成世界上最大的万吨级 PBS 生产线，日本和美国的 PBS 生产已实现全球产业化和市场化。

最具发展前景的 PLA 以淀粉为原料，经磨粉、分离淀粉、提取葡萄糖、发酵，使葡萄糖转化成乳酸，再经聚合反应制成聚乳酸。聚乳酸具有良好的抗拉及延展性能与优良的抗霉性能，光泽度和透明度高，可用作快餐及食品包装盒及药物缓释剂包装。聚乳酸食品包装材料降解性能优良，堆肥 60 天后可完全降解，其降解产物经光合作用能再生为淀粉原料，故被赞为"21 世纪的环境循环材料"。目前美、法、日和我国等均已开发出较完善的生产工艺。

PLA、PBS 和淀粉基被称为发展前景最好的三大主流生物降解塑料，我国将在今后 5～10 年内形成一个以三大生物降解塑料为主、销售额高达几百亿元人民币的大市场。

三、绿色化学的兴起加速食品绿色包装的发展

1. 绿色化学蓬勃兴起的背景及主要特点

化学在为人类创造财富的同时，也为人类带来了危害。传统的化学工业每年产生有害废物达 3 亿～4 亿吨，给环境带来严重污染，并威胁人类健康。1993 年，美国按向大气、水和土壤等排放的 365 种有毒物质排放估算，排放量达到 30 亿磅，由此用于环保的费用为 1150 亿美元，治理污染地区花费 7000 亿美元。无论从对环境的危害还是从承担治理污染的费用来看，化学工业均不能再走过去的老路子，必须研究从源头上减少和消除污染的绿色化学。在这样的背景下，美国化学学会（American Chemical Society，ACS）于 1991 年首先提出"绿色化学"口号，获得美国环保署的大力支持，并受到全世界的积极响应。

美国化学学会 ACS 提出的绿色化学是指在制造和应用化学产品时应有效利用原料，消除废物，避免使用有毒的和危险的试剂和溶剂。其核心是充分利用化学原理，从源头上减少和消除工业生产对环境的破坏。绿色化学的主要特点表现为：①充分利用资源和能源，采用无毒、无害的原料，利用太阳能，节能节耗，减少废弃物排放量。②在无毒、无害条件下进行反应，避免使用有毒的和危险的试剂和溶剂，尽量减少向环境排放废物。③提高原子的利用率，尽量使所有作为原料的原子都被产品所消纳，努力实现"零排放"；④生产出有利于环境保护、人体健康、使用后容易降解为无害物质的环境友好产品。

为了鼓励对绿色化学的研发，美国于 1996 年设立"美国总统绿色化学挑战奖"。如今已在开发"原子经济性"反应，在采用无毒无害的原料及催化剂和溶剂，使用可再生的资源合成化学品，清洁生产，绿色食品包装材料研发，开发海洋生物除垢剂及使用减少尾气的新配方汽油等方面都取得了令人可喜的成果。

2. 包装及相关行业近年开发的绿色化学成果

（1）环保无苯型增塑剂：食品包装材料中最易发生迁移的是增塑剂，原来我国使用最多的邻苯二甲酸二（2-乙基）己酯（di-2-ethylhexyl Phthalate，DEHP）增塑剂含有害成分苯，最易在含油食品和酒类中发生迁移，导致畸胎和癌症。近年来，我国山东省按照绿色化学理念研发并批量生产出新型环保无苯型增塑剂（柠檬酸酯类增塑剂），该产品相容性高，绝缘性好，耐迁移、耐挥发、无毒无害，增塑效率高，已通过国际权威机构检测认证。

（2）无苯无酮环保型油墨：包装印刷油墨多数是含苯、酮的有机溶剂型油墨，苯系物被世界卫生组织定为强致癌物质，酮系物的饱和蒸气被吸入人体后对皮肤和眼睛有刺激和麻醉作用。残留在有机溶剂油墨中的苯、酮和有机挥发物等均会渗透、迁移到被包装的食品中，从而对人体造成伤害，故在食品包装中应用无苯无酮的环保型油墨取代有机溶剂型油墨。当前已开发出以水为溶剂的水基油墨，以毒性小的乙醇为溶剂的醇性油墨，以及无溶剂并在一定波长紫外光照射下能光固化的 UV 油墨。

（3）覆膜纸的纸膜分离技术。美国一化学家发明一种工艺，将书封面不易降解的聚酯酸乙烯覆膜改性为能溶于水的聚乙烯醇/淀粉共混型塑料膜，从而使美国纸的回收利用率由50%提高到60%，该化学家获得2006年美国总统绿色化学挑战奖。

（4）废聚对苯二甲酸乙二醇酯（Polyethylene terephthalate，PET）瓶再生成食品级的树脂颗粒原料。我国一再生资源公司引进世界先进的绿色化学回收再生技术，采用无毒无害原料，在无毒无害条件下反应，将废PET瓶经水（水）解、醇（甲醇）解、糖（二甘醇）解等复合降解法还原成纯化单体或低聚物，再经纯化后与乙二醇（Ethylene glycol，EG）共聚生成食品级的PET树脂颗粒原料。

（5）绿色合成生物降解塑料。以原生态的天然高分子生物质或无毒无害物质作为原料，在无毒无害的条件下进行改性或合成，获得全淀粉型或共混型的天然高分子生物降解塑料和脂肪族生物降解塑料。

四、薄壁化与轻量化在包装绿色化中所占比重增大

减量化被欧美等国列为发展绿色包装的首选措施。目前更重视从原材料或容器本身薄壁化、轻量化去实现减量化，既节约了材料又减少了材料生产的能耗，符合低碳生产的要求。

薄壁化、轻量化从最急需的玻璃包装开始，薄壁化不仅能节约原材料，更能提高玻璃包装的竞争力。近年来，瓦楞纸箱、塑料薄膜和金属包装也在薄壁化与轻量化方面迈出了一大步，在节约资源、降低能耗、减少碳排放等方面取得了显著成效。

我国近年在薄壁化、轻量化方面和世界各国基本保持同步，取得喜人的进展：山东某厂通过调整配方、优化瓶形设计、使用强化工艺和表面涂层强化等综合措施，使玻璃瓶从原来平均壁厚3.5mm减薄至2mm。通过使瓦楞原纸轻量化、五层变三层和采用微细瓦楞，中国香港、台湾和内地都生产出120g/m²、140g/m²、170g/m²瓦楞原纸的高强度低克重瓦楞纸板，由于它在质量、成本和环保上的三重优势而在国内拥有巨大市场。为减少难于回收的塑料包装废弃物总量，各国均积极开发轻量优质塑料：日本研制出超韧超薄PET薄膜，其厚度为0.5μm，用于精密电子元件的包装；我国江苏也开发出了0.7～0.8μm的超薄型塑料软薄膜。如将纳米粒子与包装材料聚乙烯（Polyethylene，PE）、聚丙烯（Polypropylene，PP）、聚氯乙烯［Polyvinyl chloride，PVC］等原料颗粒复合，则获得的纳米复合包装材料不仅能减少用量，而且能获得优异的阻隔特性。美国一家公司在啤酒和碳酸饮料的包装中使用了甲基环戊二烯三羰基锰（Methylcyclopentadienyl manganese tricarbonyl，MMT）复合聚合物纳米包装材料，就很好地阻隔了啤酒和饮料中的气体外溢和外界空气中氧气的侵入，从而延长了啤酒和饮料的保质期。金属罐薄壁化、轻量化近年也发展迅速，我国奥瑞金公司通过改进制罐工艺，不断减小金属罐壁厚，如将3片番茄罐罐身的马口铁薄板从0.2mm减少到0.15mm，将番茄罐上下底盖的马口铁薄板从0.18mm减少到0.16mm；1亿个罐就能节约马口铁薄板412t，从而获得了显著的经济效益。

五、低碳化正成为绿色包装的第一内涵

低碳指较低的温室气体（以二氧化碳为主）排放。随着世界工业经济的发展和人口的剧增，二氧化碳排放量越来越大，引起全球变暖，从而使灾难性气候变化屡屡出现，严重危害到人类的生存环境和健康安全。为此要求全社会低碳化，重点是经济和生活低碳化。

实现"低碳经济"的核心是提高能源利用效率和清洁能源结构、追求绿色GDP，其理想形态是发展"阳光经济""风能经济""氢能经济""核能经济""生物质能经济"。低碳经济的发展模式，为节能减排、发展循环经济、构建和谐社会提供了可操作之法。面对全球气候变化，急需世界各国协同减低或控制二氧化碳排放，2005年2月旨在限制发达国家温室气体排放量以抑制全球气候变暖的《京都议定书》正式生效，这是人类历史上首次以法规的形式限制温室气体排放。我国力争在2030年前实现碳达峰、2060年前实现碳中和。碳达峰即煤炭、石油、天然气等化石燃料的活动和工业生产过程及土地利用变化与林业活动产生的温室气体排放不再增长，达到峰值；碳中和是指在一定时间内间接直接产生的温室气体排放总量，通过节能减排、植树造林等形式，实现二氧化碳零排放。

随着低碳环保理念成为社会的主旋律，包装也应践行低碳环保，采用符合这一要求的可重复再用和再生、可食性、可降解和纸材料等四类绿色包装材料；大力发展绿色低碳包装，这是一种以减少二氧化碳气体排放为根本目标，同时以低能耗、低排放、低污染为基础的新型绿色包装模式，即节约能源、获得新价值（如通过焚烧或降解获得能量或新物质）、易于重复利用、减少材料使用、易于再循环处理的包装。

六、电子商务的快速发展使回收再利用系统建设变得更为迫切

近年，我国电子商务迅猛发展，带动了网购和快递业的快速发展，快递包装废弃物也因而急剧增加。快递包装的减量化、再使用、再循环以及建立回收再利用包装废弃物的物流及生产体系已成为急待解决的突出问题。

根据国家邮政局、国家发展改革委等10部门发布的《关于协同推进快递业绿色包装工作的指导意见》，快递包装的减量化依据其构成：主体包装中10%是封套、55%是包装箱、34%是塑料包装袋，还有填充物、胶带、内部处理的中转袋等，于2020年已采用电子运单替代传统纸质快递运单、相当于节约833亿张A4纸用量，将瓦楞纸箱的瓦楞纸层数从5层减少为3层甚至更少，将包装袋厚度从0.06毫米减至0.03毫米，将胶带宽度从60毫米及以上缩小至45毫米及以下。在循环再使用方面，快递企业也通过在快递网点设置符合标准的包装废弃物回收装置，回收外形完好、质量达标的包装箱、填充材料等重复使用；并在全行业投入使用380万个可循环快递箱（盒）及钙塑包装箱，有效减少了包装袋和填充物的用量；一些大型生产企业，如汽车生产企业等也对其在物流中的零部件使用了专用的可回收使用包装容器；另外，为避免暴力分拣而采用机器人智力分拣，以及通过成本管控倒逼快递工作人员减少和回收包材等方面也取得了进展。在采用可降解材料以减少包装废弃物污染方面，快递包装由于数量大，用其替代后成本居高不下，据统计如果全行业全部使用可生物降

解塑料包装袋、环保胶带替代目前使用的普通塑料包装袋、普通塑料胶带，按照2020年业务量计算，全行业将增加187.9亿元成本，占全国快递服务企业业务收入的2.1%左右，故替代前景尚待生物可降解塑料生产成本降低后方可行。

在建立回收再利用包装废弃物的物流及生产体系，推行绿色物流等基本问题上，更需付出更多努力。笔者于2005年曾提出我国解决包装废弃物回收再利用需解决3个问题：一是国家应强制性立法，包装生产商（供应商）要负起回收包装废弃物的责任；二是要大力研发包装材料回收再生和重复再利用的技术；三是建立起完整的第三方回收再利用系统。至目前第二个问题已获得基本解决，塑料中的PET、PE、PP、PVC等均已有较成熟的回收再生技术，最难回收再利用的发泡聚苯乙烯也于近年开发出熔融挤出回收造粒法，回收率达到了国际先进水平。在国际上，瑞典和德国采用高端的清洗和灭菌技术，使PET瓶和碳酸酯瓶分别重复使用20次和100次以上，铝罐通过清洗灭菌后达到100%的循环使用技术可供借鉴。但其他两个问题至今未解决好。由于废弃物回收责任不明确，集收集、清洗、加工、运输为一体的第三方回收再利用系统尚未建立起来，使得电子商务发展带来的大量包装废弃物对生态环境造成的污染至今未得到妥善解决。

建立完整的回收再利用系统，也需从包装本身采取措施：一是采用**系统化包装方式**。芬兰瓶装业对所有包装的玻璃瓶、塑料瓶均按照标准设计制作，如对啤酒瓶采用可回收、可重装的棕色玻璃瓶；对其他饮料瓶则采用可回收、可重装的透明玻璃或聚醋酸乙烯瓶。由于各瓶类生产厂家采用了统一的设计标准，供应商的灌装设备也与统一设计标准一致，因此任何统一规格的包装瓶均可为任一的饮料供应商回收和重新灌装，致使每种玻璃或塑料瓶均可重新灌装5次，使用寿命延长5～10年。又如对电脑打印机的喷墨盒、碳粉盒采用统一规格的系统化包装方式后，由于具有互换性，所以经过再次填充的打印机喷墨盒、碳粉盒可以使用5次以上。二是实行押金制度。消费者在购买饮料时支付押金，退还包装瓶时再收回押金；供应商则在运送新饮料瓶时收回消费者退回的饮料瓶，这样就形成由生产商—供应商—零售商—消费者联手建立的饮料瓶回收再利用系统。三是各行业要大力推行使用回收再利用材料，以推动回收再利用系统的建设。如瑞典阿维达（Aveda）公司的粉饼盒，其材料的85%来自回收铝，不仅节约了大量的铝资源，而且有力推动了该国铝回收再利用系统的建设。

七、金属包装成为保证食品安全的首选

随着食品安全日益受到世界各国的高度重视，金属包装越来越受到人们的青睐，成为保证食品安全的首选，其中饮料、肉食、水果罐头选用最多。这是因为：①金属罐是唯一能够提供100%保护性能的包装。金属罐的阻隔性能优良，能完全阻隔氧气、水蒸气、光线以及外界污染物，而塑料瓶、软包装袋则不具备金属罐的阻隔性能，即使是含铝箔的铝塑复合包装也会因外力揉搓和针孔而使阻隔性能下降，所以阻隔性能最佳、最能保证食品安全和品质的包装是金属罐。②装入食品后的金属罐可以进行高温杀菌，从而消除任何细菌和微生物对

食品的污染，这是金属罐具有的独特优势。③金属属于惰性物质，其成分（包括有害成分）一般不可能向内装食品迁移，从而消除了被包装食品安全的潜在危害。④金属罐上很易采用无线射频识别（Radio frequency identification devices，RFID）标签技术，能够对产品的整个物流过程进行自动跟踪，防止假冒产品混入，保证食品安全；同时 RFID 智能标签还能告诉消费者内装食品的新鲜程度，从而更好地保证消费者的健康。⑤金属包装易于回收利用。由于铁质包装具有磁性，能很容易地从垃圾中分离出来，回收 1t 铁罐能节省 1.5t 铁矿石、565kg 煤和 191kg 石灰石。在金属包装中，铝罐的回收率一直保持前列，它既可经清洗灭菌后重新灌装饮料，也可以回收再生，市场上约一半的铝罐是用回收铝罐制造的。欧洲委员会于 2005 年将钢铁包装列入可持续消费和生产行动计划，主要理由是钢铁包装能最大限度地多次反复利用自然资源，从而降低二氧化碳排放量，满足当前发展低碳经济的要求。

我国金属包装经过 20 世纪 90 年代的大发展，目前已具备很强的实力，进入持续、快速、稳健发展的新时期。两片罐有 26 条生产线，年生产能力达 110 多亿只左右；马口铁 3 片罐有全自动或半自动生产线约 500 条；皇冠盖生产线近 300 条；印铁设备生产线 500 多条，年印刷 160 多亿印次；钢桶年加工生产量 4000 万～5000 万只。产品主要有印铁制品（听、盒）、易拉罐（包括铝制 2 片罐、钢制 2 片罐、马口铁 3 片罐）、气雾罐（马口铁制成的精美药用罐、杀虫剂罐、化妆品罐等）、食品罐（罐头、液体或固体食品罐等）和各类瓶盖（马口皇冠盖、旋开盖、铝质防盗盖），以及马口铁制成的 1～18L 的化工桶、20～200L 的冷轧板、锌板制成的钢桶。金属包装的产值占我国包装工业总产值的 10%。

金属包装凭借其出色的印刷性能、高贵的金属质感、优异的风味保持性能，成为食品、饮料以及油脂、化工、药品、化妆品等包装的主力，尤其是在食品包装行业拥有不可替代的地位。

八、纸包装的应用领域进一步扩大

在四大类包装中，纸包装的绿色性能最佳，具有无毒无害、便于回收再利用、能自身降解、资源可再生，以及生产成本低、加工性能好、易于印刷、适用大生产等优点，在使用上还能满足透气、防潮、抗震、抗压等多种要求，因此，在商品流通领域里，不论是用于运输包装的瓦楞纸箱，还是用于销售包装的纸盒、纸袋，或是以纸板为基材的复合包装材料，都居各种包装材料之首，且在部分食品包装领域和物流运输领域还有取代塑料和木包装的趋势。近年来，我国纸包装在各类包装中产量增长最快，2000 年时产量为 1320 万 t，2005 年增至 2000 万 t，2010 年更增至 2700 万 t，2015 年预测其产量将达到 3600 万 t，占四大包装总产量的 55%；其中，瓦楞纸箱的规模和增长率最高，预计到 2017 年全球瓦楞纸箱需求将达 2340 亿 m^2，而其中近一半的需求将来自快速发展的中国市场。

为进一步提高纸包装的绿色化水平，我国纸包装近年努力开发了以下绿色技术：降低包装用纸、纸板、瓦楞纸原纸克重的轻量化技术，改变瓦型提高原纸利用率技术，高强度轻量化瓦楞纸板生产技术，食品包装功能性专用纸板技术，复合纸盒、纸袋的生产技术，氧气和高氧化氢少污染的漂白纸浆技术，以无氯元素漂白纸浆为主要原料的生产技术，重型蜂窝纸板箱技术，瓦楞纸板与蜂窝纸板折叠后作缓冲元件的缓冲应用技术，纸浆模塑技术等。其中，以低克重原纸生产的高强度轻量化瓦楞纸箱、以废纸板废纸为主原料的纸浆模塑制品和纸基6层复合材料的利乐包是我国纸包装中生产量最大、应用最广泛、回收再生最多的3种代表性绿色产品。

我国纸包装今后进一步绿色化、功能化的发展趋势是：①材料复合多元化：传统单一的纸包装材料已经不能满足软包装多元化的需求，如糖果、饼干、槟榔、食盐、瓜子等各种食品和牛奶类液态饮料，均需采用具有特定功能或液体无菌包装的复合纸材料。②黏合剂环保化：为保证食品和药品安全，其包装黏接剂须符合安全环保的要求，水性黏接剂已逐渐突破价格和印刷工艺的限制、成为复合纸黏接剂的主流产品，如浙江新东方的8830水性聚氨酯胶黏剂，中山康和、北京高盟的水性黏接剂都已研发成功，并推向了市场。③食品包装专用纸板功能化：目前食品包装使用的白纸板品种单一，不能满足不同食品包装的要求；如在包装含油食品后，渗油现象相当普遍，故有必要研制供包装固体食品和液体食品的功能型专用纸板，如防渗油的糕点包装纸盒纸板、防光防潮的食盐包装纸罐纸板、包装供蒸烤加工半成品的纸盒纸板，包装牛奶和果汁的纸罐纸板等。④植物分离制浆造纸技术无污染化：利用该技术，可使用少量催化剂经蒸煮将稻麦草等植物纤维分离出来，以制造出各种高强度纤维板、瓦楞纸、箱板纸等，催化分离出的非纤维部分经处理后可以作为饲料。植物分离制浆造纸除使用少量催化剂外，不需另加任何化工原料，故与化学造纸相比较，可以节省用水，排放水的pH值也能符合国家要求。⑤纸的原材料生态化：采用大自然的植物纤维（如稻草、麦秸、棉秆、糠壳等）制作快餐盒，还可将纤维经过碾压或编织，制成方便袋，或编制强度更好的草袋。竹板纸包装箱更可用作机械、电气等设备的运输包装。因此，为节约宝贵的森林资源，逐步扩大使用植物纤维作纸包装材料必将是今后的发展趋势。

九、云计算加快包装物流绿色化

云计算是一项计算资源虚拟化和分配使用模式的计算信息技术。云是网络和互联网的一种比喻说法，它是数据存储和应用服务的中心，可根据人们的需要随用随取有关的信息，并按使用量付费。美国国家标准与技术研究院对其的定义是：这种模式提供可用的、便捷的、按需的网络访问，进入可配置的计算资源共享池（资源包括网络、服务器、存储、应用软件、服务），只需投入很少的管理工作，或与服务供应商进行很少的交互即可实现这些资源的快速提供。

云计算应用在包装物流上，可推动我国物流信息化和物流与包装的绿色化。绿色物流就是随着物流及数据管理技术的发展而发展出的一个概念，它一方面抑制物流对环境造成危害，另一方面又要实现对物流环境的净化和优化，使物流资源得到充分利用。绿色物流包括物流作业环节和物流管理全过程的绿色化，物流作业环节绿色化指绿色运输、绿色包装、绿色流通加工等；物流管理过程绿色化则指物流资源充分利用和物流效率最大化。

利用云计算对包装物流实施操作时，首先应实现各大型物流企业的信息互融互通与资源共享，搭建起一个云计算的绿色物流信息平台，各物流企业即可通过该信息平台取用所需的绿色物流信息，或用以缩短运输配送路线，降低燃油消耗，实现节能减排；或用以合理选择仓库地址和货仓布局，节约运输和仓储成本，最大化提高仓储面积利用率；或对包装废弃物实现回收再循环，提高包装材料回收利用率，降低资源消耗和减少环境污染等。

归纳上述发展趋势，可见绿色包装今后发展的主要要求及方向是：

（1）为应对全球资源日益枯竭、环境不断恶化、气候变暖、食品安全以及电子商务发展带来的大量包装废弃物等问题，绿色包装发展的总趋势是生态包装或可持续包装，其主要特点是包装材料生态化、非石油基化、食品包装材料成分无毒化，降低能耗，低碳排放，深化3R1D，适应电商发展需求。

（2）为适应时代对绿色包装的新要求，首先要研发新型绿色包装材料，即生态化、易降解的天然高分子塑料，应用高分子设计方法化学合成的能自行降解的生物降解塑料，无毒、环保的塑料添加剂和包装印刷油墨，薄壁化、轻量化的纸、塑料、金属和玻璃包装材料，安全性能优良、质轻、易再生的金属包装材料，复合多元化的纸质食品包装材料等。同时，要大力建设完整的回收再利用系统，使用云计算为包装物流绿色化服务。

（3）我国发展绿色包装的优势是市场需求量大，人力资源相对便宜；弱势是资源的有效利用率低，单位产值排污量高，尤其是使用煤能排放温室气体多；包装的高端产业，即包装机械和包装材料的研发能力相对薄弱；缺乏强制性的包装废物回收利用法律等。弱势的改善就是发展潜力所在，因此只要我们抑弊扬利，进一步强化节能减排，对高端产业加大研发投入，我国的绿色包装产业就会进一步快速发展，成为世界绿色包装强国。

第五章 生命周期评价理论

生命周期评价（LCA）是产业生态学的核心内容。产业生态学应用生命周期评价理论评价产品系统在生命周期的输入输出过程中，对资源和能源的消耗、对环境的污染和生态的破坏。

生命周期评价（LCA）也是评价包装产品及包装材料环境性能最重要的基本理论。对绿色包装（产品、材料、辅助材料）环境性能的鉴定、分析、比较，均要运用生命周期评价理论。本章将对该理论的起源、概念、特点及方法论予以介绍。

第一节 概述

一、生命周期评价理论的起源和发展

1. LCA 的早期研究

生命周期评价开始于 20 世纪 60 年代。当时工业革命引发的资源危机已经显现，原材料和能源供应紧张，为了能更好地节约和控制原材料及能源的使用，人们开始寻找一种将产品生产全过程中使用的原材料和能源以及排放的废弃物进行累积计算，从而分析产品资源环境性能的思路。1969 年美国可口可乐公司开展了一项饮料包装瓶资源环境性能的比较研究，研究者从可口可乐包装瓶的原材料采掘到最终的废弃物处理，进行了全过程的跟踪与定量分析（即"从摇篮到坟墓"），目标是研究比较哪一种包装瓶对资源和能源的消耗总量最少，对周围环境排放的污染总量最少。经研究，最后确定选用聚酯塑料瓶取代原本的玻璃瓶。可口可乐饮料包装瓶的评价研究，为早期生命周期评价奠定了基础和框架，可以说是生命周期

评价研究开始的标志。

自可口可乐瓶的评价后，用定量累积的方法对产品的资源利用和污染排放进行分析逐渐兴起，如日本利乐包装公司对不同销售方案的纸盒与玻璃瓶进行比较，完成了研究报告《利乐砖纸盒及多次使用和非多次使用玻璃瓶对资源和环境的影响》；美国 Franklin 协会也完成了"15 种一次性饮料瓶的能量比较"报告。在这些生命周期评价早期研究成果的基础上，美国于 20 世纪 70 年代初将这种对产品资源利用与环境排放的量化累积计算的分析方法规范为"资源与环境纲要分析"（REPA），它已显示了 LCA 的雏形。

2. REPA 研究的徘徊和再度兴起

20 世纪 70 年代，环境问题的核心是能源问题，人们一方面担心石化燃料将会用尽，另一方面又认识到能源消耗是污染产生的根本原因，因此这一时期，REPA 的研究重点是能源分析；20 世纪 70 年代末至 80 年代中期又出现了全球固体废弃物问题，REPA 又用于计算固体废物产生量和原材料消耗量，使之又逐渐成为一种资源分析工具。

然而，由于 REPA 缺乏统一的研究方法，不同产品的分析步骤各不相同，加之分析评价时所需的数据也很难获得，因而所开展的一系列研究未能取得很好的研究结果，对此感兴趣的研究人员和研究项目逐渐减少，甚至一些企业放弃了这方面的研究。但学术界还继续对 REPA 的方法论在进行研究，如美国的一家咨询公司针对产品的投入和排放的清查分析作了大量研究，瑞士对清查数据库的建立和环境影响评价也进行了深入研究。1988 年，由于"垃圾船"问题的出现，固体废弃物污染再次成为公众瞩目的焦点，REPA 研究又再次重新抬头，定量累积计算的全过程分析又成为当时对环境问题和资源问题进行研究的一个重要工具。

3. LCA 概念的产生

REPA 的研究随着全球环境问题日益严重和可持续发展思路的提出而逐渐增多，迫切需要将研究方法统一化。1989 年荷兰居住、规划及环境部针对传统的"末端治理"环境政策，首先提出要制定面向产品的环境政策，它涉及产品的生产、消费到最终废弃物处理的所有环节，即所谓的产品生命周期。这种环境政策要求对产品在整个生命周期的所有环境影响进行评价，同时也提出了对生命周期评价的基本方法和数据进行标准化。1990 年，国际环境毒理学与化学学会（SETAC）在 REPA 和荷兰居住、规划与环境部研究的基础上，首次主持召开了关于生命周期评价的国际研讨会，并首次提出了生命周期评价（Life cycle assessment，LCA）概念。

4. 生命周期评价的发展

LCA 概念提出后，SETAC 又于 1992 年主持成立了五个研究工作组，对 LCA 方法论展开全面深入的研究工作。第一组（美国）负责总体概念研究；第二组（德国）负责生命周期清单分析（LCI）的总概念研究；第三组（日本）负责研究 LCA 的具体操作；第四组（瑞典）负责环境影响分析研究；第五组（法国）负责改善评价研究。1993 年，根据葡萄牙关于 LCA 研究的学术会议的主要结论，SETAC 出版了一本纲领性报告"生命周期评价纲要：实用指南"，为生命周期评价的方法提供了一个基本技术框架，它是 LCA 方法论研究起步的一个里程碑。美国国家环境保护局（EPA）在 1993—1995 年也相继出版了三部著作：《生命周期评价——清单分析的原则与指南》《生命周期分析质量评价指南》《生命周期影响评价：概念框架、关键问题和方法简介》。这些均丰富了 LCA 方法论，使 LCA 进入实质性的推广阶段。1997 年国际标准化组织推出了 ISO 14040《环境管理 生命周期评价 原则与框架》，1999 年又推出 ISO 14041《环境管理 生命周期评价的目的与范围的确定和清单分析》，2000 年又推出了 ISO 14042《环境管理 生命周期评价 生命周期影响评价》和 ISO 14043《环境管理 生命周期分析解释》。我国 2008 年参照 ISO 14040：2006《环境管理 生命周期评价 原则与框架》公布了 GB/T 24040—2008《环境管理 生命周期评价 要求与措施》（部分代替 GB/T 24040—1999；GB/T 24041—2000 和 GB/T 24042—2002）。

二、生命周期评价的定义和主要特点

1. 产品的生命周期

一种产品从原材料开采开始，要经过原料加工、产品制造、运输销售、使用维修、废弃后回收循环再用、最终处置，这整个过程称为产品的生命周期。在生命周期的每一阶段都可能发生资源消耗和环境污染物的排放，因而对污染的预防和资源的控制也应贯穿于产品生命周期的每一阶段。

通常，可将产品的生命周期归并为原材料采掘、原材料加工、产品生产、运输销售、产品使用和回收处置六个主要阶段（或环节）；有时也将原材料采掘和原材料加工合并为原材料获取，而成为五个主要阶段（或环节）。

2. 生命周期评价定义

生命周期评价的定义有多种提法，SETAC、EPA、ISO 和某些大企业均各有描述。SETAC 定义为：全面地审视一种工艺或产品"从摇篮到坟墓"的整个生命周期有关的环境后果；美国 3M 公司的定义为：在从制造到加工、处理乃至最终作为残留有害废物处置的全过程中，检查如何减少或消除废物的方法；我国在 GB/T 24040—2008（ISO 14040—2006）中的定义是：能用于帮助识别和改进产品生命周期各个阶段中环境绩效的机会，为产业、政府和非政府组织中的决策者提供信息。

归纳起来，对生命周期评价可表述为：对一种产品及其包装物在生产工艺、原材料、能源或其他某种人类活动行为的全过程，包括原材料采掘、原材料加工、产品生产、运输销售、产品使用和回收处置的全过程，进行资源和环境影响的分析与评价。

3. 生命周期评价的主要特点

（1）生命周期评价的对象是产品系统：在 LCA 评价中，每个产品均被看成是一个系统，产品的生命周期全过程，包括前面所说的六个主要阶段组成了产品系统，又称为产品生命周期系统。

从产品系统角度看，以往的环境管理，包括清洁生产均注重于"原材料生产""产品生产"和"废物回收处置"三个环节，而忽视了"原材料采掘"和"产品使用"两个环节。

然而，对生态破坏和排放废物最严重的环节却是"原材料采掘"；而对环境的压力又往往与产品使用阶段有密切关系，如洗衣机、电冰箱在使用中消耗能源，洗衣粉在使用中排放对水体有害的含磷物质等，仅仅控制生产过程中的排放物已很难减少产品所带来的实际环境影响，因此以产品系统为对象才能最全面地评价产品环境性能和最科学地进行环境管理。

（2）生命周期评价是针对产品"从摇篮到坟墓"的全过程评价：全过程评价可避免局部看问题，避免失之偏颇，如比较纸包装和塑料包装的环境性能，不能只从废弃后去比较，而必须从全过程的资源消耗和"三废"排放去作具体比较；全过程评价还强调从每一个环节去分析寻找对环境影响的原因和解决办法，再从全过程进行综合性的考虑，以寻求最佳的解决办法。

（3）生命周期评价是一种系统性的定量化评价方法：LCA强调从产品全过程中每一个环节去定量评价资源消耗、废物排放和对环境的影响，通过定量辨识投入、排放物的产生量以及影响产生的环境问题，从而寻找改善环境影响的机会。

（4）生命周期评价是一种充分重视环境影响的评价方法：生命周期清单分析可列出投入及排放的量化数据，但不是LCA的最终结果。LCA强调分析产品在生命周期各阶段对环境的影响，造成的环境问题，并以总量形式反映出产品或行为对环境影响的严重程度。对环境影响最主要的有自然资源、非生命生态系统、人类健康和生态毒性三个方面。与这三个方面相关联的环境问题则有：可再生资源的使用，不可再生资源的使用或破坏，能量的消耗，固体废弃物的填埋空间；全球气候变暖，臭氧层破坏，光化学烟雾，酸化，大气质量，水体富营养化，COD和TSS；慢性职业健康影响，慢性公众健康影响，恶臭等感官影响，水生生态毒性，陆生生态毒性。对这些环境影响或环境问题均需在清单分析收集数据的基础上，按一定的计算模型进行综合评价。

（5）生命周期评价的方法论还有待持续改进，不断完善：LCA的方法论虽然有了国际标准ISO 14040～ISO 14043来规范评价的过程，但由于涉及学科面广泛，有数学、物理学、化学、毒理学、生态学、环境学、统计学等，评价体系又属于一个开放系统，在方法论上还存在许多局限，有待于持续改进、不断完善。在方法论上的局限性主要表现在以下3个方面。

①在评价范围上的局限性。如确定系统边界可能具有主观性，全球或区域性条件不能充分体现当地条件；在某一时间或某一地域上所作的LCA结论也在时间或地域上存在局限性。

②在分析方法上的局限性。如进行清单分析或影响评价的模型受到所作的假设的限制；确定不同环境问题影响大小对所依据的权重因子也存在不确定因素；在现场对数据进行检测和试验时，也受到仪器和方法的限制。

③在分析数据上的局限性。如查阅资料获得的数据，在来源或质量上均存在局限，数据分配也存在局限性，国外的数据库由于生产条件的差异也不适用我国等。以上的局限性均限制了生命周期评价的准确性。

三、生命周期评价的技术框架

1. SETAC 概念框架

根据生命周期评价的定义和内涵，SETAC 对 LCA 的方法论进行了研究，于 1991 年提出了 LCA 方法论的概念框架，将生命周期评价的基本结构归纳为四个有机组成部分（图 5-1）：定义目标与确定范围，清单分析（inventory analysis），影响评价（impact assessment）和改善评价（improvement assessment）。

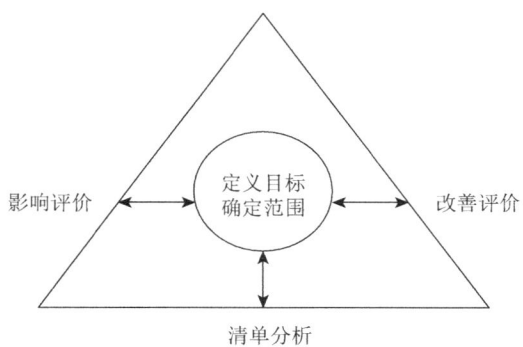

图 5-1　SETAC 生命周期评价技术框架

（1）定义目标与确定范围：定义目标即要清楚说明开展此项生命周期评价的目的、原因和研究可能开展的领域；确定范围即确定能满足研究目的的产品系统，划定系统边界，指出重要的假设和限制等。它是生命周期评价的第一步，将直接影响整个评价的工作程序和最终结论。

（2）清单分析：对生命周期全过程各阶段的能源与资源投入以及向环境（大气、水、土地）的废物排放进行识别和量化，并将输入及输出的数据以清单形式列表。

（3）影响评价。对清单分析所识别的输入及输出量化数据可能引起的环境影响及其严重程度进行定量或定性的评价。这种评价应考虑对生态系统、人体健康以及资源损耗等方面的影响。

（4）改善评价。针对清单分析和影响评价所造成的环境影响，寻求改善的机会，提出定性或定量的改进措施，例如：改变产品结构，重新选择原材料；改变制造工艺和消费方式，改进废弃物管理等。

2. ISO 14000 关于 LCA 的技术框架

ISO 于 1997 年颁布了 ISO 14040 标准，规定了生命周期评价的技术框架。该框架将生命周期分为互相联系的、不断重复进行的四个步骤：目标与范围确定、清单分析、影响评价和结果解释（图 5-2）。ISO 对 SETAC 框架的一个重要改进是去掉了改善评价阶段。ISO 认为改善是开展 LCA 的目的，而不是它本身的一个必需阶段；但增加了解释环节，它可对前面三个互相联系的步骤进行解释，而且是双向解释，可不断进行调整。ISO 14040 对 LCA 的作用、过程和应用规定如下。

（1）LCA 是一种用于评估与产品有关的环境因素及其潜在影响的技术，其做法为：①编制产品系统中有关输入与输出的清单；②评价与这些输入输出相关的潜在环境影响；③解释与研究目的相关的清单分析和影响评价结果。

（2）LCA 研究贯穿于产品生命全过程（即"从摇篮到坟墓"）——从获取原材料、生产、使用直至最终处置的环境因素和潜在影响。需要考虑的环境影响类型包括资源利用、人体健康和生态后果。

（3）LCA 能用于帮助：①识别改进产品生命周期各个阶段中环境影响的机会；②产业、政府或非政府组织中的决策（如战略规划、确定优先项、对产品或过程的设计或再设计）；③选择有关的环境表现（行为）参数，包括测量技术；④营销（如环境声明、生态标志计划或产品环境宣言）。

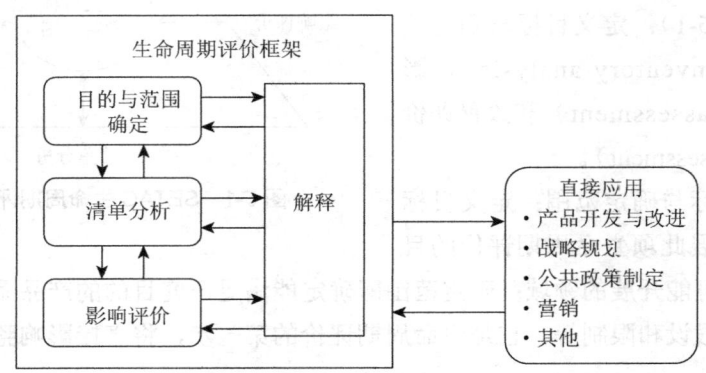

图 5-2　ISO 生命周期评价框架

第二节　LCA 目标与范围的确定

一、LCA 目标的确定

在 LCA 研究开始时，需要首先确定评价研究的对象、目的以及根据研究结果将作出什么决定。LCA 研究一般是针对具体问题而进行的，对象可是一种产品，或是一个工艺流程，目的随着不同的条件和预期应用而有所不同。一般有以下几种情况：①两种产品或两种设计方案的环境性能比较；②分析产品在全生命周期中发生污染或消耗资源、能源最严重的阶段，以使有的放矢地采取治理对策；③辨识产品在全生命周期中产生污染最严重的阶段及主要的污染因素，以便在制定产品环境标志认证标准时实行针对性的限定；④为政府制定地区环境政策或法规提供依据等。

在确定研究目标时，为使研究的对象有可比性，必须明确时限、地域和功能要求。

（1）时限：即时间限制，时段不同，技术发展的状况不一样，对环境的污染和造成的环境问题就会不一样。如 2000 年和 1900 年的造纸生产对环境的污染排放就不具可比性。

（2）地域：地域不同，具体条件和环境因素有很大的不同，故不能机械地把一个地域研究的结果和采取的政策应用于另一个地域。

（3）功能：在确定对象时，也必须明确应有的功能，才有可比性。如薄膜 A 和薄膜 B 比较环境性能，单位质量薄膜 A 在其生命周期中对环境的影响和负荷小于单位质量的薄膜 B，因此从一般包装要求来看，选用薄膜 A 是正确的；但若要求包装阻隔性要好，而达到同样的阻隔性，薄膜 A 需要的厚度是薄膜 B 的 4 倍，而 4 倍厚的薄膜 A 对环境造成的负荷则大于薄膜 B，故这时应选择薄膜 B 作包装。

二、LCA 范围的确定

在 LCA 评价过程中，范围占有主要地位，范围的界定必须和研究目的相一致。范围设定过小，得出的结论不可靠；而范围设定过大，则会增加 LCA 后三步计算的工作量。确定范围往往有一个反复过程，在进行后面三步时，很可能需要对已设定的目的和范围进行修改，LCA 评价也因此是一个可能需要重复进行的过程。有些 LCA 项目为了评价易于处理，往往抓住主要问题限定生命周期评价的范围，使时间缩短、规模减小、费用减少。通常影响评价范围有生命周期、原材料组分、环境影响等。

1. 生命周期范围

它是影响范围界定最主要的因素。一般生命周期全过程包括图 5-3 所示的几个主要阶段，可根据 LCA 的评价目的选择全过程或其中部分阶段。

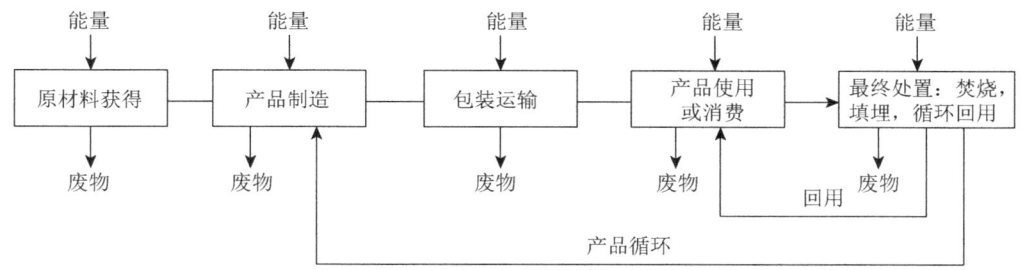

图 5-3 产品生命周期的主要组成阶段

（1）原材料获取阶段：在产品制造前，处于制造商直接控制范围之外，企业作产品环境影响评价时，一般难以考虑此阶段，但也需获取一些生产制造阶段必需的信息。

（2）产品制造阶段：即从原材料运入工厂门到产品出厂门，也称为"门到门的阶段"。企业作 LCA 主要是这一阶段，如实施清洁生产和进行环境管理。

（3）产品包装运输阶段：包装与产品紧密相关，故评价产品的 LCA 通常均应将包装考虑在内，如减量化、绿色材料选用均需考虑包装；运输阶段涉及石油消耗和排出废气及光化学烟雾，故产品的 LCA 也均需考虑此阶段。

（4）产品的使用或消费阶段：本阶段往往是对环境污染和资源消耗较严重的阶段，如复印机、电冰箱等均是如此。因此许多国家制定环境标志认证标准时，重点考察并限定这一阶段的污染排放和资源消耗。

（5）产品回收利用及最终处置阶段：无论是产品回收利用或进行最终处置，均要消耗能源、资源和排出废物，故必须纳入 LCA 评价。

2. 原材料组分

组成产品的材料组分很多，每种投入均会有输出，分析太细会增加清单分析及影响评价的工作量，故一般采用一种 5% 的规则：即凡对环境影响较轻，且组分占产品重量不及 5% 的材料成分，在 LCA 中可将其忽略；但对环境影响严重、有毒有害的组分，虽不超过 5%，也必须纳入 LCA 评价内。

3. 环境影响的范围

产品的投入及排放所产生的环境影响也是很多的，分析过细不仅烦琐，而且由于产品系统过于开放而无法操作，故在界定范围时通常将环境影响界定在与人类关心的资源消耗、生态健康、人体健康三个方面的环境问题（环境影响类型）内。

4. 空间和时间范围界定

对环境产生的影响，一个很大的特征就是它们的效应可以相差在一个非常长的时间和非常广的空间范围内，如光化学烟雾的排放影响仅 1 ~ 2d，可一个生态系统的破坏则要数十年，而引起全球气候变化则可能要数个世纪；大的粉尘颗粒影响仅在局部地区，而氮氧化合物排放的影响则是数百公里地区，氯氟烃化合物的排放则要影响到臭氧层。故确定空间和时间的范围是比较困难的，原则上是应和 LCA 评价目的相一致。

研究范围一旦界定，产品系统和环境之间进行能量与物质交换的系统边界也就确定下来。确定研究范围主要就是定义产品系统和系统边界，产品系统由系统内部与系统环境组成，系统环境既是产品资源与能源投入的源，又是其产品和排放物的汇。产品系统包括单元过程、产品系统内部的中间产品流和通过系统边界的基本流（与环境相连的物质流和能量流）和产品流（指产品的物理流动，涉及采购、生产、仓储、运输等）（见图 5-4）。

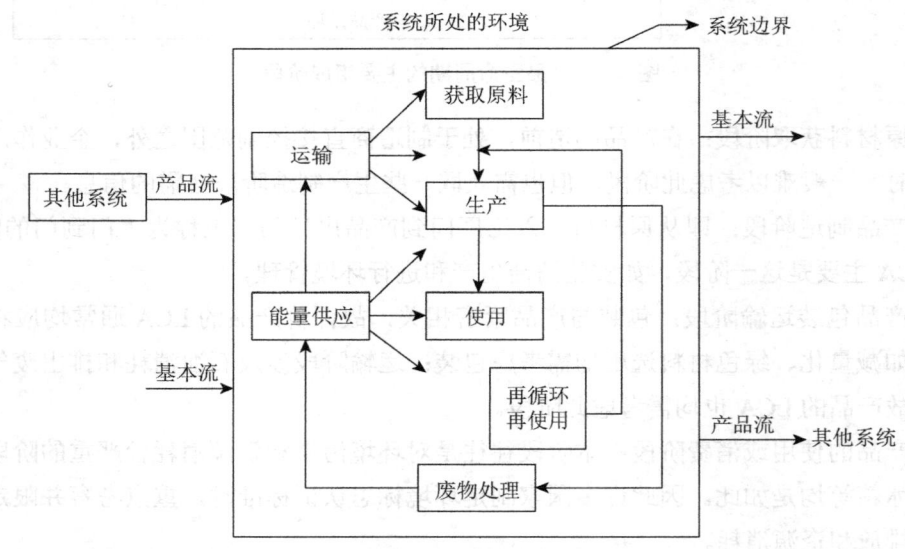

图 5-4 产品系统示例

三、产品系统的功能单位

在确定研究目的和范围时,需要对产品功能(性能特性)进行清楚定义,由此衍生出功能单位的概念。功能单位是度量产品系统输出功能时所采用的单位,只有功能单位一致,不同的产品系统才有可比性。功能单位须是可进行测量的。在 LCA 评价中,所有输入及输出数据均须以功能单位为标准来提取。

功能单位可以是一定数量的产品或某种服务,前者如一辆轿车、一台彩电、一个饮料瓶;后者如货物运输为 1km·t,盛装饮料为 1L 等。如对钢材生产系统进行 LCA 评价,功能单位定为 1kg 钢材,其排放数据以 g/kg 为单位表示,原材料消耗也以 g/kg 为单位表示;对能源系统评价时,功能单位为 1MJ,排放的废气以 mg/MJ 为单位表示,能源消耗以 MJ/MJ 为单位表示,用于公路运输时则以 t·km/MJ 为单位表示;对轿车系统作 LCA 评价时,功能单位为 x 型号的轿车 1 辆,能源消耗以 GJ/辆表示,废气排放以 mg/辆表示,如尾气(THC、CO、NO_x、CO_2、CH_4、N_2O 等的排放量以 g/kg 汽油表示,则乘以一辆车在使用过程中的总耗油量,可得到一辆车尾气的排放量(kg/辆);在对城市生活垃圾的各种处置方式作 LCA 比较时,确定功能单位是基于处置系统的能量或物质输入,故以人均日排放量做功能单位,排放的废气以排放物 kg/(人·a)表示,能源消耗以 MJ/(人·a)表示。

第三节 清单分析

在 LCA 的发展早期,清单分析在美国被称为"资源与环境纲要分析"REPA(Resources And environmental profile analysis),在欧洲被称为生命周期分析 LCA(Life cycle analysis);SETAC(1991 年)和 ISO(1997 年)则均将其称为生命周期清单分析或清单分析 LCI(life cycle inventory)。清单分析是 LCA 评价的中心环节,是对产品环境性能进行评价时定量化的开始,也是目前 LCA 方法论中研究最成熟也是应用最多的部分。

一、LCI 的基本概念

清单分析是对产品、工艺或活动在其整个生命周期各阶段的资源、能源消耗和向环境的排放(包括废气、废水、固体废弃物及其他环境释放物)所进行的数据量化分析。清单分析将与自然界交换的原材料和能源作为产品系统的输入,而将与自然界交换的释放到环境中的物质作为输出,从而使产品在整个生命周期过程中,通过大量的数据建立起一个输入输出系统,见图 5-5。该输入输出的能量流与物质流均应遵守能量与物质守恒定律。

清单分析的核心是建立以产品功能单位表达的产品系统的输入和输出清单。在清单分析过程中收集的所有输入输出数据均需换算为功能单位,使数据标准化。用功能单位表示的输入输出是一种相对量,而不是绝对量,如生产 1kg 钢材所需的各种原材料、能源消耗以及对环境的排放。

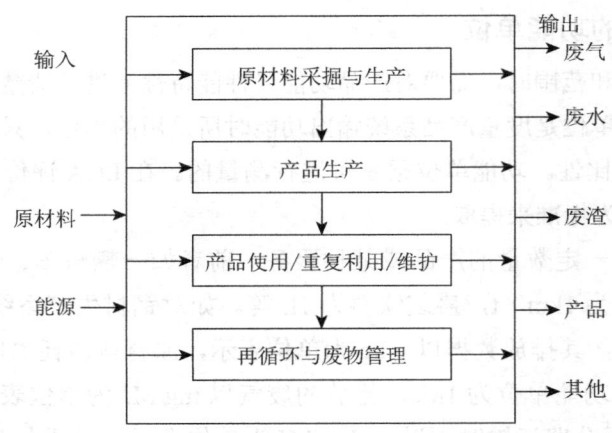

图 5-5　清单分析系统的输入与输出

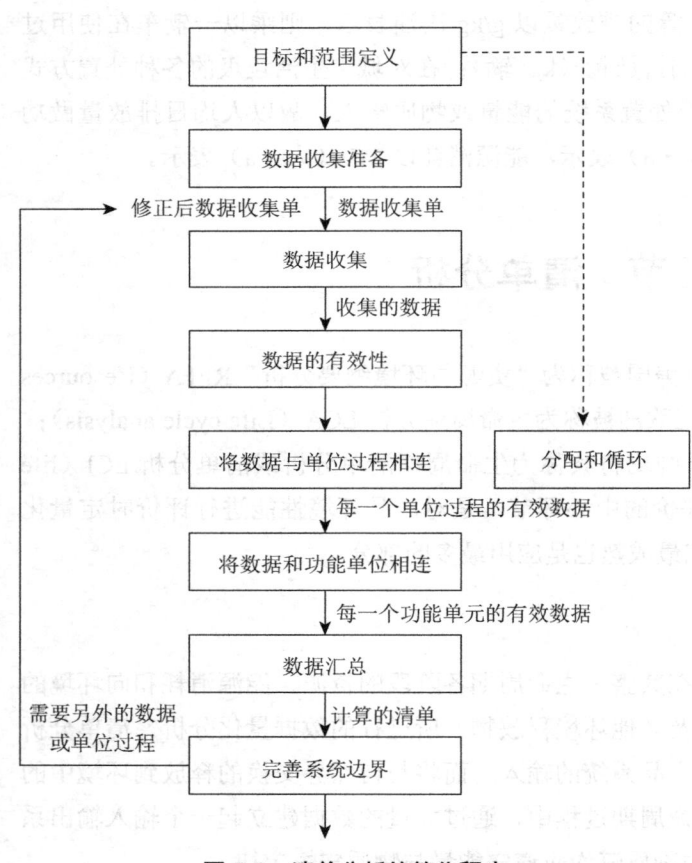

图 5-6　清单分析的简化程序

为使清单分析的数据与实际的输入输出（或投入及排放）更接近，常需将各阶段再细分为若干单位过程，特别是生产制造阶段，应细分为原材料加工、产品生产、组合及加工、填充、包装、发送等单元环节并详细列表。对每个单元过程，也均应建立相应功能单位的输入和输出。

清单分析的主要工作有绘出产品系统的生命周期（或生产工艺）流程图、细分单元过程、数据收集、数据确认、数据计算，其中后者的数据分配是清单分析的难点。清单分析的简化程序见图 5-6。

二、绘制产品系统生命周期流程图

工业产品系统一般都比较复杂，为使对输入输出的物质流和能量流收集数据简单、易行，通常都将产品系统划分为互相联系的主产品、辅助材料及燃料的生命子系统，绘出其生命周期的生产工艺流程图。图 5-7 是装牛奶的聚乙烯瓶的主要生产工艺流程，其中对工艺过程中的所有运输阶段理论上均予考虑，而实际上常常只考虑对整个系统影响最大的运输环节。

图 5-8 是饮料包装的产品系统模型及其生命周期的生产工艺流程图。该图在建模时已考虑了将生产制造阶段划分为包装材料生产、制品生产、饮料填充灌装、运输等单元过程，每一单元过程也均有输入输出。

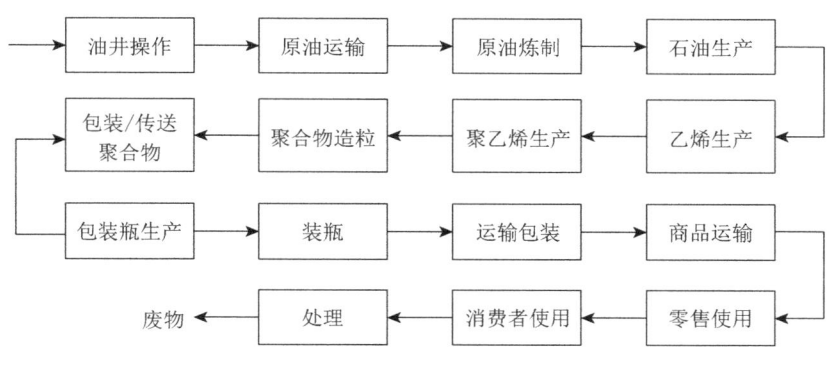

图 5-7　产品系统工艺流程图示例

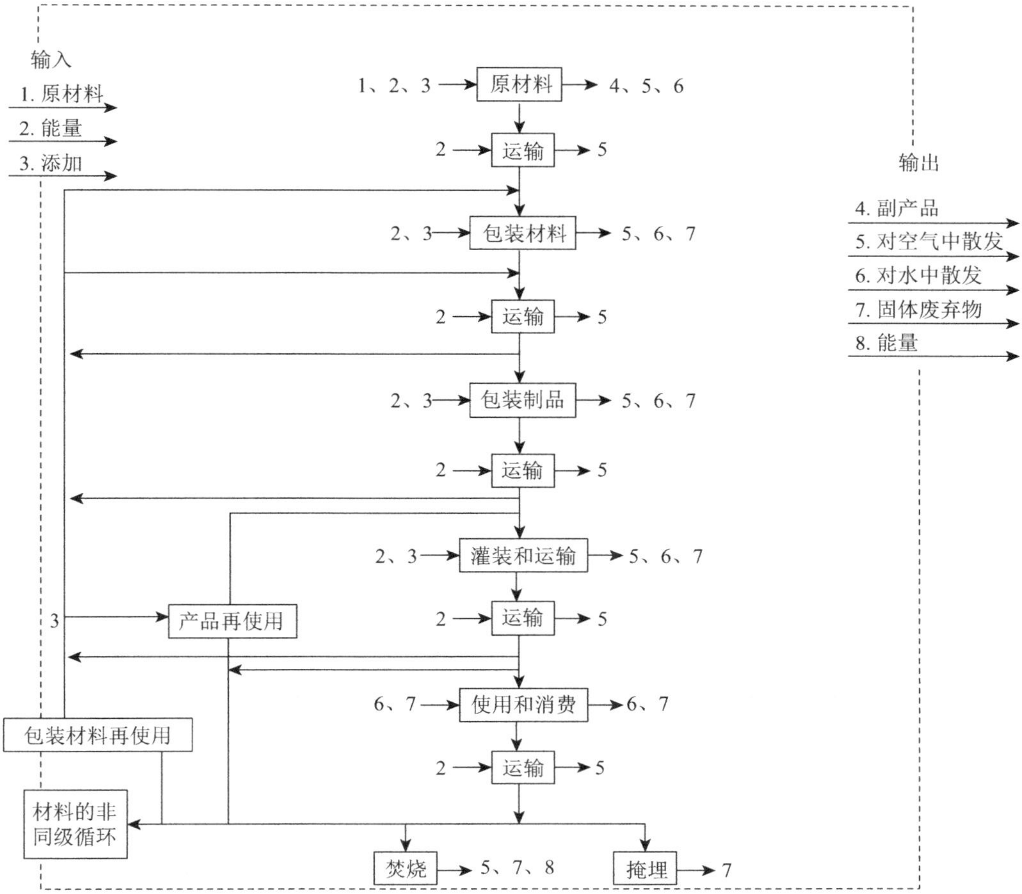

图 5-8　包装产品生命周期流程

划分工艺流程中的单元过程有助于识别产品系统的输入与输出，单元过程划分越细，则对输入输出的统计就越易精确，越易接近实际状况。单元过程之间通过中间产品流和（或）待处理的废物相联系，与环境之间通过基本流（与环境相连的物质流和能量流）相联系，与其他产品系统之间通过产品流相联系，见图 5-9。

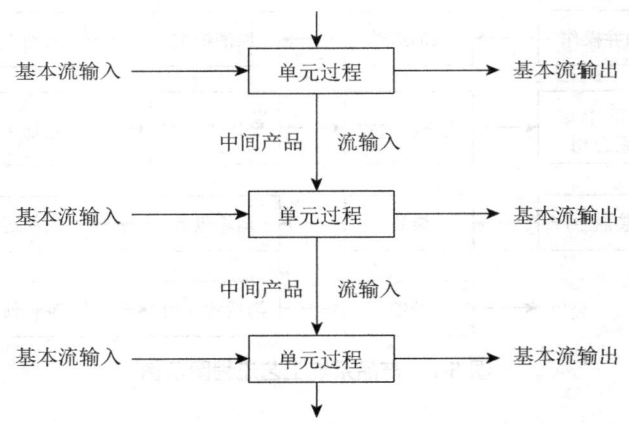

图 5-9　产品系统内一组单元过程示例

在许多情况下，单元过程的有些输入参与输出产品的构成；有些辅助性输入仅用于单元过程的内部消耗，而不参与输出产品的构成。作为单元过程活动的结果，还产生其他输出［基本流和（或）产品］。单元过程的边界确定取决于为满足研究目的而建立的模型的详略程度。单元过程的输入与输出也应遵守物质和能量守恒定律。

三、数据收集的准备

LCI 数据收集量大，数据收集可能覆盖若干个报送地点和多种出版物，因此需要进行数据准备，一般需设计生命周期清单分析数据收集表，见表 5-1。

表 5-1　生命周期清单分析数据收集表

单元过程标识：			报送地点：
向空气排放①	单位	数量	取样程序表述
向水体排放②	单位	数量	取样程序表述
向土地排放③	单位	数量	取样程序表述

(续表)

单元过程标识：			报送地点：
其他排放④	单位	数量	取样程序表述

注：对与单元过程功能表述不同的任何计算、数据收集、取样或变化应加以表述。
①例如：氯、一氧化碳、粉尘、颗粒物、氟、硫化氢、硫酸、盐酸、氮氧化物、硫氧化物、有机物、烃类、多氯联苯、酚类、金属、汞、铅、铁、锌等。
②例如：生化需氧量、化学耗氧量、以氢离子表示的酸、氯离子、氰酸根、油脂、溶解性有机物（列出清单）、氟离子、铁离子、烃类（列出清单）、钠离子、铵离子、硝酸根、有机氯（列出清单）、其他金属（列出清单）、其他含氮物（列出清单）、酚类、悬浮固体、磷酸盐、硫酸根等。
③例如：矿物废物、工业混合废物、城市固体废弃物、毒性废物等。
④例如：噪声、辐射、振动、恶臭、余热等。
引自 GB/T 24041—2000。

数据收集表应包括如下的内容和说明：

1. **数据的种类和类型**

收集的数据应有输入数据、产品数据和输出数据。前者应包括能量、原材料、辅助材料和其他物理输入数据；后者应包括向空气、水体、土地的排放数据和其他向环境排放的释放物、微量有害物质等；产品数据应有组分、重量、尺寸和功能等。收集数据的类型有：①经过监测取样，并经统计分析收集的测算数据；②利用模型模拟工业过程或生产过程而得到的模拟数据；③非测算数据，即依靠专家经验评估的数据；④集合的数据，指经时间或空间或数值上的平均而概括的数据。

2. **数据的获取来源**

①企业数据。指企业经测算、模拟或评价过的工艺数据，包括每一工序的原材料用量、能量消耗以及输出的产品（半成品）和向环境排放的数据。在多数情况下，这些数据无法从文献中获得。

②行业数据。指行业主管部门颁布的污染水平数据，行业协会汇总本行业情况并发表的数据（通常是在行业年鉴上发表）。

③政府文件、报告中的数据。这类数据是经过取样获得。

④实验数据。指模拟生产过程获得的数据。

⑤文献数据。发表在专著、专利、杂志论文中，一般代表集合数据水平。

⑥产品说明书数据。一般是平均数据。

3. **取样程序表述**

对每一数据应按以下要求进行表述：①获取的方法；②进行数据确认的方法；③数据收集的地点、时间以及它们在整体中的代表性；④在地域上数据的代表性；⑤数据收集过程中所使用技术方法和技术水平的代表性。

四、数据收集方法

1. 产品生产制造阶段数据

这一阶段的数据收集难度最大,复杂产品如汽车、轮船、飞机的输入输出工艺数据收集尤为困难。一般产品的收集方法首先是绘出生产工艺流程图,并将其生产工艺流程划分为若干个便于数据收集的单元过程,一个单元过程可包含一个或多个工序,单元过程通过中间产品相互联系在一起,并通过基本流与自然环境相联系,这样进入每个单元过程的基本流就是矿石、煤、原油、沙子、风能、太阳能等自然资源,离开每一个单元的就是排放的"三废"、射线和噪声等基本流。而中间产品流则是经过加工的原材料或属于产品流的零部件。单元过程确定后,便可对每个单元过程的输入输出数据进行收集,一般输入数据可由企业正常的经济计量活动提供,因而较容易;输出的数据则要靠取样后用仪表检测或通过模拟获得,也可查阅有关的年鉴、企业的环境监测报告及其他文献获得;然后再将输入输出数据换算为功能单位,即得到该单元的清单数据;最后将所有单元过程的清单数据进行分类汇总即可得到该产品在生产阶段的清单数据。

2. 原材料采掘与生产阶段数据

产品的原材料一般均由市场直接购得,其环境性能的清单数据由社会(行业)生产的总体水平决定,因此其数据不能由某个企业提供,而应以社会生产的平均水平作为清单分析的数据来源;燃料和电力情况也与此类似;在采掘与生产过程中的排放,可依据行业主管部门对各行业的污染水平的了解而获得。但这些数据还需经过一定的计算处理,来取得LCI所要的数据形式。一般有三种处理方法:产值污染系数法、产量污染系数法和行业污染系数法。

① 产值污染系数法。即利用原材料所属行业提供的总产值和相应的总排污数据得到污染物的产值排污系数,如万元产值排废水量,以此乘以生产厂家消耗原材料的成本,即得到原材料生产阶段的污染。

② 产量污染系数法。利用行业总产量和总的排污量算出产量污染系数(污染物排放量/单位产量),以此乘以生产厂家的总产量,即可得到原材料生产阶段的污染。此法不受市场价格波动的影响,较易实施。

③ 行业污染系数法。根据各行业部门提供的典型排污系数或典型的资源、能源消耗系数,生产厂家即可算出原材料生产阶段的污染和消耗的总资源或能源数。

3. 产品运销阶段数据

如产品无恶臭、无易挥发、无易渗漏,其运销的清单数据一方面可从企业销售部门或通过调研获得,如运输工具、油耗、水耗、平均运输距离、装载率等相关数据;另一方面根据实测或相关文献中得到运输工具的排放系数(如尾气排放系数)获得。根据上述获得的数据和确定的功能单位即可算出有关的输入输出清单数据。但若产品有恶臭、易挥发或易渗漏,则其污染就需要特别考虑。

4. 产品使用阶段数据

使用阶段往往是产品造成污染的重要阶段。此阶段的清单数据可通过产品设计资料、国家规定的产品报废标准以及实际检测、社会调查获取。以汽车为例，可从上述渠道了解到用于载人还是载物、报废年限、实际使用年限、报废里程、实际运行里程、出厂或运营时100km油耗、出厂或运营时尾气排放浓度、寿命期内物质消耗（汽油、水、轮胎、零部件等）情况，根据上述数据通过一定的计算，可算出一辆车在使用期间的消耗及排放数据。

5. 产品报废后阶段数据

产品报废后要进行处理处置，方式一般有回收利用、焚烧和填埋，这些处理处置方式的清单数据主要是通过社会调查获得。

①回收利用。需收集的数据有用途，利用量，利用时增加或减少的原材料，能耗，排放到环境中物质的数量等。

②焚烧。需收集的数据有焚烧量，能耗，对环境的"三废"排放量，回收的热能等。

③填埋。需收集填埋量，占地面积，填埋后 CO_2、CH_4 的排放量，渗滤液的数量及成分等数据。

五、数据的确认

数据收集后要进行数据确认，即分析 LCI 数据源的有效性，评价数据的质量以发现不合理的数据予以替换；或对数据的缺失和数据缺乏进行处理。一般可分为三步。

1. 选用数据质量指示器来分析数据源

数据质量，是指数据符合数据消费者使用目的，满足业务场景具体需求的程度。在不同的业务场景中，数据消费者对数据质量的需要不尽相同，有些人主要关注数据的准确性和一致性，另外一些人则关注数据的实时性和相关性。因此，应依据业务场景使用目的，突出数据质量侧重的使用要求设计或选用数据质量指示器。

分析 LCI 数据源的有效性，可根据数据质量侧重要求的方面以及数据的类型（原始的、间接的、测算的、非测算的）选择不同的数据质量指示器。表5-2中的数据质量指示器侧重指示器的适合度和数据质量的等级（高、中、低）。

表5-2 LCI 数据质量工作表

数据源	排污限制的文件，新的污染源标准，纸浆、纸张的预处理，卡纸、木材厂点源的种类（美国环境保护局，水资源办公室，1982）		
数据质量目标	a. 每部分的排污数据要能代表大多数美国卡纸生产的数据		
	b. 数据要反映排放的长时间趋势		
评价的数据	原始的水排放数据应包括：BOD_5，TSS，五氯苯酚，三氯苯酚，锌		
数据质量指示器	指示器的适合度（A）	数据质量等级（B）	注释

(续表)

可接受性	高	高	(A) 数据能禁得起独立组织的回顾分析是很重要的 (B) 数据接受外部回顾分析，包括外部的质量分析方法论
偏差	高	高	(A) 集合数据的偏差能由新工艺、某地区的数据来得到 (B) 数据是从600多种各种工艺、过程地区的工厂得到。并采用长时间的采样程序
比较性	高	高	(A) 长期的工厂排放数据能进行比较是非常重要的 (B) 长期分析会选用一些检查点来提供可比较的数据。数据值与这些值进行比较
安全性	高	高	(A) 在这个分析中，代表性比完全性更重要 (B) 此数据源有可观的从600个工厂得到的原始水排放的数据
数据收集方法和局限性	高	中	(A) 因为数据源采用了广泛的工厂的数据，数据收集方法和局限性就要成文 (B) 数据收集方法已经被描述，每个工厂的数据质量局限性未确定
精确度	中	中	(A) 精确值并不需要，近似值即可 (B) 统计方法不适合分析精确度
参考性	低	高	(A) 由于有600个工厂的数据，参考性就不重要了 (B) 文件被彻底地参考
代表性	高	高	(A) 此报告中的排放数据要能代表性地反映排放是很重要的 (B) 尽管数据是1982年的，但有广泛的600个工厂的数据，因此能代表工业的情况

注：引自 Lynda Wynn, Eugene Lee, Guidelines for Assessing the Quality of Life-Cycle Inventory Analaysis, EPA530-R-95-010. 1995。

2. 用数据质量指示器评价 LCI 数据质量

表 5-2 是一个 LCI 数据质量工作表，它为核心数据的评价及形成文件提供了一种模式。该表能确定数据源的指示器适合度和数据质量的等级（高、中、低）。如表中"参考性"一项，它的适合度为"低"，数据质量的等级为"高"，而"代表性"一项，则适合度为"高"，数据质量的等级也为"高"。在此例中，获得高代表性的数据源比获得高参考性的数据源更重要。

评价 LCI 数据质量非常重要，它是合理解释 LCI 结果的前提；当 LCI 结果要提供给外部使用时，高质量的数据更能保证使用效率。

3. 用谱系矩阵对数据的指示器进行半定量化评价

除上面的方法外，也还可用表 5-3 的谱系矩阵来给数据的各个指示器打分，分别为 1 分、2 分、3 分、4 分、5 分，分数越高表示数据的可靠性越差，从而给数据质量的分析又提供了一个标准。

表 5-3 5 个数据质量指示器的谱系矩阵

指示器得分	1	2	3	4	5
可靠性	基于测量得到的数据并经过验证	部分基于假设的数据得到了验证或基于测量的数据没有得到验证	部分基于假设的数据没有经过验证	经过专家评估	没有经过专家评估
完整性	来自合适的期限和充足的样本点	来自合适的期限和少量的样本点	来自合适的样本点和较短的期限	来自较少的样本点和合适的期限	来自少量的样本点和较短的期限，其本身不完整
时间相关性	少于 3 年	少于 6 年	少于 10 年	少于 15 年	未知时间
地理相关性	来自研究的地域	平均值来自更大的区域，所研究的区域包含其中	来自相似生产条件的区域	来自部分相似的区域	区域不明
技术相关性	来自所研究企业的工艺过程和原材料	来自所研究的工艺过程和原材料，但来自不同企业	来自研究的工艺和原材料，但来自不同的技术	来自相同技术，但不同工艺和原材料	来自相关工艺和原材料，但不同技术

注：引自 BOPedersen Weidema, Marianne Suhr Wesnaes. J. Cleaner Prod, 1996。

六、数据的分配

LCI 的主要工作，一是数据收集及有效性确认，二是数据计算。数据的计算主要包括：

①将输入输出的非终端交换（产品系统与产品流或工艺之间的交换）转换为终端交换（产品系统与自然界间的直接交换），即将非终端输入追溯到终端输入，将非终端输出延伸到终端输出；②产品系统所有阶段和单元过程的输入输出数据均需换算为功能单位，以功能单位形式表示；③下述两种情况进行数据分配的计算是 LCI 的难点。

1. 清单数据分配的两种情况

在实际的生产过程中，不是每个单元（或阶段）只有一种原料输入或一种产品输出；当一种生产工艺过程产出多种产品或提供多种服务时，就会出现系统输入和输出如何分配的问题。通常有以下两种情况需进行数据分配。

（1）共生产品系统（废物处理系统）：当两种或两种以上产品同时产出于一个工艺过程或相互连接的生产工艺过程，这时就构成共生产品系统，这些产品也被称为共生产品。如燃煤电厂，电和热就是输出的共生产品（图 5-10）。分配问题从输入看，应确定需多少煤用于发电，多少煤用于供热；从输出看，因生产这两种产品时都要排出 CO_2，那么就需要确定生产一个单位电量将释放多少 CO_2，生产一个单位热又将排放出多少 CO_2；这就要从与生产电（热）相关的工艺过程、采煤、运输、发电等环节考虑如何对输入和输出进行分配。又如一工厂内部的废物处理（焚烧）系统，有三种输入，即电力系统、电子产品垃圾、含汞垃圾；有六种排放输出，即 SO_2、CO_2、二噁英、NO_x、Cu、Hg（图 5-11）；这种系统也存在输入输出分配问题,需要确定哪些输出是由哪些输入产生的。通过跟踪分析,了解到 CO_2、Cu 等排放全部由电子垃圾产生,而 Hg、SO_2 则由含汞垃圾产生,因此对输入不需要分配;而二噁英和 NO_x 则是产生于焚烧过程中输入物质的化学反应,故应对输入进行分配。

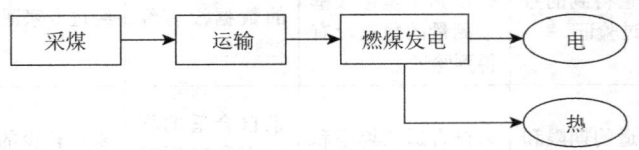

图 5-10　热电联供系统中的分配问题

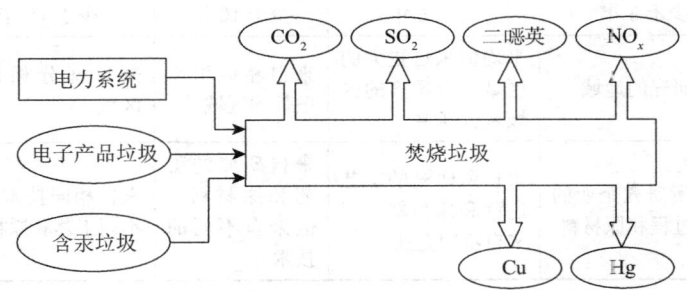

图 5-11　废物处理系统中的分配问题

（2）生产工艺的再循环过程:生产过程中,边角料、副产品或废弃物等可被生产重新利用,形成生产工艺再循环。再循环有以下两种形式。①闭合再循环。它是指在一个生产系统内,一些副产品、边角料或废弃物被重新利用,重新作为原材料生产产品,由于这种再循环过程包括在整个产品系统中,故按 ISO 14040 规定,这种系统的输入输出数据不存在分配问题。②开环再循环。指一个产品系统的副产品、废弃物或产品在消费后被重新收集、处理,然后被另一个产品系统作为原材料再利用。这样的开环再循环在两个产品系统之间就存在对能源、原材料投入和对环节排放物的分配问题,主要有:A. 再循环的副产品、废弃物或产品的收集处理过程的输入输出应该分配给哪个产品系统;B. 资源的采掘或获取过程是否应该完全分配给第一个产品系统(或称利用原生材料进行生产的初级系统);C. 最终的废弃物处理过程中的投入及排放是否应完全分配给最后利用该物质的产品系统。

2. 清单数据的分配原则

首先,应当尽量避免清单数据分配,可通过以下两条途径实现:①将要分配的单元过程进一步划分为两个或更多的子单元过程,以消除公用的过程,只有存在公用过程的系统才需进行分配;②扩展系统边界,将系统外的输入和输出纳入所研究系统中,从而避免系统与系统之间的分配问题,或将与共生产品的有关功能包括进来以避免分配问题。但是扩展边界的做法必须要和研究目标相一致,保证最终结果不会由于避免分配而达不到研究目标。

在必须进行数据分配时,应遵循 ISO 14040 所规定的分配总则。
①研究中必须识别与其他产品系统公用的过程,并按以下要求的程序加以处理。

②单元过程中分配前与分配后的输入、输出的总和必须相等。

③如果存在若干个可采用的分配程序,必须进行敏感性分析[敏感性分析是用以确定一个模型(产品系统)的输入输出参数改变后,对整个模型所引起的影响,以认识结果的不确定性],以说明采用其他方法与所选用方法在结果上的差别。

④必须将每个要进行分配的单元过程所采用的分配程序形成文件并加以论证。

3. 清单数据的分配方法

(1) 共生产品系统的分配:共生产品系统数据分配最常见的方法是以物质的重量大小来分配系统的输入输出。图5-12是一个简单的共生产品生产系统,上部为实际生产过程,下部为根据产品A和产品B的重量设计的分配方案。通过对产品A和产品B的重量分布,对能源、原材料和最终的固体废弃物、气体释放物、污水进行同比例分配,这是目前对共生产品系统采用最多的方法。除此以外,也可以采用物质干重、化学分子量、化学反应热等物理参数以及经济价值等作为分配参数。农产品系统为避免将过多的输入和输出分配给某些含水量大的产品,适合以干重分配;以化学分子量为基础的分配,可更精确地把质量分配到复杂化学反应的共生产品上;以反应热为基础的分配,可使用于同时有多种烯烃产出的系统;而若共生产品性质存在明显差别时,则以经济价值的多少为参数来分配输入输出更适合。能量、面积、体积、物质的量等物理参数也可选作共生产品系统的分配参数。

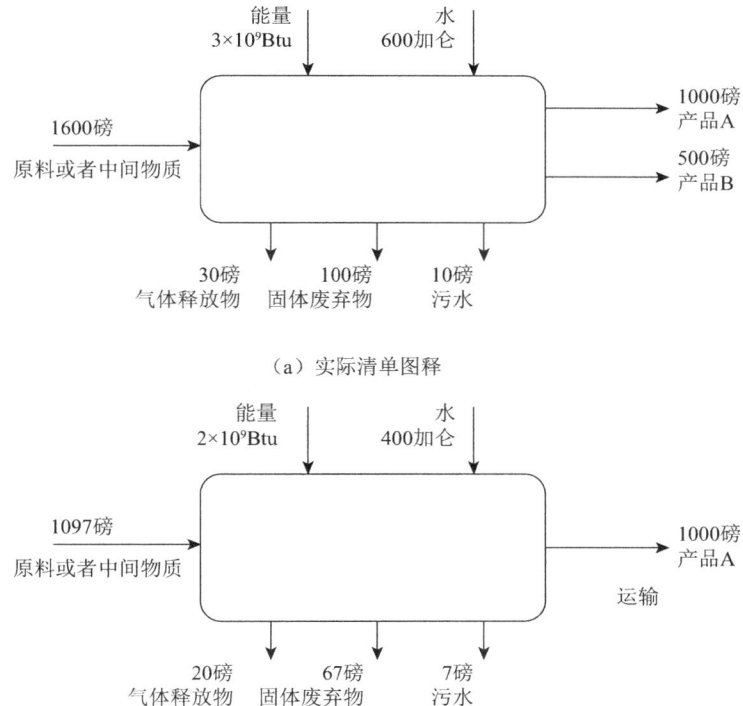

(a) 实际清单图释

(b) 产品A的排放物分配

图5-12 生产两种产品的过程和清单分配流程

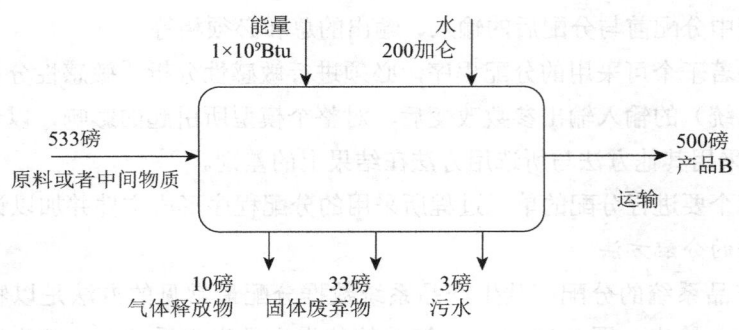

(c)产品B的排放物分配

图 5-12 生产两种产品的过程和清单分配流程（续）

（2）开环再循环的分配：图 5-13 是一个开环再循环的系统模型，A 系统废物 1、废物 2 被 B 系统作为原料从而构成一个开环再循环。这时 A 输出的废物流应如何在产品系统 A 与 B 之间分配呢？需要分配的环节负荷包括：废物原材料在生产过程中的环境负荷，最终废物处理系统的环境负荷，再循环过程的负荷。

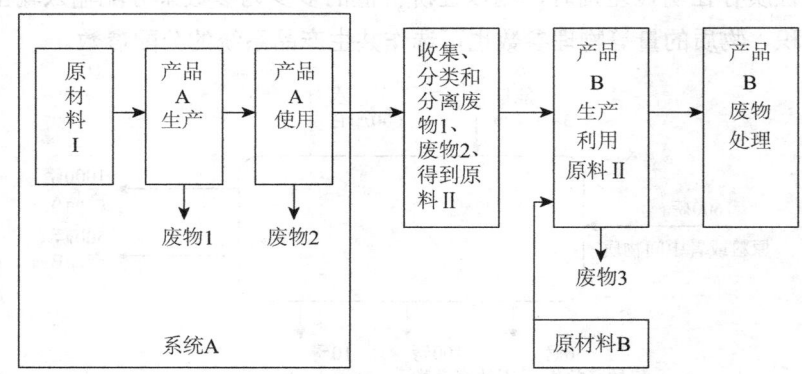

图 5-13 开环再循环中的分配

对此，SETAC 在 1990 年召开的生命周期评价首次研讨会上提出了一种对等分配法（50∶50 法），即产品 A 的原材料生产和产品 B 最终废弃处理所造成的环境负荷由原材料生产系统和最终废物处理系统各负担 50%；而再循环过程所造成的环境负荷也由提供再循环材料的系统 A 和接受再循环材料的系统 B 各负担 50%。这种分配法虽然没有考虑产品系统输入和输出中各种能量流和物质流的相对大小和重要性，但由于简单易行，故在缺乏足够数据的情况下，仍普遍使用对等分配法。

七、清单分析结果

清单分析的结果常被列为一种清单的形式，来展示和说明通过生命周期调查获得的输入输出重要信息，表 5-4 是功能单位为 1kg PVC 原料的输入和输出清单。

清单分析可以对所研究产品系统的生命周期，或其中的阶段、单元过程的输入和输出进行详细调查，为诊断工艺流程的物流、能流和废物流以及对产品系统进行环境性能比较或过程性分析提供详细的数据支持，同时也是进一步进行量化影响评价的基础。

表 5-4 PVC 原料的输入和输出清单

	项目	平均值	单位		项目	平均值	单位
燃料	煤	6.96	MJ	大气排放物	烃类	20000	mg
	油	6.04	MJ		金属离子	3	mg
	天然气	15.41	MJ		CFC	720	mg
	水电	0.84	MJ	水体排放物	COD	1100	mg
	核电	7.87	MJ		BOD	80	mg
	其他	0.13	MJ		H⁺	110	mg
原料	原油	16.85	MJ		金属离子	200	mg
	天然气	12.71	MJ		Cl⁻	40000	mg
原材料	铁矿	400	mg		溶解有机物	1000	mg
	石灰石	1600	mg		悬浮物	2400	mg
	水	1900000	mg		油	50	mg
	铝土矿	220	mg		溶解物	500	mg
	氯化钠	690000	mg		氮	3	mg
	砂	1200	mg		有机氯化物	10	mg
大气排放物	粉尘	3900	mg		硫离子	4300	mg
	二氧化碳	2700	mg		Na⁺	2300	mg
	一氧化碳	1944000	mg	固体废弃物	工业固体废弃物	1800	mg
	二氧化硫	13000	mg		矿山废物	1800	mg
	氮氧化物	16000	mg		烟尘和灰尘	1800	mg
	氯气	2	mg		其他惰性化学品	1800	mg
	氯化氢	230	mg		危险化学品	1800	mg

第四节 影响评价

一、概述

1. 作用及内涵

清单分析后获得的与环境交换的实际输入输出将对环境产生影响，这些影响有些可能导致严重的环境问题，有些影响可能较小，有些可能没有什么意义。为了将 LCA 用于各种产品开发及政策制定，就需要对清单分析列出的各种物料、能源消耗以及废弃物排放数据可能对环境造成的潜在环境影响进行评价，以判明产品在其生命周期各阶段的环境影响的贡献大小及重要性，这就是生命周期环境影响评价（Life Cycle impact assessment，LCIA），简称影响评价。在这里指的环境影响评价，其内涵包括对资源的消耗以及对生态系统及人体健康所造成的影响。

LCIA 是 LCA 的核心内容，也是难度最大的部分，影响评价的方法论也在不断完善中。

2. 定义及假设

SETAC 对影响评价给出的定义是：所谓影响评价是"对环境影响结果的合理预期"。这一定义强调不追求对环境发生的实际影响值，而强调对环境可能产生的潜在影响。这是因为清单分析所得的结果还不足以对产品在其生命周期过程中所造成的实际环境影响作出清晰的判断，而只能将清单分析所得到的投入及排放数据分配到不同的环境影响类型中，通过特征化的方法，去量化投入及排放物对环境造成潜在影响的贡献大小。

SETAC 的定义建立在以下两个假定上。

①不强调实际的因果关系。SETAC 引用环境影响（干扰）因子替代实际影响，希望能通过排放量、排放潜能、预期的环境浓度和可能的暴露量等方式，将清单结果与环境影响联系起来，即只要有环境影响因子存在，就会造成环境影响。

②非阈值假设。即不存在某一产品排放量的阈值，不去追求当某一影响因子（如 CO_2）达到多少排放量浓度后会造成温度上升多少度，而是去评估影响因子可能造成的潜在环境影响。

3. 两类环境影响评价的异同

生命周期环境影响评价 LCIA 和传统环境影响评价的不同点如下。

①研究对象不同。前者以产品为考察对象，而后者是以建设项目或地区环境质量为评价对象。

②评估目的不同。LCIA 用以确定产品的环境负荷（或称环境影响潜力），比较产品或设计方案环境性能的优劣；而后者则侧重于通过调查预测，揭示污染的程度，用以确定建设项目的环保措施是否到位，或对厂址进行优选。

两者也有相通之处：①均是对环境性能进行评价；②在评价方法与评价标准上也有相通之处。如将传统环境影响评价的方法和标准引入 LCIA，将有利于 LCA 的推广应用，也使两种评价获得基本统一的基础。

4. LCIA 的模型和方法

对 LCIA 的方法论，SETAC 建立了"三步走"的模型，即分类、特征化和量化。美国国家环境保护局（EPA）也倾向于这一方法，将影响评价分为三个阶段，见图 5-14。ISO 14042 基本上认可了 SETAC 和 EPA 的方案，但进行了必备要素和可选要素的划分，即将分类、特征化以及影响类型、类型表征（当量）参数、评价模型作为必备要素，而将量化评估阶段列为可选要素，并将其划分为归一化、分组、加权以及数据质量评价四个步骤。

虽然 SETAC 和 ISO 制定了有关 LCIA 的模型和标准，但还只是原则性的规定和说明，在具体应用上尚无统一的方法论框架。目前国际上采用的有定性评价法和定量评价法。定性方法采用 5×8 矩阵（表 5-5），横轴方向表示不同的环境要素，纵轴方向为产品生命周期的主要阶段，每个矩阵元素表示生命周期各阶段的主要环境影响，按照无污染或可忽视污染、中等污染、重污染三个不同的等级由行业专家和环保专家打分，即可得出评价结果。国外常用定性法来分析产品生命周期中主要污染环境阶段及所产生的主要环境问题，然后针对减少这些环境影响制定环境标志产品的认证标准。定性法的主要不足是随意性和不可比性。定量法则相对比较严格，易于对比，国际上定量法一般采用定量模型评价，基本上可分为以下两大类。

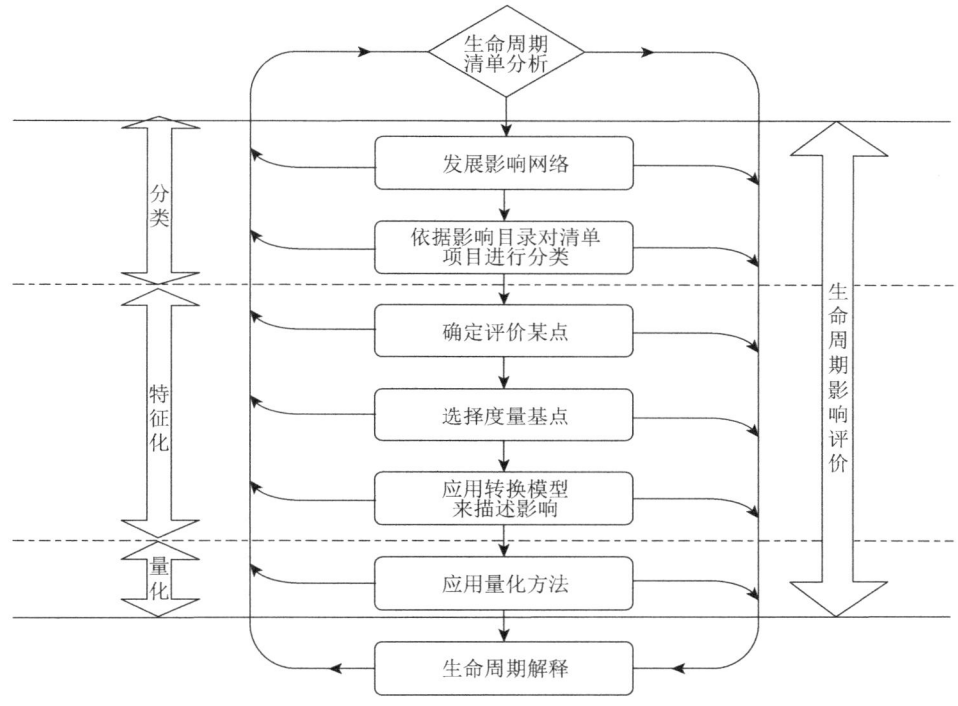

图 5-14　影响评价的三个阶段

（引自：EPA, Life-cycle Impact Assessment: A Conceptual Framework, Key Issues, and Summary of Existing Methods, EPA—452/R—95—002）

表 5-5　产品生命周期评价 5×8 二维矩阵

环境要素 生命周期阶段	大气污染	水污染	土壤污染	能源消耗	资源消耗	固体废弃物	噪声	有毒物质
原料获取	a_{11}	a_{12}	a_{13}	a_{14}	a_{15}	a_{16}	a_{17}	a_{18}
产品生产	a_{21}	a_{22}	a_{23}	a_{24}	a_{25}	a_{26}	a_{27}	a_{28}
销售（包装运输）	a_{31}	a_{32}	a_{33}	a_{34}	a_{35}	a_{36}	a_{37}	a_{38}
产品使用	a_{41}	a_{42}	a_{43}	a_{44}	a_{45}	a_{46}	a_{47}	a_{48}
回收处置	a_{51}	a_{52}	a_{53}	a_{54}	a_{55}	a_{56}	a_{57}	a_{58}

(1)环境问题法:也称为当量因子法。其特点是面向环境问题,着眼于环境影响因子和影响机理,通过对各种环境影响因子采用当量因子进行数据标准化和对比分析。这一类方法中代表性的有瑞典 EPS 法、瑞士和荷兰的生态稀缺性法(生态因子法)以及丹麦的 EDIP 法。EPS 法的特点是采用单一的指标(环境负荷指数)来描述一个产品在其生命周期各阶段所消耗的物料、能量以及产生的废弃物排放对环境造成的影响。

(2)目标距离法:着眼于影响后果,采用目标距离的原则,即某种环境影响类型的严重性(环境效应)用该效应当前水平与目标水平(如政策规定的削减目标或容量)之间的距离来表示。其代表性的方法有瑞士临界体积方法。

临界体积就是将某种排放物稀释到低于国家标准或环境阈限所需要的空气、水或土壤的量。

上述两类方法在分类和特征化阶段存在的差别不大,主要的差别和主要的开发方法均是针对加权评估。目前世界上已开发的定量化方法有 25 种之多。

二、分类

分类是将清单分析结果划分到各个环境影响类型的过程。

1. 环境影响类型的主要分类方案

(1)SETAC 分类方案。这种方案是 1993 年提出的,该方案主要考虑对资源、人类健康和生态系统平衡的保护,划分为资源耗竭、环境污染及生态系统退化三个大类,在每一个大类中又划分若干环境影响类型(表 5-6)。

表 5-6 SETAC 影响类型与保护目标

	项目	资源	人类健康	生态平衡
资源耗竭	非生物资源的耗竭	+		
	生物资源的耗竭	+		
环境污染	全球气候变暖		(+)	+
	臭氧层损耗		(+)	(+)
	人体毒性		+	
	生态毒性		(+)	+
	光化学氧化物形成		+	
	酸化		(+)	+
	富营养化			+
生态系统和景观的退化	土地利用		+	

注:+表示潜在直接影响;(+)表示潜在间接影响。

（2）EDIP 分类方案。丹麦技术大学根据 ISO14042 的原则提出了新的分类方法，将环境影响划分为全球性影响、区域性影响和局地性影响，又根据影响对象和影响途径分为环境污染、资源消耗和职业健康，从而分成若干环境影响类型（表 5-7）。

表 5-7　EDIP 方法中环境影响类型分类体系

类型	全球性影响	区域性影响	局地性影响
环境污染	全球变暖 臭氧层损耗	光化学烟雾 酸化 湖泊水体富营养化 持续性毒性	生态毒性（急性） 人体毒性 废物土地填埋
资源消耗	化石燃料（煤、石油、天然气等） 金属及其他矿物质		生物质（木料、秸秆、作物） 水（地下水、地表水，水力发电）
职业健康			化学致癌 化学物质对生殖系统的损害 化学过敏 化学物质对神经系统的损害 单调重复的工作对肌肉的损害 噪声对听力的损害 事故造成的人身损害

（3）综合分类方案：综合多种分类方案后，将产品在生命周期的环境影响归结为三个大的方面，即对自然资源的影响，对非生命生态系统的影响，对人类健康和生态毒性的影响。各个方面之下再细分为若干环境影响类型（表 5-8）。

表 5-8　分类

自然资源的影响	非生命生态系统的影响	人类健康和生态毒性影响	自然资源的影响	非生命生态系统的影响	人类健康和生态毒性影响
可再生资源的使用	全球气候变暖	慢性职业健康影响	固体废弃物填埋空间	酸化	水生生态毒性
不可再生资源的使用或破坏	臭氧层破坏	慢性公众健康影响		大气质量	陆生生态毒性
能量的使用	光化学烟雾	恶臭等感官影响		水体富营养化 COD 和 TSS	

（4）EPA 分类概念模型：EPA 在综合各种分类方案后，提出了图 5-15 的分类概念模型。目前，在实践中，多根据 SETAC 和 EPA 的方案对环境影响进行分类。多数 LCA 仅考虑全球范围内的问题，即全球气候变暖、臭氧层破坏，而对其他类型则考虑较少。

2. 主要环境影响类型的当量基准

确定环境影响类型的当量基准（或称表征参数），需要考虑环境影响因子与环境气候关系的内在机制。对此，国际气候变化专家委员会（IPCC）最具权威性，图 5-16 是环境影响因果网。一般选择对环境影响类型贡献量大的物质作为该影响类型的当量基准。表 5-9 是几种环境影响类型中主要环境影响因子的当量关系。

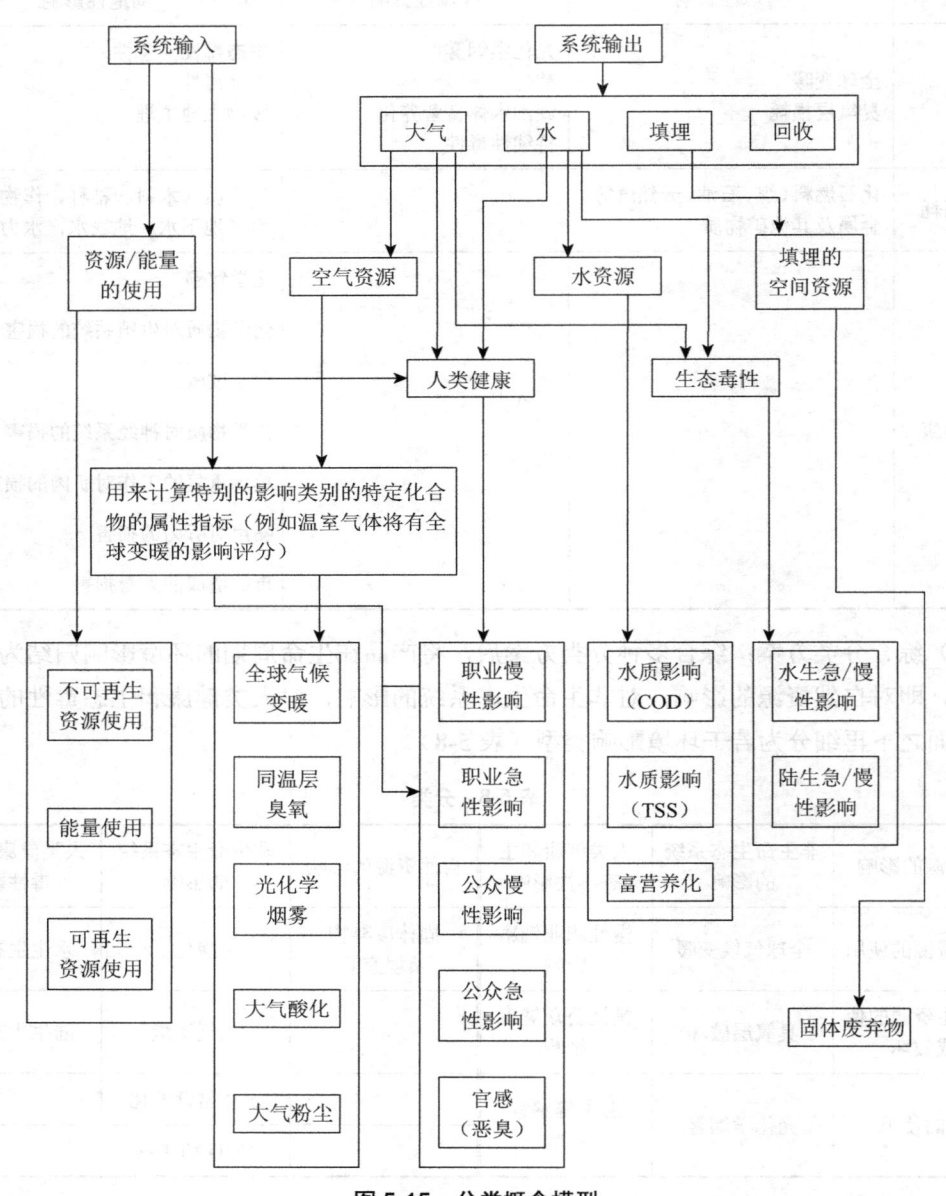

图 5-15　分类概念模型

（资料来源：EPA）

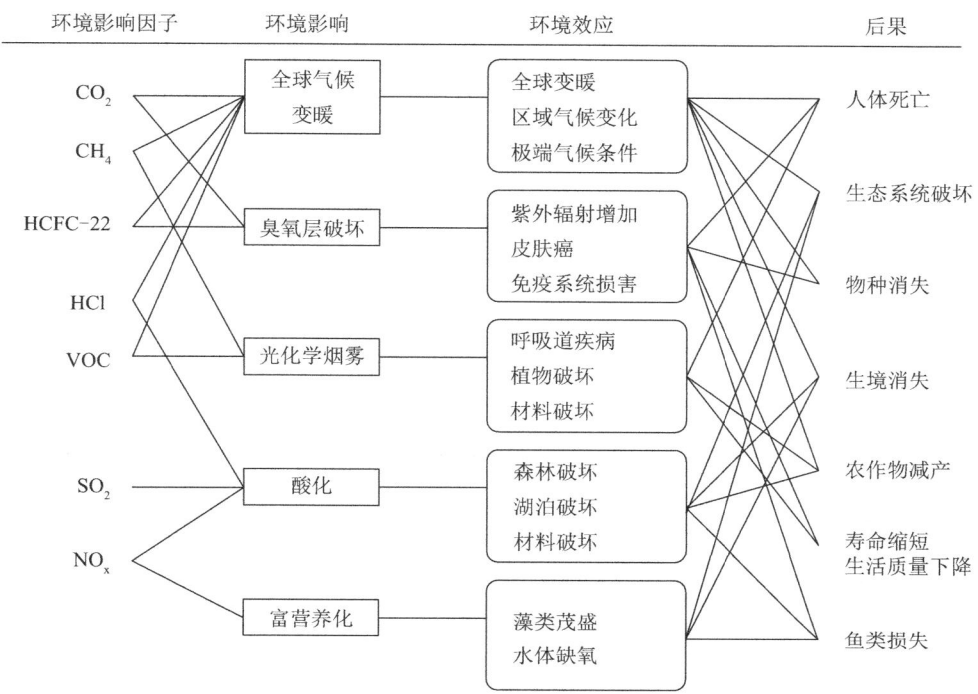

图 5-16 环境影响因果网

表 5-9 几种环境影响类型中主要环境影响因子的当量关系

环境影响类型	影响因子	当量基准物	影响潜力单位	当量因子（PF）
全球气候变暖	CO_2 CO CH_4 NO_x 1,1,1-三氯乙烷	CO_2	kg（CO_2）/kg（物质）	12 25 40 3300
酸化	SO_2 SO_3 NO_x HCl HF H_2S NH_3	SO_2	kg（SO_2）/kg（物质）	1 0.8 0.7 0.88 1.60 1.88 1.88
富营养化	NO_3^- NO_x NO NH_3 COD	NO_3^-	kg（NO_3^-）/kg（物质）	1 1.35 2.07 3.64 0.23

（续表）

环境影响类型	影响因子	当量基准物	影响潜力单位	当量因子（PF）
光化学烟雾合成	C_2H_4 VOC CO CH_4	C_2H_4	kg（C_2H_4）/kg（物质）	1.0 0.6 0.03 0.03
生态毒性	镉 铬 铜 铅 汞 镍 锌	—	EF（etsc）m^3 土壤/g	1.8 0.01 0.02 0.01 5.3 0.05 0.005

三、特征化

1. 目的与意义

特征化的目的是计算各环境影响类型的环境影响潜值总和。其常用方法是选择一个环境影响因子作为当量基准，而同一环境影响类型的其他影响因子与当量基准因子比较得到当量系数（当量因子），然后折合成基准因子的当量单位，从而将同一环境影响类型的影响因子物质全部转化和汇总成为统一单元。由于当量基准因子是其他影响因子的比较依据，也是该环境影响类型的表征参数，故这一步骤被称为特征化。

特征化的主要意义是衡量单一环境影响类型的影响潜值总和，亦即将各种环境负荷或排放的环境影响因子在各环境影响类型中的潜在影响加以分析，并量化成相同的形态。

2. 方法和模型

特征化的方法主要有三种：①直接导入 LCI 数据；②相关系数法（即当量因子法和目标距离法）；③环境影响类型的内在特性法。

常用的方法是将清单分析所得数据与环境标准关联起来的"目标距离法"，以及对污染接触程度和因污染产生的环境效应进行模拟的"环境问题"当量因子法。面向环境问题的当量因子法常用于研究一些环境影响类型、如全球气候变暖潜值（GWP）、臭氧层耗竭潜值（ODP）等的当量因子。

美国国家环保局（EPA）1995 年推荐了 12 种环境影响类型的计算模型（引自邓圣南、王小兵《生命周期评价》）。

①资源的消耗（可再生、不可再生）（目标距离法）。

②能量的使用（直接导入 LCI 数据）。

③填埋空间的消耗（内在特性法）。

④全球气候变暖的影响（当量因子法）。

⑤臭氧层破坏的影响（当量因子法）。

⑥酸化的影响（当量因子法）。

⑦光化学烟雾影响（当量因子法）。

⑧微尘颗粒影响（直接导入 LCI 数据）。

⑨水体富营养化的影响（当量因子法）。

⑩水质影响（直接导入 LCI 数据）。

⑪潜在健康影响（慢性职业健康影响、长期职业健康影响、慢性公众健康影响）（内在特性法）。

⑫生态毒性影响（急性影响、慢性影响）（内在特性法）。

3. 环境影响类型的环境影响潜值总和的计算

产品环境影响潜值总和是指整个产品系统中所有对环境排放影响的总和（包括资源消耗），用公式表示为

$$EP(j) = \Sigma EP(j) = \Sigma [Q(j)_i \times EF(j)_i]$$

式中，$EP(j)$ 为产品系统第 j 种潜在环境影响的贡献；$EF(j)_i$ 为第 i 种排放物质对第 j 种潜在环境影响的贡献；$Q(j)_i$ 为第 i 中物质对第 j 种潜在环境影响的排放量；$EF(j)_i$ 为第 i 种排放物质对第 j 种潜在环境影响的当量因子。

四、量化

量化是在特征化求得环境影响类型的潜值总和后，为求得总环境影响潜力而进行的量化计算。用总环境影响潜力（或称环境负荷指数）一个指标表征产品的环境性能，最直观也最方便。

为计算总环境影响潜力，必须求出各环境影响类型对环境造成影响的相对贡献大小，亦即各环境影响类型的权重系数。

1. 权重系数的求法

（1）层次分析法（AHP 法）：AHP 法是美国运筹学家萨蒂于 20 世纪 70 年代提出的，它是一种新的定性分析与定量分析相结合的多目标决策分析方法。其特点是将分析人员或专家的经验判断进行量化。这种方法在缺乏必要数据的情况下更为实用，是目前系统工程中处理定性与定量相结合问题的比较简便易行且行之有效的一种系统分析方法。

AHP 法通过分析复杂问题所包含的因素及其相互关系，将问题分解为不同的要素，并将这些要素归并为不同的层次，构造出一个层次模型，该模型的层次一般可分为目标层、准则层、要素层；在每一层次中可按某一规定准则（高一层次作为低一层次的准则），对该层元素进行逐对比较，建立判断矩阵，并由专家按重要性标度规则给判断矩阵的矩阵元素打分；再通过计算判断矩阵的最大特征值及对应的正交化特征向量，即可得出该层要素对于该准则的权重系数；进而在此基础上算出各层次要素对于总体目标的复合权重系数，从而求得各要素的权重系数。

（2）目标距离法：也可采用"目标距离"思想求出各环境影响类型的权重系数，即某种环境影响类型的严重性（或称环境效应的严重性），用该效应当前水平与目标水平（标准或容量）之间的距离来表征。目标则可采用科学目标（如环境影响因子的极限浓度），也可采用政治目标（如政府规定的削减目标）和管理目标（各种排放标准和质量标准）。

权重系数可根据下式确定：

$$wF(j) = ER(j)_{90} / ER(j)_{T2000}$$

式中，$ER(j)_{90}$ 指 1990 年全球或地区某一环境类型环境影响潜值的总和，以此数值作为求权重系数的标准化基准；$ER(j)_{T2000}$ 为 2000 年全球或地区某一环境影响类型环境影响潜值的总和，是规定的削减目标值。

中国科学院生态环境研究中心杨建新研究员在其专著《产品生命周期评价方法及应用》中计算出我国 1990 年的各环境影响类型的标准化基准值（标准人当量和标准空间当量）。

2. 求总环境影响潜力

总环境影响潜力计算公式为

$$EIL = \Sigma wF(j) \times EP(j)$$

式中，EIL 为总环境影响潜力，或称为产品的环境影响负荷；$wF(j)$ 为第 j 种环境影响类型的环境影响潜值的权重系数；$EP(j)$ 为第 j 种环境影响类型的环境影响潜值总和。经加权后的各种环境影响潜值具有了可比性，而且也反映了它们的相对重要性，因此可以将其综合为一个简单的指标，即总环境影响潜力或环境影响负荷（EIL），它反映了所研究产品系统在其整个生命周期中对环境系统的压力大小。

第五节　生命周期解释

一、生命周期解释概述

生命周期解释（Life cycle interpretation）的目的是根据 LCA 前几个阶段的研究和清单分析、影响评价的发现，来分析结果、形成结论、解释局限性、提出建议、完成报告。如根据产品清单分析的数据及影响评价中获得的信息，就可找出产品在资源、环境方面的薄弱环节，并有目的、有重点地提出定量或定性的改进措施，为生产绿色产品提供依据；同时有关部门和专家也可根据这些薄弱环节及改进措施，制定该类产品的评价标准，为今后的评价工作提供一个可靠的基础。

生命周期解释应具有系统性、重复性；解释必须围绕研究目的和范围所规定的要求进行，且不断地重复；对结果的解释应尽可能提供对 LCI 和 LCIA 研究结果的易于理解的、完整的和一致的说明。

二、生命周期解释的三要素

根据 ISO 14043 的要求，生命周期解释阶段包括三个要素，即识别、评估和报告。

1. 识别

主要是对清单分析和影响评价的结果进行分析和识别，在实际工作中常常包括两个部分：①识别主要的信息；②识别重大的问题。

（1）主要的信息，包括以下3个方面。①清单分析和影响评价的具体结果：对清单分析输入输出的绝对量的分析，可以看出产品生命周期各阶段的物质流水平（表 5-10）；对清单分析输入输出的百分比相对量的分析，则可反映出产品生命周期各阶段物质流的相对贡献大小（表 5-11）；对影响评价的信息的分析可看出产品在生命周期中产生的主要污染以及产生的主要阶段。②方法信息：从结果中可看出 LCI 和 LCIA 采用的数据分配方法、系统边界的取舍规则、影响评价选用的模型及当量参数，这些对我们认识 LCA 的结果都是十分必要的。③价值判断准则：即由研究目的和范围确定的 LCA 研究使用的价值选择。

表 5-10 清单分析输入和输出

LCI 输入和（或）输出	原材料生产 /kg	制造过程 /kg	使用阶段 /kg	其他 /kg	合计 /kg
硬煤	1200	25	500		1725
CO_2	4500	100	2000	150	6725
NO_x	40	10	20	20	90
磷酸盐	2.5	25	0.5		28
城市废物	15	150	2	5	172
尾渣	1500			250	1750

表 5-11 清单分析输入和输出百分比

LCI 输入和（或）输出	原材料生产 /%	制造过程 /%	使用阶段 /%	其他 /%	合计 /%
硬煤	69.6	1.5	28.9		100
CO_2	66.7	1.5	29.6	2.2	100
NO_x	44.5	11.1	22.2	22.2	100
磷酸盐	8.9	89.3	1.8		100
城市废物	8.7	87.2	1.2	2.9	100
尾渣	85.7			14.3	100

（2）重大的问题。在 LCI 和 LCIA 的结果满足了研究目的和范围的要求后，就应确定这些结果的重要性。通常采用贡献分析、优势分析、影响分析等统计分析或系统分析的方法确定清单数据类型（能源消耗、环境排放物、废物等）、环境影响类型（资源使用、全球气候

变暖潜值等）以及生命周期各阶段对结果的主要贡献等。

2. 评估

评估主要是对生命周期评价的整个过程进行检查，通常包括三个方面：①完整性检查；②敏感性检查；③一致性检查。

（1）完整性检查。检查解释所需要的信息和数据是否已取得，是否完整，如果某些信息缺乏或不完整，则应及时进行补救，或对目的与范围加以调整后获取。完整性检查实例见表 5-12。

表 5-12　完整性检查实例一览表

过程单元	方案A	是否完整	要求的措施	方案B	是否完整	要求的措施
原材料生产	×	是		×	是	
能源供给	×	是		×	否	重新计算
运输	×	未知	检查清单	×	是	
加工	×	否	检查清单	×	是	
包装	×	是		×	否	与A比较
使用	×	未知	与B比较	×	是	
生命结束	×	未知	与B比较	×	未知	与A比较

注：× 表示数据可获得。

（2）敏感性检查。其目的是检查 LCA 的结果和结论是否受到数据、分配方法、边界确定、加权方法、特征化计算、数据的判断和假定等的不确定性的影响，以评价其可靠性。在敏感性分析中，通常是在一定范围内改变假定和数据的范围，比如 ±25%，检查对结果的影响，然后对比两种结果，结果的重大变化即可被确定。

表 5-13 为对数据不确定性的敏感性检查，结果表明，数据的不确定性具有显著影响，则需要收集更新数据。

表 5-13　数据不确定性的敏感性检查

硬煤要求	原材料生产	制造过程	使用阶段	合计
基础值 /MJ	200	250	350	800
变化的假定 /MJ	200	150	350	700
偏差 /MJ	0	−100	0	−100
偏差 /%	0	−40		−12.5
敏感性 /%	0	40	0	12.5

（3）一致性检查。一致性检查旨在确定数据、方法、模型、假定在产品的生命周期评价进程中或几种方案之间是否始终一致。如 A 方案数据来源于文献，B 方案数据来源于工厂的原始数据；或 A 方案数据来自 5 年前，B 方案数据则取自当前，显然两种方案的不一致

性影响了它们的可比性，因此应给予调整，或在得出结论和建议之前考虑其局限性、有效性和影响。

3. 报告

报告亦即结论和建议，是生命周期评价的最后一个步骤，亦即整个LCA研究结果的体现。在这一步要根据解释阶段的结果，提出符合研究目的和范围需求的初步结论和合理建议，例如改变产品结构，重新选择原材料，改变制造工艺和消费方式，改进废弃物处置等，最后形成产品LCA的研究报告。有时，对改进后形成的方案可再进行环境影响评价，以核实改进方案的合理性，故结果解释也被人称为改善评价。

第六节 生命周期评价的应用

生命周期评价是20世纪90年代出现一个新的环境管理工具，是可持续发展思想的具体化和技术化，由于被纳入ISO 14000环境管理系列标准，因而已成为国际上环境管理和产品设计的重要支持工具，应用于环境保护和绿色产品设计、生产、评价的各个领域。

一、开创企业环境管理新模式

LCA作为新的环境管理工具，使企业的环境管理继污染末端控制模式和重视过程管理的清洁生产污染预防模式之后，进入了以产品系统为核心的全生命周期环境管理模式。这种新模式又称为面向产品的环境管理模式，是在清洁生产基础上发展起来的，它不仅关注生产过程，而且还关心生产的输入端——原材料生产和原材料采掘，以及输出端——产品的使用及废弃处理，即关注产品的生命周期全过程，它采用LCA的清单分析和影响评价方法，定量化分析产品在生命周期各个阶段对环境造成的污染及可能造成的环境问题，从而研究减少资源损耗、污染排放及对环境影响的改善方法，因此是一种最先进的环境管理模式。

二、对产品系统进行生态辨识与诊断

对产品系统进行生态辨识涉及对其结构、物质流、能量流、性能进行系统的分析与评价。生命周期评价已被作为产品系统辨识的主要工具之一，其目的就是最大程度地减少产品系统在其生命周期内的资源消耗和污染排放。

产品系统生态辨识首先依据其用途、功能、性质、成本、原材料建立一个参照产品模型，然后对其进行生命周期评价，对产品在整个生命周期内的相关生态环境的影响因子进行定量化识别，对各种环境影响因子的影响进行评估，进而对产品总环境影响潜力进行综合评估。

在对产品生态环境影响有了定量和定性认识的基础上，即可对产品系统进行生态诊断：

①识别产品系统可能造成的重要潜在环境影响；

②识别造成这类环境影响的环境影响因子；

③分析评价产品生命周期各阶段的环境影响重要性和产品结构中各部件的环境影响的重要性。

根据生态诊断结果，即可改变对环境影响最大的部件结构，重新选择原材料，采取措施，减轻最严重的环境污染和最严重阶段的污染，为设计新的绿色生态产品打下基础。在生态辨识基础上，也可对产品环境性能进行比较，或比较同一产品的不同方案或对产品的替代工艺进行比较，以环境影响最小化为目标，选择环境性能最佳的产品、方案或工艺。

三、促进产品绿色设计

绿色设计可从源头预防污染产生和节约资源，将 LCA 应用于产品设计中即产品生命周期设计，也被称为绿色设计，它指从产品概念形成、材料选用、产品制造乃至废物的回收再利用及处理的各个阶段，均要整体思维，引入环境准则，并将其置于首要地位，亦即在考虑并保证产品基本功能、使用寿命、经济性和质量等的同时，要着重考虑产品的环境属性，包括对自然资源的利用、对环境和人体的影响、产品的可拆卸性、可循环利用性和环境友好性。

为保证产品预期的环境性能，必须对产品进行生命周期评价，进行量化辨识，因此 LCA 对产品绿色设计的过程及方案的完善都具有重要的指导作用，其主要作用表现在：①有助于开发减少污染的环保新产品，通过 LCA 的鉴定识别，可以判明产品在生命周期内对环境影响最严重的污染因子及发生的主要阶段，从而可以有的放矢采取措施；②可以提高产品的资源环境效益，由于 LCA 对产品的输入输出采取了量化识别，从而可以选择采用最有利的绿色原材料和清洁能源，也有利于采取降耗节能、减少污染排放的措施；③全面评价有利于对产品方案环境性能进行比较，作出正确决策；④促进了"为循环而设计"和"为拆卸而设计"的研究发展。

四、促进清洁生产的实施

实行清洁生产，需要对生产过程的每一环节进行严格的清洁生产审计，制订出可行的清洁生产方案。进行清洁生产审计的基本思路就是要判明废弃物产生的部位，分析废弃物产生的原因，提出减少或限制废弃物的方案。将 LCA 应用于清洁生产中，可以实现：①对产品在生产过程中的资源消耗、污染排放和潜在的环境影响进行量化辨识，提供产品在各个单元过程的详细输入输出数据，为找出高物耗、高能耗、高污染的原因提供依据；②通过 LCI 和 LCIA，可识别和分析出造成资源消耗和环境影响最严重的生产单元，找出废弃物产生的环节，从而能有针对性地采取措施，对生产过程进行优化。

五、促进生态环境材料的开发研究

环境材料在资源和能源的有效利用，减少环境负荷方面具有很大的优势，是实现材料产业的可持续发展的一个重要发展方向，因而对环境材料的研究已深入到工业的各个领域。而环境材料的评价方法是环境材料研究的基础，LCA 方法是环境材料评价的重要工具。通常环境材料的环境性能被称为材料的绿色度或环境协调性，它是环境属性、资源属性、能源属性、质量属性和成本属性的函数，利用 LCA 和其他有关方法，采用模糊层次综合评价法即可对它进行综合计算评价。

六、制定环境标志产品的认证标准

国际标准化组织 ISO 推荐以产品 LCA 所获参数为基础制定认证标准，目前世界上多数国家以定性 LCA（采用 5×8 二维矩阵）或简式定量 LCA 法，分析产品生命周期中主要环境污染因素及污染严重阶段所造成的主要环境问题，然后针对削减这些环境影响而制定环境标志产品的认证标准。

我国目前还采用以有利于环保的一般原则制定认证标准，主要是对单个危害环境严重的因素进行限制。今后为与国际接轨，仍应按生命周期评价的思想和方法来制定环境标志产品的认证标准。

七、供政府和环境管理部门决策时使用

政府和环境管理部门可借助生命周期评价，制定有关环保的法律政策，例如基于 LCA 进行政府采购，推行绿色环保产品；借助生命周期评价制定"面向产品的环境政策"；实施环境标志计划及基于 LCA 制定产品环境标志的认证标准；基于 LCA，制定优先回收利用的废弃物层次管理原则（优先回收利用→焚烧或堆肥化→最终处置采用卫生填埋）；开发以 LCA 为基础的污染防治评价方法（美国环保局）；向公众提供有关产品和原材料的"生态指标"等资源信息（美国环保局、荷兰资源环境部）等。

除以上 LCA 的应用外，在生命周期思想不断扩展的情况下，一些新的理念和技术手段也迅速得到发展，如生命周期设计（LCD）、生命周期工程（LCE）、生命周期管理（LCM）、生命周期成本分析（LCC）、为环境而设计（DFE）、为再循环而设计（DFR）等。

八、LCA 数据管理信息系统的开发

生命周期评价的应用需要有大量的产品生产系统的数据支持，包括清单分析的输入输出和影响评价的有关数据，且这些数据需包括全球、地域、地区、企业内部、不同行业的统计数据；缺乏这些数据正是目前 LCA 难于推行的主要原因。因此，很多国家、研究单位和商业性咨询公司都在致力于建立积累产品生产系统数据的通用的或专业的数据库和计算机软件。目前世界上有十多个著名的 LCA 数据库，如英国的 Boustead 数据库，库内含有英国、欧洲和美国、日本、中国等超过 3000 个单元，包括能源、燃料生产和运输的数据模块以及单个或组合工艺的完整产品的数据。荷兰的 Simapro 是一个面向产品开发和产品设计的综合 LCA 软件，包括欧洲或荷兰的工业生产工艺数据。德国的 Gabi 是针对固体废弃物管理，拥有非常详细的废弃物处理与再利用数据库，共有 800 种不同能源和原材料的工艺数据。美国的 EcoManager 内置美国的材料、能源、废弃物和运输的清单数据，用于内部规划、扫描及

评估的 LCI 工具。

国内目前为应用生命周期评价、积累适合我国国情的产品生产系统数据的数据库还很少，急待研究开发。为此，戴宏民、刘彦蓉等开发了"基于 Web 的 LCA 数据管理信息系统"，该系统以当前最流行、最大的 Web 网（WWW，万维网）建立 Web 数据库（网络数据库）、以 SQL Server 2005 作为后台数据库管理系统、采用使用 Java 语言的 JSP 技术访问 Web 数据库。该系统具有以下特点：

（1）面向 Web 进行生命周期评价，有别于国内外已有的单机系统只能解决单个部门的 LCA 应用。

（2）不仅能进行清单数据的储存和运用，而且更能利用数据进行量化的环境或资源的影响评价。

（3）不仅能利用清单数据进行定量的影响评价，而且也能在数据缺乏的情况下，采用定性法，利用专家系统进行定性定量分析相结合的影响评价。

（4）用户不仅可以查询数据，还可以通过网页添加新产品、设定生命周期阶段、添加数据。

系统总体的功能模块设计见图 5-17。

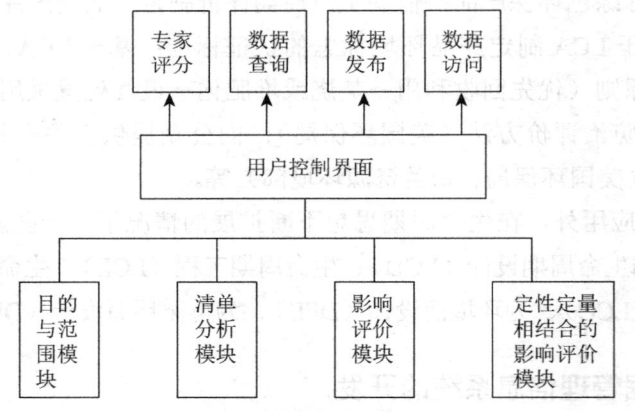

图 5-17　系统功能模块

第六章　国际环境管理标准及清洁生产

长期的生产实践使人们认识到：为减少生产过程中污染环境的废气、废水、废物和一切有害于人类及生物的物质排放，必须重视对生产过程的过程管理和源头治理；引起环境污染的最终根源在于不合理的生产方式和生活方式，因此对环境污染的治理也必须由末端治理转向对生产和生活的全过程控制。在这些认识的基础上，产生了保护环境的 ISO 14000 国际环境管理标准及清洁生产。

保护环境和节约资源是绿色包装和一切绿色产品不同于一般产品最显著的特点，因此 ISO 14000 是绿色包装等绿色产品在生产和流通中应选择的环境管理标准；清洁生产则是绿色包装等绿色产品在生产中应当选用的生产模式。本章将对 ISO 14000 及清洁生产的产生背景、特点及主要内涵进行介绍。

第一节　ISO 14000 的产生及基本思想

一、环境的概念及特性

环境可谓相对概念，指的是与某一中心事物相关联的周边事物，它受中心事物的影响而变化，在环境科学中寓意为以人类为中心的一切自然因素的总体，实际上是指影响人类生存和发展的各种天然的和经过人工改造的自然因素的集合体，即水、土地、大气、野生动植物、矿山、自然遗迹或人文遗迹等。从理论上讲，可将环境中应该被保护的对象定义为环境。环境包括自然环境与社会环境，自然环境是直接或间接影响人类生存和发展的一切自然形成的物质和能量的集合；而社会环境则是人类在自然环境的基础上通过有意识的劳动而创造的人工环境。在对环境自身和人为对环境产生影响的评估中，派生出环境标准。

在对环境影响的评估中，要注意环境的3方面特性：①整体性与区域性：地球环境是一个整体，而地球的任何一部分或任何一个要素都为环境的组成部分。它们之间既紧密联系，又相互制约，由于在生态环境上的共性及地域上的共性，某些局部的环境破坏及污染将波及到周边乃至相通的流域和地带，甚至更大范围。因此环境的影响变化具有整体性，不能以国界或区域来分割。②恒稳性与可变性：恒稳性是指自然环境本能的生态平衡调节属性。当人类外加的破坏行为未打破这种生态平衡，未超过环境所能承受的极限时，环境将保持平衡、稳定，使局部创伤及变化恢复，譬如环境对污染物的自净化能力。由此可将环境可容纳污染物的最大负荷量定义为环境容量。可变性则指的是在自然因素与人类行为作用下，环境状态随之变化，这是正常的自然逻辑关系，符合因果规律。③环境的资源价值性：环境是人类赖以生存的基础，它为人类提供了必要的生存物质与能源，如水、空气、土地、森林、矿山等，没有它们人类就无法生存。环境状态直接影响着人类的生存方式和发展方向，它被破坏与污染也将导致人类的灭亡，也就更谈不上人类的进步、发展与创造，所以说环境就是资源价值。

随着人类消费水平的提高，工业化、城市化进程不断加快，生活日趋多样化，包装也越来越成为人类生活不可分割的一部分。然而商品繁荣的同时，包装废弃物也大量增加，造成十分严重的污染，严重制约了经济的发展。

为谋求经济可持续发展，追求人与自然的和谐，保护环境、节约资源已被当今世界各国所重视。世界标准化组织ISO为顺应各国的要求和期望，制定了ISO 14000环境管理的系列标准。

二、ISO 14000的产生背景及特性

1. 产生的过程及背景

在20世纪90年代初，ISO开始受到制定一个环境管理标准的压力。ISO和IEC（国际电工委员会）出版了《展望未来——高新技术对标准化的要求》一书，该书认为"环境与安全"问题是十分重要的课题。1991年，当联合国准备筹办1992年的里约热内卢环境和发展大会时，大会组织者曾与ISO的执行主任谈话，内容是ISO中是否有人计划参加大会和ISO"正在为环境做什么"。这次谈话促成了ISO/SAGE（环境问题特别咨询组）的成立。

1992年12月，SAGE向ISO技术委员会建议要制定一个与ISO 9000相类似的环境管理体系方法，以增强企业衡量环境行为改善的能力，而且有利于贸易往来和消除贸易壁垒。1993年6月成立了ISO/TC207环境管理技术委员会，开始谈判和起草环境管理方向的国际标准化工作。

至2010年，ISO/TC 207的工作主要分三个阶段进行。

（1）第一阶段工作：①术语和定义。②环境管理体系（EMS）。由英国标准学会（BSI）的奥赛·多担任主席，秘书国为英国，负责环境管理体系标准的研究和制定，并同TC/176/

SC"质量体系"取得联系，具体工作是：a. 环境管理体系 规范及使用指南；b. 环境管理体系 原则、体系和支持技术通用指南；c. 环境管理体系 影响中小型企业的特殊因素导则。其中《ISO 14001 环境管理体系 规范及使用指南》和《ISO 14004 环境管理体系 原则、体系和支持技术通用指南》已于 1996 年 9 月作为国际标准正式颁布。③环境审核（EA）。由荷兰担任秘书国，承担《环境审核指南 通用原则》《环境审核指南 审核程序 环境管理体系审核》《环境审核指南 环境审核员资格要求》和《环境现场审核导则指南》。其中《ISO 14010 环境审核指南 通用原则》《ISO 14011 环境审核指南 审核程序 环境管理体系审核》《ISO 14012 环境审核指南 环境审核员资格要求》等 3 个标准已于 1996 年 10 月 1 日正式发布。④环境标志（EL）。由澳大利亚承担环境标志（标签）标准的研究和制定工作。环境标志正在研究的有 3 种类型：Ⅰ型标志，用于第三方认证的生产标志；Ⅱ型标志，以自我声明的方式公布环境信息的标志；Ⅲ型标志，数值表示型标志，对声明的指标经独立检验，主要用于确定产品环境指标的标志。⑤环境行为评价（EPE）。由美国和挪威分别承担《一般环境行为评价》和《产业部门行为评价》标准的制定。⑥生命周期评价（LCA）。由美国、德国、日本、瑞典、法国五国分别承担。研究产品的整体生命周期，在产品的开发设计、制造、流通、报废到再利用的全过程中，对环境的影响给予定性或定量评价的标准。五个国家的工作组分别承担生命周期评定原则和程序、资源分析、影响分析、改善评估等有关标准的研究和制定。⑦术语和定义（TQD）。由挪威承担。⑧产品标准中的环境指标（EAPS）。由德国承担，起草《产品标准中的环境指标》，逐个标准的颁布和实施将引起各国产品标准内容的调整。

（2）第二阶段工作：包括环境风险评估，紧急计划和准备，现场补救，环境影响评估，环境的行为报告和环境设计。

（3）第三阶段工作：包括环境产品侧面，废物管理，资源管理和保护管理。

从以上可以看出：ISO 14000 系列标准的特点是以市场趋动为前提。由于科学技术的发展，各国的人们都认识到环境污染的最终根源在于不合理的生产方式和生活方式，环境污染的治理也必须由末端治理转向对生产的全部工艺过程的全过程控制；一些发达国家曾对绿色产品、环保产品的销售进行了市场调查，发现同样质量、同样性能的产品，即使售价高 10%～30%，人们也更愿意购买具有环境标志的商品，由此可见实施清洁生产，制造绿色产品，制定产品的环境标志并对产品进行生命周期评价已成为各国的社会需求。

2. ISO 14000 标准制定的特性

（1）预防性：标准的预防性和各国在环境保护领域的发展趋势相同，即环境管理应突出治理环境污染从污染源开始，突出以预防为主，突出对产品全过程的污染控制。故标准提出了一套完整的管理体系，突出了对企业生产现场的环境因素管理，在产品最初始的设计阶段就须对生态环境的影响进行比较、评价，以便进行正确的决策。标准中的生命周期分析和环境行为评价可将产品的设计、清洁生产以及企业的决策行为都纳入环境管理中。

（2）广泛的适用性：生命周期评价（LCA）方法可以用于产品的设计开发，产品优选，产品包装设计；环境行为评价（EPE）可用来帮助企业进行决策，可用来选择有利于环境、市场风险较小的决策方案；环境标志（EL）可使企业树立良好的形象，改善企业社会关系，促进该企业的市场开发；环境管理体系适用于任何类型与规模的组织和各种地理、文化和社会条件，任何组织都可以建立自己的环境管理体系，并按照标准要求的内容实施。

（3）可操作性：ISO 14000 系列标准提供了全面的环境管理体系（EMS）的要求和建立体系的步骤与方法，十分全面、有利于实施；而标准中又没有绝对量的要求，使各类组织在实施进程中能有适度的应用，能够认识自己的环境管理体系是否有效。具有很强的操作性。

（4）自愿性原则：标准的应用都是基于自愿的原则，各类组织可根据自身的经济实力、技术等条件选择采用。如果有的组织实力雄厚，觉得自己原有的环境管理体系是有效的，它可以在原有的基础上通过第三方认证向外宣传、证明本组织环境行为是好的。

综上所述，ISO 14000 系列标准在全球推广是顺应世界经济发展与环境保护的潮流，完全符合可持续发展的战略思想。它为企业内部环境管理提供一整套标准化模式，可以改善企业的环境行为和在公众中的形象，使企业快速走向国际市场。

三、ISO 14000 的目标与原则

1. 目标

ISO 14000 国际环境管理标准的目标是通过一个结构化的管理体系为组织规定有效的环境管理体系要素，它们可以与其他管理要求相结合，帮助组织建立一整套程序，用来确定环境方针和目标，保证评定程序的有效性。它可以规范企业、制造商、社会团体的环境行为，并向社会提供环境行为的证明，以过程控制的概念取代终端控制的概念，以体系的审查代替对产品的个别指标审查，以此达到支持环境保护和污染预防的目标，最终实现环境与经济的共同发展，实现人类社会的可持续发展。

2. 原则

（1）ISO 14000 系列标准应具备真实性和非欺骗性。

（2）环境影响评估方法及信息应意义准确，可检验。

（3）不可用非标准方法进行评价与实验，必须采用 ISO 标准、国家标准、地区标准及其他技术上的可保证再现性的标准实验方法。

（4）应具备公正性、透明性，但不损害机密的商业信息。

（5）非歧视性。

（6）可进行特殊有效的信息传递和教育培训。

（7）不产生贸易壁垒、保证国内外的一致性。

四、ISO 14000 的应用特点

ISO 14000 标准特点十分明显，实效作用得到了全世界的承认与共识，主要特点归纳如下。

①强制性：即ISO 14000标准并不强求组织按该标准建立环境管理体系。

②不产生贸易壁垒：ISO 14000标准建立的初衷之一就是要消除贸易壁垒，使全球标准一致。

③方法的标准性：ISO 14000超越地区和组织概念，为各种环境管理体系提供了普遍接受与认可的标准以及统一的评价方法。

④广泛性：ISO 14000标准适合于所有国家的所有类型组织机构（如政府部门企业、金融业、服务业等）。

⑤可用于各类审核和注册。ISO 14000标准不仅建立环境管理体系的标准和指南，而且可作为内审、外审及认证注册依据，也可用于第二方审核和合同审核。

⑥产品和服务的环境影响评价方法具有可测性。即企业引进环境评价和环境因素与分析时所用的信息、数据、资料，以及制定的目标、指标应有意义、准确和可测。

⑦强调持续改进。即鼓励在定期的环境评审中取得不断改进和提高的客观依据。

第二节 ISO 14000 的构成

一、构成及标准号

为建立ISO 14000系列环境标准，ISO秘书处为环境委员会（ISO/TC20T）预留了100个标准号，标准号为ISO 14001～ISO 14100。作为一个完整的结构化管理系统，它由8个主要部分（子系统）组成：环境管理体系（EMS）、环境审核（EA）、环境标志（EL）、环境行为评价（EPE）、生命周期评价（LCA）等。

表6-1中列出了ISO 14000的标准号、子系统名称、制定组织的对应关系。

表6-1 ISO 14000的标准号、子系统、制定组织的对应关系

标准号	子系统名称	制定组织
14001～14009	环境管理体系（EMS）	环境委员会第一分委员会（SC1）
14010～14019	环境审核体系（EA）	环境委员会第二分委员会（SC1）
14020～14029	环境标志体系（EL）	环境委员会第三分委员会（SC1）
14030～14039	环境行为评价（EPE）	环境委员会第四分委员会（SC1）
14040～14049	生命周期评价（LCA）	环境委员会第五分委员会（SC1）
14050～14059	术语和定义（T&D）	环境委员会第六分委员会（SC1）
14060	产品标准中的环境指标	环境委员会第一工作组WGI

目前ISO 14000系列标准中有24个已制定，中国政府已等同地全部采用了已颁布的标准。表6-2列出了已制定的24个ISO 14000系列中的部分标准。

表 6-2　已制定和颁布的 ISO 14000 系列中的标准

标准号	年份	标准名称	标准号	年份	标准名称
ISO 64 导则	1997	产品标准中的环境因素	ISO 14040	1997	环境管理 生命周期评价 原则与框架
ISO 14001	1996	环境管理体系 规范及使用指南	ISO 14041	1998	环境管理 生命周期评价 目的与范围的确定和清单分析
ISO 14004	1996	环境管理体系 原则体系和支持技术通用指南	ISO 14042	2000	环境管理 生命周期评价 生命周期影响评价
ISO 14010	1996	环境审核指南 通用原则	ISO 14043	2000	环境管理 生命周期评价 生命周期解释
ISO 14011	1996	环境审核指南 审核程序 环境管理体系审核	ISO/WD TR14047		环境管理 生命周期评价 ISO 14042 标准应用范例（未来技术报告）
ISO 14012	1996	环境审核指南 环境审核资格要求	ISO/CD 14048		环境管理 生命周期评价 生命周期评价数据文件格式
ISO/CD 14015		环境管理 现场和组织的环境评价质量和环境审核指引	ISO/TR 14049	2000	环境管理 生命周期评价 将 ISO 14041 标准应用于目标和范围定义和库存分析范例
ISO/CD 19011		质量和环境审核指引	ISO 14050	1998	环境管理 术语
ISO 14020	1998	环境管理 环境标志和声明 通用原则	ISO/TR 14061	1998	技术报告：企业实施 ISO 14001 和 ISO 14004 环境管理体系的辅助信息
ISO 14021	1999	环境管理 环境标志和声明 自我环境声明（Ⅱ型环境标志）	ISO/AWI 14062		在产品开发中考虑环境因素指南（未来的技术报告）
ISO 14024	1999	环境管理 环境标志和声明（Ⅰ型环境标志和声明 原则和程序）	ISO/CD 14048		环境管理 生命周期评价 生命周期评价数据文件格式
ISO/TR 14025	2000	技术报告：环境标志和声明Ⅲ型环境声明	ISO 14031	1999	环境管理 环境表现评价 指南
ISO/TR 14032	1999	环境管理 环境表现评估（EPE）范例			

二、ISO 14000 与 ISO 9000 之间的关系

20 世纪 80 年代初，ISO 国际标准化组织就着手制定质量管理和质量保证系列标准；90 年代初，ISO 着手制定环境管理体系系列标准，即标准编号 14000 区间，这两个系列标准适应了科学、技术、社会经济活动的需要，使质量管理体系、环境管理体系标准化、国际化，它们的制定，有利于在国际贸易中消除技术壁垒。

ISO 14000 和 ISO 9000 有相似点，ISO 14000 标准的引言中明确说明："本标准与 ISO 9000 体系质量标准遵守共同的管理体系原则，组织可选取一个与 ISO 9000 系列相关的

现行管理体系,作为其环境管理体系的基础。"ISO 9000 和 ISO 14000 系列标准的运行模式相似,均为管理应遵循的科学程序 PDCA 模式。其中 P 是计划,确定质量目标和改进措施;D 是实施,按计划组织实施;C 是检查,确定计划执行的程度,找出存在的问题;A 是处理,当检查结果达到目标时,则对计划中确定的对策和措施进行标准化,进入下一个控制循环;若检查结果未达到目标,则应确定改进对策,进入下一个改进循环(图 6-1)。

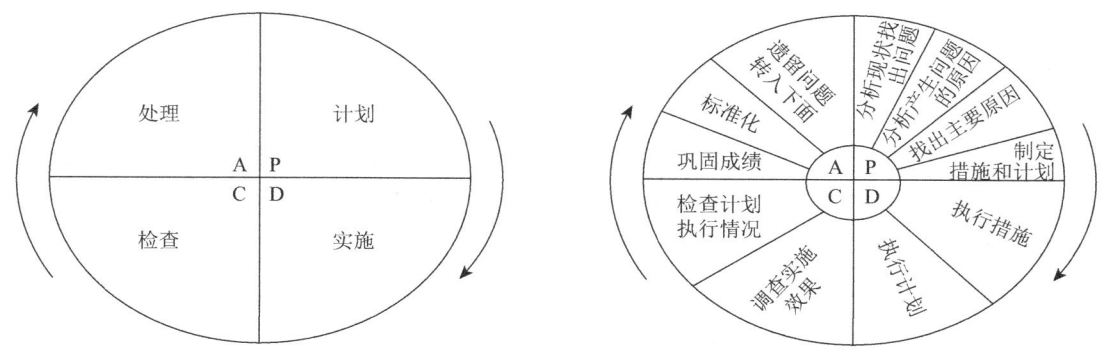

图 6-1 PDCA 运行模式及循环内容

两个标准都是一个组织全面管理的一部分,管理体系不必为独立建立于组织现行的全面管理,在组织全面管理的机构设置中,即可分别按两个管理体系的基本要求制定相应的文件化管理程序,加强预防和审核,就可把两个标准和原有的管理有机地融合。两个标准有相同的管理思想,组织通过标准实施,即可建立起一整套完整、有效的文件化管理体系来规范组织的行为,通过管理体系的运行和改进,能达到节约资源、减少污染或提高质量的目的。ISO 9001 和 ISO 14001 两个标准都是"龙头"标准,是建立质量保证体系与环境管理体系的框架性标准。

ISO 9000 与 ISO 14000 产生的背景有所不同,ISO 9000 系列标准主要是针对组织活动、产品和服务过程中的质量要求而制定的。在 20 世纪 70 年代,许多国家利用本国的技术法规和标准以及合格评定程序的不同,形成了贸易技术壁垒。为此,关贸总协定东京回合通过了《贸易技术壁垒协议(CATT/TBT)》,要求缔约国尽量使用国际标准来打破贸易技术壁垒。国际标准化组织发布 ISO 9000 质量管理保证系列标准是对 CATT/TBT 的响应。自 1987 年 ISO 9000 系列标准发布以来,在世界各国引起了很大反响并得到各国工业界的普遍认可。ISO 14000 系列标准主要是针对组织活动、产品和服务过程中的环境影响而制定的,标准提供了上述过程中对环境影响、改善环境行为的最基本要求。

实施 ISO 9000 系列标准服务的对象是顾客,重点是产品的质量和服务的质量;而 ISO 14000 系列标准的服务对象是顾客、职工、合同方、社区,乃至政府,重点是组织的活动、产品、服务过程对环境产生的影响及改善环境行为的基本要求;同时对社会及各相关方提出要遵守环境法规,预防污染产生,达到可持续发展的目标。

第三节 ISO 14000 的实施

实施 ISO 14000 国际环境管理系列标准，关键是要遵照构成体系的子系统结构，一环一环、一步一步认真、准确、规范地加以落实。

一、建立环境管理体系（EMS）

环境管理体系包括为制定、实施、实现评审和保持环境方针所需的组织机构，规划活动职责、惯例、程序、过程和资源。

环境管理体系着重于生产管理过程，根据标准和法规要求制订切实可行的目标方案和实施规划。在生产经营过程中，配备必要的人力、物力、财力，努力完成所制定的目标，并通过对目标的不断修改，达到持续改进的目的。

环境管理体系有几个基本要素，即环境方针、环境目标与规划实施、环境检测与纠正、环境管理评审，以及调整管理体系等。

其管理体系的模式结构如图 6-2 所示。

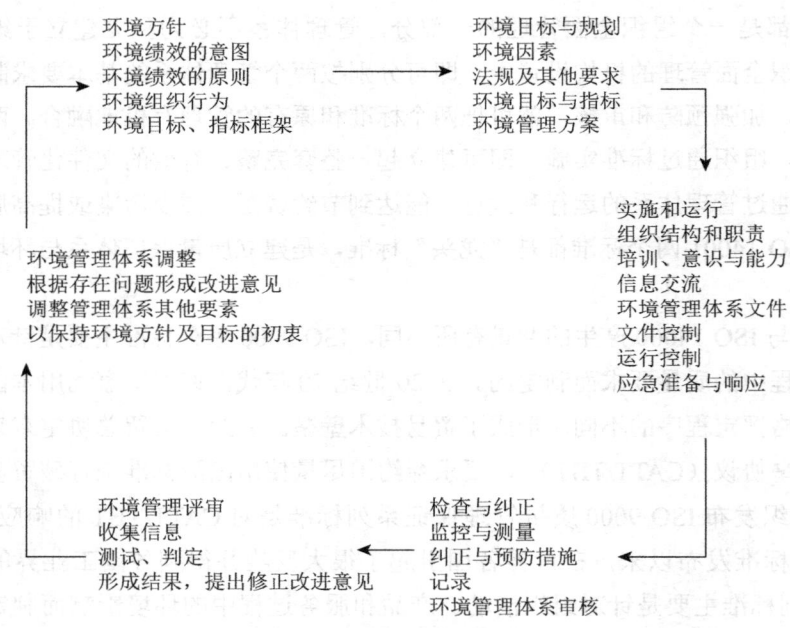

图 6-2 环境管理体系模式结构

环境方针是企业制定的环境目标和规划的基础，是整个体系的关键。

从整个体系看，企业所制定的环境方针，要适应本企业组织的活动、产品属性、规模与环境影响，要有环境的改善能力和污染的预防能力。并能遵守环境法律、法规及相应要求，其规划是为了完成既定目标的一个实施与保证系统。针对包装产品来讲，首先要对产品提出设计方案（包括结构设计、造型设计、装潢设计和工艺设计），方案要符合绿色标准要求，然后对材料进行选择（绿色化）；其次对包装产品制作的上游和下游生产环节进行环保性的工艺测评，直至跟踪流通运输中的环境影响和废弃后再处理的环境影响。总之规划中要有确定环境标准的理念，以产品绿色化为指导原则，最终以绿色的管理系统完成既定的环境目标。

EMS 体系的实施，重要的是强调结构化，分块组成系统的管理，全方位的环境标准限定，真实的数据证明，定期的评审。其特点是在框架下规划，在规划下管理，在管理中改进与提升。

建立环境管理体系的基本步骤见图 6-3。

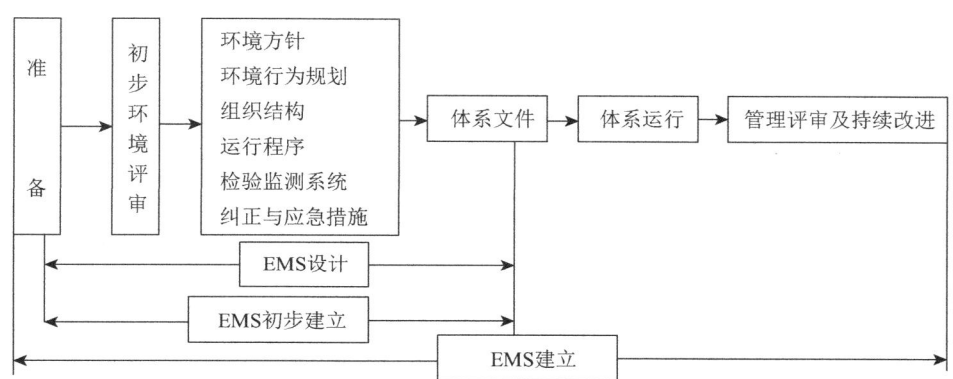

图 6-3　建立环境管理体系基本步骤

二、实施环境认证（EA）

包装作为产品在国际环境的限定下，在环境管理系统的运行下，终极的标准应该是通过环境认证，即取得第三方权威资质机构的验证审核，充分向外界证明企业的环境管理体系符合 ISO 14000 系列标准，企业的包装产品是绿色的，符合国际环保标准。ISO 14000 环境认证与 ISO 9000 质量认证同样重要，因为它是企业的生命。没有质量保证，产品存在没有意义和价值；没有无污染保证，产品生存受到威胁，发展受到制约。所以企业和产品必须进行环境认证，向社会提供环境行为的证明，好的环境行为可以帮助企业在市场竞争中获得更多的优势。

认证机构是获得法定授权的权威机构，在我国实施环境管理体系认证的认证机构，只有经过中国认证机构国家认可委员会的评审，获得资格后方可开展环境管理体系认可活动。并向通过认证的企业颁发中国认可委证书，由于我国是国际标准化组织的成员国，因此由我国具有资质的认可机构进行 ISO 14000 的认证，国际上是给予承认的。

环境审核认证所包括的主要内容如下。

①企业环境管理体系及全部相关文件；②企业的环境执行行为、状态及业绩；③企业的环境检测及全部的信息报告；④对预审中提出问题的纠正方案与结果。

三、进行环境行为评价（EPE）

环境行为评价是对企业生产运行及对环境产生影响的客观事实及数据进行评估，采取现场采集数据和现场情况调查的方式，以此为依据，通过分析，对照标准指标而给予评价，结果科学、真实、可信。

环境行为影响评价旨在鼓励在规划和决策中考虑环境因素，帮助企业改善环境行为和环境控制能力，提升产品环境质量，为企业开发新产品节省能源资源和预防污染提供数据与决策支持，使人类生产活动最终达到更具环境可容性和友好性。

环境行为影响评价的特点：它是一个动态、开放、循环运行的过程，是评价→改善→提升的循环过程。

它所遵循的原则：目的性、整体性、相关性、主导性、等恒性、动态性、随机性、社会经济性、公众参与性等原则。

评价内容主要如下：

①材料投入产出中的资源损耗、能源损耗；②生产活动中的废气、废水、重金属等的排放量；③生产环节中的环境隐患；④生产工艺上和生产设备上的环保措施；⑤生产系统中的再生资源化指标；⑥环境中填埋废物及焚烧废物减量指标等。

四、产品的生命周期评价（LCA）

生命周期评价是一个重要的环境管理工具，它的主要作用是，能够对任何一个复杂的涵盖了多个领域的完整系统的各个环节作出一个统一标准的全面综合的评价，以验证一个产品是否符合国际环境标准。

LCA 评价是以客观数据为基础。若将 LCA 评估系统画成图，则是目标环境毒物学与化学学会（SETAC）所提出的著名的 SETAC 三角形（图 6-4）。该三角形以确定的目标和研究范围为中心，三角形的三条边表示研究的三个方面，即数据清单分析、环境影响评价、环境改善评价。正是以这个 SETAC 三角形为依据形成了 ISO 统一世界各国 LCA 的评价方法，提出了国际 LCA 评估框架的基础。

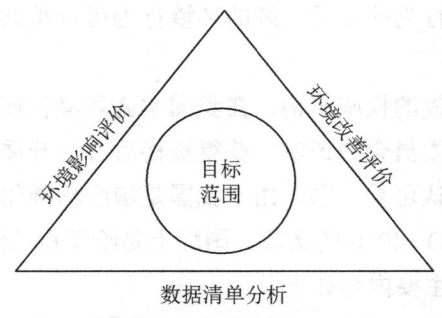

图 6-4　生态循环评价

（SETAC 三角图）

目前国际上达成共识的生命周期清单分析的流程与方法，是将产品的整个生命周期划分为 5 个阶段，如图 6-5 所示。

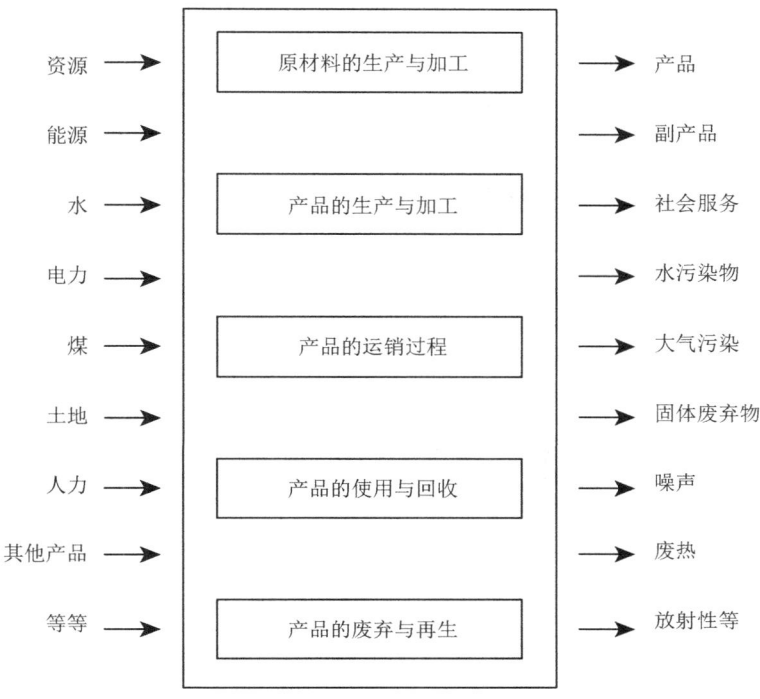

图 6-5　产品生命周期评价分析

五、产品的环境标志（EL）

环境标志也称绿色标志（生态标志），是绿色产品的识别标记，其作用是表明产品生产和使用过程完全符合环境标准要求，对生态环境、人体健康无损害。实施环境标志的意义在于：①对消费者而言促进绿色消费理念；②对厂商而言形成了压力，使其要加强环境意识与责任，改进生产工艺、产品设计与技术；③对经济发展而言，绿色意识将成为市场营销的得力工具。德国是第一个制定环境标志制度的国家，1978 年实施了"蓝色天使计划"。此后，加拿大于 1988 年、日本于 1989 年，法国于 1991 年相继开展了环境标志工作，美国则实行了数字环境声明 ED；而丹麦、芬兰、冰岛、挪威、瑞典于 1989 年实施了统一的北欧标志，称为"天鹅环境标志"。欧盟也于 1991 年实施了环境标志计划，我国也于 1993 年 8 月正式颁布了青山绿水的"十环环境标志"。到 20 世纪末，德国环境标志产品至少已达 7500 种，占全国产品的 30%；日本环境标志产品至少已达 2500 多种；加拿大有 800 多种。

环境标志的应用，有力地强化了世界贸易中的环境观念，进一步促进企业清洁生产和环境作为，增强产品的竞争力和国际市场的占有份额。

目前国际上较著名的环境标志有如下种类，见表 6-3。

表 6-3　国际上著名的环境标志

国名	环境标志	国名	环境标志
德国 ［德国的环境标志是以联合国环境规划署（ONEP）的蓝色天使表示的，蓝色天使标志上面伴有字样"环境标志"（Umweltzeichen），下面伴有解释词"因为……"（Weil……）以及"Jury Umweltzeichen"，原来的题词读做"Umweltfreundlin"环境友好］		欧盟	
美国		加拿大 （加拿大标志图形称作"环境选择"标志，图形上一片枫叶代表加拿大的环境，由三只鸽子组成，象征3个主要的环境保护参加者：政府、产业、商业，标志伴随着一个简短的解释性说明，解释标志为什么被认证）	
日本 （日本"生态"标志符号是两只手环抱世界，含义是"用我们的双手保护地球"。手臂的形状围成e字，为"地球""环境""生态"三个英文单词的词头E字的小写，意味着对地球、环境、生态的保护）		法国	
北欧诸国（瑞典、挪威、芬兰、冰岛、丹麦） ［北欧委员会以白色天鹅为象征，上部的瑞典语、挪威语、芬兰语表达的"MILJÖMÄRKT/MILJÖMERKET/YMPÄRISTÖ-MERKKI"（以各自的语言表达"环境标志"），下部是选择理由的简短描述，解释性描述使用每一个国家的各种语言文字］		奥地利	
荷兰		新西兰	

(续表)

国名	环境标志	国名	环境标志
新加坡		韩国	

1993年8月，中国国家环保局正式颁布中国的环境标志图形见图6-6。

中国环境标志图形由青山、绿水、太阳及10个环组成。环境标志图形的中心结构表示人类赖以生存的环境；外围的十个环紧密结合，环环紧扣，表示公众参与，共同保护环境；同时十个环的"环"字与环境的"环"同字，其寓意为"全民联合起来，共同保护人类赖以生存的环境。"

欧共体《包装与环境法规》对包装废弃物回收利用的指标作如下规定：60%的回收率，30%的焚烧率，10%的掩埋率。为此欧共体制定了专门的包装材料循环使用标志，见图6-7。

图6-6 中国环境标志

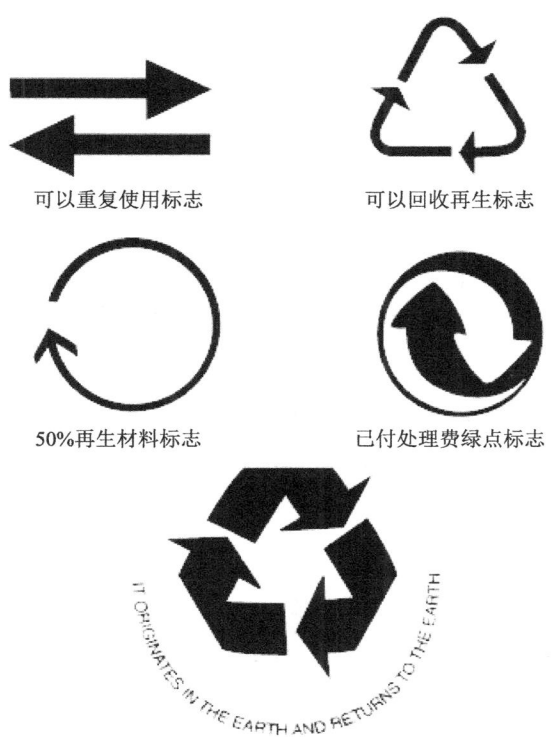

图6-7 国际包装材料循环使用标志

绿色标志也可能构成绿色壁垒。因为各国环境资源价值不同，评价方法不同，国际间贸易中的互认程度有差异，影响了绿色标志在国家之间的认可接受的权威性。但是从另一个角度来看，这可能会进一步推动各国在产业上的环境建设，在产品环境标准上尽快与国际接轨，增强产品在国际贸易中的竞争力。

为了避免因各国实施环境标志而形成新的绿色贸易壁垒，国际标准化组织 ISO 于 1996 年规范了各国的环境标志制度，并将其纳入国际环境管理系列标准 ISO 14000 之中，用于指导各国环境标志的实施。环境标志有三种类型：Ⅰ型、Ⅱ型、Ⅲ型。

Ⅰ型环境标志是经过独立第三方认可而颁发的生态标志。它是经科学和严格的评定，符合生命周期评价，具有整体环境优越性的标志，是最高等级的环境标志。目前世界各国多数采用此种类型。

Ⅱ型环境标志主要针对资源有效利用。企业可以从国际标准限定的这 12 项声明中，选择一项或几项做出产品自我环境声明，并须经第三方验证。12 个声明在设计、生产、使用、废弃这一生命周期过程中的分布是：在生产环节有一个声明，"节约资源"；在使用环节有三个声明，"节能""节水""延长寿命产品"；在使用至废弃前有两个声明，"减少废物量""可重复使用和充装"；在废弃阶段，有四个声明，"可降解""可堆肥""可再循环""可拆解设计"；在废弃物再次进入生产阶段，有两个声明，"再循环含量""使用回收能量"。12 项声明涵盖生产、使用、废弃的全过程，除此外，企业没有权力再自造环境声明。

Ⅲ型环境标志，是一个量化的产品性能和环境信息的数据清单。它由企业提供，经由有资格的独立第三方依据环境标志国际标准进行严格的审核、检测、评估，证明产品和服务的信息公告符合实际后，向消费者提供量化的环境信息。与Ⅰ型相比，Ⅲ型环境标志同样具有不易形成国际贸易壁垒的优势，因为产品的环境信息是客观的，可以直接进行国与国的比较。最早由瑞典在 1997 年始创，现在已形成加拿大、丹麦、德国、意大利、日本、德国、挪威等国参加的 GEDnet 非赢利性组织。像聚氨酯涂料只要公布 TVOC（影响室内空气品质的有机污染物）、苯系物、TDI 指标限值（甲苯二异氰酸酯），家具只要公布放射性、吸水率、防火性能限值，都是抽出产品最主要的环境信息予以公告等，有近千种国际标准限值可供借鉴。

Ⅰ型环境标志是环境标志的最高形象。Ⅱ型、Ⅲ型环境标志有统一标准，且有各国指标值供参考，适应性更强，使更多的企业和产品跨入绿色之门。

中国的三种类型环境标志见图 6-8。

中国Ⅰ型环境标志　　中国Ⅱ型环境标志　　中国Ⅲ型环境标志

图 6-8　中国的三种类型环境标志

第四节 推行清洁生产

清洁生产是一项实现污染预防，保护环境，节约资源，实现企业经济效益最大化的现代生产模式。发达国家常将推行清洁生产和推行 ISO 14000 有机结合起来，促使企业建立起环境管理体系，预防污染产生，取得更好的环境治理效果。

一、清洁生产的由来及发展

20 世纪 60 年代至 70 年代初，发达国家经济快速发展；但因忽视对工业污染的防治，致使环境污染问题日益严重，公害事件不断发生，如日本的米糠油事件（多氯联苯引起，1968 年）、日本的富山骨痛病（镉废水引起，1931—1972 年）、意大利塞维索化学污染（二噁英引起，1976 年）以及再早的美国洛杉矶光化学污染（汽车尾气在紫外线作用下引起，1943 年）、英国的伦敦烟雾（烟尘、SO_2 引起，1952 年）均对人体健康、生态环境造成极大危害，社会反响非常强烈。工业环境问题逐渐引起各国政府的重视和关注，相继采取了增大环保投资、治理建设污染、制定污染物排放标准、实行环境立法等环保措施和对策，取得了一定成效。但是，这种出了问题再治理，着眼于控制末端排污口，使排放的污染物通过治理达标排放的办法，虽在一定时期内或在局部地区起到一定的作用，但并不能从根本上解决工业污染问题，这是因为：①一般末端治理的办法是先通过预处理，再进行生化处理后排放，而有些污染物不能生物降解，只能稀释排放，造成二次污染；有的末端治理只是将污染物进行形态转移，如使废气变废水，废水变废渣，废渣堆放填埋，最终仍要污染土壤和地下水，形成恶性循环，故仅靠末端污染治理很难达到彻底消除污染的目的。②随着生产的发展和产品品种的增加，排放污染物的种类也越来越多，规定控制的污染物、特别是有毒有害污染物的排放标准也越来越严格，从而对污染治理与控制的要求越来越高，企业为达到排放标准的要求就要花费大量资金，同时还会使一些可以回收的资源、包括未反应的原料得不到有效的回收利用而流失，致使企业原材料消耗增高，产品成本增加，经济效益下降，从而影响企业治理污染的积极性和主动性。

一些工业国家的实践已证明：预防优于治理。美国环保署 EPA 于 20 世纪 70 年代提出污染预防和废物最小化的策略，其主要含义是最大限度减少生产厂家产生的废物量，改变产品和改进工艺，从源头减少废物量，同时提高能源资源效率，重复使用投入的原料。1989 年联合国环境规划署在"污染预防""废物最小化"和"无废工艺"的基础上提出了"清洁生产"概念，迅速得到国际社会普遍响应，从而使环境保护战略由被动转向了主动的新潮流。

二、清洁生产的定义及内涵

清洁生产在不同的发展阶段或者不同的国家有不同的叫法，例如"废物减量化""污染预防""无废工艺"等。但其基本内涵是一致的，即对产品的生产过程、产品及服务采取预防污染的策略来减少污染物的产生。

1. 联合国环境规划署定义

清洁生产是指将综合预防的环境策略持续地应用于生产过程和产品中，以便减少对人类和环境的风险性（伤害性）。

对生产过程而言，清洁生产包括节约原材料和能源，淘汰有毒原材料并在全部排放物和废物离开生产过程以前减少它的数量和毒性。

对产品而言，清洁生产旨在减少产品在整个生命周期过程中（包括生产、使用、处置、原材料提取）对人类和环境的影响。

对服务和管理而言，要求将环境因素纳入设计和提供的服务之中。

2. 美国环保署 EPA 的定义

清洁生产在美国又被称为"污染预防"或"废物最小量化"。废物最小量化是美国清洁生产的初期表述，后用污染预防一词所代替。

美国对污染预防的定义是：污染预防是在可能的最大限度内减少生产场地所产生的废物量，它包括通过源削减，提高能源效率，在生产中重复使用投入的原料以及降低水消耗量来合理利用资源。

源削减指在进行再生利用、处理和处置以前，减少流入或释放到环境中的任何有害物质、污染物或污染成分的数量；减少对公共健康与环境的危害。常用的两种源削减方法是改变产品和改进工艺，包括设备与技术更新、工艺与流程更新、产品的重组与设计更新、原材料的替代以及促进生产的科学管理、维护、培训或仓储控制。

污染预防不包括废物的厂外再生利用、废物处理、废物的浓缩或稀释以及减少其体积或有害性、毒性成分从一种环境介质转移到另一种环境介质中的活动。

3.《中国 21 世纪议程》的定义

清洁生产是指既可满足人们的需要又可合理使用自然资源和能源并保护环境的实用生产方法和措施，其实质是对一种物料和能耗最少的人类生产活动的规划和管理，将废物减量化、资源化和无害化，或消灭于生产过程之中。

同时，对人体和环境无害的绿色产品的生产亦将随着可持续发展进程的深入而日益成为今后产品生产的主导方向。

清洁生产与循环经济的关系密不可分，清洁生产是循环经济的重要组成部分，而循环经济模式则需在实现清洁生产基础上建立。实施循环经济的操作原则是"3R"原则：即减量化（Reduce）、再利用（Reuse）、再循环（Recycle）。它也是实施清洁生产的重要原则。

三、实施清洁生产的主要途径

清洁生产与末端治理的不同之处是：末端治理考虑环境影响时，把注意力集中在污染物产生之后如何处理；而清洁生产则重在预防，要求把污染物消除在它产生之前。清洁生产不包括末端治理技术，如空气污染控制、废水治理、固废物焚烧或填埋等最终处置技术。

清洁生产的内涵核心是实现"清洁",即清洁的能源和原材料、清洁的生产工艺过程、清洁的产品,其中清洁的生产工艺过程最为关键。

实施清洁生产,应从产品的整个生命周期采取污染预防措施,除在消费环节对废弃物采取回收利用外;在整个生产过程,包括原料准备,加工工序,产品成型,产品包装等均应从工艺、设备、操作、管理等几个方面采取措施,实现节能、降耗、减污的目的。其具体途径有以下方面。

1. 推行节能技术,提高资源和能源利用率

包装工业应用的能源,以电和燃煤为主。燃煤燃烧中释放大量的CO_2、SO_2和灰尘,对大气及人身造成严重污染及伤害;且能效利用率低,单位产值能耗高,故应大力推行各种节能技术和清洁能源,对锅炉(窑炉)进行节能改造,采用洁净煤或天然气,努力降低能耗,减少对环境的污染。

企业消耗水资源大,应充分回用中水,对各种工艺废水进行沉淀后循环再用,既能节约水资源,又减少对环境的污染。

在生产过程中,应对生产过程、原料及生成物情况进行全面检测,对物料流向、物料产生及废弃物产生的状况进行科学分析,据此优化生产程序,改进和规范操作过程,提高每一道工序的原材料和能源利用率,减少生产过程中资源的浪费,同时也减少了污染物排放。

2. 选用环保原材料,对产品进行可拆卸、减量化、易回收的绿色设计

企业实行清洁生产,在产品设计之初就应注意未来的可修改性、可拆卸性,做到只需要重新设计一些零件就可更新产品,从而能减少固体废物;产品设计时还应考虑在生产中使用更少的材料或更多的节能成分,优先选择无毒、低毒、少污染的原辅材料替代原有毒性较大的原辅材料,防止原料及产品对人类和环境的危害。

产品设计要十分重视从源头减量化,我国北京奥瑞金制罐有限公司通过减量化努力,在本世纪之初,已成功将制造三片罐的马口铁薄板从原1.8mm降至1.5mm,从而从源头上节约了大量的制罐原材料。

原辅材料在选用上应易回收利用或能自行降解,同时又应是无毒无害的。如纸包装或塑料包装,在满足使用功能的前提下,应尽量避免选用不易回收利用的复合材料;对不易回收的塑料袋,农用薄膜或医疗塑料器材,则应选用在短期内能自行降解的降解塑料作原材料;食品包装不能选用在高温条件下能自行析离出有毒元素的聚氯乙烯作材料;选用辅助材料如黏合剂、油墨、涂料时,应采用水溶剂,而不用对人体有害的有机溶剂。

3. 实施生产全过程控制,建立生产闭合圈

清洁的生产过程要求企业采用少废、无废的生产工艺技术和高效生产设备;尽量少用、不用有毒有害的原辅材料;减少生产过程中的各种危险因素和有毒有害的中间产品;使用简便、可靠的操作和控制;建立良好的卫生生产规范(GMP)、卫生标准操作程序(SSOP)和危害分析与关键控制点(HACCP);组织物料的再循环;建立全面质量管理系统(TQMS)和优化生产组织系统。

工业产生"三废"的来源是生产过程中物料输送，或加热中的挥发、沉淀、跑冒滴漏，以及误操作所造成物料的流失。因此包装企业要重视将流失的物料加以回收、返回到流程中或经适当的处理后作为原材料回用，建立起从原料投入到废物循环回收利用的生产闭合圈，让流失的物料或废物减至最少，从而使包装企业的生产不对环境造成危害。

企业内物料循环，建立生产闭合圈，一般可采用以下三种形式：①将回收流失的物料作为原料，返回到生产流程中；②将生产过程中产生的废料经过适当处理后再作为原料，返回到生产流程中；③废料经过处理后作为其他生产过程或其他企业的原料应用，或作为副产品收回。

4. 实施材料优化管理，实现材料闭环流动

材料优化管理是企业实施清洁生产的重要环节，选择材料、评估化学成分变化、估计生命周期的过程是提高材料优化管理的重要方面。企业实施清洁生产，应选择易再使用和可循环使用的材料，具有再使用与再循环性的材料可以通过提高环境质量和减少成本获得经济与环境收益；要重视实现材料的合理闭环流动，包括原材料和产品的回收处理过程的材料流动、产品制造过程的材料流动和产品使用过程的材料流动。

原材料和产品回收处理过程的材料流动是指对自然资源开采和加工过程中产生的废弃物的回收利用所组成的一个封闭过程；产品制造过程的材料流动，是材料在整个制造系统中的流动过程（制造过程的各个环节直接或间接地影响着材料的消耗）以及在此过程中产生的废弃物的回收处理所形成的循环过程；产品使用过程的材料流动是在产品的生命周期内（包括产品使用、维修、保养以及服务等过程和在这些过程中产生的废弃物的回收利用过程）的材料流动，其组成主要包括：可重用的零部件回收，可再生的零部件回收，不可再生废弃物的填埋处置等。

在材料消耗的所有环节里，都要将废弃物减量化、资源化和无害化；或将废弃物消灭在生产过程之中，实现生产过程的无污染或不污染。

5. 建立环境管理体系，加强企业环境管理

企业推行清洁生产的过程应与 ISO 14000 的贯彻达标结合起来，建立起企业的环境管理体系。实践表明，凡建立起环境管理体系，加强环境与生产管理的企业，一般可削减40%的污染物产生。

强化企业的环境与生产管理，还可收到如下的效果：①通过安装必要的高质量监测仪表，加强计量监督，可以及时发现物料流失的问题；②加强设备的检查维护，杜绝设备及管道的跑、冒、滴、漏损失；③建立起有环境考核指标的岗位责任制，强化岗位的环境及生产管理责任，从而能有效防止环境及生产事故的发生。

第五节　包装清洁生产可采用的技术

包装企业实施清洁生产，除可采用常见的清洁生产方案外，还可根据包装产品特点，采用以下的清洁生产技术。

一、节能节水技术

1. 燃煤锅炉（窑炉）改造技术

对中小燃煤锅炉（窑炉），进行循环流化床和粉煤燃烧等先进技术改造，并燃用优质煤、洁净煤、筛选块煤，提高燃气效率，减少对环境的污染排放。

2. 热电联产技术

对耗能大的企业，可采用热电联产机组，利用企业回收的煤气、蒸汽或余热进行发电，同时还可向厂区和居民区供热。

3. 循环用水技术

建设具有先进排污水处理技术和冷却降温技术的循环水系统，以循环利用企业生产过程中排出的废水及中水，使工业废水资源化，实现工业废水"零"排放。

二、纸包装清洁生产技术

1. 源削减技术

采用低克重、高强度的纸和纸板，或改进包装制品结构设计，减少材料用量，从源头削减废物的产生量。

2. 采用无毒无害的原辅材料和新型绿色包装材料

采用水溶剂型的胶黏剂取代有机溶剂型的胶黏剂，进行纸箱、纸盒或书的覆膜。有机溶剂型的溶剂系汽油、甲苯、煤油、醇类等芳香族物质，在生产过程中干燥时，或在使用过程及废弃后处置时，均会挥发出有毒的碳氢化合物气体而污染环境，危害人身体健康，故应逐步予以淘汰，而以无毒无害的水溶剂型胶黏剂取代它们。

采用由两层面纸和形似六面六角蜂窝状的蜂窝芯纸黏合而成的蜂窝纸板制成的蜂窝纸板箱，或用竹胶板制作竹胶板包装箱作代木包装，均具有高强度、高刚度、承重大的优点，并具有优异的缓冲隔振性能，可作机电设备的运输包装。

采用由废纸浆为原料，在模塑机上脱水成型的纸浆模塑制品，或用模压成型的植物纤维制品取代破坏臭氧层，又不易降解的发泡聚苯乙烯（EPS）制作缓冲衬垫，可供缓冲包装使用。

3. 清洁工艺——无氯或少氯漂白新技术

无氯漂白（TCF）也称无污染漂白，是用不含氯的物质（如 O_2、H_2O_2、O_3）等作为漂白剂对纸浆在中高浓度条件下进行漂白；少氯漂白（ECF）是用 ClO_2 作为漂白剂对纸浆在中浓度条件下进行漂白，无氯和少氯漂白旨在代替低浓度纸浆氯化漂白和次氯酸盐漂白，后者对环境有严重污染。

（1）氧漂白：氧无毒、对环境没有污染，经氧脱木质素后，后段的漂白剂和漂白废水量可降低50%，还可大大降低漂白废水的BOD（生化需氧量）、COD（化学需氧量）、色度和总有机氯的含量，它对减少现代纸浆漂白废水的污染起了重要的作用。

（2）过氧化氢漂白。过氧化氢经常用于化学浆多段漂白的后段以提高纸浆的白度和漂白后纸浆白度的稳定性，此外还用于机械浆的漂白。H_2O_2漂白化学浆主要用在中段以增强漂白效果或用在终段使纸浆白度稳定。

（3）二氧化氯漂白。二氧化氯具有优良的漂白性能，其漂白能力强、效率高、白度稳定，二氧化氯漂白的最大特点是漂白时有选择地去除木质素，而对碳水化合物的降解作用小，浆料的强度好，因此二氧化氯在纸浆的漂白中目前仍居重要地位，与全氯漂白剂漂白纸浆相比，漂白废水中不仅AO_X（可吸附的有机卤化物）和极毒物质减少了，而且还减少了树脂障碍，但纸浆强度基本不变。

（4）臭氧漂白。臭氧的脱木质素和漂白作用均很强，在纸浆漂白系统中可单独使用，也可与过氧化氢、氧气等其他漂白剂结合进行多段漂白，臭氧漂白对环境无污染。臭氧漂白段的纸浆浓度也有中浓度、高浓度之分，即中浓度臭氧漂白和高浓度臭氧漂白。

三、塑料包装清洁生产技术

1. 源削减技术

日本松下电器公司通过对缓冲包装缓冲垫结构的改进设计，减少材料用量，在两年内减少了聚苯乙烯发泡缓冲材料（EPS）用量30%，从而减少了废弃物产生量。通过改变材料配方或开发改性塑料，使塑料包装产品轻量化、薄壁化，既减少资源消耗，又减少废弃物数量，减轻环境的负载。又如采用高淀粉含量的生物降解塑料或高填充量无机材料的光降解塑料制作薄膜袋，其淀粉或碳酸钙含量达30%以上，最高可达51%，从而节约了聚乙烯原料30%～51%。

2. 采用新型可降解塑料

欧美日等工业发达国家认为完全生物降解塑料是目前降解塑料的重要发展方向，应尽可能使用天然可循环的降解塑料；而热塑性淀粉树脂是目前最有发展前途的完全生物降解塑料。目前在欧美日广为流行应用的聚乳酸（PLA）正是近几年崛起的一种以玉米淀粉为原料、天然可循环的新型可生物降解塑料。聚乳酸具有一般可降解塑料不具备的机械力学性能，其性能和一般塑料类似，有较好的机械强度和抗压性能，还具有较好的缓冲、防潮、防菌、耐油脂等性能，可用以制造各种包装和其他产品；废弃后能在大自然的水和微生物作用下以较快的速度完全分解，最终生成CO_2和H_2O，无毒无害，不对环境造成污染；尤其是聚乳酸不含石油基物质，因而摆脱了一般塑料对石油资源的依赖，同时在外贸中也避开了欧盟对包装材料不能检测出烯烃类石油高分子物质的规定。

3. 清洁工艺——热熔胶预涂薄膜干式复合工艺

传统的印后精加工覆膜工艺都是使用有机溶剂型溶液作胶黏剂，完成纸/塑或塑/塑的复合。为了保证复合效果，胶黏剂的内聚强度必须加大，这就要增大胶黏剂材料相对分子质量，但相对分子质量增加会降低分子链的活动能力，减弱胶黏剂对BOPP薄膜（双向拉伸聚丙烯薄膜）。和印刷品油墨印层、纸张（或内衬其他材质的薄膜）的湿润渗透能力，复合受力时就会发生黏合破坏，反而造成黏结强度下降。为此在复合时需将胶黏剂按1：（0.3～1）的比例掺入苯类有机溶剂才能正常进行涂敷操作，接着必须通过烘干隧道使苯类有机溶剂挥发后才可进行复合。由于苯类有机溶剂挥发气体有毒性，操作工人的脑、肾、肝、血液均会受到损伤，同时，还会改变复合薄膜或纸张的油墨色相，影响外观质量，甚至使产品质量出现起泡和脱膜的事故。

因此，传统的有机溶剂型黏合剂的生产工艺必须摒弃。近年经国内包装及印刷专家研究，一项印后精加工覆膜的清洁工艺，即运用新型热塑性高分子材料和新型熔融合成工艺生产的热熔胶和以这种新型热熔胶黏剂为黏结材料的预涂薄膜干式复合工艺的清洁生产流程（图6-9）被研制成功。这种新型工艺无毒无味、操作简便、黏结迅速，因而受到许多覆膜厂的欢迎。覆膜厂只需在原有工艺（图6-10）基础上摒弃、淘汰有毒有害的有机溶剂型胶黏剂，就可在原涂胶湿式覆膜机上运用热熔胶预涂薄膜，开始新的清洁工艺的操作。

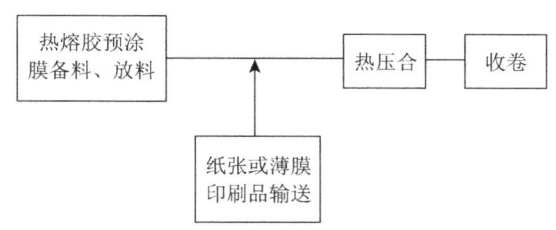

图6-9　热熔胶预涂膜干式复合清洁工艺生产流程

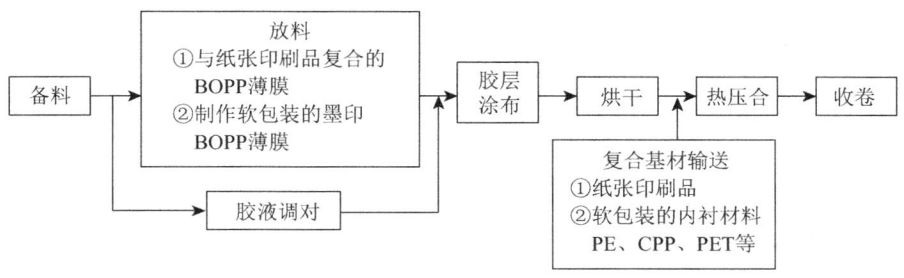

图6-10　传统涂胶湿式覆膜工艺生产流程

四、金属包装清洁生产技术

1. 源削减技术

（1）采用包装专用马口铁薄板及专用钢桶钢板。国内外制作金属包装罐桶均大量使用马口铁薄板，由于在国内使用的马口铁薄板大多没有用途的区分，因而制造罐桶等容器时经常出现质量不稳定的问题；金属包装产品的质量问题、废次品问题在很大程度上都与马口铁材料有关。目前欧洲已研制开发出包装专用马口铁薄板并投入市场，使应用范围更加明确和专一，针对性强，大大促进了金属包装轻量化和质量的提高。

欧洲和美国等发达国家，不仅开发专用马口铁薄板，而且连钢桶钢板也为企业量身定制，使材料厚度、含碳量、硬度、镀锌层厚度更加符合制桶、制罐工业的需要，不仅提高了金属包装产品的质量，而且经济性也更好，材料尺寸按需要裁定，边角废料几乎为零，从而使钢桶等金属包装的质量、成本均为最佳，也符合适度包装及包装减量化原则，因而使用钢桶等专用钢板也是我国金属包装的发展方向。

（2）制作钢桶薄型化。近年来，国外一些发达国家率先采用超薄型的钢板制造一次性使用的钢桶，这样做主要是为了达到环境保护的目标，其次才是为了节约原材料。我国一直采用 1.2～1.5mm 厚的钢板制造 200L 钢桶，使钢桶可重复使用多次，但每次使用前，钢桶都必须进行内外清洗，而旧桶翻新清洗和脱漆会排出大量的有毒有害液体、气体，污染环境。而国外采用 0.8～1.0mm 钢板制造的 200L 钢桶，使用后直接将钢板回收利用，不许钢桶再次使用，从而杜绝了环境污染，又减少了包装的重量，降低了包装成本。

2. 改进及完善结构设计

国标《包装容器·钢桶》（GB 325—91）中所规定的钢桶结构，在用户使用后普遍存在着残留余物，钢桶内容物倒不干净，不仅造成很大的浪费，而且当留有残余物的钢桶被废弃后，有些残余物还可能对环境造成污染；如果钢桶翻新利用，则清洗钢桶会带来更大的污染；留有残余物的钢桶对回收利用也造成麻烦。一些发达国家从环保出发对钢桶结构进行改进，研制了几种不留残余物结构，如沟槽引流结构、不留残余物钢桶结构。后者是将现在桶顶的平面形式改进为流线拱顶形式，在钢桶倾倒液体时，内容物会全部流出。

3. 清洁的焊边处理工艺

传统的焊边处理采用磨边工艺，即采用 4～8 组砂轮机对焊边进行磨削。磨边工序的工作环境十分恶劣，有震耳欲聋的噪声，有飞扬的粉尘，有烟雾缭绕的毒气，导致工人患上尘肺、支气管炎、气喘等疾病。

近年，国内外已出现了多种新的焊边处理工艺，这些新的工艺有铣边工艺、全自动高频焊接工艺等。铣边工艺消除了噪声和粉尘，是一种比较适应一般小型制桶厂的过渡工艺，较为简单可行。全自动高频焊接工艺由于其焊机先进，焊边一般不需要严格处理就能焊接，去掉了处理工序过程，从而降低了劳动强度，降低了生产成本，对环境污染也有所改善。这是钢桶焊接的换代工艺。

4. 清洁的涂装工艺

为了保护金属防止腐蚀，作为桶与内容物之间防止相互作用的阻隔层，或为获得较好的钢桶外观质量，均需安排涂装工序，喷涂涂料，而在钢桶涂装前又需要对钢桶表面进行除油、防锈、磷化、钝化等化学处理。在涂装的过程中，有机溶剂油剂的飞散、漆雾的飞散、涂料干燥过程中的溶剂挥发等，都将产生大量的废水、废渣和废气；尤其是挥发性有机化合物排放到大气中，当遇到氧化氮时会发生光化学反应，在地表附近形成臭氧，过量的臭氧会伤害到人和植物。因此涂装生产是金属包装生命周期中对环境造成污染最主要的环节之一，必须认真加以治理。现代涂装技术为减少对环境的污染，正在使钢桶涂装技术向着全面"绿色化"的方向发展，重点是要改变目前先污染后治理的现状。

（1）螯合剂除油技术。涂装前的金属钢桶表面，由于经过冷轧、弯曲、焊接、冲压、卷封等加工工序，形成一层油污，除油的传统方法是用有机溶剂除油或化学碱液除油，污染都相当大。不论哪种除油配方都使用了足够的磷酸盐，对人体危害较大。目前钢桶表面处理技术的发展趋向是不用或少用磷酸盐，而采用各种螯合剂或吸附剂。如氨基螯合剂、羟羧酸螯合剂、沸石及亚氨二硫酸三钠等。

（2）机械除锈技术。钢桶在热轧、焊接、试漏等生产过程中表面易产生氧化皮，在涂装前需除锈，机械除锈比化学除锈更有利于环境。机械除锈方法有以下5种。

①喷砂处理。用压缩空气或电动叶轮把一定粒度的细砂硬颗粒喷射到金属表面上，利用沙砾的冲击力除去钢桶表面的锈蚀、氧化皮或污垢等。

②抛丸处理。以80m/s的速度向被处理表面喷射粒径为0.51～1.0mm、多达130kg/min的丸粒，处理钢桶表面的氧化皮和铁锈效果最佳。

③刷光处理。利用弹性好的钢丝或钢丝刷搓刮钢桶表面的锈皮和污垢。

④滚光处理。利用钢桶的转动使钢桶表面和磨料之间进行磨搓。

⑤高压水处理。高压水除锈是一种较新的工艺，具有机械化及自动化程度高、效率高、成本低等优点。

（3）采用新型环保涂料。涂装过程使用的涂料材料由于多属油性溶剂，因而给生产环境造成污染。近年国内外出现了许多新型环保涂料，使钢桶涂装生产在绿色化道路上跨上一大步。

预涂涂料是涂料的一大变革，它把产品从最后的成品涂装转向原材料的涂装，从而减少了涂装过程的污染。目前的预涂钢板中镀锌钢板、镀锡钢板和彩印钢板占主导地位。预涂涂料主要是有机复合涂料，它首先由日本开发成功，有机复合涂料主要以有机高分子聚合物、氧化硅等制成有机复合树脂，再加入交联剂、功能颜料制成。我国印铁板只限于马口铁，但在国外钢桶业普通板料的印刷中早已出现。

自泳涂料是继阴极、阳极电泳涂料之后开发的一种新型水性涂料。此类新涂料是用丙烯酸系乳液与炭黑、助剂等混合制成，其乳液由丙烯酸单体及苯乙烯在引发剂、乳剂存在下共聚而成，其特点是以水作分散剂，不含任何有机溶剂，符合国际管理法规，有利于环境保护。此外配成的槽液性能稳定，便于施工操作，故属于清洁工艺，有利工人的健康安全。

粘贴涂料是一类涂有彩色涂料和胶黏剂的高分子薄膜，由于具有良好的耐久性、耐候性，可以方便地粘贴在桶外表面。由于它取代了溶剂型液状涂料，所以在环境保护上是具有革命性意义的新型涂料。由于此种涂料使用方便、操作简单，故在日本和美国已大量投入使用，我国也将很快普及。

粉末涂料首次实现了无溶剂的干法涂装生产，从根本上消除了有害溶剂的飞散，不仅涂装质量好、效率高，更重要的是减少和消除了环境污染，改善了劳动条件，节省了能源，是钢桶涂装发展的新趋势。

（4）采用先进的环保技术，治理"三废"污染。除涂料和材料外，涂装工艺技术对环境的影响也很大。

目前国内外涂装生产中对废渣的治理方法很多。对含碱废水一般采取中和法，向含碱废水中加入泛酸（也称废酸）以调整 pH 值，达到 pH 值为 6～9 的排放标准。治理含酸废水的方法很多，一般可归结为两大类：一类是有效妥善治理后符合国家排放标准时排放，主要采用中和法；另一类是废物回收再利用，主要有结晶回收法、溶剂萃取法、蒸发法等。磷化处理废水的治理方法一般采用氧化还原的过滤和中和塔阶梯治理法等。钝化产生的重铬酸盐含铬废水，主要采用氧化还原法等。

喷涂过程中废气的治理方法一种是吸附治理法，即在吸附装置中装入活性炭、氧化铝、硅胶和分子筛物质，对废水进行循环吸附处理；另一种是吸收法，即在吸收塔设备中装有液体吸收剂，要求吸收剂应无毒、不可燃、易于再生和无腐蚀性。治理烘干炉产生的废气，主要是采用催化燃烧法；也可以把低浓度的有机溶剂进行浓缩后分解利用，或者采取吸附法进行处理。

涂装过程中产生的废渣治理方法比较简单，涂装前表面处理产生的废渣中有很多可以回收利用，如硫酸亚铁、磷化沉淀物可经处理变成磷肥等，而其他有害废渣用直接燃烧法烧掉即可，燃烧要在密封的容器中进行，燃烧时产生的有毒气体可在密封的燃烧容器内一并烧掉。

（5）采用先进的涂装新技术。目前国内外的环保涂装技术发展很快，现已相继广泛采用了高压无气喷涂、静电喷涂和粉末涂装等先进涂装技术，采用机械化、自动化流水线的多种涂装方法生产线。这些现代化先进涂装方法引进了微机程序控制和闭路电视控制的自动涂装和机器人操作的最新涂装技术。新型高保护、高装饰、低毒、低污染的涂料和稀释剂与半机械化、机械化和自动流水线生产的浸涂、淋涂、滚涂以及光固化、辐射固化涂装等涂装方法相配套，构成了现代涂装生产高效、高质、低耗、节能、减少环境污染和改善劳动条件的新型涂装体系。

①高压无气喷涂技术。高压无气喷涂技术是通过高压无气喷涂机使涂料以很高的压力喷出，被强力雾化喷至钢桶表面上。此种技术因雾化涂料与溶剂飞散少，因此，环境污染和劳动条件得到了改善。

②静电喷涂技术。静电喷涂技术是在传统的空气喷涂技术的基础上把高压静电应用于喷涂技术上，它易进行机械化、自动化流水线生产，效率高、质量好，涂料利用率比空气喷涂高 30%～40%，且雾化涂料、有机溶剂受电动力吸引不飞散，改善了操作者的劳动条件。

③粉末涂装技术。粉末涂装技术首次实现了无溶剂、无毒的干法涂装生产，一次性涂装可达溶剂型涂料多次涂装的涂层厚度，过量的粉末涂料可以回收，基本上无环境污染。目前粉末涂装多采用粉末静电喷涂法和粉末静电振荡涂装法。

近年来，粉末涂装特别是粉末静电喷涂技术应用正呈上升趋势，推广应用干法无污染的粉末涂装新工艺向传统的溶剂型涂装与涂装技术提出了强有力的挑战，成为一次涂装技术革命，粉末涂装技术比电泳涂装、静电喷溶剂型涂装等先进涂装技术具有更强大的生命力。

五、玻璃包装清洁生产技术

1. 设计轻量化

玻璃容器在保证强度的前提下薄壁化减轻质量，是实施玻璃容器设计减量化、绿色化的一个重要发展方向，也是提高玻璃包装竞争能力的重要手段。因此从1970年起世界上许多国家均大力开展研究，取得了许多可喜成果。瓶罐轻量化在目前世界发达国家已相当普遍，德国的ORERLAN公司8%的产品为轻量化一次性用瓶。玻璃包装容器轻量化可采取如下3个方面措施。

（1）生产工艺改进研究：生产工艺改进研究主要依靠玻璃生产技术的改进。它对生产工艺过程的各环节，从原料、配料、熔炼、供料、成型到退火、加工、强化等必须严格控制。小口压吹、冷热端喷涂是实现轻量化的先进技术，已在德国、法国、美国等发达国家广泛应用。轻量化和薄壁化可提高玻璃容器强度的方法，除采用合理的结构设计以外，主要是采用化学的和物理的强化工艺以及表面涂层强化方法，提高玻璃的物理机械强度。

（2）运用优化设计方法降低原料耗量。运用优化设计，探讨玻璃最佳瓶型，使玻璃容器的质量小而容量大，降低原料耗量，这对回收瓶来讲意义更大。

（3）研究合理的结构使壁厚减小。玻璃容器的壁厚减小后，垂直荷重能力减小，但可使应力分布均匀、冷却均匀和增加容器的"弹性"，使耐内压强度和冲击强度反而得以提高。可采取如下措施以保证垂直荷重强度稍微降低或不被降低：①瓶罐的总高度要尽量低；②瓶罐口内部的加强环要尽量小或取消加强环；③小口瓶的瓶颈不要细而长；④瓶罐肩部不要出现锐角，要圆滑过渡；⑤瓶罐底部尽量少向上凸出。

2. 清洁生产工艺

我国玻璃企业在改革开放前装备水平普遍落后，生产工艺的各环节效率低，能耗大，生产中"三废"污染严重。目前状况已有改善，建立起一批现代化的玻璃生产企业，但仍有部份企业尚存在仍需改进的严重问题。

表6-4对比了我国部分玻璃生产企业在改革开放初期在工艺技术和装备与世界先进水平的差距，这也是我国玻璃企业实施清洁生产的改进方向。

表 6-4 我国部分玻璃生产企业的工艺技术和装备与世界发达国家先进水平的差距

项目	我国状况	世界先进水平
配合料设备及装备	1. 最高质量原料基地，石英石成分粒度、水分波动大，多数为轻碱 2. 碎玻璃破碎工艺装备落后，缺洗选、磁选先进装备，原料中杂质较多，不利于熔化和料液纯净 3. 混合料秤大多使用玻璃杆秤，使用精度在 10% 左右 4. 缺少沙、碱、石等关键指标的测定装置 5. 多数使用小型混料机，配合料均匀度差 6. 原料结块，配合料分层较多，配合料质量低 7. 除尘装备笨重，效率低	1. 原料已专业化生产，质量稳定，多使用颗粒重玻 2. 有专门碎玻璃处理工厂或车间，碎玻璃粒度均匀，有去杂质和铁质的先进装备 3. 多数采用电子称量，微机控制，使用精度在 0.1%～0.2% 间，配合料配比精确 4. 测定装置先进，对关键原料、水分进行自动测定和补偿 5. 多数使用大型配料机，配合料均匀度在 98% 以上 6. 水分控制严格，工艺合理密封，配合料质量高 7. 广泛在单台机上使用小型除尘器，效率高
熔制工艺及装备	1. 多为经验型设计，缺少现代化设计和试验手段 2. 窑炉多为 30～80t/d 出料量，能耗高，不经济 3. 多为常规温度控制，熔制质量低，有气泡结石现象 4. 工作池不分隔，料液温度不稳定 5. 油枪品种规模少，效果差	1. 采用 CAD 辅助设计，结合模拟试验进行教学模型的研究 2. 多采用日出料量 150～200t 的大型窑炉，能耗低 3. 多采用计算机控制，熔制稳定，质量高 4. 工作池分隔单独控制，料液稳定 5. 油枪系列化，专业化生产
退火、表面装饰加工	1. 退火炉多为无环或明火加热，能耗高，网带寿命短 2. 多数无冷端喷涂装备，无印花设备制造和使用	1. 广泛使用循环退火炉，保温性能好、能耗低，制品退火质量好 2. 广泛使用冷热端喷涂工艺装备，制品强度高，光洁度好，适应轻量化技术应用，印花等表面加工设备推广使用较多
检验、包装工艺装备	1. 无冷端检验设备，多采用人工检验，漏检率 10% 左右 2. 多采用麻袋加人工、带子捆扎包装，运输破损率 7%～10% 3. 装备设计、制造工程承包等专业化程度较低 4. 模具材质差，加工精度低，使用寿命一般 20 万～30 万次，模具生产周期长 5. 质量控制的实验室设备、仪器少，水平低 6. 加料机炒堆分布不匀，加料器热量损失大 7. 窑炉寿命短，一般 3 年左右 8. 耐火材料品种少，质量差，加工制作尺寸误差大 9. 窑炉控制多为常规仪表、检测仪器不配套，性能差	1. 广泛使用各种型式自动检验设备，漏检率控制在万分之几 2. 广泛采用托盘、捆扎、热塑、纸箱塑柜箱等包装和运输，破损率在 0.1% 左右 3. 专业化协作生产，由专业公司总承包 4. 模具由计算机辅助设计与制造，使用寿命一般 50 万次左右，模具品种多，加工周期长 5. 对整个工艺实施计算机控制，实验室设备仪器齐全 6. 加料机密封好，料层分布均匀，热耗小 7. 多采用高质量耐火材料，窑炉寿命一般在 5～7 年 8. 耐火材料品种齐全，质量好，加工尺寸精度高 9. 窑炉均采用微机控制，控制精度高

(续表)

项目	我国状况	世界先进水平
供料设备	1. 料道偏短、燃烧系统不合理，温度控制精度低，波动大；电加热处理入室、辐射室料道应用较少 2. 供料机品种少，多为凸轮、链条传动，调节精度低，专用耐火材料寿命短	1. 供料道系统、电加热料道应用广泛，温度控制采用计算机，温度波动为 ±1℃ 2. 产品系列化，用电气传动取代机械传动，调节精度高，专用耐火材料使用寿命长
成型	1. 制瓶机多为单滴式，少量采用六组、八组双滴设备，多为机械传动、转鼓定时，停机率高，更换时间长 2. 无小口压吹技术，瓶重、壁厚且不均匀 3. 机械制造多为仿制 4. 双滴制瓶设备停机率高，稳定性差，零件磨损快，尚待完善，大修周期2～3年 5. 配套设备故障多，生产设备成套性能差	1. 多采用双滴或三滴设备，多为电气传动，电子定时，操作方便，更换产品品种迅速 2. 广泛采用生产轻量瓶 3. 新机型、新技术、新装置变化快 4. 停机率低，运行稳定，零部件质量高，大修周期5～7年 5. 配套设备性能适应连续生产
劳动生产率	平均40t/(人·年)，少数企业可达到215t/(人·年)	一般200t/(人·年)，少数企业可达到300～500t/(人·年)
熔制单耗	平均200～250kg/t 玻璃液，少数企业可达到150～160kg/t 玻璃液	平均110～130kg/t 玻璃液，少数企业可达到90～100kg/t 玻璃液
吨成品单耗	平均250～350kg，较好200kg	平均130～160kg
熔化率	一般1.4～1.6t/(d·m) 较好2.0～2.2t/(d·m)	一般2.5～3.0t/(d·m) 较好3.0～3.5t/(d·m)
瓶重	640mL 啤酒瓶为例 一般约520g/只 较好约430g/只	容量近640mL 容量瓶 一般410～430g/只（瓶型粗短型）
机速	六组单滴为主要设备 一般15～90只/min 八组单滴制瓶机 一般20～120只/min 八组双滴行列制瓶机 一般40～170只/min	八组双滴制瓶机 一般40～197只/min
合格率	人工检验一般80%～85% 人工检验少数90% 保温瓶盖人工检验一般65%	自动检验一般90%
包装破损率	一般3%以下	一般1%以下

第七章　新型绿色包装材料

包装材料随着包装业和科技的发展以及人类的需要而不断发展和演变。包装材料是形成商品包装的物质基础，是商品包装所有功能的载体，是构成商品包装使用价值的最基本的要素，研究包装、发展包装必须从这个最基本的要素着手。

绿色包装材料是对环境无污染、对人体健康无危害、可回收利用的包装材料，它是人类进入高度文明、世界经济进入高度发展时期的必然需要和必然产物，它是在人类要求保持生存环境的呼声和世界绿色革命的浪潮中应运而生的、不可逆转的必然发展趋势，所以认真研究、掌握、开发绿色包装材料，对造福人类有着十分重大的意义。

第一节　绿色包装材料概述

一、绿色包装材料的定义及性能

绿色包装材料即对环境无污染、对人体健康无危害、可回收复月或可再生、能促进可持续发展的各种包装材料。

作为包装材料，无论是绿色包装材料还是非绿色包装材料，在应具备的性能方面大多是具有共同的基本性能，如保护性、加工操作性、外观装饰性、经济性、易回收处理性等，但作为绿色包装材料最突出的性能则是对人体健康及生态环境无害，易回收再利用，或可在环境中自行降解回归自然的性能。

绿色包装材料要求具体性能如下：

①保护性：根据不同的内装物，能防潮防水、防腐蚀；能耐热、耐寒、耐油、耐光；具有高阻隔性，能防止内装物变质，保持原有本质和气味。绿色包装材料还应具备一定的刚度和机械强度，以保持内装物的形状及使用功能。

②加工操作性：指材料根据包装要求，容易加工成容器且易包装、易充填、易封合，而且效率高，能适应自动包装机械操作的性能；由此要求材料具有易加工的平整性、光滑性、刚性和韧性。

③外观装饰性：即材料在色彩、造型、装饰上能否方便地操作，具体指材料的印刷适性、光泽度及透明度、抗尘性等。

④经济性：即材料的性价比合理，并能够节省人力、能源和机械设备费用。

⑤轻量性：即材料在履行保护、运输、销售功能的同时，能够轻量化，这样既节省能源又经济，同时还可减少废弃物的数量。

⑥易回收处理和自行降解性：即材料废弃后易回收处理、再生利用或能在环境中自行降解。能既省资源又省能源，还有利于环境保护。

二、绿色包装材料的分类

从生物循环的角度而言，大自然创造了天然聚合物，大自然有能力风化、侵蚀、分解它们，从而实现能量守恒；但对人类合成的聚合物，大自然还未合成出分解它们的酶，因而废弃物不断地充斥世界。目前用于包装的四大支柱材料中，纸是由天然植物纤维制造而成，所以易于自然风化、分解；金属、玻璃可以回收再造；只有普通塑料很难自然风化，又不易回收处理，所以大量的一次性塑料包装就形成了"白色污染"。目前全球大力发展研究的新型绿色包装材料都是针对难于处理的"白色污染"而提出的。绿色包装材料按此要求及废弃后的归属大致可分为三大类：可回收处理再生的材料，可在环境中自行降解回归自然的材料，可焚烧回收能量且不污染大气的材料。

上述三大类材料中又分别包括如下不同的品种：

（1）可回收处理再生材料：包括纸张、纸板材料，纸浆模塑材料，金属材料，玻璃材料，线型高分子塑料及纤维，可降解塑料等高分子材料。

（2）可自然风化回归自然的材料：包括①纸制品材料（纸张、纸板、纸浆模塑材料）；②可降解的各种塑料（光降解、生物降解、热氧降解、光/氧降解、光/生物降解、水降解）及生物合成高分子材料，如草、麦秆、贝壳、天然纤维填充材料等；③可食性材料。

（3）可焚烧回收能量且不污染大气的材料：包括部分不能回收处理再生的线型高分子、网状高分子材料，部分复合型材料（塑/金属、塑/塑、塑/纸等）。

本章主要介绍新型绿色包装材料，见图7-1。

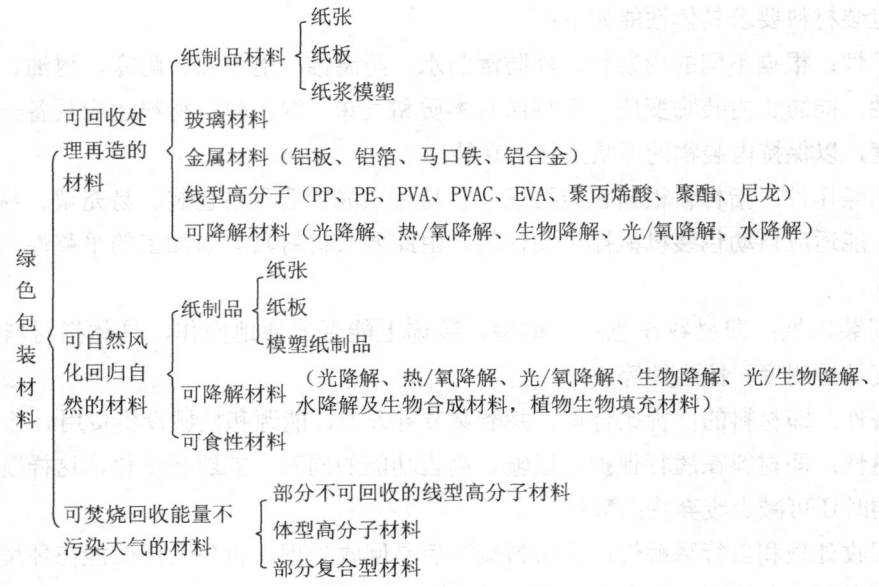

图 7-1 绿色包装材料种类结构

第二节 新型纸及纸板包装材料

一、纸浆模塑

1. 纸浆模塑材料的特点及应用

纸浆模塑是一种使纸浆在带滤网的模具中，在压力下脱水成型的技术方法。纸浆制品是使纸浆利用成型模具成型的纸制品。目前随着农副产品的丰富及保护森林的需要，此种制品获得了广泛应用，其新品种的开发也在不断进行中。

纸浆模塑材料具有以下特点：

①工艺简单、方便，经济。成品体积比小，可重叠，运输方便。

②质轻，强度较高，安全，可任意造型。理化性、耐水性、耐油性、耐微波性好。

③材料来源广泛，变废为宝，成本低；可回收再处理、再成型，也可被自然界消纳。

纸浆模塑制品目前已广泛地应用于商品的型托（如盛装鸡蛋的蛋托，蔬菜、水果的果托），或简单产品（成套的陶瓷餐饮具、玻璃器皿、艺术装饰品）、电子商品和儿童玩具的成型缓冲包装，或制作一次性餐饮具等（杯、盘、碗、碟、餐盒）；也用于种植育苗容器及某些工业制品的缓冲包装。

2. 纸浆模塑制品的加工与制造

纸浆模塑制品所用的浆液一般有以下三类：

①一年生的草本纤维纸浆。

②一年生草本纤维与普通纸浆的混合物（如芦苇、稻草、麦秆、毛竹、甘蔗渣、棉秆等）。

③全由回收的旧纸纸浆组成。旧纸浆纤维长，制作的纸浆模塑制品强度高。

采取哪种纸浆取决于制品所要求的强度和卫生要求。餐饮具制品通常不用回收纸浆制作；而鸡蛋托、蔬菜水果托、电子产品、儿童玩具、工艺品等的包装则用回收纸浆制造。

纸浆模塑制品的加工制造过程如下。

①禾草纤维纸浆模制品的加工制造过程：

禾草→制浆→漂白筛选→打浆→加填→净化→消毒→脱水成型→干燥→压光。

②废旧回收纸浆制品的加工制造过程：

废纸的分选→水力碎浆→去热熔物→脱墨→清洗净化、加填→脱水成型→干燥。

纸浆模塑包装制品与塑料泡沫的缓冲能力相近，但作用方式不同。纸浆模塑制品在成型过程的冷压作用下其结构不是疏松结构，它是利用受力后的结构变形吸收能量，或通过结构侧壁弯曲来实现缓冲，达到减少产品所受冲击或振动的目的；而泡沫塑料则是靠材料受外力后自身变形来吸收能量以减少冲击或振动。因此纸浆模塑制品的缓冲能力与制品的单元结构侧壁周长有关，而不与受力面积有关；不管产品与纸模接触面积有多大，起支撑和缓冲作用的部位仍是接触单元的侧立面；也即纸浆模受力时，其造型结构、承载边长之和、支撑壁高度将会影响单元结构的缓冲力学性能。

由于纸浆模塑制品具有较好的绿色环保性能，目前除在一次性餐饮具应用外，在空腔结构容器，医疗用具，缓施花肥容器，纸浆发泡缓冲包装，以及有防静电、防锈，且需缓冲、质轻的军械包装上均具有良好的应用前景。

二、蜂窝纸板

蜂窝一词源于生态学中的蜂窝结构，如无数连接在一起的蜜蜂六角形蜂巢结构。它的特殊结构，使其具有优秀的整体性、弹性、韧性、抗冲击性和强度，强度/质量比大，所以在20世纪30年代，就应用于航空飞机的机翼结构上。

1.蜂窝纸板的结构、特性及应用

蜂窝纸板即内芯由无数蜂窝状小结构紧密连接成一体、形成网格，垂直于它们的两面由两层面纸相贴而组成一个整体轻型结构的纸板材料（图7-2）。

蜂窝纸板特殊的内部构型——六角形筒状相连，使其在力学强度上有了大大提高，支撑强度和侧面受压都优于其他结构造型，尤其是它能在受力时吸收冲击能量并传递能量，从结构的各个方向上耗散出去，因此具有特殊的承载和吸收传递能量的特性。

工程实验对此给予了证明：如用一块厚31mm，面积为100mm×100mm、质量为1767kg/m³ 的蜂窝纸板制成试件来进行平压和冲击实验。

（1）平压实验：平压时从面纸正向加载，载荷由纸芯蜂窝单元的壁板承受，由于蜂窝单元壁板都是相互连接相互制约，所以在弹性屈服前，单元壁板侧边均保持直线状态，但当达到峰值应力（平压强度）时，纸芯壁板出现塑性屈服，产生塑性变形并吸收能量；此时应力为"平稳"应力（压溃强度）。其后是应变强化阶段，即当应变达到"压实"应变后，蜂窝纸板已被"压实"。此后任何一微小的形变增加都需有更大的应力来支持。利用此实验可得如下结论：若用蜂窝纸板作缓冲衬垫，那可以事先予以压缩，它的塑性形变为3%，这样可消除峰值应力，此后压溃到压实应变，所吸收的冲击能量大约只减少不到5%，可是它对包装物的最大反作用力却比未予压缩的缓冲衬垫要少很多。

（2）冲击实验：冲击时是自由跌落重锤对纸板施加冲击载荷，从面纸侧向加载，载荷由蜂窝孔径承受；记录静载荷的冲击加速度，来考查纸板试样的动态缓冲性能；其测试结果是当纸板面纸侧向受载时，其冲击响应加速度较低，表明蜂窝纸板的缓冲性能较好。

两个实验充分说明蜂窝纸板在任何方向受力时，其整体结构特性都会给予抵抗和缓冲，表明蜂窝纸板在抗压和抗冲击上均具有较好性能，它将进一步取代其他纸板材、木材来制作包装箱，成为符合国际环保要求的绿色生态包装箱。蜂窝纸板的结构示意见图7-2。

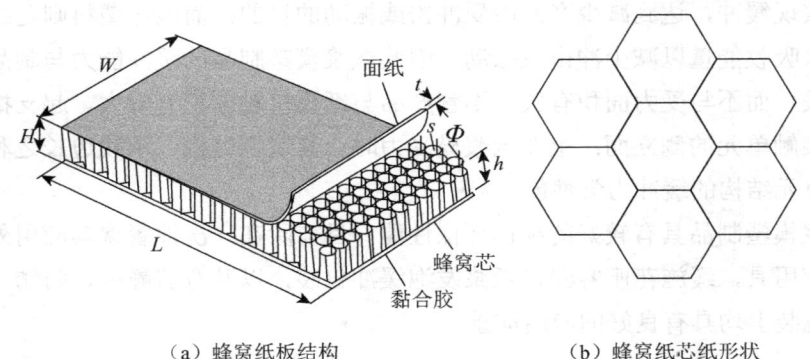

（a）蜂窝纸板结构　　　　　（b）蜂窝纸芯纸形状

图7-2　蜂窝纸板结构示意

综上，蜂窝纸板具有以下特性：

①质轻，刚度高，强度大；

②具有优秀的网格相连整体性，能吸收冲击能量，抗冲击性和抗压性好，弹性韧性好，具有良好的缓冲性及防震性；

③材料来源丰富，成本低，价格便宜，可代替木材，符合国际环保要求；

④隔热，隔音，防霉；节约资源、能源，是出口包装的良好代用品。

由于蜂窝夹层结构具有突出的抗压、抗弯曲能力，故蜂窝纸板能以最少的材料获得最大的强度；同时，其表观密度（指材料的质量与表观体积之比）约为30～50kg/m³，是普通瓦楞纸板密度的1/3（轻质蜂窝纸板与瓦楞纸板的特点及性能比较见表7-1）；故它多用于以下方面。

①制作较大型的包装箱，包装较重的机电产品、发动机、摩托车、高压电器、仪表仪器、电冰箱、玻璃、易碎怕摔的物品。

②制作大型运输托盘。
③制作内衬缓冲垫。
④也用于制作建筑隔板、家具、货架、广告及展板等。

2. 蜂窝纸板的加工与制造

蜂窝纸板生产的关键是蜂窝的加工技术，因为蜂窝单元的六角筒状结构较复杂，而且还要连接成一体网格，所以从模切到成型难度较大。目前多采用多层原纸黏结分切，或分切后黏结多道工序成型方法。具体工艺过程如下：

多层再生纸→涂胶黏合成纸芯→压实→裁切成芯纸条→拼接黏合成芯纸卷→形成未展开的蜂窝纸芯→拉伸成蜂窝，形成近似六角网格→干燥定型→网格棱上涂胶→与上下箱板面纸复合→滚压→烘干→切割→制作成所需尺寸的蜂窝纸板。

目前，我国蜂窝纸板生产在生产设备和技术上都与国外存在一定差距，尤其是在芯纸条和芯纸卷的裁剪拼接上自动化程度不高，有的还要采取手工操作，所以难以实现连续化生产，故生产量尚不能上规模，生产效率低，产品合格率和生产能耗也不理想，故离蜂窝纸板标准化的实现还有一定距离，所以要进一步加大生产设备的研制和创新，在关键技术上要有所突破，这是我国蜂窝纸板箱发展的关键。

表 7-1 轻质蜂窝纸板与瓦楞纸板的特点及性能比较

项目	轻质蜂窝纸板	瓦楞纸板
结构形式	蜂窝六角网格	瓦楞平行条纹
芯层规格	30 个六角网格 /300mm	35 个 A 型楞 /300mm
芯层高度 /mm	4.5	4.5（A 型）
芯层耗纸率	1 ∶ 1.22（成型率）	1 ∶ 1.53（收缩率）
芯层胶耗量	大于瓦楞型	小于蜂窝型
芯层型号规格	型号规格有局限	型号规格可多种
纸板平面强度	特别好	较差
纸板垂直压强	四边压强一致	垂直边压强较高，水平边压强较低
缓冲性能	冲击能量吸收性较强，压缩蠕变速度较小	振动吸收性较好，弹性回复能力较强
纸板表面水平度	稍好	稍差
印刷压损	影响较小	影响较大
纸板制作工艺	工艺复杂，操作较难	程序简单，操作容易
生产效率	较低	较高
容器成型工艺	相似	相似
包装适用范围	重型运输包装	中小型包装

三、高强度低克重瓦楞纸板

瓦楞纸板由面纸、里纸、芯纸和加工成波形瓦楞的瓦楞纸通过黏合而成。一般分为单面瓦楞纸板、单瓦楞纸板（三层）、双瓦楞纸板（五层）以及三楞七层等瓦楞纸板，单面瓦楞纸板一般用作商品包装的贴衬保护层或制作轻便的卡格、垫板以保护商品在储存的运输过程中防震或防冲撞；三层和五层瓦楞纸板则常用来制作瓦楞纸箱或瓦楞纸盒，不但可保护内在的商品，而且可宣传和美化内在商品。七层或十一层瓦楞纸板主要为机电、烤烟、家具、摩托车、大型家电等制作大型包装箱。

按照瓦楞的尺寸分为：A、B、C、E、F 五种类型。A 型楞单位长度楞数少，瓦楞最高，一般用于轻质产品包装时能很好地起缓冲作用，所以应用最普遍；B 型楞单位长度楞数多，瓦楞最低，用其制作的瓦楞纸箱能承受较大平面压力，适合作罐头和瓶类的包装。C 型楞的单位长度楞数及楞高介于 A 型和 B 型之间，性能也介于两者之间。E 楞多用作有一定美观要求和放入适当重量内容物的单件包装箱（盒），F 型瓦楞和 G 型瓦楞统称为微型瓦楞，是一种极薄的瓦楞，用作汉堡包、奶油馅糕点等食品的一次性包装盒，或者用作数码相机、便携式组合音响等微电产品以及冷藏商品的包装。

瓦楞纸箱是目前使用最广泛的纸容器包装，它具有许多独特的优点：①缓冲性能好；②轻便、牢固；③外形尺寸小；④原料充足，成本低；⑤便于自动化生产；⑥包装作业成本低；⑦能包装多种物品；⑧金属用量少；⑨印刷性能好；⑩可回收复用；故广泛用于运输包装，有逐渐取代木箱包装的趋势。

随着商品对包装需求的多样化、市场对取代木包装的需要以及全球环保和绿色化的不断推进，瓦楞纸板也向着高强度低克重方向发展。提高瓦楞纸板强度就是要提高其抗压强度，而瓦楞纸板抗压强度主要取决于纸板的边压强度，而边压强度又取决于组成纸板的各层原纸的环压强度（把原纸或纸板围成环形，然后测量其抗压强度，这就是原纸或纸板的环压强度。其定义为：一定尺寸的环形试样在一定的加压速度下平行受压压力增大至样品压溃时所能承受的最大压力）。提高瓦楞纸板抗压强度的途径有以下几种。

（1）微型瓦楞纸板：在相同克重的情况下，微型瓦楞纸板的抗压强度超过一般的实心纸盒。此外，微型瓦楞纸板还具有较好的缓冲性能及印刷效果，同时具有瓦楞纸板及硬纸板较佳的物理特性和印刷品质。因此从 1990 年以来，欧美市场的美国、瑞典、德国等国的企业将传统的 A、B、C、E 等楞型扩展到 F 楞（楞高 0.75mm），G 楞（0.50mm），N 楞（楞高 0.46mm），O 楞（楞高 0.30mm），用微型瓦楞纸板取代硬纸板，广泛应用于小家电、五金工具、电脑软件、生活器皿、玩具、快餐等彩盒包装上。据有关资料显示，超薄型瓦楞纸板市场每年将会以 20% 的惊人速度增长，已被视为未来瓦楞纸板包材市场的主流。

（2）高强度瓦楞纸板：提高瓦楞纸板抗压强度的方式有多种：

①通过瓦楞纸板复合提高其抗压性能：有人研究了瓦楞纸板与瓦楞纸板（纸板／纸板）复合和瓦楞纸板与单板、中密度纤维板、胶合板（纸／木）分别复合结构的性能。其中，纸

板/纸板之间复合又可分为规则排列型和随机排列型,而规则排列又有两种情况——瓦楞重复排列型与交错重叠排列型。研究结果表明：A. 瓦楞重复排列型与交错重叠排列型的平压性能与边压（ECT）性能是不同的,随机排列型瓦楞纸板的平压性能略高于规则排列型；而边压性能则是规则排列型的边压强度略高于随机排列型。B. 不论湿度多少,楞型混合型 ABABA 型比单一型即 AAAAA 型的抗压载荷高,这是因为 B 楞的刚度本身就要比 A 楞的高。在纸板/纸板复合板的抗弯试验中,任何环境湿度下双层板的静曲强度和当量弹性模量要大于三层板的静曲强度。C. 侧压试验中,胶合板/纸板层合板的侧压载荷最大,纤维板/纸板层合板的侧压载荷其次,横纹单板/纸板层合板的侧压载荷最小。顺纹单板/纸板层合板与横纹单板/纸板层合板侧压载荷差异很大。抗弯试验中,纤维板/纸板层合板的静曲强度与当量弹性模量均为最大,横纹单板/纸板层合板最小。

上述复合瓦楞纸板的研究对重型包装容器的结构改进设计具有重要意义。

②采用特别的层纸组合或排列结构,提高瓦楞纸板抗压性能：某企业采用 1 层底纸,2 层芯纸,2 层面纸（芯纸为瓦楞原纸,芯纸位于底纸和面纸之间）,通过一定的工艺过程制成高强度瓦楞纸板；某企业则借鉴蜂窝板芯纸排列结构的形状,改变传统瓦楞纸板的瓦楞纸卧式排列结构,创新地采用瓦楞纸立式紧密排列结构,制成强度高,具有优异的抗压、抗弯和缓冲性能的高强度瓦楞纸板,是一种可替代重型瓦楞纸板,取代木板包装的新型环保包装材料。

（3）高强度低克重瓦楞纸板：在保证强度前提下使纸板克重降低,使瓦楞纸板轻量化,是绿色化的重要发展方向。改变材质,使瓦楞芯纸减轻克重或使底纸、面纸减轻克重；或提高黏结剂质量,减少黏结剂用量,均能减轻瓦楞纸板克重。但在更多情况下,高强度低克重的轻型瓦楞纸板是指微型瓦楞纸板。微型瓦楞纸板芯纸由于在同样平方克重下,其强度远远超过涂布白卡纸,同时其强度也超过了上一代瓦楞纸产品,一些企业采用新型的 E 楞微型瓦楞纸板取代原先采用的 B 型、C 型等单瓦楞纸板后,其包装不仅能够达到原产品的安全运输要求,同时每年还可合理降低包装物料和运输成本,使企业获得新的利润增长点；由于微细瓦楞采用一片成型技术,加之高强度瓦楞原纸的选用,故具有较好的缓冲性,所以很多数码及小家电产品、手机等均用微细瓦楞纸板做内衬以替代传统、不易回收的 EPE、EPS 等缓冲材料；微型瓦楞纸板还由于能采用直接胶印,避免了胶印后裱糊工艺带来的一系列问题而获得精美的印刷效果,因而国外已大量应用 G 型、N 型、F 型等微细纸板替代传统的 PVC 板材制作,制作重量更轻、成本更低、便于运输、易于回收的海报式瓦楞纸板展示架。

可以预料：高强度低克重的微型瓦楞纸板今后必将在物流运输或在展示销售的商品包装上发挥更大的作用。

第三节 可降解塑料

近年来，可降解塑料概念与分类有了严格的规范，包括 ISO 标准委员会都有细的分支机构，国内轻工业联合会在《可降解塑料制品的分类与标识规范指南》中也明确定义可降解塑料为：自然中，一切被废弃的塑料存在环境（如水、土壤、光照或厌氧条件）下，由光、生物分解引发降解，最终完全降解变成无公害的小分子（如二氧化碳、甲烷、水）、无机盐及新的生物质的塑料；且把可降解塑料分类为光降解塑料、生物降解塑料（生物基生物降解塑料和石化基生物降解塑料）、光/生物降解塑料以及水降解塑料。其中，前3类塑料已得到长足的发展。

1. 光降解塑料

光降解塑料是指在光的作用下会发生降解的塑料。它包括合成型和添加型，但其降解的机理和降解过程是一致的。光降解塑料是在普通或改性的塑料中加入特定的光敏剂，这类光敏剂在自然光照射下能有效地吸收阳光中的紫外线，获得能量后呈激发状态，然后又将能量传递或转移给易激发的基团或化学键，进行光化学反应，由此导致大分子的降解，不断形成易被微生物吞食的小分子碎片，最后成为水和二氧化碳等小分子，达到了降解的目的。若材料内同时也加入自氧化剂的话，它将会与土壤中的金属盐反应生成过氧化物，这些过氧化物再作用于碳链骨架，使其分子链断裂而降解成易被微生物吞食的小分子化合物。此种材料的降解速度与其分子的化学链强弱及结构成分、基团性质有关，与加入光敏剂的种类、用量及其他配合剂也有关。

目前，光降解塑料制备有2种形式：一种是在聚合物主链上引入光敏基团，接上一些见光分解的感光基团，使共聚物能产生光敏效应，如乙烯酮共聚物、烯烃和—CO—的共聚物；另一种是光敏剂掺混方式，在加工成型前，在光降解塑料的配料中还要加入特定的光敏剂、自氧化剂或其他锈蚀剂等，这是光分解的必要和先决条件。常用的光敏剂有某些过渡金属化合物：如硬脂酸铁、乙酰基丙酮铁、二硫化氨基甲酸铁等有机铁化合物，二茂铁衍生物和铁的烷基化合物，还有重金属有机盐类。光降解塑料的复配工艺简单、生产设备投入低；不足之处是降解的速率不定，受光照等环境气候条件的影响较大；全降解的时间很长，提速难度较大。

西方国家20世纪90年代就已将光降解塑料广泛应用于塑料袋、塑料瓶、农地膜等。国内杨昌军研制了以聚氯乙烯（PVC）为基础材料的光降解塑料配方，选用高可见光催化活性的半导体材料 TiO_2 复合物制备可降解流延复合膜，产品在可见光和自然空气环境中具有高的降解活性。

2. 生物降解塑料

生物降解塑料是指由微生物作用引起降解，最终产物为二氧化碳（或甲烷）、水及其所含元素的矿化无机盐以及新的生物质的塑料。根据原料来源不同，可将其分为生物基和石化基生物降解塑料。目前，在研究方面，我国生物可降解塑料处于世界领先水平。

（1）生物基生物降解塑料

生物基生物降解塑料主要有 4 类：

①天然材料直接加工而成：能降解的原材料包括纤维素、木质素、淀粉、明胶、甲壳素、朊乙酰化甲壳素、壳聚糖及其衍生物等，这种材料基本无毒性。其中以全淀粉型的生物降解塑料最受各国重视，应用于食品包装薄膜、一次性餐饮包装、垃圾袋等，已成为当前生物降解塑料的发展重点；但今后还应对其性脆、易发霉的缺点进一步改进。

②微生物发酵，结合化学合成：天然高分子生物降解塑料的物化性能较差，所以使用范围受到限制；而以化学高分子的理论和技术为指导，采用分子设计的方法来开发新型可生物降解的高分子化合物，则既能满足较广泛的使用要求，又能在废弃后因生物降解而与自然环境同化，因此它在绿色高分子材料中占有举足轻重的地位。这类生物降解塑料有聚己内酯（PCL）和聚丁二酸丁二醇酯（PBS）等，最具发展前景的是用淀粉制造的可降解塑料——聚乳酸（PLA）。PLA 是以乳酸或乳酸的二聚体丙交酯为原料经聚合制备的高分子材料。常以玉米、甘蔗、甜菜、土豆等农副产品为原料，一般首选玉米，将玉米磨成粉，分离出淀粉，再从淀粉中提取出原始的葡萄糖，通过发酵工艺将葡萄糖转化成乳酸，乳酸经过聚合反应制成其最终聚合物——聚乳酸。目前 PLA 的合成主要有 3 种方式，一是乳酸直接缩合；二是由乳酸合成丙交酯，再催化开环聚合；三是固相聚合。目前商业化 PLA 的合成多以第 2 条路线为主。除了优异的可生物降解性，PLA 还具有良好的抗拉强度、刚度、延展度、优良抑菌及抗霉特性、光泽性和透明度，生物相容性好等特点，是目前生物降解塑料中非常活跃和市场应用最好的降解材料之一，常制成片材、吸塑制品、注塑产品等，应用于食品包装、快餐饭盒和医用输液用具、药物缓释包装剂等。但是 PLA 的材质偏硬、脆且耐热性差，因此常与其他类型的生物降解塑料并用以改善性能。

美国是世界领先的 PLA 生产及使用国，其中美国 Na-tureworks 公司年产能 14 万吨。国内方面，截至 2021 年底，我国 PLA 的产能约为 13 万吨/年。国内虽然上游玉米、秸秆资源储备丰富，淀粉、淀粉糖和乳酸的产能位居世界前列，但丙交酯的发展起步较晚，与国外差距较大，且在技术方面，尤其是工程化、规模化以及生产成本方面仍存在较多瓶颈问题，因此产业化过程较为艰难。浙江海正生物材料有限公司与中国科学院长春应用化学研究所于 2008 年建成国内首条 PLA 中试生产线，现有 4.5 万吨/年的 PLA 生产能力，且有一条年产 15 万吨的生产线正在建设中，产品范围涵盖挤片、注塑、吸塑、纺丝、双向拉伸膜、吹膜等不同加工用途。

③由微生物直接合成的聚合物：微生物合成降解塑料系通过微生物发酵、聚合，而成为一种能降解成 CO_2 和 H_2O 的脂肪聚酯，分子链上的酯基结构决定了它的化学性质，使它在自然环境下易被微生物或酶分解而促使降解；如 PHA（聚羟基脂肪酸酯）、PHB（聚羟基丁酸酯），PHBV（羟基丁酸和羟基戊酸共聚酯）等。PHA 是一大类材料的统称，是部分细菌

在营养或代谢不平衡条件下合成的一种储能物质，目前已发现150多种不同的单体结构，实际得到规模化生产的仅有几种，其中商品化最为完善的是PHB、PHBV等。PHA具有优异的降解性，几乎可以在所有环境（堆肥、土壤、海水）下被微生物降解，且具有良好的热塑性、生物相容性和生物可降解性，在生物医用材料和可降解包装材料等方面具有较好的应用前景，但因强度还需提高，故目前在包装上使用不多；同时因发酵法生产的高成本，在市场上拓展也困难。

目前全球PHA产能约为3.6万吨。日本Kaneka公司、德国Biomers公司、意大利BioOn公司、宁波天安生物材料有限公司等在全球范围拥有巨大的市场。清华大学陈国强作为国内PHA领域的领军人，利用现代基因工程技术在世界上首次实现了基因工程菌生产聚β-羟基丁酸（β-PHB）和3-羟基丁酸与3-羟基己酸的共聚酯（PHBHHx），使我国的PHA产业化技术达到世界领先水平。

④由上述材料共混，或再和其他材料共混加工得到的生物降解塑料。在（3）中再述。

（2）石化基生物降解塑料

石化基生物降解塑料是指以煤或石油等化石能源为基础原料，由化学合成的方法将单体聚合而得的可降解塑料，比较有代表性的品种有：己二酸丁二醇酯与对苯二甲酸丁二醇酯共聚物（PBAT）、二氧化碳共聚物（PPC）、聚丁二酸丁二醇酯（PBS）、聚己内酯（PCL）等。上述品种技术相对成熟，原料成本低，已实现工业化量产。

①聚丁二酸丁二醇酯（PBS）：PBS是通过脂肪族二元酸、二元醇化学聚合而制得。其原料脂肪族二元酸既可通过石油化工路线生产，也可通过纤维素、糖类等可再生农作物发酵生产。PBS力学性能优异，接近PP和ABS塑料；耐热性能好，热变形温度接近100℃，故可用于制备冷热饮包装和餐盒；它在生产时还可共混碳酸钙或淀粉等填充物，使制品价格低廉。由于PBS综合性能优良、性价比合理，故在食品包装、一次性餐具、药品包装瓶、生物医用高分子材料以及汽车零部件、室内装饰等领域均具有良好的应用前景。但在羧基存在的情况下，PBS的耐老化性能稍差。

②聚对苯二甲酸-己二酸丁二酯（PBAT）：PBAT是以对苯二甲酸、己二酸、1,4-丁二醇为主要原料，用直接缩聚法或扩链法聚合制备的热塑性聚合物。PBAT兼具脂肪族聚酯的优异生物降解性和芳香族聚酯的良好力学性能，具有良好的延展性、耐热性、冲击性，是目前市场应用最好的生物降解材料之一，主要用于制作膜袋类产品。

国外主要的二元酸二元醇共聚酯（PBAT、PBS）生产企业有日本昭和高分子公司、三菱树脂株式会社、韩国SK化学公司、日本三菱化学公司等；德国巴斯夫公司推出了完全可降解PBAT产品Ecoflex，可以将其与淀粉进行共混提升性能。我国二元酸二元醇共聚酯产能已超过20万吨/年，目前主要的生产商有珠海万通化工有限公司、广州金发科技股份有限公司、新疆蓝山屯河化工股份有限公司等。

③二氧化碳共聚物（PPC）：PPC是以二氧化碳、烃类单体为原料，共聚而成的一种新型聚合塑料。其分子链上含有酯基和端羟基，使得聚合物的热稳定性较差，具有生物降解的

特性：使用后的废弃物可以通过回收利用，可以回掺的比例高；如果焚烧，只生成二氧化碳和水，无烟无雾，无二次污染；被填埋处置时，可在数日内降解。PPC 材料还具有透明性高、阻隔性高的特点，其应用领域广泛，主要用于食品包装、一次性医用耗材、发泡材料以及口香糖的专用树脂等。

我国自 20 世纪 90 年代开始研发 PPC 材料，中国科学研究院广州化学研究所、长春应用化学研究所以及浙江大学等都取得较大进展，研究品种主要集中在二氧化碳、环氧丙烷、环氧乙烷、环氧环己烷的二元或三元共聚物。随着新版限塑令的愈发严格，国内可降解材料需求量增加，陆续投资兴建了多套 PPC 生产装置。我国在 PPC 改性和薄膜加工方面技术已做到领先，产品已出口。

（3）共混类生物降解塑料

共混系指混溶性好和有协同效应的材料之间的掺混。天然高分子材料（淀粉、纤维素、甲壳素等）与可降解的合成高分子材料（如 PLA、PBAT、PCL、PBS、聚乙烯醇 PVA、聚乙二醇 PEG 等）各具优缺点，前者降解性能较后者快和好，后者则具有更好的理化使用性能；如将两者混合并加入化学连接剂与化学连接促进剂及其他助剂进行共混，则制得的塑料比无化学连接时的强度大为提高，又较原合成高分子具有更好的生物降解性能，还能节约石油资源和降低成本。目前，这种生物质复合材料已成为复合材料研究领域的新热点，如利用纤维素和聚乳酸 PLA 通过挤出 - 注射模塑工艺获得的共混物，与纯的 PLA 相比，纤维素纤维的加入增大了弹性模量和弯曲弹性模量，故可应用于生产饮料包装盒；聚己内酯 PCL 及其单体无毒，具有良好的生物相容性，可生物降解，故应用纤维素与 PCL 的共混物可作为食品包装材料和药物缓释包装。北京 2008 年奥运会也采用澳大利亚生产的淀粉 / 聚乙烯醇共混型可堆肥生物降解塑料袋作为奥运村垃圾袋，取得了很好的保洁效果。国外生产共混类生物降解塑料的企业还有：生产淀粉 / 聚乙烯醇、淀粉 / 聚己内酯等的意大利 Novonmont 公司；以淀粉 / 聚己内酯为主产品的德国生物新科技公司；生产改性淀粉 / 聚乙烯的美国 Novon International 公司。国内企业也已开始共混类生物降解塑料的研究及生产，且以淀粉共混型降解塑料为主，如产能已达 60kt/a 的武汉华丽生物材料有限公司，采用木薯淀粉、秸秆纤维共混物生产一种叫 PSM 生物基可降解材料；江苏龙骏环保实业发展有限公司开发出"BSPM"系列生物基生物降解材料，产量达 30kt/a，用于餐饮包装。

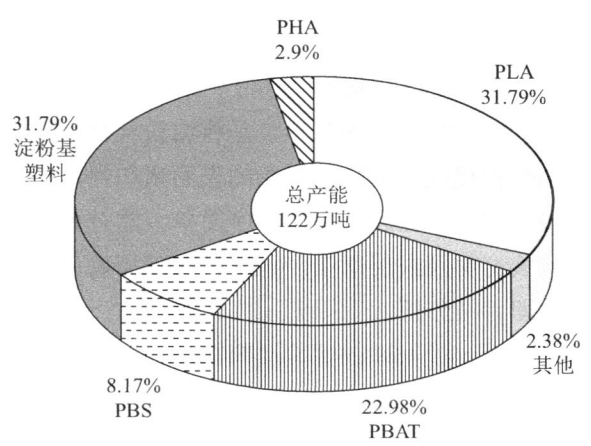

图 7-3　2020 年全球生物降解塑料产量占比

（资料来源：欧洲生物塑料协会）

（4）掺和型生物降解塑料

这是一种不完全降解的生物降解塑料，即在没有生物降解性的塑料中，掺和一定量具有生物降解性的物质，使其融为一体，经加工后获得的制品具有一定的生物降解性。

此类可降解塑料目前在开发、应用上比较成熟的有两大类型：一类为天然纤维，麦秆、稻草、玉米秸、甘蔗渣、甜菜渣、坚果壳、海生贝壳类的粉碎物填充型生物降解塑料（以下简称天然物填充型生物降解塑料）；另一类是淀粉填充型生物降解塑料。

作为第一类天然物填充型生物降解塑料，它的加工制备方法十分简单。第一步将来源非常丰富的植物纤维、稻草、麦秆、玉米秸、甘蔗渣、甜菜渣、各种坚果核壳、各种贝壳等各自分类，清洁、干燥后进行粉碎。第二步是根据不同的用途和产品类型，将粉碎物分别与普通塑料树脂均匀混合。最后经模压成型及紫外线消毒等工序完成整个工艺流程。此种产品制备工艺简单，原料丰富，价格低廉，产品造型各异，可制成火车、餐馆、家庭用的快餐盒、碗，饮料杯、盘等；且无毒、无味、成型强度高、光洁度及精细度好，在100℃高温下2h不渗漏。它们的最大优点是用后24h即可自动溶解消散，天然材料的分解物不污染环境，而且还是优质的有机肥料。如果用胡桃壳磨成粉作塑料的填充物，可以大大提高塑料强度，实验证明可使高密度PE的拉伸强度提高34%，而碳酸钙作填充物仅提高16%，其产品废弃后可自然降解。

淀粉填充型生物降解塑料，是在普通的塑料树脂中加入淀粉或改性淀粉及其他添加剂而制成。为了改变淀粉的表面亲和性，对淀粉的改性方法又可将这类降解塑料分为化学改性型和物理改性型。

化学改性型淀粉塑料，是将淀粉经过化学改性后混合到塑料树脂中而制成。对淀粉进行改性的具体做法是把淀粉与具有PE近似结构的乙烯基类单体进行接枝共聚，形成改性淀粉，然后再与聚合物混合，由此得到相容性好的均匀分散体系，使其产品力学性能大幅度提升。如目前生产量很大的淀粉与乙烯/丙烯酸共聚物采用干混或溶液混合法，可制得机械性能很好的生物降解塑料。

物理改性型淀粉塑料，是将淀粉经物理方法处理后再与塑料树脂混合而制成。这种物理处理过程提高了淀粉与树脂的表面亲和性，方法有多种，以应用现代物理的等离子体轰击方法最为快捷、处理量大、程序简单，能有效改变物体的表面结构。这种淀粉塑料可以制成各种包装材料及农用薄膜，且淀粉的添加量可高达50%左右，产品废弃物中的大部分在3～4个月即可被分解。

目前这类物理改性型淀粉在一些发达国家及我国均已研制成功和应用，其最具代表性的是加拿大St. Lawennce淀粉公司用硅烷处理淀粉，再加入玉米油氧化剂，以母料形式工业化生产ecoster生物降解母料。日本一家公司研究开发的淀粉基塑料，其注射制品的物理性能可达通用PS的水平，耐冲击性达HIPS水平，可在比PE稍低的温度或相同温度的作业条件下进行加工。在ASTMD5338堆肥化条件下测定其生物降解性，经8周后失重达70%。

中国上海降解树脂制品公司研制的"生物降解淀粉基聚苯乙烯发泡材料"具有优良的使

用性能。其制成的发泡板材厚度1.5～6mm，可用于制成各种包装制品，如一次性餐具、包装衬垫、冰箱托盘、鸡蛋托盘等，它们的产品采用的是亲水性普通淀粉，其中加入了自氧化剂，所以产品具有很好的降解性能（表7-2、表7-3、表7-4）。

表7-2　生物降解淀粉基聚苯乙烯发泡片材物理性能

项目	样品方向	指标
抗拉强度/MPa	纵向	≥1.6
抗拉强度/MPa	横向	≥1.1
尺寸稳定性/%	纵向	≤1.8
尺寸稳定性/%	横向	≤1.0

表7-3　生物降解淀粉基聚苯乙烯发泡片材生物降解性能（室外埋土法）

试样名称	处理情况	菌体繁殖情况（级）				备注
		7d	14d	21d	28d	
生物降解聚苯乙烯制品	表面无任何覆盖物	1	2	3 −	3	
	表面杂草覆盖	2	3	4 −	4 +	
	表面1～2cm土覆盖	2	3	4 −	4 +	出现裂缝
	置于污水沟中	2	2 +	3 −	3	出现裂缝

表7-4　生物降解淀粉基聚苯乙烯发泡片材生物降解性能（失重法）

试样名称	丢弃时间/d								
	3			7			14		
生物降解聚苯乙烯制品	原重	失重	失重率	原重	失重	失重率	原重	失重	失重率
	10.5g	0.5g	4.8%	10.6g	1.6g	10.5%	10.5g	7.2g	68.6%

注：裂损分1～4级；裂损范围在30%～60%为3级，60%以上为4级；霉变分3～4级；霉变范围在30%～60%为3级，60%以上为4级。

天津某公司对用掺和型生物降解塑料制作的降解农用地膜制品进行了降解实验，实验采用黑曲霉及绿色木霉两种菌；菌种分别在马铃薯培养基中接种活化4d，再混合在一起，将其混合菌种制成溶液涂于试样表面，并于28℃、相对湿度85%的条件下在培养箱中培养，结果如表7-5所示。

表7-5　培养观察结果

试样名称	14d 降解率/%	21d 降解率/%	结果（霉菌繁殖级数）
80%降解膜	100	100	4
60%降解膜	100	100	4
40%降解膜	40	90	4
30%降解膜	20	35	3

(续表)

试样名称	14d 降解率 /%	21d 降解率 /%	结果（霉菌繁殖级数）
20% 降解膜	20	22	2
白膜	0	0	0

注：（1）表中降解膜前的百分数为母料添加量。
（2）级别判定

霉菌生长覆盖面积	等级
无繁殖痕迹	0
痕迹繁殖（<10%）	1
轻度繁殖（10%～25%）	2
中度繁殖（25%～50%）	3
大量繁殖（>50%）	4

实验证明，其降解膜只要母料添加量不少于40%，均可达到ISO标准中所规定的霉菌繁殖级数。

3. 光/生物双降解塑料

光/生物双降解塑料即在光和生物双重作用下具有协同降解效果的塑料。在紫外光和生物酶作用下，单一的引发反应变成了双重，而且往往有协同降解效果，使降解效果快速和可控。这种塑料之所以能够双降解，关键在于它的整体材料中添加有两种诱发剂，即在材料中掺有生物降解淀粉，以及能诱发光化学反应的可控光降解的光敏剂，或被人称为"定时器"的复配光敏剂以及自动氧化剂等助降解剂；其中可控光降解的光敏剂在规定的诱导期之前不使塑料降解，具有理想的可控光分解曲线，在诱导期内力学性能保持在80%以上，达到使用期后，力学性能迅速下降。而且它还可以通过调整其间的浓度比，使塑料定时分解成碎片，接着在自动氧化剂和微生物的共同作用下，材料将很快被分解。

双降解塑料的制备一般需要三步。第一步在低于增塑剂沸点（一般为120～170℃）情况下将解体剂放入挤出机或混炼机中，导致淀粉解体改性。这种解体剂由脲、交联剂、碱或碱土金属氢氧化物及高沸点的增塑剂组成。第二步是将光敏剂（金属盐类）、自动氧化剂、生物降解促进剂等与解体改性淀粉和一定量的树脂一起混合均匀后挤出形成降解母料。第三步是把降解母料与所用树脂及其他助剂共同混合均匀后挤出。

瑞士和加拿大的2家公司合作开发了用于光/生物双降解的浓缩母粒，商品名为"Ecosta-rplus"，材料在北美试用表明具有高的降解速度。中国铁道部与某公司合作开发的双降解发泡PS盒，降解实验过程中可以看到，在温度23.3～36.7℃、总日照时数639.5h、总辐射量1547MJ/m^{2}条件下，外观1个月开始褪色，粉色变黄，绿色变灰，餐盒底盖分离；2个月后表面产生小霉点，占试样30%～40%，且表面开始出现小裂口；3个月餐盒严重破碎脱层，手触即碎。此过程中分子量变化很大，下降较快。实验数据如表7-6所示。

表7-6 双降解餐盒野外降解分子量变化表

样品类别	原重均相对分子质量（M_W）	原数均相对分子质量（M_N）	老化后（M_W）	老化后（M_N）	相对分子质量下降率 /%	
					M_W	M_N
非降解餐盒	252966	83435	253560	65542	0	21.4

（续表）

样品类别	原重均相对分子质量（M_W）	原数均相对分子质量（M_N）	老化后（M_W）	老化后（M_N）	相对分子质量下降率 /%	
					M_W	M_N
双解粉色餐盒	249701	83998	153743	33385	38.4	60.3
双降解绿色餐盒	240799	82493	158027	35636	34.4	56.8
双降解白色餐盒	247798	83908	129442	24031	47.8	71.6

4. 水降解塑料

水降解塑料通常是由聚乙烯醇与淀粉或聚乙烯醇、聚乙烯吡咯烷酮助剂等混合而成；它的水解特性，使其具有重要的环保意义，而且废弃物的处理降解变得格外简单。

水降解包装薄膜由于其原料聚乙烯醇与淀粉、聚乙烯醇与聚乙烯醇的吡咯烷酮混合物等本身就具有水降解性和生物降解性，所以在水和生物作用下材料能够迅速降解；首先溶于水形成胶液渗透土壤中，增加土壤的凝结性、保水性、透气性，在土壤中 PVA（聚乙烯醇）可被土壤中细菌——甲单细胞属的菌株分解，还可以被聚乙烯醇的活性菌和产生活性菌所需物质的菌的共生体系所降解。伸醇的氧化反应酶催化氧化聚乙烯醇，然后水解酶切断被氧化的 PVA 主链，形成自由基链锁式降解，最终可降解为 CO_2 和 H_2O。其产品的制造过程如下：

（1）水溶性塑料包装膜：水溶性塑料包装膜主要原料是低醇解度的聚乙烯醇及淀粉，其制膜原理是利用聚乙烯醇的成膜性，将淀粉、助剂等混合于其中，利用各组分分子结构上的基团发生相互作用，但非化学作用，形成溶剂化溶解，改善其理化性能。

水溶性塑料包装膜的加工工艺过程是首先将全部的原料组分配制好，然后加入一定量的水配制成固含量为 18%～20% 的水溶性胶液，然后再流延涂布到光洁度高的不锈钢辊上，通过刮刀控制计量，保护膜的厚薄均匀性，经干燥成膜后从钢辊上剥离，再次干燥到规定的水分指标后切边收卷成商品膜。

目前，流延制膜多采用水溶性溶胶薄膜流延机。国产设备的基本技术参数如下：薄膜厚度为 0.02～0.2mm，幅宽≤1000mm；生产速度为 2～5m/min。

其生产工艺流程见图 7-4。

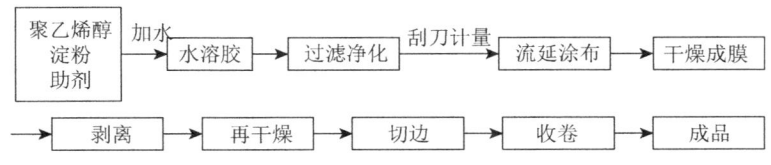

图 7-4 水溶性 PVA 塑料包装膜的生产工艺流程

水溶性包装膜具有一定的强度、热封性，表现状态类似一般塑料薄膜，多用于食品包装和水中使用的产品的包装，如农药、化肥、杀虫剂、水处理剂、种子等。由于它的环保特性，它在许多方面得到广泛应用。

PVA 包装膜具有许多优良的性能：a. 含水量和水溶性：水溶性薄膜的含水量会随环境温

湿度的变化而变化直至平衡,而膜的溶解性则与厚度、温度有关,温度越高溶解速度越快。b.透气性与阻隔性:可允许氨气与水透过,对氧气、氮气、氢气、二氧化碳有良好的阻隔性,所以用于食品包装可以保质、保鲜、保味。c.防静电:在生产加工中和使用过程中不产生静电,所以不会由静电而引起可塑性下降和吸尘。d.耐油性及耐化性:具有良好的耐油、耐有机溶剂和耐脂肪性能,但是与强碱、强酸等溶剂会发生化学反应。e.可印刷性:可以进行包装美化和信息宣传。

PVA水溶性包装膜的力学性能见表7-7。

表7-7 水溶性包装膜的力学性能

性能指标		弹性模量/（kg/cm²）	抗拉强度/（kg/cm²）	撕裂力/（kg/cm）	延伸率/%
相对湿度/%RH	45	1500～2500	300～400	150～200	90～150
	65	800～1700	250～350	100～180	200～300
	80	400～1000	200～250	50～150	220～300

(2) 溶性发泡塑料:它是由聚乙烯醇、聚乙烯吡咯烷酮以及两者的混合物构成,其中均匀的气泡占体积的80%～90%;加工工艺是在混合物的水溶液中充入气体,在搅拌下形成均匀分布的气泡,然后铸塑成型,它的产品可在50℃下数小时内溶解。

其生产工艺流程如下。

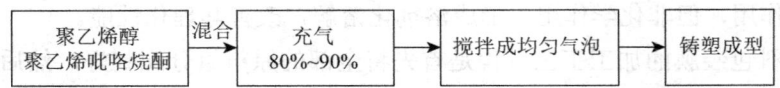

(3) 水溶性PVA湿法冷却凝胶无纺布:它是由PVA在溶液状态下,低温时成凝胶状纺丝,然后制成水溶性无纺布。产品具有热压性,而且依不同的碱化程度,可在5～100℃水中依次溶解,它可以做成各种包装材料等。

其生产工艺流程如下。

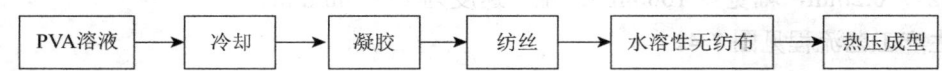

5. 转基因植物降解塑料

顾名思义,转基因植物降解塑料即通过将某种生物体的基因取出移植到作为生长载体的植物中去,让植物带着外来的基因生长,生长后形成的产物是可以降解的塑料。

这项研究在基因工程学中也是一项新突破,因为动物与动物的转基因或克隆无论在遗传或同类物种的近似性、相容性、可接受性的逻辑关系上都是可行的。但不同物种的基因移植,缺少相同的物质结构和物质基础的相似性、相容性,所以具有一定的难度。研究周期会加长,所以转基因植物降解塑料无论品种还是成功面世后的报道都相对较少。

转基因植物降解塑料的形成,通常首先是在动物体内培养基因获得验证,然后提取基因,第一步往往是采用多种碳源来培养细菌群,通过碳源在膜中发酵以至合成出塑料属性的高分子，如某细胞体内储存一种叫 β-羟丁酸（PHA）的高分子化合物，具有普通塑料性质，但又可以自然降解。但此类生物合成的高分子塑料 PHA 要想大量获得是很困难的；因此第二步就采取了基因移植法把菌群体内提取的塑料合成 PHA 的基因植入植物的细胞内，植物在具有 PHA 合成基因的情况下，大面积快速生成 PHA，以求获得较高的产量。

此类 PHA 塑料不同于一般植物所生长的淀粉和脂肪类，它具有一定的强度、成膜性、韧性和良好的降解性。这意味着未来人们可以得到从土壤里生长出来的"绿色塑料"。

目前世界发达国家如美国、英国、日本相继在此研究领域探索和开发。中国也随着科技及基因工程的发展启动了此项研究。例如美国 Monsanto 公司，从真养产碱杆菌（Alacaligenes eutrophus）中分离出了能促进 3-羟基丁酸（3-HB）与 3-羟基戊酸（3-HV）共聚酯 P-(3-HB—CO—3-HV)-聚合物生成的主要生物酶的基因，再利用生物技术构建了一个含有多个目的基因（如结构传递基因、叶绿素传递基因、生长基因与终止基因等）的活性植物表达载体，再将它转入所选择的快速生长的植物中去。实验结果证明此种转基因植物种子中含有 7.7% 的 P-(3-HB—CO—3-HV)-分子。

我国此项研究近年也有突破，已从真养产碱杆菌中克隆了促进 P-(3-HB—CO—3-HV)-合成的两个关键酶基因（phbB）和（phbC），并构建了以大肠杆菌导入的原核表达载体，已成功地植入马铃薯等植物中。

第四节 可食性包装材料

可食性包装材料的制作所用的原材料都是来源于自然界中存在的植物、动物中的有机小分子或大分子物质。如淀粉、蛋白质、氨基酸、脂肪、凝胶、纤维素等，它们可以为人体所吸收，也可以在自然界中风化和被微生物分解。

可食性包装的制备通常是对其原料进行粉碎、压榨、浸泡、萃取、熬炼，然后过滤浓缩，再配以少量的各种配合剂，提高成膜强度、韧性，在一定工艺条件下加工成型。

可食性包装材料由于具备一定成膜性、透明性、弹韧性、卫生性及一定强度，所以可以制成膜、有形容器，已广泛地应用在食品药品的包装上，如熟食中豌豆黄、山楂糕、糖葫芦、奶油、黄油、糖果、糕点等包装；也可用于带袋烹煮或食用的食品，如肠衣、保健品胶囊等包装。它们具有来自天然动植物、安全等优势，可贴紧食物而包装，可食、透明、无毒无味、可自然消纳，解决了包装污染与环境保护之间的矛盾，符合了人们的绿色消费要求。

一、玉米淀粉改性薄膜

从玉米中提炼的淀粉是天然大分子，有支链型的，也有直链型的。但由于其本质很脆，故很难单独制膜使用，必须对其进行改性，增加热塑性。

玉米淀粉改性主要是以淀粉为基质，加入多元醇（如山梨醇、聚乙二醇、甘油等）及脂类物质(如脂肪酸、单甘油脂等)作为增塑剂,以少量的植物胶、动物胶为增强剂而制得。

玉米淀粉改性通常采用三种方法:化学法,物理法,化学-物理兼容法。

化学法改性:即经过化学反应,使淀粉分子结构发生变化,如链转移反应,断链再镶嵌反应和接枝反应。接枝反应,即在淀粉主链上接上有特性的其他分子或形成无数个侧枝,分子结构上的变化导致性能,如亲水性、相容性、柔韧性等的改变。或使分子醇化,也可以改变其柔韧性及亲和性;或在其中加入易降解的高分子,如聚乳酸、聚羟基酯醚、乙酸纤维素等也都可改善淀粉的无序化结构。

物理法改性:即采用双螺杆挤出机,将玉米淀粉与其他配料混均后加入,在适当温度下,使它们塑化、相混、相容,构成分子之间、基团之间相互吸引的整体。也可以用现代物理的等离子体轰击处理法,将淀粉表面进行有效的结构变化和物理变化,以增大它的相容性与柔韧性。

化学-物理兼容法:即采用新型的挤压机,一边进行物理混合塑化,同时还可以进行化学反应,两个过程在同一个设备中完成。这种方法效率高、效果好、节约能源与劳动力成本。

通过以上三种加工方法改性的玉米淀粉具有一定的加工性、相容性、亲和性、柔韧性和一定强度。其后将它们以不同的加工方式或流延或涂布或吹塑,制成薄膜,此种膜柔软、透明、强度高、延展性好。

目前世界各国都在努力开发淀粉类可食性包装膜。例如美国 Novon 公司将 70% 支链淀粉与 30% 直链淀粉相混,添加一定试剂形成一种新型带支链的嵌段树脂,熔点为 175～200℃,可以造粒,并以注射、挤压方式加工成型。德国 Battcllc 研究所以改良青豌豆高直链淀粉为原料,直接用常规方法加工成型,其膜透明、柔软,性能可与 PVC 相匹敌。

二、蛋白质薄膜

蛋白质可源于动物与植物之中,所以分动物蛋白与植物蛋白,蛋白质成膜后通常具有良好的机械强度、弹韧性和屏蔽水蒸气的性能。作为动物蛋白,由于主要提取于动物的骨、软骨组织和皮,富含大量的胶原蛋白,所以其弹性、抗水性、透气性更为突出,包装肉类食品更好;而从植物如大豆中提取的蛋白质(SPI),它富含大量氨基酸和其他营养成分,不仅可用于包装食品,还有特定的功能和营养价值。蛋白质薄膜具有防潮与隔氧性能,包装含脂肪类的食品最佳,可以有效地保质、保鲜、保味。

1. 大豆蛋白的提取工艺

浸泡→粉碎→压榨→过滤榨取→熬制→干燥→成品。

2. 大豆蛋白的成膜工艺

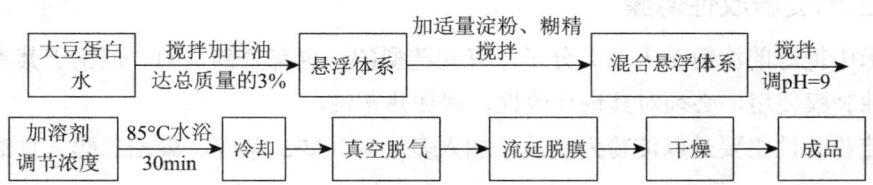

生产工艺中加入适量的可溶性淀粉与糊精，其目的是改善成膜的强度与韧性。这是因为淀粉大分子与 SPI 中分子链上的氨基酸的氨基发生交联反应，分子链刚性与强度增加；而糊精是淀粉的水解产物，分子量小得多，只能与分子中某段氨基反应形成一个支链，削弱了分子链的键能，导致分子刚性下降、韧性增加；所以要使蛋白质膜达到最佳的强度、刚性与韧性性能，应在辅料的配比上进行优选设计实验。

3. 动物蛋白的生产工艺

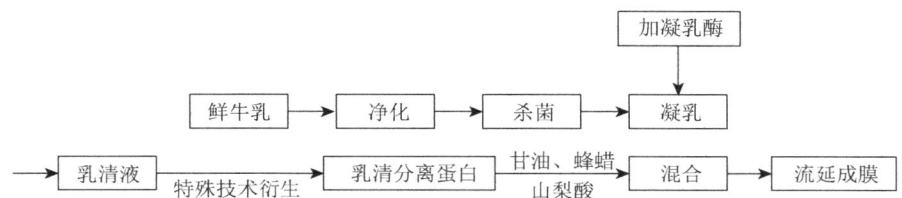

此种生物蛋白膜除上述的物理性能外，还具有阻氧性，使氧气透过率低于高密度聚乙烯，对脂类、芳香类物质也有阻隔性；弱点是阻湿性稍差，但可以通过其他阻湿性好的生物高分子来进行补偿和改善，如甲基纤维素，它与蛋白的结合可有效提高阻湿性、阻氧性，提高机械强度。可用于新鲜水果、蛋糕、饼干、干果等的包装，它可以使食品在储藏过程中保持原有的风味和品质。

三、贝类薄膜

甲壳素是天然高分子，学名为 β-(1→4)-2- 乙酰氨基 -2- 脱氧 -D- 葡萄糖，提取于海产品中的虾、蟹、蛤蜊、海贝等的甲壳中以及虫类的外壳中。由于甲壳素具有生物属性，含有动物蛋白、钙质及胶原等，所以将其加工提炼形成壳聚糖后制成纤维素，具有很好的弹韧性、透明性、卫生性、成膜性、较高强度等，适宜作各种食品的包装、真空包装、贴体包装。除此之外还可以制成各种形状的食品容器。

贝类薄膜的加工制造工艺并不复杂，首先甲壳素在碱性条件下脱乙酰基生成壳聚糖，分子上带有强活性的羟基、氨基，极易通过酰基化、羟甲基化、羟乙基化等化学反应制得不同衍生物膜。壳聚糖是带正电荷的单体物质，具有良好的生物活性，易与生物体亲和相容，有良好的抗菌防腐性能。它易溶于有机溶剂而成膜，也易于改性和加工，经交联后耐热性、耐酸性都优于醋酸纤维素膜。抗拉强度大，韧性好，亲水性强。

壳聚糖可以流延成膜，也可以喷涂成膜，直接对水果、鲜肉保鲜。壳聚糖膜抗拉强度可与高密度聚乙烯相媲美，且成膜后对 O_2、CO_2、C_2H_4 具有一定的选择吸收性；具有隔氧透气功能，又可抑制果蔬的有氧呼吸强度，达到保温、保鲜、保质的作用，可广泛用于水果蔬菜的包装。

壳聚糖也可以和其他物质配合生成可降解材料，它的结构类似纤维素结构，只是其中碳 2 位上的羟基被氨基置换了，依相似相容原理，壳聚糖与纤维素混合，可以形成干、湿强度都很高的可降解材料。

美国科学家的最新研究是，采用细菌发酵法使植物纤维发酵，然后提取发酵液中可降解的"生物塑料"，将它们与壳聚糖组合形成薄膜用于食品包装，其薄膜具有出色的可塑性与加工性。

贝类薄膜的加工制作工艺流程通常如下：

贝壳→粉碎→浸泡→熬炼→提取→干燥甲壳素 $\xrightarrow{\text{碱水解}}$ 脱乙酰壳聚糖 $\xrightarrow{\text{一定比例配制}}$ 流延成膜→干燥→产品

贝类薄膜除了具有优良的物化性能外，更主要是它可食用、可降解，是绿色环保产品。它可用于快餐面、调味品、面包、肉类熟食、小食品等的包装，还可以直接放入锅中烹调，不必去除袋子。

此外，采用虫胶和淀粉混合也可以制成耐水、耐油的包装纸和涂层，用于快餐食品或含油脂食品的包装。

四、农副产品及植物纤维类薄膜

大自然中的农副产品中蕴含了大量可供人类食用的营养成分，如淀粉、蛋白质、脂肪、氨基酸、纤维素等。但其中能够成膜、成型制成包装膜的物质也是有限的。如山芋、木薯、魔芋粉、蕨根粉、海藻等，它们的共性是都具备成膜性、柔韧性和一定强度，所以它们通过干燥、磨粉或熬炼后在一定配合剂及助剂的作用下会形成一个整体网架，而流延成膜或压制成食品容器。

最新研究表明，美国现已问世了一种以草莓制成的可食性食品包装，完全天然环保，性能可与聚乙烯相比，而且具有很好的阻氧性、保鲜性，更具特色的是它可以使内包的水果、蔬菜的味道得到更好的调节。

日本利用生产豆腐、豆制品的副产品——豆腐渣，加脂酶及蛋白酶分解经温水洗涤后，干燥成纤维，再加山药、芋头、糊精、低聚糖等黏结而制成一种水溶性的食用膜，广泛用于方便面、调味料、烤肉、蛋糕的包装和微波炉食品的包装，以及水果、鲜花的包装。

第五节　代木包装材料

1998年9月11日，美国农业部签署了一项针对中国的临时性植物检疫法令，法令中要求凡是来自中国的木质包装材料及木质铺垫物，在其出口到美国之前要经过热处理、熏蒸处理或防腐处理，并由中国政府检疫机构出具检疫证明。理由是从来自中国商品的木质包装材料中发现了光肩星天牛（Anoplophora glabripennis），这种昆虫可对美国森林资源和环境资源造成危害。法令规定自1998年12月17日起，禁止所有未经处理的木质包装商品入境，或在美方认可的条件下拆除并销毁木质包装。1998年11月4日，加拿大对中国（包括香港地区）出口到加拿大的商品木质包装，实施类似于美国的检疫方法。

我国出口到美国和加拿大的木质包装商品种类很多，主要有陶瓷制品、卫生洁具、机电设备、机械零配件、石板石材等。以上这些商品占美国进口这类商品的1/3。由于美国采用了新的法令，我国的商品包装木质材料要经过处理，所需费用将增加10%～30%，如果采用代用品成本也会大幅度增长。由于美国和加拿大颁布法令的宽限期分别为三个月和两个月，输入美国和加拿大货物的运输周期长，在很短的时间内把木质包装进行处理、出具检疫证书是十分困难的，甚至是不可能的。

在这样的背景下，中国开始了代木包装板材的研究。第一步首先探索的是整体材料的组合基本材料与形式；第二步就进入了加工形式和成型生产工艺的研究；第三步是组合配方的优选以及各种配料的加入对整体材料性能影响的研究；第四步是对成型材料的发泡与结构的研究。

实际上，前两步的研究都属于基础性研究，第三步属于调整完善提升阶段，第四步才算真正进入实质的应用关键阶段。作为代木包装材料，它不仅必须具备木质材料的基本性能与性状（弹韧性、力学强度、质轻、任意形状，可钉、可锯、可铆、可印刷），可在自然界中自然风化、降解、消纳，还要具备木材所不具备的不受虫害、卫生、阻燃防湿、循环再造等性能。

一、木塑复合材料

木塑复合材料是代木包装材料中最主要的一种，基本用于工业产品、重型设备的包装，以及军械、弹药、物资包装、商业托盘、货架等。木塑复合材料的基本组成有天然植物纤维（包括麦秸、玉米秆、稻壳、麻秆、棉花秆、甘蔗渣、芦苇、木粉等）、基体树脂（新料及回收的双烯类高分子树脂）、交联剂、填料、胶黏剂、偶联剂、脱模剂、发泡剂等。采取的生产方式为螺杆连续挤出一次成型（连续生产）或加压法一次成型（间歇式生产），因为设备为通用塑料机械，因此投资费用少，易于生产。

（1）挤压法。先将基质树脂天然纤维等所有物料配好，搅拌均匀，然后调整好机器设备的工艺参数。再将配料送入机器，挤压塑化，出机头后直接进入模具成型，冷却后切割。具体生产工艺流程如下：

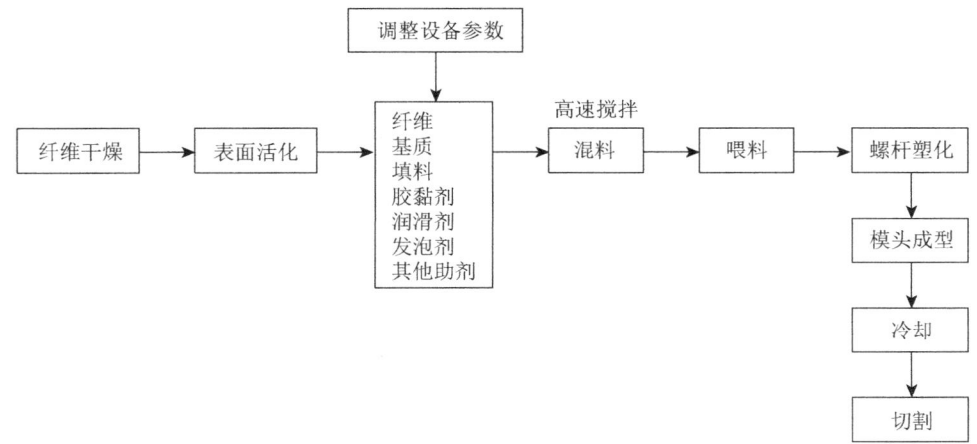

（2）加压法。首先将基体树脂塑化，熔融后分批次加入纤维、增溶剂、胶黏剂、填料、发泡剂、脱模剂等，待整体配料已成均匀的硬膏状态时，将其置入模具中加压、加热、成型、冷却、脱模。具体生产工艺流程如下：

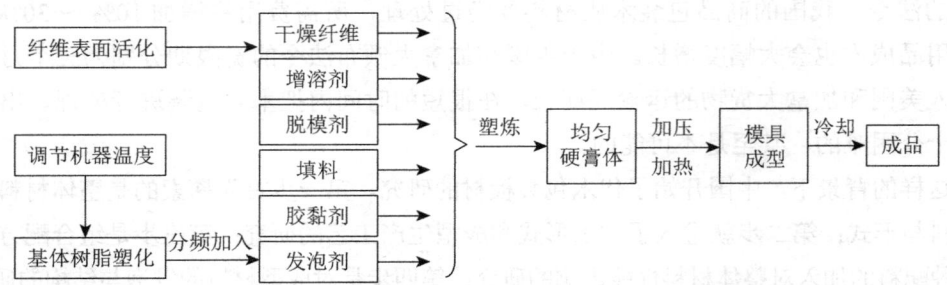

其中发泡工艺是十分重要的环节，必须反复实验，摸准参数才能达到好的发泡效果。目前发泡工艺过程有两种：一种为化学发泡，一种为物理发泡。化学发泡采用化学发泡剂，但要使用不产生环境污染的，如甲基磺酰肼、氧化双苯磺酰肼、尿素、碳酸氢钠、碳酸氢铵、AC及复配发泡剂。物理发泡则是采用水蒸气作发泡剂，配以发泡成核剂而有效地发泡，此种方法不产生任何污染，是理想的发泡方式，但工艺设备较复杂，设备成本高，发泡的匀度控制较难，需要深入研究与探索。

目前来讲，塑木制品具有木材的基本特征，有木材的外观，硬度高、机械强度大、耐压稳定性好，不易翘曲、不被虫蛀、耐湿性、弹韧性好，可锯、可印刷、可回收再造。但唯有密度问题，握钉力问题是亟待解决的。

目前木塑材料的机械性能、理化性能类似于自然生长的木材，在价格上也逐渐接近木材。表7-8至表7-10列出了一些木塑复合材料理化性能指标、力学性能参数、市场价格及应用的比较。

表7-8 木塑复合材料特性、物理指标

项目单位	密度/（g/m³）	吸潮性/%	膨胀系数/[mm/(mm·℃)]	吸水性（24h）/%
测试标准	GB/T 1033—2008		GB/T 1036—2008	
数值	0.96～1.1	0.1	3.5×10^{-5}	0.2

表7-9 木塑复合材料的力学性能参数

项目	单位	测试标准	低值	高值
抗压模量	GPa	GB/T 9341—2088	2.5	3.1
压缩强度	MPa	GB/T 9341—2088	40.0	48.8
抗弯模量	GPa	GB/T 1041—2088	1.0	1.2
抗弯强度	MPa	GB/T 1041—2088	25.0	30.0
断裂伸长率	%	GB/T 1040—2088	30.0	3.6
冲击强度（无缺口）	J/m	GB/T 1843—2088	155.0	163.0
螺钉拔出力（直径4.4mm，深25.4mm）	kg			300～320

表 7-10 木塑复合托盘与木质托盘的市场价格与应用比较

项目	木塑复合托盘	木质托盘
市场价格/（元/个）	60～100（一次性） 180～250 周转仓储	30～80 150～300
一次性使用率	较低	较高
废弃处理	可以旧换新	交费回收
耐用性	9 倍于木质托盘	易腐蚀（时间短）
可回收性	100%	差
刚性与承载力	高于木质及全塑制品	较高
吸水性	不吸水	高
自动化物流适用性	好	难

木塑产品是一个废弃物回收和资源综合利用的产业，其中废弃天然纤维及填充料的填充量可高达 70%，而这些纤维在大自然中处处可见，取之不尽，用之不竭。

二、竹胶板包装箱

竹胶板是以竹子作基础材料，用胶黏剂将其黏合或层压形成的板材。以这样的板材制成箱就成为竹胶板包装箱，可用于粮食、食品、商品各类物资的包装。

竹子是天然植物，生长在深山中，竹子质地坚硬，密度远高于木材，它吸水率低，所以防潮、防霉、防虫蛀，在稳定性、强度、材质、颜色和环保性能上远超过其他材质的板材。它不仅美观，而且持久耐用，更重要的是它的力学性能很好，抗弯曲、抗扭转、抗冲击、抗磨性等方面都优于全木结构或铁木结构。测试证明冲击强度为 $106kg \cdot kJ/m^2$，静曲强度为 180MPa，静曲弹性模量为 $9.8 \times 10^3 Pa$。中国是森林资源匮乏的国家，而竹林面积和竹资源蓄积量位于世界首位和第二位，开发竹包装板材有着广阔的市场应用前景。

竹胶板的生产加工工艺通常如下：

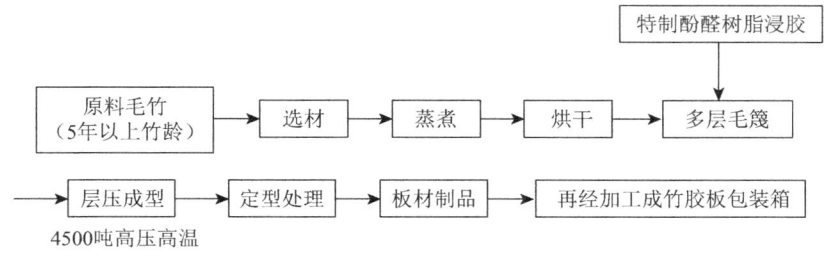

三、合成纸

合成纸是一种新型的以塑料为基质的纸塑制品，兼具纸与塑料的性质。生产中不产生任何污染，如废水、废气等，可 100% 回收、循环再造，是造纸业的一大改革。

1. 合成纸的基本原料特性及应用

合成纸的主要制造原料通常是塑料 PE、PP。

合成纸兼具纸与塑料的优点，柔软、强度大、耐潮湿、耐腐蚀、耐虫蛀、尺寸稳定，所以相对于纸可能更具有应用的广泛性。

①用于包装的有礼品袋、手提袋、食品袋、服装袋；百货商品包装；工业产品包装；快递信封；各种包装盒。

②用于印刷品的有高级图片、高档画册、军用地图、海图、书皮、年历、贺卡、广告、名片等。

③其他用途：彩色相纸的底基、CAD 扫描图纸、工业计算机及仪表用记录纸、纸扇、雨伞，或将来用于印钞。

目前在合成纸的生产上，世界著名公司有英国 BXL、美国杜邦、法国普利亚、日本王子油化、日本三井、瑞士舒尔曼、德国 ALPINE 等；我国尚处于起步阶段。

2. 合成纸的生产工艺流程

生产合成纸的工艺方法有多种，以下是 4 种主要方法。

（1）流延法：流延法的特点是模头挤出速度与流辊的旋转线速度存在速度差，流延法可生产各种不同厚度的合成纸。又由于模头挤出的弯月面与冷辊之间形成单向拉伸，所以生产出的合成纸的分子链有取向性，导致合成纸的横纵向有物理性能差异。

（2）压延法：生产工艺过程基本与流延法相似，只是最后采用压延机压延成型。压延法的特点是工艺较复杂，设备价格昂贵，但产品表面光滑，质量好，主要用于印刷高级印刷品及书籍封面。

（3）双向拉伸法：生产工艺过程原料的混配和加工塑炼与压延、流延近似，只是最终端采取的是双向拉伸机，合成纸在拉伸过程中形成。双向拉伸的特点是基材分子链分布一致，使机械性能纵横向大致相同，又因双向拉伸中，基材与填料 $CaCO_3$ 之间形成小间隙，导致合成纸密度下降。同时因这些小间隙对光的折射作用，导致了珠光效果的产生。产品外观效果好，主要用于包装、印刷、广告等。

（4）吹膜法。生产工艺是通过配料、混料，然后进入挤压机（三层挤出设备），采用内冷装置、泡膜直径、泡膜厚度在线检测及闭环控制系统，保证合成纸的匀度，完成合成纸的加工。吹膜法的特点是实现了纵向及部分横向的拉伸，纸厚度均匀，工艺设备简单。

除以上方法外，无纺布的加工方法也可以制成无纺合成纸，它所用的基材主要为 PP。其工艺过程主要是材料配料、加热熔融、拉丝、成网、挤压，最终形成无纺合成纸。无纺合成纸的特点是由纤维交织而成，具有毛细管效应，显示了纸的特性，密度低，易渗透，机械性能好，变形小。

对合成纸的前景预测：每生产 1t 合成纸与传统造纸比较将节约 $10m^3$ 木材，节约 280kw·h 电，节约 110t 水。

第六节　铝箔及镀铝包装材料

一、铝箔包装材料

铝箔作为一种金属材料，具有无毒、无味的特点；具有优良的导电性、遮光性，极高的防潮性、阻气性及全方位的阻隔功能，所以作为包装材料，铝箔是任何其他高分子材料和蒸镀薄膜无法比拟和无法替代的。

铝箔不仅密度小、质地柔软、延展性好、便于加工，而且可任意造型、轻便美观，加上易于回收的性能，使铝箔在包装方面应用十分广泛：如飞机上的餐盒，巧克力包装的箔衣，真空包装的肉食品、炸制食品的铝箔袋，医药包装中的泡罩底盘，针剂、水剂瓶上的铝盖封，颗粒状、粉状药的铝箔袋；再延伸到铝箔的复合材料，有盛干薯条的铝纸复合罐，盛装牛奶、黄油等食品的铝塑、铝纸复合软包装袋，日用品中的牙膏、化妆品的铝塑软管；香烟中的内衬真空镀铝纸与外包装的真空镀铝卡纸等都大量使用铝箔材料。

近年来，我国铝箔生产发展很快，规模迅速扩大，技术装备水平也在大幅度提高。2005年，我国铝箔产量已达55万吨，居世界第二位，产品收入达160亿元。其中用于包装的铝箔为16.13万吨，占到铝箔总产量的30%左右，但在欧美国家要占到70%左右。

铝箔的生产加工工艺如下：

首先将自然界中的铝矿石经高炉冶炼，达到铝的技术指标后浇铸成铝锭，经过锻压、压轧，逐渐从厚铝板到薄铝板，再经反复压轧成为铝箔（厚度约0.02mm）。具体工艺过程如下：

铝锭→粗轧→中轧→合卷→精轧→分卷→分切→成品退火→检验

铝箔是生产包装容器（罐、袋）以及它们的复合材料的基础材料，需要进一步加工才能成型。由于铝箔易加工、延展性好，所以进一步加工是比较容易实现的。铝箔包装制品最典型的代表作就是飞机专用的餐盒及真空肉质食品的铝箔袋。表7-11、表7-12显示了包装所用铝材的型号及化学组成及其机械物理性能。

表7-11　包装用铝的型号及化学组成

型号	Si	Fe	Cu	Mn	Mg	Ti	Cr	Zn	Al
1060	0.25	0.35	0.05						余量
2024	0.50	0.50	3.8～4.9	0.3～0.9	1.2～1.8	0.15	0.10	0.25	余量
5052	0.25	0.40	0.10	0.10	2.2～2.8	0.05	0.15～0.35	0.10	余量
5083	0.40	0.40	0.10	0.4～1.0	4.0～4.9	0.15	0.05～0.25	0.25	余量
6063	0.35～1	0.60	1.0	0.80	0.8～1.5	0.10	0.10	0.10	余量
6066	0.9～1.8	0.50	0.7～1.2	0.6～1.1	0.8～1.4	0.20	0.40	0.25	余量
7075	0.4	0.50	1.2～2.0	0.30	2.1～2.9	0.20	0.18～0.28	5.0～6.1	余量
7178	0.40	1.50	1.6～2.4	0.30	2.4～3.1	0.20	0.18～0.35	6.3～7.3	余量

表 7-12　包装用铝的机械物理性能

型号	布氏硬度 /%	拉强度 /MPa	屈服强度 /MPa	伸长率 /%	包装应用
1060	35	130	120	6	牙膏皮铝箔
2024	137	483	455	8	集装箱用型材
5052	77	290	255	7	铝罐啤酒筒
5083	100	317	227	16	铝罐啤酒筒
6063	95	290	269	12	食品罐
6066	120	393	358	12	食品罐
7075	145	524	462	11	集装箱铝板
7178	145	558	489	10	集装箱铝板

铝箔在包装应用上有众多优点，但是，由于它在加工和应用中容易产生针孔而降低其阻隔性，所以铝箔常与纸、塑料薄膜或其他材料复合使用。

二、真空镀铝纸

真空镀铝纸是在高真空度下把低沸点纯度为 99.9% 的铝在一定的温度（约 1400～1500℃），熔融汽化，并沉积在冷却鼓上的纸基表面上，形成一层具有良好金属光泽的超薄的镀铝膜。镀铝膜的厚度仅为 0.02～0.04μm（普通铝箔的厚度为 6～9μm），仅为铝箔厚度的 1/300～1/200，其阻隔性相对于原有基纸却大大提高。真空镀铝要求铝膜与基质之间具有良好的结合力和热稳定性，不易受热变形，镀铝纸具有很强的金属质感，表面光亮平滑，色泽鲜艳夺目，柔韧性好，隔温避光，对红外线、紫外线有良好的反射能力。同时亲油墨性能好，适于各种印刷方式。最可贵的是因为它的镀层极薄，在废弃后短时间内即可氧化，而且溶于水，可以自然降解，易被土壤吸收，也可以提取回收循环再用，因此被国际社会推崇为绿色材料。

真空镀铝纸是针对铝箔复合卡纸和 PET 覆膜卡纸而兴起的可降解、可回收的包装材料。因为铝箔复合纸是将厚度为 7mm 铝箔膜与纸复合形成的复合卡纸，因为它们不能分离，因此它既不能作为铝制品回收，也不能作为纸类回收，还无法焚烧，因此具有生产成本高、非环保的缺点。PET 覆膜卡纸是由电化铝塑料膜与纸复合的产品，由于它们难以分离，塑料不能降解，所以为非环保材料，无法作为绿色包装在世界范围内通行。相比之下，真空镀铝纸的优势是其他铝箔复合材料所不能企及的，无论从性能上、环保要求上、节源节能上，还是从商品价位上它都将以压倒性的优势焕发出强大的生命力和市场的竞争力。

1. 真空镀铝纸的特点及分类

真空镀铝纸具有以下特点：

①具有良好的韧性和耐折性，针孔小，无卷曲龟裂现象，因此阻隔性好；②镀铝层极薄，工艺简单，故成本低；③因镀铝纸所用的原辅材料都属于环保材料，无毒、无味，所以

其镀铝纸具有卫生安全性，符合美国 FDA 标准；④真空镀铝纸易于进行激光全息处理，形成激光镀铝纸，也称喷铝纸。激光镀铝纸的图案和文字信号是通过模压的方式加载到镀铝纸表面而形成的，所以激光镀铝纸的亮度比普通激光透明膜的亮度高得多，视觉效果极好；由于激光图案在镀铝纸上的形成工艺较复杂，激光镀铝纸具有很好的防伪性；⑤镀铝层极薄，解决了传统铝箔易褶皱的问题。同时也因为铝用量少，避免了清洗回收瓶时因其标签上的铝与苏打水发生反应，产生氢气而引起爆炸。

2. 真空镀铝纸的加工工艺

真空镀铝纸的加工工艺有两种，直接蒸镀法（纸面镀铝）和转移蒸镀法（膜面镀铝）两种。

（1）直接蒸镀法：这种方法是将预涂布过的纸直接置于真空镀铝机内进行镀铝的方法，此方法适于 $70g/m^2$ 以下的纸镀铝，目前市场上的真空镀铝啤酒标贴纸、真空镀铝卷烟内衬纸属于直接蒸镀法。

此工艺方法的特点是工艺简单、流程短，适用于 $40 \sim 120g/m^2$ 的铜版纸、白纸板、牛皮纸等，镀铝层比较薄。

（2）转移蒸镀法：这种方法是将 PET 膜置于真空镀铝机中进行镀铝后，涂胶与纸复合，再将 PET 膜剥离，铝层通过胶的作用转移到纸表面上。此方法适于 $70g/m^2$ 以上的纸镀铝，目前市场上用于香烟外包装和礼品、贺卡等的真空镀铝金银卡纸属于转移蒸镀法。转移蒸镀法生产的镀铝纸，镀铝层是用 PET 膜转移到纸上黏合而成的，铝膜平整光滑，金属光泽好，十分适合作高档产品的外包装。

此工艺方法的特点是充分利用了 PET 膜的平整度导致镀铝纸的平整光滑，适宜 $80 \sim 350g/m^2$ 的白纸板、铜版纸、灰底白纸板、牛皮纸等生产金银卡纸。转移所用的基膜（PET）可反复多次使用，节约成本。可生产任何激光防伪的真空镀铝金银卡纸。

目前，真空镀铝纸被广泛地用于各类包装，如食品、礼品、药品、化妆品、酒类包装与标贴，特别是卷烟内衬及外壳的包装。真空镀铝纸的包装不仅外观华丽、耀眼照人，提升档次增加附加值，更重要的是令人注目，光芒四射的防伪标志，深受商家与顾客的青睐，在包装工业中起着十分重要的作用。据国际市场预测，镀铝纸在全世界包装领域的应用将大幅度上升，最大的应用市场是北美和欧洲，这两大市场占世界市场的 80%，北美镀铝纸年消耗量达 12 万吨，其中标签占 60%，烟草占约 18%；欧洲镀铝纸年消耗量 9 万吨，其中软包装占 51%，标签占 15%，烟草业占约 14%；而我国仅烟草内衬纸总需要量就为十多万吨。

第七节　绿色纳米包装材料

纳米材料的诞生是人类材料史上的一个里程碑，它的基本内涵是在纳米尺寸（$10^{-9} \sim 10^{-7}$m）范围内认识和改造自然，通过直接操作和安排原子、分子创制新的物质。

在纳米体系中，电子波函数的相关长度与体系的特征尺寸相当，因此，电子的波动性在输运过程中得到充分的体现。它在许多性能上不同于一般的宏观物质，它们共同的基本特征表现在表面效应和体积效应上。

表面效应：指纳米颗粒线度越低，比表面积越大，颗粒表面所占的原子数的比例越大，因为表面原子配位数减少，非轨道增加，内部结合能降低，故其活性增强，易于发生各种活化反应。

体积效应：主要体现在小尺寸效应、量子化效应和宏观量子隧道效应上。

正是由于这些效应的存在，导致纳米材料在电学、光学、热学、磁学、化学等理化性能上都具有奇特性，不同于一般同类物质。

热力学性质：化学势随颗粒减小而升高，导致熔点在纳米级后显著下降，从块金熔点 1063.0℃变为纳米颗粒的熔点330℃。

电性能：纳米颗粒的电导率会因量子隧道效应而下降，即颗粒减少会影响超导性。

光学性：纳米颗粒对光的反射率很低（一般低于1%），对太阳光几乎全部吸收，称为太阳黑体，而宏观金属对阳光反射率很高，接近于100%。

纳米材料的研究与应用正处于如火如荼的局面，纳米科技已成为21世纪的三大科技之一。纳米技术主要包括纳米物理、纳米化学、纳米材料学、纳米生物学、纳米电子学、纳米加工学和纳米力学。材料形式多为薄膜、粉料、涂层、块体、纤维等。

目前由于包装材料在全世界每年的消耗量甚大，给地球资源形成了巨大的压力，因此，在研究如何提高材料性能的同时，必须要同时研究包装材料减量化的代用品，纳米材料的不断涌现为包装材料的突破提供了绝好的契机和条件。现阶段纳米材料用于包装多是以纳米涂层、纳米镀层、纳米复合材料的形式出现，具体种类有纳米抗静电膜、纳米杀菌膜、纳米高阻隔涂层、纳米复合板材、纳米复合陶瓷等，这些材料主要用于食品包装、医药包装、医疗器械包装、防静电包装、隐身包装、防雷达包装等，大多为功能性包装。

一、纳米涂层材料

纳米涂层通常是在以高聚物作基质的材料表面涂敷上一层纳米涂层而制得。如对防静电、防射频干扰的包装膜材料，过去是采用基质材料中加导电填料的方法，以便使包装表面产生静电导流。但因所加填料均为贵重金属（金、银、镍）而价格高，不适于大规模使用，其他填料如铜粉易氧化，炭粉不易分散。新的研究表明，若采用纳米材料如纳米掺锑二氧化锡（ATO）作为导电填料添加到聚酰胺、丙烯酸等基体树脂中制得透明的复合抗静电涂料，涂布于包装膜基材上，将会产生良好的抗静电性。研究结果显示，在涂层中ATO的临界体积浓度约为23%时，涂层的导电性最好，再增大ATO的用量，对涂层导电性的改善已无多大作用。其中一个值得注意的问题是一定要通过特殊技术使ATO在涂料中均匀分散，否则由于纳米颗粒太细，自身有凝聚现象，导致抗静电性下降，实验证明ATO需经球磨5d以上，才能形成分散效果好的纳米ATO水分散体系。纳米ATO粉在强碱和等电点（pH = 1.8）时将在水溶液中沉淀，在远离等电点（pH = 11左右）可形成稳定分散体系。

纳米 ATO 复合抗静电涂料是一种用途广泛的功能材料,尤其在电子工业中用量很大、价值很高,否则全世界每年因静电放电(EDS)造成的设备损失可高达数百亿美元。

又如聚乙烯醇(PVA)、聚乙烯(PE)、聚丙烯(PP)等包装膜,在单独使用作为食品或鲜奶等包装时,对光、热、水分、气体的阻隔性很差,不能在确定的时间内对内装物起到保鲜、保质的作用。只有几层共挤出或多层复合膜才能实现所期望的高阻隔性,但这样其价格就会大幅度上升;为有效地解决这一矛盾,将纳米材料引入与基质材料结合,充分发挥纳米材料的特性,形成一种新的纳米包装材料。其做法是:先将纳米材料配成溶液(黏度、浓度适中),然后在包装膜上对包装基质膜施以涂布、烘干。实验测试表明,经纳米涂层涂布后的包装膜,强度、理化性能及阻隔性都大大提高,而且在价位上仅为几层共挤出膜或复合材料的 1/2。这充分说明此种方法对于提高普通包装膜的阻隔性是可行的,这种纳米涂布的高阻隔性膜将在食品包装及鲜奶包装膜的市场上占有更大的份额。

二、纳米镀层材料

纳米镀层与纳米涂层有类似的性质和作用,但其加工方法不同。如高密度 PE 膜上镀 TiO_2 纳米材料,就需要采用等离子真空溅射-沉积法来完成,即利用等离子设备,在高频电场下使氧气、氩气等电离,产生辉光放电等离子体,电离产生的正离子和电子高速轰击靶材(金属钛)上的原子、分子,使之溅射出来,然后将新组合的纳米 TiO_2 沉积到基质膜上成膜。此方法制备的包装膜强度高、阻隔性好,并且具有抗菌性、自洁性。

三、纳米复合包装材料

纳米复合材料是采用晶粒尺寸为 1~100nm 的晶体材料与其他包装基质材料复合制成,因为纳米颗粒自身具有特殊的原子结构和理化特性,所以制成的纳米复合材料也具有此种特性。纳米复合材料制备的先决与基础条件是其基质材料为有机材料,这是因为它与纳米颗粒的表面基团和结构具有相容性、亲和性,容易复合。纳米复合材料制备的方法有多种,主要的有以下几种。

1. 聚合物基体原位聚合法

该法是在一定条件下,含有纳米颗粒的有机单体胶体溶液进行原位聚合生成有机聚合物,从而形成纳米颗粒均匀分散的复合材料。

2. 纳米微粒原位聚合法

该法利用聚合物的特性官能团将金属离子络合,并使基体提供纳米级的空间限定,从而导致只能原位反应生成纳米微粒而构成复合材料。

3. 纳米微粒填充法

即直接将纳米粉体混合到聚合物基体中,经搅拌使纳米颗粒均匀地分散在基体中,形成复合材料。混合体系可以是溶液、乳浊液或熔融态。此种方法工艺简单,混合后或挤出吹膜,或挤出双向拉伸成膜,或流延成膜,其产品就是纳米复合膜(若采用颗粒粉状料原位加压的方式，其产品就是具有杀菌、阻隔性好和强度大的板材或其他形态固体）。

纳米杀菌膜是其中的一种。制作杀菌膜最关键的因素是纳米颗粒的品种及性质，即纳米颗粒是否具有杀菌特性。如纳米二氧化钛（TiO_2）就因二氧化钛自身的结构就具有许多功能特性，如抗菌杀菌作用、光催化作用、吸收紫外线作用、自洁能力、高阻隔性和好的力学性能等。

纳米 TiO_2 具有比表面积较大而且结构疏松的特征，表面电子态、键态与粒子内部不同，加之表面配位不全等特点，导致表面活性很高，反应活性很大。依据能带理论：TiO_2 由于结构特点是具有一个满的价带，一个空的导带，其间是禁带宽度（能隙宽度）Eg。当其受光照射时，若电子能量达到或超过能隙宽度，价带电子就被激发到导带上去，形成了一对空穴 - 电子对（载流子）；在电场作用下，它们分别迁移到粒子表面，于是空穴可吸收附近二氧化钛表面的 OH^- 和 H_2O 分子氧化成强氧化的羟基自由基；这个活性自由基具有很高能量，它能氧化分解各类有机物成 CO_2 和水，从而对果蔬保鲜很有价值。果蔬采摘后仍有呼吸，它会产生有害气体乙烯，导致果蔬快速熟化腐败；而纳米 TiO_2 的催化性可将产生的乙烯氧化成 CO_2 和水，同时细菌微生物的蛋白质被光照射后的 TiO_2 所产生的强氧化自由基所氧化，使蛋白质变化、抑制微生物的成长并杀死它们。因此将纳米 TiO_2 膜作为包装，可很好地杀掉被包装物周围新滋生的微生物，防止果蔬发霉变质。

TiO_2 的自洁能力也是来自光催化后的强氧化自由基的氧化性，它可使有机污染物降解，阻止有机活物与膜基体的结合而使制品有自洁功能。

再者，TiO_2 具有超亲水性，可以防止包装中产生雾滴和抽吸现象，使果蔬保持水分，避免果蔬枯萎。

4. 两相同步原位合成法

即纳米材料和高分子基体同步原位合成纳米复合材料，它又分插层法、溅射 - 沉积法、溶液 - 凝胶法。

溅射 - 沉积法如前面所述。

溶液 - 凝胶法，是用于制备玻璃陶瓷无机材料的，但人们也逐渐用它来制备复合膜。

其制备加工工艺通常是先将金属无机盐或有机金属化合物在低温液相聚合（为溶液）后。采用提拉法使溶液吸附在基底上，经凝胶化过程成为凝胶，再经一定温度处理后即可得纳米复合薄膜。

5. 改良韧性包装材料

传统的玻璃、陶瓷容器具有化学惰性好、保质性高、无毒密封好、光洁保护性强的优点，是任何材料都不能代替的。但由于它脆，不易长途运输。现在将纳米颗粒如氧化铝和二氧化锆混合加入玻璃、陶瓷中去，就可得到富有弹性的玻璃与陶瓷材料。

普通陶瓷只有在 1000℃ 以上，应变速率小于 $10^{-4}s^{-1}$ 时，才表现出来塑性，而纳米二氧化钛陶瓷和纳米氟化钙离子晶体在室温下便可发生塑性变形。纳米陶瓷 180℃ 时塑性变形可达 100%，带预裂纹的试样在 180℃ 弯曲时裂纹也不扩展。

第八章　绿色包装辅助材料

包装辅助材料包括黏合剂、封口材、捆扎材（捆扎材料和胶带）、涂料、防潮及防锈包装材料、印刷油墨以及食品包装塑料的主要助剂（增塑剂、稳定剂、润滑剂、着色剂和抗静电剂等）和其他包装辅助材料（脱氧剂、防霉剂、液体密封材料和缓冲包装材料）等。包装辅助材料是包装材料的重要组成部分，它对包装材料，尤其是食品包装塑料的绿色性能及食品安全有重要的影响。本章主要介绍包装辅助材料中的绿色黏合剂、涂料、印刷油墨和食品包装塑料的主要助剂（添加剂）。

包装辅助材料和包装材料一样，它们在向着绿包环保型发展优化、提高绿色性能的过程，都是一个不断剔除、替换有害物质的过程，也是一个迭代更新、绿色环保性逐渐增强的过程。

第一节　包装辅助材料概述

包装辅助材料中的黏合剂、涂料、印刷油墨多为有机溶剂型，其中的甲苯、二甲苯、多环芳香烃及其衍生物等均会伴随油墨的干燥而挥发到空气中，不仅污染空气，会对印刷操作工人的身体健康造成威胁，且其中的芳香胺、残留单体、低聚物、苯类溶剂残留、重金属、甲醛等风险物质还有可能在较高温度，如40℃下迁移到食品中从而引起安全风险；另外，用于食品包装的塑料原本化学性能稳定，但在聚合工艺中会有一些单体残留，同时在聚合反应过程中还会溶出一些低分子量物质（低聚物），这些单体残留和低分子量物质也会对人体产生伤害，如残存于PVC中的氯乙烯单体（VCM）在经口摄取后有致癌的可能；为改善食品包装塑料的加工和使用性能，在聚合过程中会加入各种添加剂（增塑剂、稳定剂、着色剂、抗氧化剂、润滑剂等），而添加剂均不同程度地存在一些毒性，如 DEHA 二乙基羟胺增塑剂、酞酸醋类增塑剂、双酚 A 等，这些物质在加工、流通、使用时，如遇较高温度（如 40℃）、强光、辐射、微波加热、蒸煮和一定的时间下也会从聚合物材料中向与其直接接触的食品迁移，引发食品安全问题。

为保证和提高食品包装辅助材料中的黏合剂、涂料、印刷油墨和食品包装塑料主要助剂（添加剂）的绿色性能和安全性能，防止它们中的某些化学成分有可能从食品包装迁移到食品中，从而引起食品安全问题；为此，应大力研发黏合剂、涂料、印刷油墨和食品包装塑料主要助剂的绿色产品；同时还须控制其产品的安全风险，对黏合剂、涂料、印刷油墨和主要助剂（添加剂）建立起有效的安全管理体系，安全管理体系对保障食品安全十分重要！

1. 黏合剂、涂料、印刷油墨和食品包装塑料的主要助剂应严格执行 GB 9685—2016《食品安全国家标准 食品接触材料及制品用添加剂使用标准》和 GB 2760—2014《食品添加剂使用标准》。

上述标准主要是添加剂类物质，也包含一部分单体和基础聚合物。在食品包装辅助材料中严禁使用有机溶剂型的物质。

2. 逐步制定黏合剂、涂料、印刷油墨的产品安全标准，对产品原料中可能引起安全风险的初级芳香胺、残留单体、低聚物、苯类溶剂残留、重金属、甲醛等风险物质加强安全管理，在产品安全标准中建立允许使用的原料物质名单，纳入 GB 9685—2016 中作为产品原料物质使用的单体和基础聚合物，并规定各物质的限制性使用要求。

3. 欧盟塑料法规（EU）No10/2011 中规定了塑料类食品接触材料最终产品的总迁移极限量（OML）以控制最终食品接触材料中所有可迁移物质的总量。总迁移量是对最终产品整体安全性的评价，是产品的一项通用型安全指标，同时也可作为特定迁移量筛查的依据。故在制定黏合剂、涂料、印刷油墨的产品安全标准时，应严格执行 GB 31604.8—2016《食品安全国家标准 食品接触材料及制品 总迁移量的测定》，以对黏合剂、涂料、印刷油墨等产品的整体安全风险进行控制。

4. 按照 GB 4806.1—2016《食品安全国家标准 食品接触材料及制品通用安全要求》，黏合剂、涂料、印刷油墨的产品生产企业应建立生产链上下游企业间有效的信息传递机制，以保证产品的安全要求。同时，产品安全标准的标签标识中也应包含配方中相关物质的限制性要求、非有意添加物质的评估信息等，以保证产品的使用者能够获得足够的信息以评估最终产品的安全性。

5. 按照 GB 4806.1—2016《食品安全国家标准 食品接触材料及制品通用安全要求》和 GB 4806.7—2016《食品安全国家标准 食品接触用塑料材料及制品》等规定的"有效阻隔层"的概念，即食品接触材料及制品中由一层或多层材料构成、可以阻止其后物质迁移到食品中的屏障。应鼓励企业在黏合剂、涂料、印刷油墨层和食品之间增加有效阻隔层，并明确企业有责任对所使用的阻隔材料的有效性进行评价，以确保阻隔层外的物质迁移到食品中的量被控制在安全范围内。

6. 按照我国当前主要的食品塑料包装安全标准：GB 9685—2016 食品安全国家标准《食品接触材料及制品用添加剂使用标准》，GB 4806.1—2016 食品安全国家标准《食品接触材料及制品通用安全要求》、GB 4806.6—2016 食品安全国家标准《食品接触用塑料树脂》、GB 4806.7—2016 食品安全国家标准《食品接触用塑料材料及制品》、GB4806.10—2016《食品安全国家标准 食品接触用涂料及涂层》及其系列标准，GB 31604.1—2015《食品安全国家标准 食品接触材料及制品迁移》，GB 31604.2—2016《食品安全国家标准 食品接触材料及制品 高锰酸钾消耗的测定》、GB 31604.8—2016《食品安全国家标准 食品接触材料及制品总迁移量的测定》，GB 18454—2019《液体食品无菌包装用复合袋》等对食品塑料包装材料的原材料、添加剂、印刷油墨、黏合剂和稀涂料的污染及密封等进行检查：①原材料危害。塑料包装主要成分有聚乙烯、聚丙烯和聚氯乙烯三种。聚氯乙烯塑料制品在高温环境中容易迅速分解，释放出的氯化氢气体对人体产生危害，影响产品安全性；有时制造商使用二次加工的回收塑料，其上残留的添加剂也会造成超标。②添加剂危害。为增强塑料包装材质的稳定性、延伸性和抗拉扯能力，加工时一般都会添加抗氧化剂、增塑剂、着色剂、稳定剂等添加剂，添加剂的增加会在一定程度上降低食品包装的安全性。如在塑料中添加邻苯二甲酸酯，在特定的环境下邻苯二甲酸酯就会产生污染性的激素进入食品中从而影响食品安全。③印刷油墨危害。在塑料包装表面印染文字和图案，染料中的有机溶剂常包含甲苯、乙醇和丁酮等物质，印刷后会不可避免地残留在塑料包装上，引起苯溶剂残留量或溶剂残留总量超标，当与食品接触时，有害物质就会向食品中迁移，给身体造成危害。④热熔法密封时挥发物质的危害。塑料食品包装一般用热熔法密封，在高温高压的环境下，包装材料的油墨、黏合剂、涂料会挥发出有毒有害气体，对食品造成污染，危及人体健康！因此对包装材料中油墨，黏合剂、涂料的有害成分必须严加限制。

第二节　绿色包装黏合剂

一、黏合剂概述

黏合剂（又称胶黏剂，黏结剂）是一类具有优良黏合性能，能将各种材料牢固接黏成一体的物质。一般由基料（或黏料）、固化剂、促进剂、填料、溶剂和添加剂等成分组成。基料是决定黏合剂性能的主要成分，一般有3类材料：①天然高分子化合物，如淀粉、蛋白质、皮胶、骨胶和天然橡胶等；②合成高分子材料，如脲醛树脂、酚醛树脂、聚氨酯、有机硅树脂、聚乙酸乙烯酯、聚丙烯酸酯、氯丁橡胶、丁腈橡胶、聚硫橡胶和有机硅橡胶等；③无机材料，如磷酸盐和硅酸盐等。

黏合剂品种繁多，通常分为6类：①压敏胶；②热熔胶；③常温固化胶；④热固化胶；⑤溶剂型胶；⑥乳液型胶。也可按材料来源或使用特性分类。

按材料来源分：①天然黏合剂：它取自自然界中的物质，包括淀粉、蛋白质、糊精、动物胶、虫胶、皮胶、松香等生物黏合剂；也包括沥青等矿物黏合剂。②合成黏合剂：主要指人工合成的物质，包括水玻璃等无机黏合剂，以及合成树脂、合成橡胶等有机黏合剂。

按使用特性分：①水溶型黏合剂：用水作溶剂的黏合剂主要有淀粉、糊精、聚乙烯醇、羧甲基纤维素等。②热熔型黏合剂：通过加热使黏合剂熔化后使用，是一种固体黏合剂。一般热塑性树脂均可使用，如聚氨酯、聚苯乙烯、聚丙烯酸酯、乙烯 - 醋酸乙烯共聚物等。③溶剂型黏合剂：不溶于水而溶于某种溶剂的黏合剂；如虫胶、丁基橡胶等。④乳液型黏合剂：多在水中呈悬浮状，如醋酸乙烯树脂、丙烯酸树脂、氯化橡胶等。⑤无溶剂液体黏合剂：在常温下呈粘稠液体状，如环氧树脂等。

黏合剂的用量比被黏合的基材少得多。包装行业中黏合剂的用量最大，它被广泛应用于纸制品、印制装潢、塑料等包装行业的各个领域。可以说："现代社会，有商品必有包装，凡现代包装必用黏合剂。"

绿色黏合剂所选用的原料尽可能为天然物质，其制备和使用、包装材料使用完后的回收和处理的整个黏合剂的生命周期中对资源的消耗较少，少产生甚至不产生污染；在类型上主要是水溶型黏合剂和热熔型黏合剂（或称无溶剂型黏合剂）。

开发绿色黏合剂，除了必须掌握黏合、物质分子结构与性质之间的关系和化学化工合成技术外，还要掌握资源的状况、物质毒性的知识。只有这样，才能在开发更有效的黏合剂的同时，选择较好的方案，做到少消耗资源，减少对环境的污染。

二、包装中的黏合技术

（一）包装纸和纸板的黏合

大多数纸具有多孔性，黏合剂可以通过纸的毛细孔渗透到纸的内部，凝固后，形成"锚接"，较易实现牢固的黏合。纸质材料黏合时，不需要前处理，可直接黏合。因为纸质材料有利于水分渗透，所以，纸质材料黏合多用水基黏合剂。粘贴纸质标签常用压敏胶，黏合涂层纸质材料可用压敏胶或热熔胶等。

由于纸质材料大部分可以回收再用，纸包装越来越多。纸箱、纸盒生产行业是我国黏合剂用量最大的行业。

淀粉黏合剂不影响纸质材料回收，可以生物降解，故中高档纸箱、纸盒自动生产线已全部使用淀粉黏合剂或其他同等效果的黏合剂。

（二）塑料的黏合

塑料分子多为弱极性分子，因此塑料黏合前需要预处理。比如，对于聚乙烯的黏合，黏合强度要求不高时，用丙酮或甲乙酮脱脂即可；黏合强度要求较高时，须用处理液（重铬酸钠 5 份，浓硫酸 100 份，蒸馏水 8 份）20℃浸泡 15min，冷水、蒸馏水依次洗涤后，室温干燥；也可以用电晕处理使薄膜达到粘接需要的表面张力，对于未经处理膜一般有 $3.6\times10^{-4}N/m^2$，电晕处理后塑料薄膜一般达到 $4\times10^{-4}N/m^2$。

塑料的黏合方法大致分为 3 种：

1. 热熔黏合

加热使塑料的被黏合部分软化熔融，加压使处于黏流态的塑料紧密贴合，待冷却后即固化黏合。塑料的热封合、热焊接、脉冲热合和高频电热合等属于此类。这是一种污染较小的绿色黏合方法。

2. 溶剂黏合

选用溶解度系数与被黏合塑料溶解度系数接近的溶剂涂在被黏合的表面，使表面均匀地溶胀、软化和溶解，然后将两个被黏合的表面贴合，加压待溶剂挥发后，即完成黏合。例如，聚苯乙烯的溶解度系数是 9.1，可用溶解度系数是 9.1 的醋酸乙酯或溶解度系数是 9.3 的甲乙酮来黏合；而不能用溶解度系数是 9.6 的醋酸甲酯或溶解度系数为 10 的丙酮来黏合。此法消耗资源较少，但是挥发性的有机溶剂污染环境。

3. 黏合剂黏合

以上两种方法不能黏接热固性塑料，而黏合剂黏合对各种塑料都能适用，黏合强度也较高，所以是最普遍使用的黏合方法。

极性小的聚烯烃类塑料的黏合，一般要选用非极性或弱极性的聚合物作黏合剂。例如，聚乙烯（分子量 7000～21000）15～60 份，聚异丁烯（分子量 100000）10～35 份，石蜡（熔点 85℃）20～60 份配成的黏合剂。但是弱极性黏合剂与纸质材料等极性材料的黏合力很小，不能用于与这些材料的复合黏合。

若用极性聚合物黏合剂来黏合聚烯烃塑料，一般在黏合前须对被黏合表面进行处理，最常用的处理方法是电晕处理。被黏合表面进行电晕处理后，表面极性增加，并在表面形成微细的痕纹，使表面的黏合性能改善。一般处理后的表面要尽快黏合，否则黏合性能会下降，黏合强度会降低。

使用黏合剂黏合时，须使用对环境不造成或少造成污染的绿色黏合剂。

（三）木材与金属的黏合

1. 木材的黏合

木材是多孔性的材料，物理黏合力起重要的作用。化学黏合力来源于木材分子中的羟基和黏合剂分子中的羟甲基相互反应脱水，形成共价键结合。

影响木材黏合强度的常见因素有 4 个。

（1）木材的密度：木材的密度越低，其黏合强度越低。

（2）木材的收缩膨胀率：木材的收缩膨胀率较大时，最好选用收缩膨胀率与木材相同、高弹性的黏合剂。

（3）木材的含水率：木材含水量过大时，水分会稀释黏合剂，并使黏合剂渗入木材内部流失，导致黏合不良，水分挥发后木材的收缩，会导致黏合失败。木材经过长期干燥后，表面的疏水作用使黏合剂的浸润性和渗透性变差。因此，木材在长期存放前，应喷洒1%的硼酸或硼砂的水溶液。这样既可防止过度干燥，又可防止虫蛀。

（4）木材的纤维走向：木材是非均匀性的物质，是各向异性材料；不同的方向，力学性能有明显的差异；木材间纤维夹角越大，黏合强度越低。

2. 金属的黏合

金属的表面性质及其物理、化学性质对金属的黏合性能有很大的影响。

（1）金属表面氧化层：一般金属表面均有氧化层，为了提高黏合性能，需要在黏合前对金属表面进行预处理，使之生成有利于黏合的表面氧化层。

例如铝表面有一层 5～15nm 的无定形氧化膜，要求高强度黏合的铝和铝合金表面，目前多采用阳极氧化处理工艺：用硫酸、铬酸、草酸或磷酸的水溶液作为电解液进行阳极氧化处理，生成多孔型氧化膜，其结构像一个紧密排列的柱形六角蜂窝，每个蜂窝中心有一个垂直于铝材表面的小孔，这种结构增加了金属的实际表面积，因此，提高了黏合强度。

（2）金属的表面活性：一般金属表面均具有较高的表面能和表面吸附活性，因此表面总是吸附有氧气、水蒸气等杂质，影响黏合。用机械抛光的方法，可以除去表面的氧化物和杂质，提高表面的表面能和吸附活性，有利于提高黏合强度。

（3）金属表面吸附的水和醇：金属表面氧化膜存在羟基（—OH），它的氢能和水、醇分子中的氧原子形成氢键。因此，金属表面吸附的水和醇呈牢固结合状态。

一般金属在黏合前不需要进行预处理。但对于要求强度高的黏合，必须进行表面预处理。

（四）复合材料的黏合

复合材料在包装工业中的作用越来越重要。薄膜复合的主要工艺有以下几种。

1. 湿法复合工艺

用涂胶辊将水溶型黏合剂涂于基材的表面，立即与另一种基材复合，再进入烘道干燥。湿法复合工艺多用于纸/铝复合。常用的黏合剂有淀粉、聚乙酸乙烯乳液、干酪素-丁腈橡胶乳液、阿拉伯树胶等。

2. 干法复合工艺

用涂胶辊将溶剂型黏合剂涂于拉伸性较好的基材表面，进入烘道，溶剂挥发以后，再进入复合夹辊与另一基材复合。此法成本较高，胶层有残存溶剂，溶剂挥发会造成污染。但是，该法适用的基材范围较广，黏合强度高，耐水性好。

目前干法复合多采用聚氨酯黏合剂。近年开发的改性聚丙烯粉末黏合剂是绿色干法复合黏合剂。

3. 挤出复合工艺

用塑料挤出机将树脂加热熔融，从一个平片模具的口中流出，与另两层基材复合在一起。一般用低密度聚乙烯作热溶黏合剂，可以加工出纸/聚乙烯/铝箔等复合材料。此法是一种绿色的黏合方法，但复合材料的适用温度较低。

4. 热熔融复合工艺

先将被黏合的基材预热，再用涂胶辊将熔融的热熔胶黏剂涂于基材表面，用热辊将两层基材复合在一起。此法也是一种绿色的黏合方法，但复合材料的适用温度也较低。

5. 蜡复合工艺

微晶蜡中添加丁腈橡胶作增黏剂，邻苯二甲酸酯作增塑剂，制成热熔性胶黏剂，可用于食品包装中的纸/铝箔、纸/纸等材料的复合，是一种绿色的黏合方法。

6. 流延复合工艺

将塑料熔融挤出，流延到热的滚筒上成膜，待塑料刚从滚筒上剥下就立即用电火花等进行表面处理，然后复合上另一基材。流延的塑料有聚乙烯、聚丙烯、尼龙等。基材有纸、铝箔、聚酯薄膜等。当基材是纸时，不需另外加涂黏合剂；基材是铝箔、聚酯薄膜等时，复合前基材上需要涂覆一层聚氨酯等黏合剂。

7. 共挤复合工艺

用多层模具将各层基材熔融后复合，不需另用胶黏剂。这也是一种绿色的复合方法。

三、纸质包装材料用绿色黏合剂

纸质包装主要指瓦楞纸箱、纸袋、纸桶和纸盒等的包装。由于纸桶、纸罐包装具有质量轻、成本低、纸可再生，对环境污染小等优点，在很多领域同铁桶、铁罐的竞争中已占有利地位。纸质包装是目前使用最广泛、使用量最大的包装形式。

纸质包装材料的最大优势是可以回收再用，纸材用的绿色黏合剂必须考虑要不影响纸的回收再用。

（一）淀粉黏合剂

我国每年使用淀粉黏合剂 700 万～800 万吨。淀粉是一种可再生资源，可以生物降解，因此淀粉黏合剂不影响纸质包装材料的回收利用，是一类绿色黏合剂。它与泡花碱胶黏剂相比，具有黏合强度高、质量轻、无腐蚀、防潮性好、刚性强、对环境污染小（用水作分散剂）的优点。但是它也有黏合速度慢、产品的耐水性差、储存期短等的缺陷。淀粉黏合剂能在环境中降解，用其制造的纸质包装在使用以后回收再制纸浆容易，这是聚乙酸乙烯乳液和热熔胶等合成胶黏剂不具备的优点。因此克服淀粉黏合剂黏合速度慢、产品耐水性差的缺点，就可以制备出绿色性能好的纸包装用的淀粉黏合剂。

淀粉黏合剂黏合速度慢是因为其含水量高达 60%～70%。提高固体的含量可以改善快干性；淀粉黏合剂耐水性差的原因是分子中有太多的羟基，分子间没有交联。所以改善淀粉黏合剂的黏合速度和耐水性的主要途径是增加固含量和增加分子间的交联。

1. 在玉米淀粉黏合剂中添加膨润土或半纤维素

Fristch 和 Ludvik 在玉米淀粉黏合剂中添加膨润土，增加了固含量，减少了含水量，提高了黏合剂的快干性和耐水性；也有人在玉米淀粉黏合剂中添加酪蛋白、羟乙基纤维素和丁苯橡胶乳液等，均可获得粘接强度高、干燥速度快的黏合剂。

Fitt 等在玉米淀粉中添加碳水化合物总质量为 0.1%～20% 的玉米秸秆或种皮制得的半纤维素，生产出瓦楞纸板用的快速淀粉黏合剂。

2. 淀粉热转化成糊精

糊精是淀粉热转化、降解得到的白色或黄色粉末，能溶于冷水形成固含量较高、黏度较低的淀粉基黏合剂，可用作机械化生产的低黏度、黏合力稳定的黏合剂。糊精是淀粉不完全水解的产物，生产糊精的方法有两种：①直接煅烧法：淀粉在 190～230℃加热。②加酸煅烧法：100kg 淀粉，加由 200mL 浓硝酸、300mL 浓盐酸和 10L 水配成的溶液，在 110～140℃加热 1h。

在 120℃左右加热转化生产的糊精颜色较浅称为白糊精，在 150～200℃左右加热转化生产的糊精颜色为黄色称为黄糊精，在 200～270℃高 pH 值的条件下，加热转化生产的糊精颜色较深称为英国胶。

由于糊精的生产方法主要是干法，产品是粉末状的，它在水中的溶解度比淀粉大，可以制造固体含量 50%～60% 的黏合剂。糊精黏合剂的黏合力强、干燥快、黏度稳定、不霉变，可以用于一切纸制品的黏合，是一种很好的绿色纸包装黏合剂。

3. 喷雾淀粉

这是一种纸质包装材料增强的技术，首先将淀粉用冷水搅拌成浓度 10～100g/L 的淀粉悬浮液（淀粉乳），经过 120 目筛过滤，喷雾于纸材上，喷雾量一般为 1g/m² 左右；若用于纸板层间增强，淀粉乳浓度约为 20g/L；若用于提高纸板的挺度或环压强度，淀粉乳浓度则约为 80g/L。

喷雾淀粉技术近年发展迅速。日本、芬兰、德国、加拿大等国的实践已证明，喷雾淀粉对提高厚纸和纸板的层间结合强度、挺度和环压强度等方面很有效。

4. 氧化改性淀粉黏合剂

氧化淀粉黏合剂具有强度高、质量轻、无腐蚀、无污染等特点。氧化淀粉可用于替代聚乙烯醇、瓜尔胶、藻酸盐、羧甲基纤维素等高黏度的亲水性胶体。国内主要用于瓦楞纸板和纸箱的生产。

氧化淀粉的获取：淀粉是以葡萄糖为结构单元的不溶于水的碳水化合物（天然高聚物），在氧化剂的作用下，淀粉分子中较活泼的羟基可被有限地氧化为醛基、酮基、羧基，分子中的部分键会发生断裂，使淀粉分子的官能团发生变化，聚合度降低。通过适当控制氧化程度而制得的氧化淀粉，具有良好的水溶性、亲和力、浸润性、黏结性；经碱化后，即可成为黏合剂。

目前使用的氧化剂主要有双氧水、高锰酸钾、次氯酸钠，有时还使用高碘酸、过氧酸等。以双氧水对环境的污染最小；而用 $KMnO_4$ 为氧化剂在酸性条件下热法氧化，时间最短、反应易控制、氧化剂用量少、成本较低、产品性能满足要求，但制成的黏合剂颜色较深。

制作氧化改性淀粉黏合剂有如下途径：①由双氧水（H_2O_2）氧化制备氧化淀粉，再加碱糊化，交联制成黏合剂。②用氧化淀粉和丙烯酰胺生产再湿性黏合剂。③以高锰酸钾为氧化剂和反应指示剂、硼砂作为增黏剂、尿醛缩合物为催干剂制备氧化淀粉黏合剂。

5. 粉状快干型膨化玉米淀粉黏合剂

将玉米碎粒放入膨化机内，在一定温度和压力下膨化，膨化后粉碎、过筛，收集 100 目细粉，即为膨化玉米淀粉。在其中依次放入硼砂、明矾、氯化钙、膨润土、防腐剂在粉碎混合机中粉碎混合均匀，过 100 目筛，即得膨化玉米淀粉黏合剂。该黏合剂的性能强于玉米淀粉黏合剂，是一种较好的绿色黏合剂。

6. 高直链淀粉耐水瓦楞纸黏合剂

采用高直链淀粉来制造瓦楞纸纯淀粉黏合剂，可避免因加入树脂后形成黏稠的物质，使纸回收后生产再生纸产生污垢，或者粘在机器上，增加清洗设备的次数。

（二）聚乙酸乙烯酯乳液黏合剂

聚乙酸乙烯酯（PVAc）乳液黏合剂俗称白乳胶，具有成本低、干强度较高的优点，是产量最大的合成树脂乳液。国外很多厂家用它代替淀粉黏合剂作为生产纸桶和纸罐的黏合剂。由于用水作溶剂，是一类污染较小的绿色黏合剂。

但是聚乙酸乙烯酯乳液黏合剂的干燥速度慢、耐水性差，可从两方面对此进行改性：一是使聚乙酸乙烯酯乳液在聚合和存放中，局部发生水解，使分子中带有羟基。

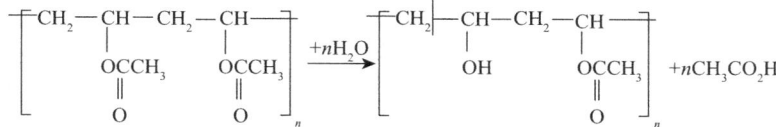

图 8-1　聚乙酸乙烯酯乳液的局部水解

二是在聚乙酸乙烯酯乳液加入乙二醛、多价金属的强酸盐等能与羟基作用的交联剂，也可使其加快干燥速度和提高耐水性能。

（三）热熔胶

1. 热熔型黏合剂

热熔型黏合剂简称热熔胶。国外在瓦楞纸箱、瓦楞纸桶的制造中广泛应用热熔胶；热熔胶无污染、冷固快、能耗低、性能良好、容易自动化连续生产。因此它是一项较好的绿色技术。其制备方法有：①釜式生产法：在夹套釜中，加入增黏剂和蜡，加热搅拌熔融后，加入聚合物和剩余的组分，保温 2～3h，放料在冷却传送带上冷却成型，切割包装。②挤出生产法。使用热熔胶专用挤出机，生产热熔胶。

2. 聚乙烯-乙酸乙烯热熔型黏合剂

聚乙烯-乙酸乙烯（EVA）热熔胶是目前用量最大的热熔胶品种。这种热熔胶黏附力强、胶膜强度高、韧性好、耐热、耐寒，能黏附不同性质的材料；熔融时黏度低，施胶方便，价格较低。按配方不同分为四种类型：①用于难粘塑料具有较高黏合强度的 EVA 型热熔胶；②固化时间短的热熔胶；③水溶性热熔胶；④用于纸/塑、塑/金属箔复合的EVA型热熔胶。EVA型热熔胶在食品软包装用复合膜的制造中应用很广。例如，包装低温蒸煮食品的复合膜PP/EVAl/PP；PE/EVAl/PE；PP（或PE）/EVA/PVDC/EVA/PP（orPE），常用于真空包装，高温蒸煮的尼龙复合膜。

（四）包装覆膜黏合剂

为达到美化的目的，在包装印刷品上要进行覆膜，覆膜在不改变印刷品原有基调的前提下，可增加其光泽，并防潮、防污、耐磨等，从而有效地保护了内层。覆膜用黏合剂及覆膜工艺通常采用EVA类、聚氨酯类、聚丙烯酸酯类、橡胶类、聚酯等溶剂型或乳液型黏合剂。溶剂型覆膜胶为有机溶剂型黏合剂，所用溶剂一般为甲苯、乙酸乙酯、溶剂油等，在操作过程中不仅污染环境、危害工人身体健康，而且还可能引起火灾；水基型纸塑复合黏合剂以水为介质，具有黏合力强、无毒、无臭、不燃烧、无三废公害、透明度和光泽度高等特点。它使用安全、对工人身体无伤害、对环境也无污染，所以深受印刷行业的欢迎，目前在包装印刷、书刊印刷等领域已被广泛采用。

四、食品包装复合膜中的绿色黏合剂

国内食品软包装复合膜原来使用溶剂型聚氨酯黏合剂为主。有机溶剂易燃易爆、易挥发、气味大、使用时造成空气污染，具有一定的毒性。近年来已被以水作为溶剂的水性复合黏合剂或无溶剂复合黏合剂所取代。

目前投放市场的水性改性丙烯酯类、水性聚氨酯类复合黏合剂有单组分YH620S镀铝专用复合黏合剂、YH620普通塑/塑复合用黏合剂和双组分YH610/YH05水煮型塑/塑复合用黏合剂；无溶剂复合黏合剂有单组分YH701-1K、YH702-1K聚氨酯无溶剂复合黏合剂。

1. 水性复合黏合剂

水性丙烯酸和水性聚氨酯乳液复合黏合剂具有良好的耐热耐介质性能，与绝大多数复合基材有良好的亲和力，黏合力强，黏合面广，是性能优异的水性复合黏合剂。

水性复合黏合剂可以有效降低残留溶剂，且有很高的初黏力；避免了溶剂对空气的污染，避免了火灾隐患；同时水性胶黏剂气味小，操作方便，残胶易清理。

2. 无溶剂复合黏合剂

无溶剂复合黏合剂（如单组分无溶剂聚氨酯胶黏剂）在生产过程中无溶剂挥发，没有有机挥发物VOC排放，故对环境无污染；复合制品也没有残留溶剂损害，与传统的溶剂型黏合剂以及水性胶相比对环境的影响也最小，所以目前在欧洲已大约有40%的食品软包装采用无溶剂复合工艺加工；同时无溶剂复合加工操作简便，无须烘干系统，可以高速运行，无溶剂复合机的复合速度比溶剂型（酯溶型和醇溶型）的高60%，比水性胶高150%。

当前，无溶剂复合黏合剂的技术还在不断发展，为克服无溶剂黏合剂固化后黏度较高、涂布性能较差、透明度较差、剥离强度低等问题，开发低黏度、适合低温涂布、高初始强度、能够满足水煮和高温蒸煮的双组分无溶剂聚氨酯复合黏合剂已成为目前主攻的课题。

第三节　绿色包装涂料

一、涂料概述及分类

1. 涂料的定义及组成

涂于物体表面，能干燥成膜的有机高分子化合物的胶体溶液（用有机溶剂或水配制而成的黏稠液体）或粉末叫涂料。将涂料涂布于被涂物表面并能干燥成膜的过程叫涂装。

涂料是由成膜物质（指树脂基体和交联剂。树脂基体有天然树脂和合成树脂）、颜料、添加剂和溶剂（有机溶剂、水）组成的混合物。

最早，涂料是用桐油、生漆和天然树脂（虫胶、松香）加工而成，常叫作油漆。以后随着工业发展，涂料品种日益增多，质量和性能不断提高，许多新型涂料（即合成树脂，有环氧树脂、醇酸树脂、聚氨脂、丙烯酸脂等）已不含有油的成分，再用油漆这个名词就显得不够确切，故现在把用于涂装物面的各种材料统称为涂料，油漆只是涂料中的一种。各种高分子合成树脂的广泛应用已使涂料产品发生了根本的变化，称呼为"有机涂料"更恰当。

没有颜料的透明涂料叫清漆，加有颜料的涂料称为色漆（磁漆、调和漆、底漆），含有大量体质颜料的浆状涂料称为腻子。

没有稀释剂的涂料称为无溶剂漆，粉末状的涂料叫作粉末涂料，用水作稀释剂的涂料称为水性漆，以有机溶剂为稀释剂的涂料称为溶剂型漆。

用量最大的颜料是钛白粉，它有极好的"遮盖力"，常加廉价的其他白色颜料作补充颜料，以降低成本。补充颜料有：碳酸钙、硫酸钡、二氧化硅、黏土、云母、硅酸镁、硅酸铝、氧化铝。最重要的有机颜料是酞菁，有蓝色和绿色，也具有良好的遮盖力、优良的耐光性和抗化学腐蚀性能。

2. 涂料的主要作用

我国使用涂料已有数千年的历史，近代涂料在社会生活中的作用日益广泛，它已经和国民经济的发展、人民生活水平的提高、国家高科技和军事技术的发展密切相关。涂料的作用如下。

（1）保护作用：保护被涂材料不受侵蚀，延长使用期限。

（2）装饰作用：自行车、小汽车的漆除了保护作用以外，也具有装饰作用。

（3）色彩标志：钢瓶外涂黄色是氯气，蓝色是氧气，绿色是氢气。各种国内外标准无不使用涂料作标志。

（4）特殊作用：荧光防伪涂料，用于商品或货币防伪；导弹、宇宙飞船外壳的涂料，在进入大气时汽化消耗自身，带走热量，保护铝制壳体。

（5）在现代包装上的重要作用：涂料广泛应用于200升标准油桶，保护油桶不受侵蚀，延长使用期限。更重要的是应用于食品金属包装，广泛应用于具有良好阻隔性能、加工适应性、装潢美观性、材质可回收性的两片饮料罐、三片饮料罐、奶粉罐、普通食品罐上。金属包装的走俏，离不开涂料的功劳！金属材质化学稳定性差，金属包装在酸、碱、盐和湿空气下易于锈蚀，涂料的应用则很好弥补了这个缺陷。

3. 涂料的一般分类法

涂料分类方法有5种。按用途分类：如室内涂料、室外涂料、木材涂料、金属涂料、混凝土涂料等。按施工方法分类：如喷漆、烤漆、电泳漆等。按作用分类：如底漆、防锈漆、防腐漆、防火漆、耐高温漆等。按外观分类：如红漆、黄漆、无光漆、半光漆等。按成膜物质分类：如酚醛树脂漆、环氧树脂漆等。最后一种分类法是使用最广泛的分类法，我国将涂料按成膜物质分为17类，即油性漆、天然树脂漆、酚醛树脂漆、沥青漆、醇酸树脂漆、氨基树脂漆、硝基漆、纤维素漆、过氯乙烯漆、乙烯漆、丙烯酸漆、聚酯漆、环氧树脂漆、聚氨酯漆、元素有机漆、橡胶漆和其他漆。

二、涂料的黏合与固化

（一）涂料的黏合力和内聚力

内聚力是向内的力，黏合力是向外的力。低极性的物质内聚力高，黏合力差；高极性的物质内聚力低，黏合力好。但是，黏合力好的物质形成的薄膜强度低，力学性能差，薄膜的完整性差。例如，压敏胶可以黏附于任何物体，但是，黏附层硬度和抗剥离强度低，不能给物体提供保护作用，因此，不能作为涂料。与此相反，聚乙烯极性低，内聚力高，形成的薄膜强度高，力学性能好，薄膜的完整性好，但是，不能黏附在物体上，也不能作涂料。涂料需要在内聚力和黏合力这对矛盾中寻找一个平衡点。

黏附层的收缩也是涂料需要解决的问题。溶剂和水分的挥发、树脂的固化都要引起收缩，收缩引起的张力会造成涂膜从物体上剥离。黏合力大可以克服这种张力，收缩很小。涂膜内聚力小，具有一定的弹性，收缩也少。

（二）涂膜的固化机理

涂料的固化有3种机理：干燥（物理）、与空气反应和涂料组分间交联固化。

1. 干燥（物理）机理

涂料中液体（溶剂和稀释剂）挥发，得到干硬的涂膜。此类涂料中高聚物的分子量固化前已经很大。

2. 与空气反应机理

干性油与空气中的氧气反应产生游离基，引起不饱和键的游离基聚合反应。空气中的水分和异氰酸酯发生缩聚反应，引起高分子化合物交联固化。此类涂料储存期间，必须密封良好。

3. 涂料组分间交联固化机理

涂料组分间发生反应引起交联固化。此类涂料将相互反应的组分分罐包装，现用现配，称为双组分涂料。

双组分涂料施工麻烦，而单组分涂料施工方便。单组分涂料按其机理又分两类：加入大量溶剂将成膜组分稀释，使聚合反应速度很慢，施工后溶剂挥发，反应组分浓度提高，聚合反应加快；或者将其中的一种反应组分制成前体，在热或者辐射作用下，释放出反应组分，引起聚合交联固化，这类涂料的反应性组分是黏性和分子量较小的聚合物或简单化合物，施工后再交联成为干、硬的涂膜。

三、涂料按剂型和成膜物质的分类

（一）按剂型分类

1. 溶剂型涂料

溶剂型涂料是由成膜物质等分散在溶剂中形成，靠溶剂的稀释降低黏度，增加流动性，有利于分散在物体表面上，形成薄层，当溶剂挥发后，高聚物分子相互结合，形成连续和平滑的涂膜。溶剂挥发时，会对环境造成一定的污染

涂料中溶剂可以分为3类。

①真溶剂：具有溶解高聚物的能力，物质在溶剂中的溶解能力。可以用溶解度参数来估计，溶剂和溶质的溶解度参数的差值不大于1，就可以溶解。高聚物分子量越大，能允许溶解度参数的差值越小。极性溶剂分子间作用力大，和分子量接近的非极性溶剂比较，黏度高、沸点高、熔点高、蒸发潜热大、挥发度低。乙酸乙酯、丙酮、甲乙酮挥发性大；乙酸丁酯挥发速度中等；乙酸戊酯、环己酮挥发速度慢。一般来说挥发速度快的溶剂价格较低。

②助溶剂：和真溶剂混和使用，有一定的溶解能力。助溶剂一般是乙醇和丁醇，乙醇具有亲水性，用量过多，易导致涂膜泛白。

③稀释剂：不能溶解高聚物，但是价格低廉，混和使用可以增加流动性，降低成本。硝基漆用苯作稀释剂，也可用毒性较小的甲苯代替。

2. 水性涂料

第二次世界大战以后，人们学会了生产苯乙烯-丁二烯胶乳，这种胶乳加入颜料就可以用作水性涂料。水性涂料降低了成本，减少了挥发性溶剂造成的污染。不久，这种水性涂料就占据了内墙涂料市场。现在苯乙烯-丁二烯胶乳已经被聚乙酸乙烯、聚丙烯酸酯、乙烯-丙烯酸酯、苯乙烯-丙烯酸酯胶乳代替，占据了90%的内墙涂料市场。

苯乙烯-丁二烯胶乳是首先水性化的涂料。它的价格低廉，涂膜耐碱性好。分子中还有不饱和键，可以氧化固化，但是氧化时变黄。

聚乙酸乙烯酯（PVAc）形成的薄膜硬，而且发脆。因此，这种胶乳作水性涂料需要添加增塑剂，邻苯二甲酸二丁酯可作外增塑剂。PVAc含有酯基，不耐碱、不耐水，只能作内

墙涂料。PVAc胶乳含有乙酸，对金属有侵蚀作用，但价格低廉。

丙烯酸酯胶乳虽然价格较高，但是涂膜坚韧，有弹性，具有优良的耐候性，对碱、油、油脂和湿气都有抵抗力，在使用后短时间内，就有良好的抗水性，是很有价值的涂料。

丙烯酸酯-顺丁烯二酸酐的共聚物可以和金属黏合；丙烯酸-2-乙基己酯作为共聚单体具有较高的内增塑性，可提高抗水性，赋予涂层较好的光泽，并能低温聚合。

水性涂料存在的主要问题首先是光泽度不高，其次涂膜完整性差，加入己烯乙二醇和低分子量的增塑性溶剂，如聚乙烯乙二醇和它们的酯可改善涂膜的完整性；水性涂料黏结性不高，适于多孔材料上使用。

（二）按成膜物质分类

1. 醇酸树脂涂料

商业上的醇酸树脂涂料有 400～500 种，它们都带有不饱和的侧链，在固化过程中形成交联。用亚麻仁油等天然干性油可制造醇酸树脂，其制造过程见图 8-2 和图 8-3。

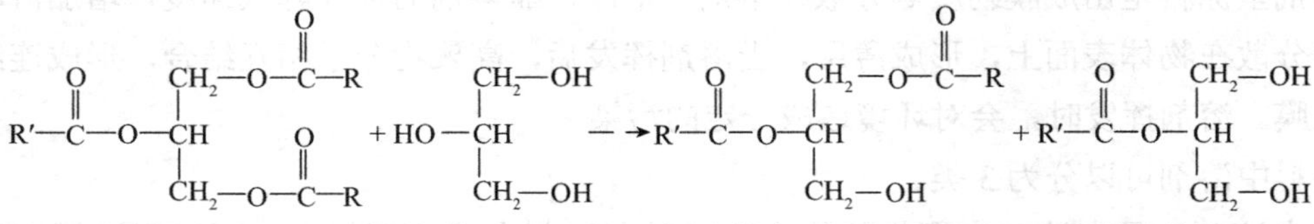

图 8-2 甘油单酯和甘油双酯的制备

反应所得混合酯与邻苯二甲酸酐反应得到近似线性的高分子化合物，称作醇酸树脂。混合酯中双酯比例越大聚合物分子量越小。其反应如下：

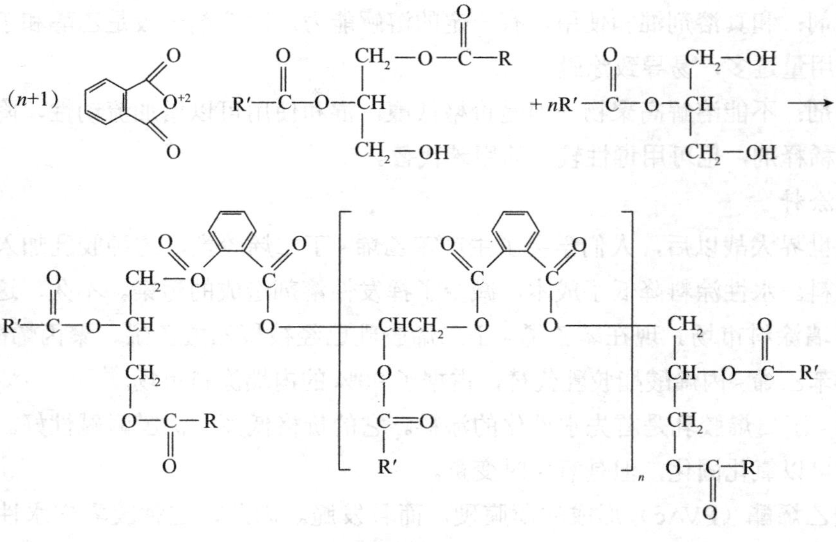

图 8-3 醇酸树脂的生成

醇酸树脂添加酚类树脂改性，可以提高涂膜硬度和抗水性，但会泛黄；添加硅酮，可以提高抗热性、涂膜光泽和耐久性，但是价格高；醇酸树脂添加二聚羧酸的聚酰胺树脂，使树脂具有触变性，可以改善流动性和可刷性，防止颜料沉降。醇酸树脂和苯乙烯等共聚，可以提高干燥速度和薄膜硬度，但是伸缩性、抗溶剂性和耐久性有所下降；醇酸树脂和甲基丙烯酸甲酯共聚，干燥速度加快、颜色好、耐久性提高。

2. 丙烯酸酯树脂涂料

丙烯酸酯、甲基丙烯酸酯，或它们和乙烯型单体的高聚物制成的涂料，称为丙烯酸树脂涂料。这类涂料具有色泽清晰、丰满、耐候性好、耐热性好、耐腐蚀性好、流平性好、附着力强等特点。甲基丙烯酸甲酯、苯乙烯以及内增塑单体共聚制得的丙烯酸树脂，可以做成水性涂料。

丙烯酸树脂涂料配方如表 8-1 所示。

表 8-1　丙烯酸磁漆配方（质量比）

型号	丙烯酸树脂	三聚氰胺-甲醛树脂	邻苯二甲酸二丁酯	磷酸三甲酯	钛白粉	溶剂
B-04-6	1	0.125	0.016	0.016	0.44	4.70
B-04-12	1	0.054	0.03	0.03	0.39	4.50

3. 聚氨酯树脂涂料

含有异氰酸酯或者异氰酸酯反应物的涂料称作聚氨酯涂料，其品种很多，特点是黏附力强、柔韧性好、耐磨、抗腐蚀，可以低温固化。

聚氨酯树脂最常用的单体是甲苯二异氰酸酯（TDI）。常规的合成方法如下：

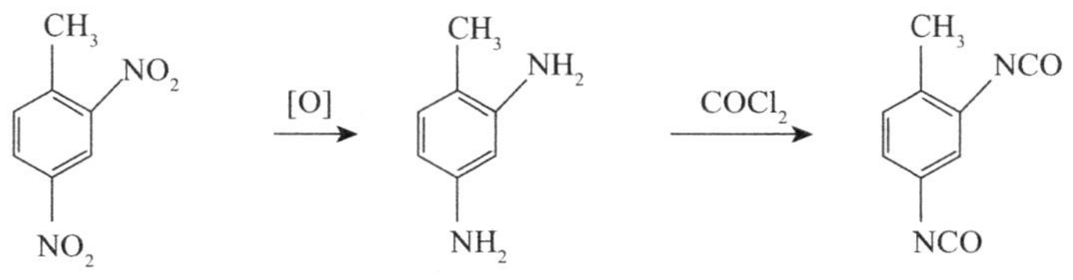

图 8-4　甲苯二异氰酸酯的常规合成

该方法要使用剧毒的光气。日本三井化学公司开发了一种新方法。

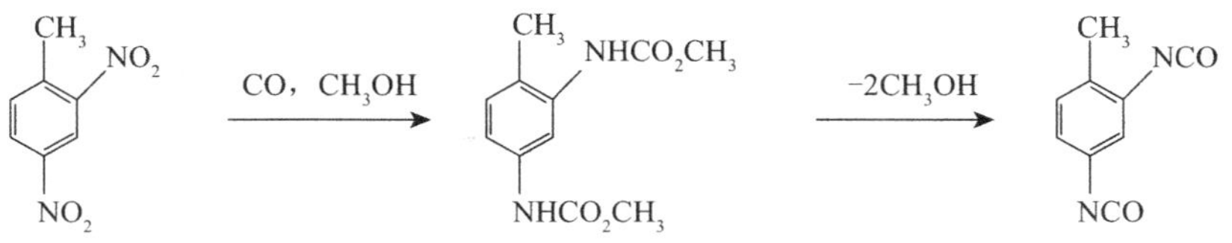

图 8-5　日本三井甲苯二异氰酸酯合成法

此方法投资节省 2/3，成本下降 25%～30%，已有年产 5 万吨的生产规模。近年来，美国的 Rilly 等又用二氧化碳和胺反应生成异氰酸酯，其工艺如下：

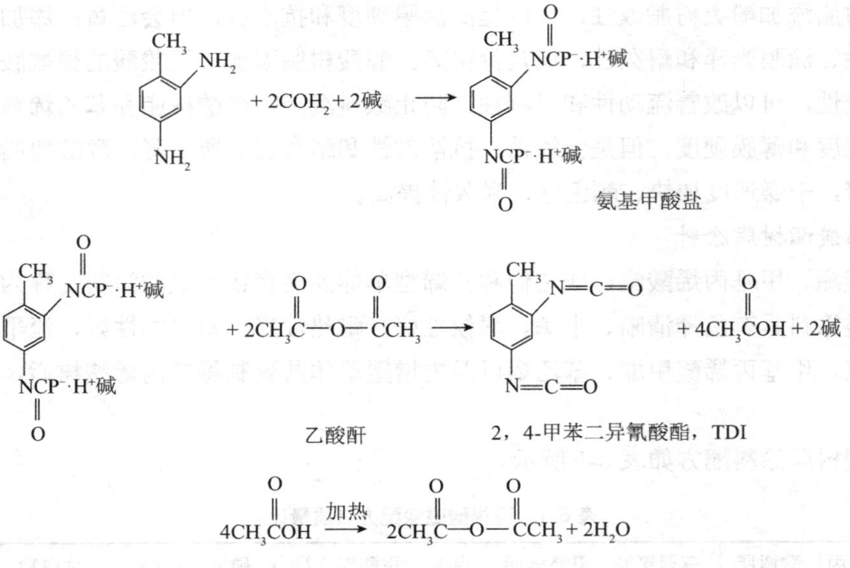

图 8-6 绿色甲苯二异氰酸酯合成法

此合成工艺的有机碱和乙酸酐能循环使用，只消耗胺和二氧化碳，副产物只有水，因此具有较高的原子经济性，没有剧毒的原料和产物，是一条绿色化学的工艺路线。

多异氰酸酯与多元醇聚合再生成聚氨酯。

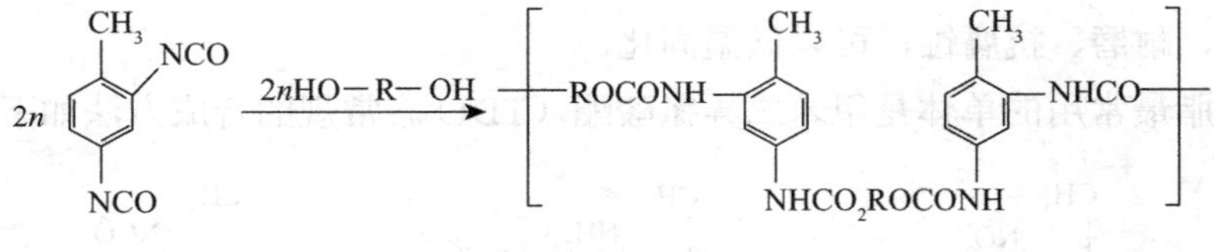

图 8-7 聚氨酯的生成

聚氨酯涂料有单组分的（单罐装），如氨酯油涂料、氨酯醇酸涂料。氨酯油涂料的成膜树脂是由油脂、季戊四醇和二异氰酸酯合成；氨酯醇酸树脂是由甘油单酯、甘油双酯和二异氰酸酯合成。两者都有抗水、抗碱的能力，用于地板漆和船舶漆。两者均分湿气固化和加热固化两种类型，前者是涂料中的异氰酸酯残基和水反应交联，后者是封闭型异氰酸酯加热释放出异氰酸酯残基，再反应交联。

双组分聚氨酯涂料，是将树脂和固化剂分罐包装，这样做储存稳定，使用时再将两罐物料混合，即可立即涂施。无溶剂双组分聚氨酯涂料的两个组分均是液态。

聚氨酯涂料除了成膜物质和颜料外，还有：催化剂（又称固化剂或干燥剂，是胺类化合物）、改性剂（如增塑剂邻苯二甲酸酯）、稳定剂（如二苯甲酮类光稳定剂）等。

4. 聚乙酸乙烯酯涂料

聚乙酸乙烯酯乳液适用于内墙涂层，其黏结性好、耐光、耐磨，价格低廉。但是，耐水性、耐候性和耐碱性差。

5. 环氧树脂涂料

环氧树脂种类很多，其中以环氧氯丙烷和双酚 A 为原料合成的双酚 A 环氧树脂产量最大，它的色泽好，但是脆性较大。其合成工艺见图 8-8。

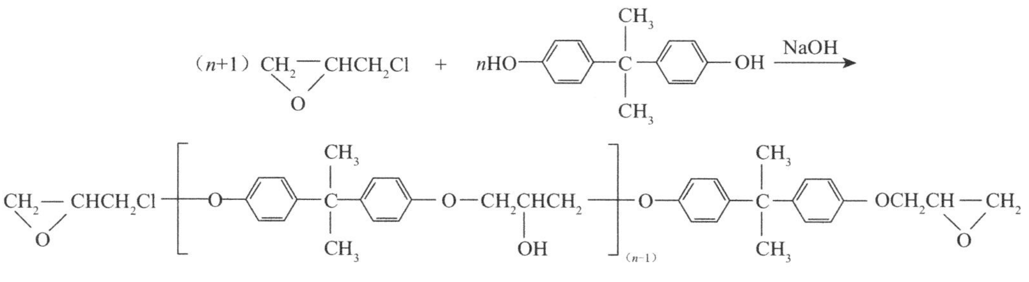

图 8-8　双酚 A 环氧树脂的合成

除双酚 A 环氧树脂外，环氧树脂还有酚醛环氧树脂、脂环环氧树脂、丙烯酸环氧树脂等。环氧树脂和脂肪酸酯化得到脂肪酸环氧树脂；环氧树脂用邻苯二甲酸酐酯化得到环氧醇酸树脂。

环氧树脂涂料就是以环氧树脂、脂肪酸环氧树脂、环氧醇酸树脂为主要成膜物质的涂料，有烘干型、气干型和光固化型。环氧树脂和含羟基的树脂交联，羟基与环氧环反应交联（如环氧树脂与酚醛树脂交联），得到的新树脂抗化学药品性能很好，但色泽较差，常用于罐头等容器的内涂层。环氧脲醛树脂涂料的抗化学药品性能和色泽都好，常用作金属卷材底漆。

环氧树脂和含有羧酸酯残基的树脂交联时，羧基和环氧环加成，可以提高涂料的耐用性。例如丙烯酸酯树脂中加入少量的环氧树脂，常用于家具涂层。

环氧树脂改性的丙烯酸酯水乳胶，降低了树脂的成膜温度，提高了涂膜硬度，减小了乳胶漆的回黏性。

环氧树脂和硅溶胶配制的复合涂料，既有硅溶胶的强附着力，又有环氧树脂的高黏合力；如果再复配聚丙烯酸酯树脂增加涂料的保光保色性能，就能使涂料的综合性能大大提高。

环氧 - 三聚氰胺甲醛 - 醇酸树脂涂料，黏合力强、柔软性好，抗腐蚀、抗水、抗划痕、抗磨，常用于涂装和家具。

粉末涂料主要是环氧树脂系列，交联剂用氨基树脂或聚酰胺树脂，在交联温度以下熔融，冷却后磨成粉，和交联剂粉末混合，在室温下呈稳定粉末状，烘烤时熔融，黏度下降均匀分散成一层薄薄的液体，交联固化为一层薄薄的涂层。

紫外光固化环氧树脂涂料，是将环氧树脂和鎓盐混合，在紫外光照射下，鎓盐分解为固化剂，催化交联固化。使用的鎓盐有：

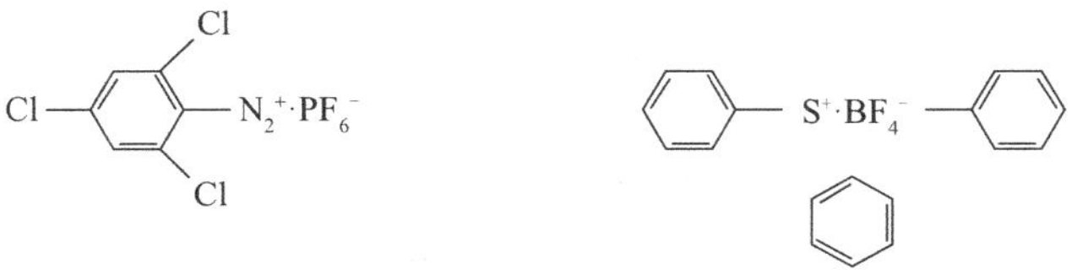

图 8-9　环氧树脂紫外光鎓盐固化剂

常温固化的环氧树脂涂料的固化剂是多元胺，如乙二胺、二乙烯三胺，也可以用聚酰胺树脂中的游离氨基进行固化。

无溶剂型环氧树脂涂料，是由液态的环氧树脂和液态的多元胺或聚酰胺树脂组成。用表面活性剂乳化制成环氧树脂乳胶涂料。

6. 反应型涂料

将多异氰酸酯单体或低分子量的预聚合产物作为一个组分，它们的黏度低和基质表面润湿很好，分子中的极性官能团提供与基质表面的黏合力，吸附在基质表面上，再和另一组分的多元醇反应生成薄膜。例如聚酰胺-环氧树脂防腐涂料，多元胺先和二元羧酸反应生成聚酰胺树脂，这种聚酰胺树脂分子中的质子化氨基和金属表面的水合氧化物静电引力结合，形成很高的黏结力，其余的氨基和环氧树脂组分分子中的端基环氧基反应交联，形成内聚力很好的涂膜，在金属表面上会形成很好的保护层。一般反应型涂料的黏结力和内聚力都很好。

四、金属桶罐的绿色涂料

应用涂料时首先须根据保护的对象选用合适的涂料，其次重视施工。例如，黑色金属包装用漆，要求钢铁防锈，有良好的耐候性。还须注意涂料的配套，底漆、腻子、面漆、罩光漆需彼此配套，不能乱用。

涂料的施工也很重要，要使涂料牢固地黏附在材料的表面，金属需要脱脂、去锈、化学磷化。新钢材要去掉氧化皮（蓝皮）；铝材最好经过阳极氧化处理；木材干燥后，用漂白剂封闭剂处理；塑料要用溶剂洗去脱模剂，再进行粗化处理。不同的涂料使用方法不同，有刷、喷、浸、滚、浇等方法，还有静电喷涂、电泳和粉末涂装等工艺。涂料的干燥也很重要，干燥不当，会引起发黏、起皱、麻点、针孔、失光和泛白等弊病。

（一）预涂涂料

彩色涂层钢（铝）板，简称彩板，是当前国际上发展速度较快的一种新型材料。金属包装厂用其来直接生产包装箱、包装桶等，不需要再进行涂装，从而在包装的生产过程中减少不必要的表面处理、涂漆、烘干等工艺过程，节约了成本，减少了环境污染。彩板用的涂料称为预涂涂料。

彩色涂层钢（铝）板的生产工艺是快速辊涂施工，为保证漆膜厚度及流平性，故要求涂料有一定的黏度。溶剂型涂料以 40～150s（涂-4 杯）为宜，水性涂料以 28～35s 为宜。彩板生产的烘炉不能太长（50m 左右），涂料在炉内烘烤时间很短，就要求涂料在底板温度 260℃以下 30～60s 内完全固化。另外涂漆后的晾干时间很短，只有 22.5s。所以要选用挥发速度合适的溶剂，以免起泡、产生针孔和海参状不平性。常用的是醇醚类、酮醇类及高沸点烷烃等溶剂。

从对漆膜性能的要求看，涂层只有底、面漆各一道。底漆应有好的防蚀性及对底材和面漆的附着力，面漆应有好的遮盖力和装饰性。而且在钢桶加工成型时漆膜不能开裂、不脱落，并在装配、运输及使用时能耐碰撞和划伤，即漆膜要同时具有较好的柔韧性及硬度，还要有优异的耐候性和防腐蚀性。

1. 底漆

底漆漆膜较薄，一般为 5～10μm。除了需具备良好的力学性能外，还应具有优异的防腐蚀性。

底漆漆膜起着提高面漆漆膜附着力的作用，特别是对那些和钢板底材附着较差的面漆漆膜。因此要求底漆漆膜与底材和面漆漆膜都具有良好的附着力。预涂卷材中用得最多的底漆是环氧类，其他还有聚酯类、聚氨酯类等，也可以采用电泳涂装底漆。

2. 面漆

选择预涂卷材面漆品种时，首先必须考虑钢包装的室外用途，还要考虑包装的耐久、包装加工成型的方法及程度、包装有无其他的特殊性要求（如需内涂料等）。

（1）氨基醇酸涂料作为预涂卷材用涂料，其历史最悠久，同时由于其价格低廉和室外耐候性比较好，所以至今仍在使用。它往往是含不干油的短油度醇酸树脂，以三聚氰胺树脂为交联剂。为了提高漆膜的加工成型性、耐腐蚀性、附着力及耐药品性，也可加入环氧树脂或乙烯类树脂等第三树脂组分，但此时应充分考虑室外耐候性。

（2）塑溶胶和有机溶胶又称为增塑糊和稀释增塑糊，习惯上是专指聚氯乙烯为主的塑溶胶或有机溶胶。聚氟烃虽然也制成溶前形式而加以使用，但不包括在内。

将溶胶级聚氯乙烯粉末分散在增塑剂及在室温下不溶解树脂的挥发性稀释剂中，再配合稳定剂、颜料等，制成有机溶剂涂料。不含有挥发性稀释剂，溶胶级聚氯乙烯粉末只分散于增塑剂中的叫作塑溶胶涂料。这两种涂料在180℃以上的温度下进行短时间烘烤时，树脂受增塑剂的膨润、熔融并进一步熔化，形成均匀坚韧的涂膜。

增塑剂是制备塑溶胶和有机溶胶的关键成分，其加入量对漆膜性能有很大的影响，一般为1%～40%。增塑剂是高沸点、化学稳定和热稳定的有机液体，其类型有邻苯二甲酸酯类、己二酸酯、壬二酸酯、癸二酸酯及磷酸酯类等。选择增塑剂时要考虑最终用途的要求、流变特性、脱气性、胶凝和塑化及成本等因素。

挥发性溶剂可以降低塑溶胶的黏度，使其适宜于各种涂布工艺。这些溶剂分为分散剂和稀释剂，以稍有不同的方式影响有机溶胶。稀释剂的溶剂化力低，可单独使用或与溶剂化力较高的分散剂并用。普遍使用的稀释剂是廉价的脂链烃类溶剂，其沸点范围较宽。代表性的分散剂如酮类及芳烃类溶剂，其极性较强，通常挥发性大，溶剂可在制备时或使用前直接加入塑溶剂中。有机溶液与溶液型乙烯树脂涂料相比，单位面积的涂装费低，硬度、附着力、柔韧性等良好，能进行缝合、压花、冲模等加工。

塑溶胶的固含量非常高，达97%～100%，又没有挥发性溶剂，所以最适宜于厚涂层涂装。由于塑溶胶和金属底材的附着力差，故一般需先涂装带羧基的氯乙烯/醋酸乙烯共聚物，或先涂装丙烯酸、酚醛、环氧、聚酯、聚氨酯等底漆，于260℃烘烤60s，再在上面涂装塑溶胶。这样的厚涂层适合于压花加工。

（3）预涂卷材用水性漆主要包括乳胶漆和水溶性漆，其中最成功的是聚酯类及丙烯酸类，后者绝大部分是交联型（自交联和外加交联剂）的丙烯酸乳胶漆。两类树脂都宜用六甲氧基甲基三聚氰胺树脂作交联剂。丙烯酸乳胶涂料除了污染小、节能、安全诸优点外，因其分子量比溶剂型丙烯酸涂料大得多，其耐久性也优于溶剂型丙烯酸涂料。

用水作为溶剂，就不可避免带来一些缺点。水的表面张力大，很难润湿钢板表面，而乳胶漆具有假塑的流变特性，这意味着涂料在低剪切力下不流动，涂料辊涂到钢板带上后容易形成棱纹。当剪切力高时，黏度又太低而粘不上辊，会造成断漆，加入适当的助剂能提高在高剪切力下的黏度而不影响漆的流动性，甚至在低剪切力下也能形成平整的漆膜。

另外，水性漆即使成了膜，与溶剂型涂料相比也存在亲水性大这一缺点。用水性漆预涂的钢板，作为外包装使用时，钢板重叠部分如果积存了水，漆膜会因水而稍稍膨胀。重叠的钢板势必会因温度变化而发生胀缩，由于这种胀缩而引起的钢板间的摩擦可能会导致膨胀发软的漆膜破裂。

（二）自泳涂料

自泳涂料是由高分子乳液及添加剂组成，由乳液聚合法制备的高分子树脂依靠乳化剂的分散作用在水中形成水包油型胶体乳液。它是一种高度分散的体系，相界面很大，具有很高的表面自由能，因而从热力学角度看它应当是一种不稳定的体系；但由于加入了可起降低界面自由能和形成保护膜作用的乳化剂，这种乳化剂可在不相混溶的高分子树脂与水的界面上形成单分子吸附层，使得乳液能相对稳定地存在下去。其中乳化剂种类及含量对于乳液稳定性有着很大的影响。

自泳涂装体系涂膜沉积过程为：经去油除锈洗净的钢铁工件浸入带有酸性的自泳槽液中，钢板表面产生 Fe^{2+}，氧化使之变成 Fe^{3+}，随着侵蚀的继续进行，槽液中金属界面处 Fe^{3+} 浓度逐渐积累而增加，产生的 Fe^{3+} 与槽液中乳胶粒表面吸附的阴离子型乳化剂进行中和。当金属界面处铁离子浓度超过一定值时，乳化剂的乳化作用被破坏，这样就引发处于金属界面处的乳胶粒和颜料粒脱稳而沉积在金属表面。由于此时形成的湿膜是多孔性的，酸对基材的侵蚀继续进行，产生的铁离子透过湿膜而进一步导致乳胶沉积，使湿膜增厚而形成一定厚度的漆膜，此湿膜经清洗、后处理、烘烤后即成为自泳涂膜。

（三）可剥性涂料

可剥性气相防锈涂料是一种对金属具有气相防锈功能的特殊涂料，将其喷涂到金属表面，可快速形成一层封闭的保护膜，起到表面保护的作用，用后可完全将其剥离下来。可剥性气相防锈涂料主要应用于不便于用其他材料对金属进行防护的地方，尤其是保护较精密的金属零件、工具等，使其在短期储存和运输过程中，避免周围介质，如空气、水分或化学物质的影响而产生腐蚀或性能下降。

常用的可剥性气相防锈涂料为有机硅可剥离涂料。

(四)粉末涂料

粉末涂料即高分子化合物的细粉,将它用喷雾等方法涂抹在基材表面后,在 180～200℃范围固化 20min 左右,形成保护膜。它具有无污染、涂覆方便、固化速度快以及性能优异等优点,是一类绿色涂料。

上述几类金属包装涂料均以降低污染、提高性能为目标。包括各种水性涂料、粉末涂料、高固体分和辐射固化涂料等环保型涂料已成为研究和开发的主体。水性涂料尚需要继续解决烘干时间、漆膜光泽、装饰性及其他性能方面的问题。粉末涂料固化剂有刺激性或毒性、烘烤温度较高、涂层偏厚、装饰性差等,若这些问题得到解决,将在未来的环保型涂料中占据重要地位。

金属包装涂料当前发展的三个主要目标是:涂层施工的自动化;省去溶剂;降低硬化温度,降低能耗。

五、食品金属包装绿色涂料及其国家卫生标准

(一)食品金属包装绿色涂料

食品金属包装指两片罐、三片罐、奶粉罐、食品罐等小型罐的饮料及食品包装。食品金属包装的绿色涂料主要指与食品接触的内涂料(外涂料保护金属罐在酸、碱、盐和湿空气作用下不锈蚀)。内涂料一方面要保护外包装对内装物的电化学腐蚀,另一方面要阻止外包装对内装物的有害物质渗透,内涂料作为这样的双重卫士,自身的卫生安全就显得无比重要了。

我国市场上常用食品接触金属包装涂料主要有环氧酚醛涂料、环氧氨基涂料、水基改性环氧树脂涂料、食品罐头内壁脱膜涂料、聚氯乙烯有机溶胶涂料等。

1. 环氧酚醛涂料和环氧氨基涂料

环氧酚醛涂料和环氧氨基涂料是目前三片罐罐身和罐底的主要内涂材料,前者由环氧树脂与酚醛按一定比例配制而成,后者由环氧树脂与氨基树脂配制而成。这类涂料性能比较全面,特别是附着力、柔韧性、抗酸、抗硫、抗腐蚀性较好,目前三片罐内涂料都为溶剂型涂料。

2. 水基改性环氧树脂涂料

水基改性环氧树脂涂料是两片罐内壁防腐蚀用的一类涂料,它是环氧树脂经丙烯酸、苯乙烯等改性剂处理制成的水性涂料,兼具了环氧树脂与丙烯酸树脂的优点,涂膜不但具有良好的金属附着性、防腐性,而且有着良好的耐水性和耐光热性能。铝质和钢质两片罐所使用的涂料有一些区别,目前已经有两者通用的涂料,如 PPG2708 系列。

3. 食品罐头内壁脱膜涂料

食品罐头内壁脱膜涂料是以乙撑二硬脂酰胺为脱膜剂,喷涂在普通环氧酚醛类食品罐头内壁的表面,经高温烘烤成涂膜,主要用于午餐肉等肉类食品罐头内壁,防止肉糜在杀菌遇热后凝固在罐壁上,具有易脱罐和护色的作用。

4. 聚氯乙烯有机溶胶涂料

聚氯乙烯有机溶胶涂料具有良好的机械加工性能、抗腐蚀能力强等特点，按照 GB 4806.7—2016《食品安全国家标准 食品接触用塑料材料及制品》，氯乙烯单体理化指标应控制在 ≤ 1mg/kg，目前国内外主要应用在铝易开盖的内涂上，并且国内已有在三片罐内涂上的成功尝试。

（二）食品金属包装国家卫生标准

为完整地评估食品金属包装涂料的安全性（涂料或涂层质量不合格，原因为涂层本身有害物质迁移超标；涂层附着力不足，导致脱落或导致产品的主体部分有害物质迁移超标），需要按照 GB 9685—2016《食品容器、包装材料用添加剂使用卫生标准》和食品接触涂料卫生标准（见表 8-2）对照评估。我国食品接触涂料的卫生指标可以分为成分指标和迁移指标，迁移指标又可分为通用性指标和针对性指标，通用性指标有蒸发残渣、高锰酸钾；针对性指标有重金属（以 Pb 计）、游离甲醛、游离酚等有害物质，目前准备再加入双酚 A、双酚 A- 二缩水甘油醚、双酚 F- 二缩水甘油醚、酚醛清漆缩水甘油醚及某些重金属元素等。

表 8-2　我国食品接触涂料卫生标准

序号	标准号	标准名称	涂料用途
1	GB 9682—1988	食品罐头内壁脱模涂料卫生标准	食品金属包装涂料
2	GB 4805—1994	食品罐头内壁环氧酚醛涂料卫生标准	
3	GB 11677—2012	食品安全国家标准易拉罐内壁水基改性环氧树脂涂料	
4	GB 11678—1989	食品容器内壁聚四氟乙烯涂料卫生标准	不粘涂料
5	GB 11676—2012	食品安全国家标准有机硅防粘涂料	
6	GB 7105—1986	食品容器过氯乙烯内壁涂料卫生标准	食品加工器具重防腐涂料
7	GB 9680—1988	食品容器漆酚涂料卫生标准	
8	GB 9686—2012	食品安全国家标准内壁环氧聚酰胺树脂涂料	

上述 8 个标准制定时间较早，已经不能满足实际应用的需要，也尚未有替代标准；目前，GB 9685—2016《食品容器、包装材料用添加剂使用卫生标准》，GB 4806.10—2016《食品安全国家标准 食品接触用涂料及涂层》已成为国内食品接触涂料合规性的主要参考依据。该标准列出的用于食品接触涂料的添加剂达到 369 种。

由于迁移指标检测结果与浸泡条件密切相关，包括浸泡液、浸泡温度和浸泡时间等，在表 8-2 所列卫生标准被替代前，对上述卫生指标检测时必须符合表 8-3 所列理化指标。

表 8-3 食品接触金属包装涂料标准理化指标

标准	测试项目		浸泡条件	技术要求指标
GB 9682—1988 食品罐头内壁脱模涂料卫生标准	游离酚		水，95℃，30min	214# 涂料≤0.1mg/L
	重金属（以 Pb 计）		4% 乙酸，60℃，30min	XE-2# 涂料≤1.0mg/L
	游离甲醛		水，95℃，30min	214# 涂料≤0.1mg/L XE-2# 涂料≤0.1mg/L
	高锰酸钾消耗量		水，95℃，30min	≤10mg/L
	蒸发残渣		水，95℃，30min	≤30mg/L
			20% 乙醇，60℃，30min	
			4% 乙酸，60℃，30min	
			正己烷，37℃，2h	
GB 4805—1994 食品罐头内壁环氧酚醛涂料卫生标准	酚醛树脂	游离酚	—	≤10%
	环氧酚醛涂料	游离酚	—	≤3.5%
	涂膜	游离酚	水，95℃，30min	≤0.1mg/L
		游离甲醛	水，95℃，30min	≤0.1mg/L
		高锰酸钾消耗量	水，95℃，30min	≤10mg/L
		蒸发残渣	水，95℃，30min	≤30mg/L
			20% 乙醇，60℃，30min	
			4% 乙酸，60℃，30min	
			正己烷，37℃，2h	
GB 11677—2012 食品安全国家标准 易拉罐内壁水基改性环氧树脂涂料	蒸发残渣		水，95℃，30min	≤6mg/dm^2
			20% 乙醇，60℃，30min	≤6mg/dm
			4% 乙酸，60℃，30min	≤6mg/dm^2
	高锰酸钾消耗量		水，95℃，30min	≤2mg/dm^2
	游离酚（以苯酚计）		水，95℃，30min	≤0.02mg/dm^2
	游离甲醛		水，95℃，30min	≤0.02mg/dm^2
	重金属（以 Pb 计）		4% 乙酸，60℃，30min	≤0.2mg/dm^2

第四节　绿色包装印刷油墨

一、印刷油墨概述

包装印刷产品作为渗透人类生活最广泛的产品之一，在 21 世纪的"绿色"大潮中已成为人类关注的焦点。开发和应用公害小、污染少，以至无公害的绿色包装印刷油墨成为包装印刷业发展的必然要求。

印刷油墨在生产工艺的选择、原料配方等方面都与绿色环保关系密切。在包装印刷中，可以说油墨对环境的影响是最主要的，油墨对环境的污染除了油墨中微量有毒元素铅、铬、氯外，最主要的是能挥发的有机溶剂（二甲苯、甲苯、醚等）。全球每年用于包装的油墨消耗在10万吨以上，按20%的挥发物计算，每年排放到大气中的挥发物达2万吨以上，严重破坏了大气环境，同时直接危害操作人员的身心健康。油墨不仅在制造，而且在印刷时以及印刷产品使用过程中都会存在或发生同油漆类似的环境污染问题。特别在复合包装材料中，引起异味的最主要原因是来自油墨中的溶剂残留。尤其是对于食品包装印刷，由于有机溶剂型油墨和上光油，会排放挥发性有机化合物（VOC），所以发达国家的食品包装印刷已基本上不再使用溶剂型的印刷油墨。

印刷油墨中的有机溶剂可溶解许多天然树脂和合成树脂，是各种油墨的重要组成部分（印刷油墨中常使用乙醇、异丙醇、丁醇、丙醇、丁酮、乙酸乙酯、乙酸丁酯、甲苯、二甲苯等有机溶剂），直接影响油墨的质量和使用。但有机溶剂又是对人体健康造成危害的主要物质。特别是凹印油墨中使用的溶剂一般有丁酮、二甲苯、甲苯、丁醇等低沸点（高挥发性）、有臭味、有毒性的溶剂，其中苯是印刷中主要的职业危害因素之一，丁酮残留的气味很浓。另外，包装印刷印后加工工艺中的上光、覆膜材料等也存在有机溶剂挥发带来的危害问题。

从油墨的环境特性看，要想从根本上改善油墨对人体及环境的影响，必须从改变油墨的组成入手，选择无毒、低毒或无污染的物质作配方组分的材料，即尽量采用环保型材料来配制新型的绿色环保油墨。绿色印刷油墨是指由纯天然材料组成，并要求使用流动性好、干燥性适宜、附着力好、色泽鲜艳、透明度良好的油墨。选择无毒、低毒或不直接产生污染物质的材料作油墨配方组分，是制造"绿色"油墨的关键。①首先是在油墨用的树脂方面，可以选择合成的，也可以选择天然的，但必须是不直接参与产生污染环境的化合物；②其次在溶剂方面由于挥发性有机化合物（如芳香烃溶剂甲苯、二甲苯）对环境产生危害，我国改革开放后，一些国际油墨公司最先在中国市场推出非芳香烃溶剂油墨，以醇、酯、醚、酮、汽油为溶剂，消除了芳香烃溶剂可能造成的危害；目前国外对包装方面用的油墨已较普遍地采用以水为基本组分的油墨溶剂。无毒、低毒的醇溶和水溶油墨现已成为绿色包装油墨的一种趋势。③考虑环境保护，英美等国在油墨配方中使用的油类主要选择植物油，因为植物油是从各种植物种子中获得，并且是可以再生重新使用的物质资源（再生资源）。④另外，许多国家为了减少或消除挥发性的有机化合物排放到大气中，正积极研究和推广使用无溶剂排放的紫外线和电子束固化油墨。

总之，当今的包装印刷油墨正朝着绿色水性油墨，无溶剂型光固化/电子束固化油墨（UV/EB油墨），适应不同新材料的特种环保油墨，并引入纳米材料形成减量、高性能油墨的方向发展。

二、水性油墨

水性油墨主要是以水为溶剂经科学加工而成，与其他印刷油墨相比，由于其不含挥发性有害有机溶剂，故在印刷过程中对印刷机操作人员的健康无不良影响，对大气环境无污染，对印刷品本身也无污染，具有无毒、无刺激气味、无腐蚀性的优良特性，是一种绿色包装印刷油墨。

（一）水性油墨的组成和干燥机理

1. 组成

印刷油墨由颜料、连接料和辅助剂三大成分组成。油墨中的液体成分称为连接料，连接料是把颜料黏合在承印材料上的物质；油墨中的固体成分是颜料及各种助剂。

印刷油墨根据干燥方式的不同，可粗分为渗透干燥型、挥发干燥型、氧化结膜型和辐射化学干燥型几种类型。其中，挥发干燥型油墨的连接料中所含的溶剂成分较大，称为溶剂型油墨，同时根据其所使用的溶剂不同又分为溶剂型和水基型（水性）两种。

溶剂型油墨用有机溶剂（如醇、酯、酮、苯类）来溶解油墨中的树脂连接料，油墨转印到承印物（纸张）后，溶剂挥发到环境中或渗入承印物中，油墨随溶剂的挥发而干燥。有机溶剂一般有较浓的气味，对环境有污染，对人体健康有一定危害，有一定的火灾隐患。

水性油墨是由水溶性树脂（水基型丙烯酸树脂、水基马来酸松香树脂、聚乙烯醇、乳胶、羟基甲基纤维素等）、高级颜料、水（分散连接料），并添加助溶剂（乙醇、丙醇、异丙醇、乙二醇等），经物理化学过程混合而制备的油墨。水性油墨简称水墨，柔性版水性墨也称液体油墨。溶剂的不同是水性油墨与溶剂油墨的最大区别，水性油墨是用水（有的有少量的醇、氨等）作溶剂，油墨转印到承印物（纸张）后，水分挥发到环境中或渗入承印物中，油墨随水分的挥发而干燥。

（1）颜料：油墨的色相主要取决于颜料，颜料是以微粒状态均匀地分布在连接料中，颜料颗粒能够对光线产生吸收、反射、折射和透射作用，因此能够呈现一定颜色。油墨的相对密度、透明度、耐光性、对化学药品的耐抗性等都与颜料有关。水性油墨大多使用碱溶性树脂，并常常用醇类的耐碱性颜料；同时，包装材料需要色彩鲜艳、着色力强的颜料，为获得色彩艳丽的印迹，水性油墨的颜料必须选用化学稳定性良好、具有高强度着色力、在水中分散性较好的颜料。通常选色泽鲜艳的有机颜料作为水性油墨的颜料，如金光红、酞菁蓝、联苯胺黄、永固黄等；另外，白色选用钛白粉，黑色选择高色素炭黑。需要指出的是，由于不同的印刷方式、不同的承印材料对油墨性能的要求是不同的，因而在颜料的选择上也不尽相同。

（2）连接料：水性油墨采用水性连接料，由水、水性树脂、胺类化合物及其他有机溶剂组成。

①树脂：树脂在油墨中主要起连接料的作用，使颜料颗粒均匀分散，并使油墨具有一定的流动性，提供与承印物的黏附力，使油墨能在印刷后形成均匀的膜层。树脂是水性油墨最

重要的成分，是水性油墨配制的关键，水性油墨的性质主要取决于水性树脂，它对油墨的黏度、附着力、光泽、干燥性及印刷适应性都有很大的影响。

用于水性油墨的树脂种类很多，典型的水性油墨用的树脂有防止水扩散微粒树脂、不溶解于水的树脂、溶解于碱性水的树脂，可根据不同的场合和用途选择。但目前研制与开发使用较多的是碱溶性树脂，这类树脂可被水（氨水或胺类）溶解，制成水性连接料，印刷干燥后变成不溶于水的物质。通常是在树脂溶液中加入适量的氢氧化铵，形成可溶性树脂盐，氨挥发后使油墨变成不溶于水的物质。目前，水性油墨连接料的树脂主要有丙烯酸类、聚酰胺类、聚酯类3种，其中使用最多、用途最广的是丙烯酸类树脂。

还需指出的是，水性油墨的连接料中通常同时含有水溶性树脂（水稀释型聚合物）、胶态分散体、乳液聚合物3类水性树脂。其中，水溶性树脂用于调节油墨的黏度和流动性，稳定分散效果，赋予油墨墨膜固着颜料的性能；胶态分散体，其分子中具有极性基，通过调整pH值及添加助溶剂，可使溶解性能和黏度改变；乳液聚合物可使墨膜富有弹性。三者中以水稀释型连接料为主，将几种树脂混合使用，可弥补各自的缺点。

②溶剂：溶剂的作用是溶解树脂，使油墨具有一定的流动性，在印刷过程中能够顺利地实现转移，并对油墨的黏度和干燥性能进行调整。

溶剂不仅作为油墨的载体，而且可以调整油墨黏度，增加流动性，方便印刷。水性油墨溶剂应能溶解树脂，调节黏度，调节干燥速度。水性油墨的溶剂主要是纯净水和少量醇类，如水、丁醇、异丙醇等。纯净的水加入少量的醇可以提高油墨的稳定性、加快干燥速度、降低表面张力；异丙醇则起到减少发泡的作用。

（3）辅助剂：辅助剂的作用是提高油墨体系的稳定性，增加附着力，提高光泽的亮丽程度，调节油墨的pH值、干燥性等，从而确保获得平滑、均匀、连续的墨膜。辅助剂虽然在油墨的配方中很少，但它的加入却最能表现出油墨的性能。同样，通过加入各种助剂（辅助剂）可以改善水性墨的缺点和提高其稳定性，可以降低其表面张力，增加对塑料的润湿，还有助于溶解树脂，提高干燥速度。水性油墨中常用的助剂主要有：pH值稳定剂、慢干剂、消泡剂、冲淡剂等。

2. 干燥机理

通常，印刷工艺以及相应的干燥方式决定所用油墨的配方体系。例如，水性柔性版油墨，是根据油墨按印版版型的分类方法并与油墨的干燥机制相结合命名而得。这里主要结合水性柔印墨，谈谈水性油墨的配方。

（1）干燥成膜的机理：为满足工艺要求及水性油墨自身的特点要求，根据不同的印刷基材，水性柔性版油墨的干燥方式是挥发、渗透、固化反应或三者兼有的干燥成膜机制。一般来说其干燥机理如下：

①水及助溶剂大量挥发。

②脱胺：

$$\text{RC(=O)—NHCH}_2\text{CH}_2\text{OH} \xrightarrow[\text{H}^+\text{OH}^-]{\Delta} \text{RC(=O)OH} + \text{NH}_2\text{CH}_2\text{OH}\uparrow$$

③脱水：

$$\text{RC(=O)—NHCH}_2\text{CH}_2\text{OH} \xrightarrow[\text{H}^+\text{OH}^-]{\Delta} \text{H}_2\text{O} + \text{RC(=O)—NHCH}_2\text{CH}_3$$

对于承印物为非吸收性基材的柔性版印刷，其干燥方式主要以挥发干燥为主，即采用树脂和溶剂的油墨体系。这是由于：①柔印机速度很快，从 80m/min 到 200m/min 以上都有，从第 1 色印完到第 2 色印刷，其间隔仅为几秒到零点几秒，为此，在所有的干燥类型中，对于非吸收性基材仅挥发干燥可满足这一高速印刷的要求，同时，要迅速干燥，只有用沸点不高的溶剂才有瞬间挥发的特性；②柔印油墨仅仅是依靠本身的流动性、黏附性填充在网纹辊网眼中并传墨到印版上的，只有较低的黏度（即较稀薄的液体）才能赋予其这样的性质。因此，这种油墨体系的配方首先取决于油墨中溶剂的挥发速度。

对于吸收性基材的柔性版印刷，其干燥方式以渗透吸收干燥为主。油墨对吸收性基材的渗透吸收对油墨固化和干燥过程很重要：渗透量太少或太浅，油墨黏着不牢，也不易干燥；但是，渗透量太大或太深，就会造成透印问题，也会降低油墨光泽。另外，对于吸收性基材，还同时存在挥发干燥机制，因此对吸收性承印物的柔印水墨，应具有挥发和渗透双重成膜的特性。

（2）印刷适性：油墨从墨槽到印版再到承印物的过程是油墨的传输和转移分离过程。在这个印刷过程中，首先要保证始终向印版稳定地传输油墨，其次希望版面上的油墨始终以一定的状态有效地转移到承印物上。这就要求油墨具有相应的印刷适性，而油墨本身的流变性是支配油墨适性的重要因素：例如印速越高，就要求油墨的黏度越小，因为快速印刷，要求转移快、干燥快，即要求油墨黏滞力小，易分离，且溶剂易从墨膜表面逸出；对于比较光滑的铜版纸，在供墨量充足时，转移率较高，所以要求油墨的黏度稍高；对于胶版纸等结构松软的纸张所用油墨黏度应稍低；又如印刷作业要求油墨具有适当的触变性，但如果油墨的触变性过大，油墨在墨斗中会造成供墨不流畅，甚至会出现供墨中断的现象，影响连续印刷时供墨量的均匀和准确程度；而油墨的触变性与颜料的性质、形状、用量，以及颜料粒子与连接料的润湿能力和树脂的分子量有关。

除此之外，配方时还应注意包装印刷产品的使用性能问题，如油墨的遮盖力、耐化学性、耐刮擦性、耐热封性、耐油脂性、耐冷冻性、耐久性等方面的要求。

（二）水性油墨的特点

1. 环境特性

水性油墨符合环保的要求，产品无毒、无腐蚀性、无刺激性气味、不燃、不爆，对环境无污染，对人体健康无影响。水性油墨与溶剂型油墨的最大区别，就在于水性油墨中使用的溶剂是水和乙醇，而不是有机溶剂，是一种 VOC 极低的油墨，对环境污染小。需要指出的是，水性油墨作为绿色油墨只是相对而言的，绝对的绿色油墨应是完全无毒、无污染，能再生或循环使用。水性油墨不仅可以减少印刷品表面残留的毒性，使印刷设备清洗方便，而且可以降低由于静电和易燃溶剂引起的失火危险。水性油墨特别适用于烟、酒、食品、饮料、药品、玩具等生产条件要求严格的包装产品的印刷。

2. 印刷特性

水性油墨除了环境特性的优势外，印刷特性也较好。墨性稳定，不腐蚀版材，操作简单，价格便宜，印后附着力好，抗水性强，干燥也较迅速（印刷速度可达 150～200m/min）。水性油墨除运用于凹印外，也适用于发展潜力很大的柔印和丝印。但因水性油墨中水的沸点高，蒸发热量大，印刷品干燥慢，需热风干燥装置，而且有些油墨的印刷品还可能因环境湿度过大而吸湿返黏、变形，套印不准，印刷品的光泽相对来说差一些。相对于水性油墨来说，溶剂型油墨干燥速度快，在印刷过程中还可根据需要通过加入不同的助剂对干燥的速度进行调节，一般不需要热风干燥装置，油墨干燥后的印刷品对承印物的附着度高，一般对环境的温度、湿度不敏感。这类油墨的印刷品相对来说光泽很好，印刷产品的种类非常广泛。

（三）水性油墨的发展

由于水性油墨所具有的优良环境特性，目前发达国家和地区都在努力开发和使用水性油墨，以逐步取代溶剂性油墨。从国际包装印刷的发展趋势来看，水性油墨已从单一的纸箱墨向各种基材、多色套印方面发展。水性油墨在卷筒纸张的吸收材料表面进行印刷已十余年了，目前已在非吸收性材料（塑料、铝箔等）表面上印刷和推广使用。从印刷方式上看，水性油墨目前还不适用于胶印，最主要的应用领域是柔性版印刷与凹版印刷。

在全世界掀起的"绿色革命"浪潮下，柔印取得了长足发展，已被公认为一种"最优秀、最有前途"的印刷方式。究其原因，一方面在于柔印方式所具有的广泛适应性和经济性，另一方面更重要的是柔印绝大部分都采用水性油墨，具有优良的环保性能，符合现代包装印刷的发展趋势，据美国柔性版印刷协会（FTA）提供的资料，20 世纪末，在印刷工业中有 33%、在包装印刷中有 55% 的产品是用柔性版印刷来完成的。当前，柔印主要推广使用水性油墨，在美国有 95% 的柔印产品采用水墨，20% 的塑料印刷使用了水性油墨；日本的柔性版印刷的 70% 用于瓦楞纸板印刷，95% 都已使用水性油墨。在我国，柔印所占比重与日俱增，胶印、凹印、柔印（以水墨为主）3 种印刷方式已经成为包装业中的 3 支柱。国内现有窄幅柔版印刷生产线近 200 条。

水性凹印油墨于 20 世纪 70 年代就广泛应用于包装纸、厚纸板纸盒的印刷中，由于纸印刷中蒸发干燥与吸收干燥较好，因此水性油墨的干燥问题比较好解决，普及得也较早，在美国有 80% 的凹版印刷品采用水性油墨。但在包装薄膜印刷中的油墨水性化，由于干燥问题，时至今日仍未达到真正的实用阶段。但可以预见，凹印在薄膜包装材料印刷的水性化方面将成为一个重要的课题。

另外，自20世纪80年代以来，国际上已开发出在织物、纸、PVC、PS、铝箔及金属上进行丝印的有光和无光水性油墨。

值得指出的是：一方面，水性油墨已有了广泛的运用，成为包装印刷油墨的首选，有着广阔的发展前景；另一方面，目前水性油墨作为绿色油墨还只是相对而言的，能导致血液中毒及肾脏中毒的助溶剂乙醇类，至今还没有从水墨体系中去掉，带有麻醉且有伤神经中枢的醇类仍然作为水墨的溶剂，同时水性油墨在使用中也还存在诸多需要研究和解决的问题。

三、UV 油墨

紫外线干燥油墨，简称 UV 油墨，于 1946 年诞生，1969 年试制成功，1971 年开始投入生产使用。UV 油墨经多年的研究、开发和应用，近年来已获得了重大突破和发展，成为一种比较成熟的油墨技术。UV 油墨被认为是污染物排放几乎为零的环保包装印刷油墨，有节能、环保型"绿色"产品的美誉，目前已广泛用于柔印和胶印，全世界每年都有 10% 以上的增长速度，远远超过一般印刷油墨的发展。

（一）UV 油墨的组成及配方

UV 油墨是在一定波长的紫外光（UV 光）照射下，发生交联聚合反应，能够瞬间固化成膜、无溶剂排放的光固化型油墨。与油性油墨相比，它用丙烯酸系预聚合物、单体、光引发剂取代了油性油墨用的树脂、溶剂，不含溶剂，也不发生蒸发和渗透，无论在吸收和非吸收性材料上均能瞬时固化。

1. 组成

UV 油墨的组成包括颜料、填料、光聚合性预聚物、感光性单体（相当于溶剂）、光引发剂及各种助剂。UV 油墨与传统油墨的组成及对比见表 8-4。

表 8-4　UV 油墨与传统油墨的组成

UV 墨	传统墨
颜料	颜料
连接料（预聚物、单体、光引发剂）	连接料（树脂、溶剂）
添加剂	添加剂

（1）颜料和填料：要成功地调配出一种品质优良的 UV 油墨，需注意选择合适的颜料。理想的 UV 油墨颜料应达到以下要求。

①不同的颜料对于紫外光谱的吸收率和反射率是不同的，因而光固化油墨的固化速度由于颜料的不同而有所不同，这往往会影响油墨的聚合作用，导致印刷的干燥速度受到影响，从而影响油墨膜的力学性能和化学性能，因此，要求选择对紫外线光谱吸收率小的颜料，保证油墨具有良好的固化速度；②颜料的浓度要高，色泽要鲜艳，要有优良的分散性和足够的

着色力；③颜料的拼混性要好，拼混后不能在有效存放期内胶化；④颜料暴露在紫外光下或固化反应时应不变色；⑤许多颜料在黑暗中会促进载色剂自然聚合，这种自然聚合要经过一段较长的时间才发生，这会给 UV 墨的库存时间带来问题。

根据以上要求，由于有机颜料具有颜色鲜艳，着色强度或着色力高，耐晒、耐气候性良好，以及耐溶剂和易分散等特性，因此大多数有机颜料在紫外线固化油墨中是适用的。常用的 UV 油墨颜料有联苯胺黄、酞菁蓝、永久红、宝红、耐晒深红、炭黑、钛白粉等。其中，黑色用炭黑，白色用钛白粉。

填料可以改变油墨的流变性能，起到消光、增稠和防止颜料沉降的作用。同时，其价格低，可用来降低油墨的成本。常用填料有碳酸钙、硫酸钡、二氧化硅等。

（2）连接料：连接料的性质对油墨的性能有着很大影响。油墨连接料应具有两个功能：一是给予油墨适当的流动性，使其顺利转移，具有印刷适性；二是干燥后能变成固体墨膜。

光固化型连接料主要是由光固化树脂或预聚合物、交联剂（单体交联剂或预聚物交联剂）、光引发剂（光敏剂）组成。UV 固化油墨连接料的选择原则是：色泽浅、透明性好；活性高，在紫外光照射下能瞬间干燥；成膜后光泽好，附着力牢，韧性和耐冲击性优良；与颜料的润湿性好。

需要指出的是，UV 固化油墨的连接料不只选择一种光固化树脂，大都采用两种或多种光固化树脂或预聚物、交联剂拼合。

①光聚合性预聚物：光聚合性预聚物也称感光树脂，在辐射固化油墨配方中起着极其重要的作用，它是构成 UV 油墨连接料的主体部分，决定油墨在辐射固化后的整体性能，如固化速度、光泽、附着力、力学性能、化学性能、物理性能等。预聚物也称为齐聚物，是指具有不饱和双键结构的高分子聚合物，是一种高分子量和高黏度的单体，具有高度的不饱和性，可进一步发生反应，扩展成为交联固化体。传统油墨所用的树脂，是一种已经聚合了的化合物，可能是固态或液态；而 UV 油墨的预聚物是一种未经聚合的液态化合物，必须在紫外光波的作用下才能聚合。

UV 油墨的预聚物应根据不同印刷方式及产品的具体性能要求选择，同时要求其具有较浅的树脂颜色、固化速度快、耐候性良好、相对的稳定性，以及耐化学品腐蚀等。

通常在 UV 油墨中使用的感光性高分子预聚合物是不同类型的丙烯酸类预聚物，这类预聚物具有优良的水解稳定性和光稳定性，且 UV 固化快，广泛用于 UV 固化体系中。丙烯酸类预聚物主要是指以丙烯酸类单体做端基或侧基的环氧树脂、聚氨酯、聚酯和有机硅树脂的预聚物，UV 油墨常用的这类预聚物主要有 3 大类：环氧丙烯酸盐、胺酯丙烯酸盐、聚酯丙烯酸盐。

a. 环氧丙烯酸盐：环氧树脂和丙烯酸作用产生环氧丙烯酸盐。用环氧丙烯酸盐制成的 UV 墨干燥极快，色膜光泽好，耐化学性优良，成本低廉。环氧丙烯酸盐也可用来配制 UV 上光油。环氧丙烯酸盐经紫外光波作用聚合成聚合物后，往往表现出丙烯酸树脂特有的性能，同时也表现出环氧树脂的抗化学性、强结合力的特点。但它对颜料的湿润性差、黏度高、柔软性差，如果单独做 UV 墨的成膜剂，色膜的流平和扩散性较差。

b. 胺酯丙烯酸盐：异氰酸盐与丙烯酸中的羟基作用产生胺酯丙烯酸盐。胺酯丙烯酸盐受紫外光波作用聚合后，其色膜光亮度特高、柔韧性高、弹性强、黏合力好。胺酯丙烯酸盐所组成的 UV 墨特别适合印刷各种塑料和金属薄片。

c. 聚酯丙烯酸盐：聚酯中的羟基和丙烯酸作用可得聚酯丙烯酸盐。由于聚酯丙烯酸盐的分子量低，所以黏度亦很低。它的价格很便宜、湿润性好、柔韧性高，常用作研磨颜料的载色剂，有时也可用作 UV 油墨的稀释剂，与环氧丙烯酸盐和胺酯丙烯酸盐一起使用，调节它们的黏度。它对非吸收性材料（铝片及塑料片等）的表面黏力很强，其油墨也可以用于塑料及各种金属薄片。它的缺点是抗化学性差，很多碱性化学品皆能侵蚀它，同时由于其分子量低，故聚合时间较长，即干燥比较慢。

②单体：UV 固化体系中的单体是有机合成材料最基本的单元，又称 UV 固化稀释剂，是一种简单的分子量较小的化合物，也是 UV 油墨连接料的组成部分。它能与不饱和双键面和线型结构的高聚物进行交联共聚，形成网状结构的成膜物质。它可降低黏度，分散颜料，溶解树脂，决定油墨的固化速度和附着力，并参与 UV 树脂的固化交联反应。UV 固化油墨中的活性稀释剂除了具有一般稀释剂在印刷过程中降低黏度的作用外，还要与齐聚物或其他单体发生反应，参与光化学的全部反应，起交联固化作用。因此，选择何种单体作为稀释剂取决于体系黏度降低程度、固化速度、力学性能、玻璃化温度、挥发性、溶解性、表面张力、毒性、气味、成本等因素。

理想单体的选择原则是：与预聚物的混溶性要好，能溶解和稀释不饱和聚酯，并能参加光固化反应；具有优良的光固化活性；对固化后成膜的物质有所改进；挥发性要低，无臭无毒；来源丰富，价格便宜。另外，在选择单体时还要考虑到树脂本身的特性，应综合多方面的因素来选择。UV 固化体系中常用的单体分为单官能单体［丙烯酸-2-乙基已酯（EHA）、丙烯酸羟乙酯（HEA）等］，双官能单体［已二醇二丙烯酸酯（HDDA）、二缩三乙二醇二丙烯酸酯（TEGDA）、新戊二醇二丙烯酸酯（NPGDA）、二缩三丙二醇二丙烯酸酯（TPGDA）等］，多官能活泼性单体［三羟甲基丙烷三丙烯酸酯（TMPTA）、季戊四醇三丙烯酸酯（PETA）等］3 类。常使用 3 类官能单体的混合物以平衡固化速度、交联密度和柔软性等性能。

另外，所有的单体都具有毒性，应根据产品的最终用途考虑选用何种单体。目前，已开发出低刺激性新型单体，比常规单体具有更低的刺激性。

③光聚合引发剂：光聚合剂一般是在波长为 200～400nm 紫外光照射下，能分解成自由基，引发聚合和交联作用的物质。光引发剂也称光敏剂或增感剂（如安息香），是一种易受光散发的化合物，它能在紫外光的作用下产生自由基和阳离子，这两种粒子在化学体系中都是高能性基团，其能量转移给感光性高分子，有利于引发单体、齐聚物和聚合物的不饱和双键交联固化，使 UV 油墨发生光固化反应。因此，光引发剂是整个 UV 油墨中最

重要的组成部分，是光聚合反应的开始，对油墨的固化速度起着关键作用。光引发剂有羰基化合物、偶氮化合物、有机硫化合物、氧化还原体系等。其中，羰基化合物是紫外光固化油墨中常用的光引发剂，主要有芳香酮类和安息香及其醚类，如二苯甲酮（BP）、安息香双甲醚（651）、α-羟基异丙基苯甲酮（1173）等。光引发剂在UV油墨中的用量一般在1%～10%，最好在3%～6%以内。

④助剂（添加剂）：助剂是使油墨产品性能趋向稳定而添加的辅助剂，主要有阻聚剂（对苯二酚）、交联剂（苯乙烯）、硬化剂（氯化亚锡）、消泡剂、流平剂、基材润湿剂等。

2. 配方

UV油墨配方时，除了要考虑前述UV油墨的各组分对油墨性能的影响外，还应考虑其印刷的方式和承印材料。

根据印刷方式的不同，UV固化油墨分为胶印、凸印、柔印、凹印、丝印和移印油墨；根据承印的材料不同，UV油墨又分为纸张、纸板、金属、塑料、纺织纤维用油墨等。不同印刷方法和承印材料对UV油墨的性能要求是有区别的，其配方也有差异。

（1）UV胶印油墨：由于胶印需要水润版，因此UV胶印油墨要选用憎水性好、对润版液不会发生乳化的预聚物，稀释剂、光引发剂和颜料的透明性要好。油墨要具有良好的流动性能，尽可能做得稠（厚）而黏性大一些。印刷性能要优良，以保证有足够的油墨转移、传递到承印物上。

顺便指出，凸版中用UV油墨时，对油墨的要求比平版胶印和丝网印刷时低一些，允许范围大一些，可以选择各种原材料，有时可以直接使用平版胶印用的UV油墨。

（2）UV柔印油墨：鉴于柔印主要应用在包装印刷领域，因此稀释单体和光引发剂应尽可能选用无气味、无毒性的；颜料选用色彩鲜艳、透明度好的，有时也可与染料混用，使之具有较好的流变性能。

目前，由于柔印的速度极高，为保证油墨能在高速印刷中顺利传递，因此低黏度化是柔印UV油墨配方的难点。虽然现在已经有几百毫帕/秒到几千毫帕/秒的UV柔版用油墨在市场上出现，但是与溶剂型柔版油墨和水性柔版油墨相比较，还是有相当大的差距。

（3）UV凹版油墨：与柔印一样，凹印的速度也极高，为保证印刷的顺利进行，UV凹版油墨的预聚物、稀释单体和光引发剂固化速度要快、黏度要小；另外，凹印工艺的印刷墨较厚，其颜料用量不宜过多。

（4）UV丝印油墨：丝网印刷在所有的印刷方式中，油墨的墨层最厚，因此UV油墨的固化也最困难。由此，引发剂的选择和添加量显得尤为重要。颜料量可相应减少；预聚物、稀释单体和光引发剂要求能深层固化。

（二）UV油墨的固化

1. UV光源

光固化技术是印刷行业一种较先进的技术。光固化技术又主要以紫外光（UV光）固化为主，其余还有红外光、可见光固化等。

（1）构造：UV固化最重要的部分就是UV灯系统本身。UV光源是UV固化系统中发射UV光的装置，通常由灯箱、灯管、反射镜、电源、控制器、冷却装置和紫外光遮蔽等部件构成。常采用的UV光源一般是经电能激发的紫外灯，它的性能参数主要有：弧光长度、特征光谱、功率、工作电压、工作电流和平均寿命等。

（2）光谱特性：UV光源虽然发射的主要是UV光，但它并不是单一波长的光，而是一个波段内的光。不同的UV光源发射光的波段范围不一样，波段内光谱能量的分布也是不同的。UV油墨对UV光是选择性吸收的，它的干燥受UV光源辐射光的总能量和不同波长光能量分布的影响。

（3）与UV油墨的匹配。根据UV光源的光谱特性，这种匹配就是要使所用UV油墨中的光聚合引发剂选择吸收的光量是UV光源光谱中能量分布最高的那部分。UV油墨与UV光源的正确匹配，有利于加快油墨的干燥速度，提高劳动生产率，提高能源的利用率，降低企业的生产成本。与UV油墨相匹配的UV光灯的发射光谱一般为200～450nm，其中波长为300～310nm或360～390nm的光的能量分布是较好的。

实际生产中，由于材料本身特性的不同，使用UV油墨时往往出现干燥不良的情况，这就是因为忽视了UV油墨与UV光源的匹配问题。

2. UV油墨的固化机理

UV固化油墨是依靠紫外光的能量来干燥的。在紫外光的照射下，光引发剂吸收能量产生自由基，自由基在高速活动下，与树脂和单分子化合物产生碰撞，将能量传递给树脂和单分子化合物，树脂和单分子化合物吸收能量后激发含有聚合性的不饱和双键原子团的聚合物和原子团单体（即树脂和单分子化合物），它们打开双键，开始进行交联反应，即交联固化，光引发剂失去能量后又恢复原来的状态。其固化过程可以概括为：①引发剂受紫外光照射被激发，形成自由基；②自由基与树脂连接料中的双键作用，形成长链自由基；③不断增长的长链进一步反应，形成聚合物固化。

UV油墨与传统油墨的不同之处在于：传统油墨的成膜是物理作用，树脂已经是聚合体，溶剂将固体的聚合物溶解成为液态，使其便于印刷在承印物上，然后溶剂经挥发或被吸收，液状的聚合物再恢复成原来的固态。UV油墨的成膜是利用紫外光光波感光作用使墨成膜和干燥，是一种化学的变化，即从单体到聚合体，是化学作用。

3. 影响UV油墨固化的因素

除油墨本身，还有很多因素会影响油墨的固化效果。

（1）承印材料的种类和颜色：有些种类、颜色的材料具有特别能吸收紫外光的性质，这些材料的固化会变慢，因此，紫外光固化油墨的固化时间，随颜色不同而有所区别。此外，同种类的材料的固化性能也会因等级的不同而有所差异。

（2）颜料的种类：由于各种颜料的含量不同及对光线吸收、反射的情况不同，固化速度也不同。特别能吸收紫外线的颜料，会使固化减慢。各种原色油墨没有固化问题，但调色油墨会有固化不良的问题，尤其是用高浓度白色与暗色（黑、蓝等）调墨时。一般来说，白、黑、红、黄色油墨较难固化，蓝、绿、光油、透明油易固化。

（3）光固化引发剂：添加光固化引发剂是提高 UV 油墨固化性能的有效方法，但过量添加光引发剂反而会阻碍固化，添加量应在 4% 以内。

（4）印刷墨膜厚度：油墨太厚会影响固化效果，所有影响印刷膜层厚度的因素都会影响固化效果。印刷膜越薄，固化性越好。一般的有色油墨在 10～12μm 的膜厚范围内能获得充分的固化。膜厚超过 15μm，会发生因固化不良而引起附着欠佳的现象。

（5）照射时的温度：UV 照射时的周围温度对 UV 油墨的固化有很大的影响。温度越高，固化性越好。因此预热会使油墨的固化性增强，附着性更好。

（6）气候的影响：温度高，UV 油墨的黏度变低，印刷后，易产生毛牙和糊版现象；温度低，黏度高，影响油墨的触变性，易产生气泡和不完全固化现象。

另外，印刷机械的速度、UV 反射罩种类、UV 灯管强度都会影响 UV 固化。

（三）UV 油墨技术的特点

UV 油墨与其他油墨相比，在环保和质量方面都具有明显的优势。UV 油墨技术以其高效、节能、无溶剂排放、不污染环境等优异的产品性能被国际上誉为"面向 21 世纪的绿色工业新技术"，其安全性已被美国环境保护局认同。

（1）绿色包装印刷技术：UV 油墨几乎是 100% 的无溶剂配方，消除了 VOC 挥发性有机物质对印刷物的侵蚀破坏和对人体的损伤，避免了环境污染，可用于食品、饮料、烟酒、药品等卫生条件要求高的包装印刷。UV 柔性版印刷油墨在国外食品包装领域已应用多年，没有出现任何问题；同时由于 UV 油墨固化速度快，印刷过程中不需要进行"喷粉"防脏，这一方面大大改善了环境，另一方面也减少了喷粉对机器的磨损。美国环保署认为："UV 光固化油墨比传统的溶剂油墨更加环保，尽管许多空气质量管理条例限制来自溶剂墨的 VOC 排放，但几乎不含溶剂的 UV 固化油墨不受限制，而且避免了由于这些限制而产生的费用。"

（2）优良的干燥特性，可瞬间固化，生产效率高：现代印刷正向着快速、多色、一次印刷的方向发展，由此对油墨提出了新的要求，油墨必须在印刷机上不干，而到印刷品上要能迅速干燥，这样才能满足高速连续印刷的要求。目前在快干型油墨中发展最快的就是紫外光固化油墨，UV 固化不需要热源，能实现快速固化的特点正好符合现代印刷的发展要求，这也正是 UV 油墨技术能够得到迅速推广和应用的主要原因。UV 油墨即使在墨斗中长期存放，性能也能保持稳定，最能满足机上不干、印后即干的理想条件，尤其适用于高速的柔印。UV 油墨在紫外光照射下几乎立刻发生固化聚合反应，干燥速度比传统油墨有了极大的提高，从原来的 7min 降低到了 15s，节省了 96% 的时间，产品印完后可立即叠放，不会发生粘连。UV 油墨的推广使用，大大解决了热敏纸等特种承印材料在高速印刷中印迹不干的问题，它特别适合于多色高速印刷及非吸收性材料的印刷，可大大提高生产率，印刷速度可达 100～300m/min，最快可超过 500m/min。

（3）低温固化，适用范围广：UV油墨是一种低温固化工艺，是在室温下的固化，能满足一些特殊承印物的要求，如在一些热敏承印物中应用UV油墨能得到非常满意的效果，像软塑料、光盘、纸盒印刷。UV油墨可以在其他油墨所不能印刷的承印物上印刷，在纸张、铝箔、塑料等不同的印刷载体上均有良好的附着力，印刷适性强，能满足多种承印物的需要。

（4）物理、化学性能优良：由于UV固化干燥的过程是UV油墨光化学反应由线型结构变为网状结构的光化学反应过程，所以UV油墨具有耐水、耐醇、耐酒、耐磨、耐热、耐老化等许多优异的物化性能，这是其他类型的油墨所不及的。UV油墨墨层结实、快干及交叉联结，具有较强的耐摩擦性。许多用于直接邮寄的由UV油墨印刷的铜版纸印品可以经受多次折叠，并能承受再次激光印刷时的强辐射。UV油墨在干燥后还具有极高的抗溶剂性，这种抗溶剂性源于交联干燥油墨层的高交联密度（大分子质量），较高程度的交联使得分子在溶剂作用下也不会彼此分离和被溶解。

（5）印刷适性好，质量高：UV油墨的印刷适性好，UV灯散发出的热量不会对印刷物造成损坏，印刷过程温度稳定，不易糊版堆版；不挥发溶剂、黏度稳定，可用较高黏度印刷，着色力强，网点增大减少，网点清晰度高，阶调再现性好，适合精细产品印刷；墨色鲜艳光亮，附着牢固，UV油墨可以生成目前最具光泽的墨层，浓度稳定，不会因浓度的不同而造成某一色调过浓或过淡。

（6）用量少，经济、节能：UV设备体积小，所用的固化设备比传统的热干燥传送装置占用的空间更少；UV油墨固化时不需要热能，所需能耗仅为传统型的20%左右；印迹固化成分多，有效成分高，几乎100%转化为墨膜，其用量不到水墨或溶剂油墨的一半，而且可以大大减少印版和网纹辊的清洗次数。因此，UV油墨的综合成本是比较低的。

针对上述优点，UV油墨目前也存在一些不足。

（1）价格较高：UV油墨的价格高出普通油墨一倍，紫外灯的设备价格也较高，灯管的替换费比烘箱的维护费要大，这成为推广紫外光干燥系统的主要障碍。

（2）印刷品不易回收：UV油墨印在纸上，墨迹不好清除处理，影响废纸回收。

（3）产生臭气：部分原料有一定气味、毒性和皮肤刺激性。UV引发剂经紫外光照射，作为催化剂促进反应，此外还会产生分解物质，该物质以臭气的形态存留在印品中；因此作为食品包装薄膜用印刷油墨，尽管食品卫生法上并无明确限定，但UV印刷品的臭气问题还是受到指责。

（4）不同的颜色其固化效果存在明显的差别：例如黑墨中使用的炭黑颜料在紫外区域吸收所有的光线，进入引发剂的紫外光很少，从而产生固化不佳的问题；目前正在通过采用补色以及对引发剂改进的办法来获得高浓度的黑墨。

（5）其他不足：UV油墨不能与普通油墨和上光油混合使用，辅助剂只能用专用辅助剂；印刷需使用特制的橡胶辊和专用清洗剂或乙酸乙酯清洗；瞬间固化造成涂层内应力大，降低了对承印物的附着力；储存稳定性不好，需要低温保存，保质期通常为1年。

（四）UV 油墨的发展

环保性好和 UV 油墨及其固化干燥系统技术日益完善是 UV 油墨近年来迅速发展和大量使用的主要原因。在环保方面，得益于它遵循了"3E 原则"，即"能源"（Energy）、"生态"（Ecology）和"经济"（Economy）原则。UV 油墨只需要常规溶剂油墨固化能耗的 1/5 甚至 1/100；不含（或少含）挥发性溶剂，属零排放（或低排放）技术。

在国外，目前世界上先进的印刷机也都配有 UV 固化装置。在美国，由于联邦或地方空气质量标准变得日益严格，更多的印刷公司采用 UV 油墨技术进行产品的印刷，使用 UV 油墨（包括 UV 上光油）的印刷工业产值每年大约有 1.5 亿～2 亿美元；继美国之后，日本在 20 世纪 70 年代不仅开始工业化生产制造 UV 油墨，还能生产 UV 油墨产品的印刷设备，并有配套的 UV 罩光油，在 1996 年其 UV 固化油墨的产量就达到 10500 吨。UV 固化油墨于 20 世纪 90 年代初进入我国，并很快形成了一个新的产业。虽然起步较晚，但随着国内经济的持续高速增长而呈现出欣欣向荣的局面，印刷用 UV 材料平均每年增长率达 25%，2003 年国内 UV 油墨用量已为 6500 吨（包括进口和国产），其中主要为电子工业中线路板应用的 UV 油墨，其次为 UV 网印、胶印和凸印油墨。在设备方面，先后引进了紫外固化印刷设备，如最早是天津印铁制罐厂从英国引进了 3 色紫外光生产线。其后是武汉印铁制罐厂，云南、北京、杭州、上海、南京、哈尔滨等地引进了日本 4 色、6 色高速纸盒和不干胶生产线。

目前，UV 光固化技术的研究已经减少或消除了早期 UV 油墨的许多缺陷，如新的配方在提高墨层性能的同时，减少了引起用户过敏反应、产生令人反感气味的成分；同时已经克服固化干燥等方面的许多困难，如皮肤对 UV 油墨中某些化学成分的过敏性，UV 油墨的较难清洗的问题，难获得较良好的胶印质量等，这些都使 UV 油墨成为理想的选择。目前，UV 油墨的遮盖力已完全可以与溶剂基油墨相匹敌，目前的 UV 油墨还可以和许多黏合剂相容，新的 UV 油墨配方最多可以进行 15 层印刷和固化，而不会出现层合不良现象。最新研制出的用于塑料薄膜及类似材料的 UV 油墨，可以进行高速印刷。另外，最新的窄幅柔印机已兼顾了水性墨烘干和 UV 固化的要求，继水性油墨之后，UV 油墨再一次推动了柔印的发展。

总之，目前无论从环保的角度还是技术发展的角度考虑，UV 油墨都是很有前途的；但在以下方面还需加大研发力度。

（1）开发低刺激性活性单体，解决 UV 油墨对人体的刺激、引起过敏等问题。

（2）开发 UV 固化色墨用光引发剂，解决色墨的深层固化问题。

（3）改进油墨对承印物的附着性，解决因光固化速度快，墨层内应力不能及时释放，导致的在某些承印物上附着不牢的问题。

（4）开发阳离子及阳离子-自由基 UV 光固化体系，阳离子固化体系较自由基固化体系具有表面固化性好，对人体皮肤刺激小，固化后墨层内应力小、体积收缩小、柔韧性和附着性好等优点，故已成为目前研究开发的热门课题。

(5) 开发水性 UV 油墨。

（五）水性 UV 油墨

普通 UV 墨中的预聚物黏度一般都很大，需加入活性稀释剂稀释，而目前用的稀释剂（丙烯酸酯类化合物）具有不同程度的皮肤刺激性和毒性，同时，许多反应性稀释单体在紫外光辐射过程中还存在反应不完全的问题，残留单体具有可渗透性，易带来卫生安全隐患，并影响固化膜的长期稳定性能。因此，20 世纪 80 年代初就有了含水 UV 油墨，以水和乙醇等作为稀释剂，结合了水性油墨与 UV 油墨的特点，目前已成为 UV 油墨的一个重要发展方向。

水性 UV 油墨主要是由预聚物（水基光固化树脂）、光引发剂、颜料、胺类物质、水、助溶剂和其他添加剂等配制而成。其干燥固化结合了 UV 光固化和水性油墨渗透蒸发两种干燥形式。预干燥是光固化之前必须有的一道工序，不进行预干燥将导致光固化的最终结果不理想。影响水性 UV 油墨固化干燥的程度因素主要有水性体系的预干燥，水性 UV 固化树脂，颜料，光引发剂，UV 光源、辐照距离等。例如，固化前的干燥对固化速度的影响很大，不干燥或干燥不完全时，固化速度较慢，且随曝光时间的延长，胶凝率无明显提高。这是因为，尽管水对抑制氧的阻聚作用有一定的效果，但是只能使墨膜表面迅速固化，达到表干，而不能达到实干。由于体系内含有大量的水，体系在一定温度下固化时，随着墨膜表面水分的迅速挥发，墨膜表面迅速固化，膜层里面的水则难以逸出，大量的水残留在墨膜中，阻止了墨膜的进一步固化，固化速度降低。

水性 UV 油墨结合了 UV 油墨和水基油墨的优点，保持 UV 油墨的印刷和干燥速度，通过使用水而简化了油墨调节和印刷清洗的过程；水性 UV 油墨比传统 UV 油墨的墨层薄，水在干燥过程中挥发掉，减少了干墨层的厚度，为后面的各色油墨提供了光滑的油墨表面，使印刷厂可以选择较细的网线进行分色印刷；水性 UV 油墨具有较普通 UV 油墨更无刺激、无污染，更安全等特点，由于水减少了丙烯酸酯单体所特有的丙烯酸的气味，水性 UV 油墨气味小，最终的印件也不会给用户带来特殊的"UV"气味。

目前，水性 UV 油墨已在一些印刷中获得应用。水性 UV 油墨在网印的某些应用中有着许多显著的优点，水性 UV 油墨可用在一切网印设备上，并适用于高速轮转印刷机。水性 UV 油墨在欧洲较普遍地用于瓦楞纸板上印线条图案。可以预测，随着对水性 UV 油墨更加深入的研究，它必将在越来越多的应用中取代普通的 UV 油墨。

四、EB 油墨及大豆油墨

（一）EB 油墨

电子束固化油墨，简称 EB 油墨，是一种在高能电子束照射下迅速从液态变为固态的油墨，是近年来发展起来的又一种新型环保包装印刷油墨。

1. 组成

EB 油墨的组成与一般油墨相似，主要由颜料、连接料、辅助剂等物质组成。目前 EB

油墨主要用于食品包装印刷，对颜料的无毒性要求较严格。EB 油墨连接料的主要组分是丙烯酸类树脂及参与反应的活性单体，这类聚合物的通性是具有高度不饱和性。EB 油墨中使用的预聚物的性质决定了油墨固化后的物理特性，如耐磨性、附着力、弹性、硬度、耐化学性、耐溶剂性以及颜料的色差等性质。由不同预聚物配成的油墨其表现的物理性质也不尽相同。EB 油墨中使用的预聚物一般为流动性较好的丙烯酸低聚物。EB 油墨连接料中使用了活性稀释剂单体，其作用是调节高黏度预聚物的黏度，调节油墨的黏着性，增强墨膜的强度，加快固化速度等。通常活性稀释剂可以分成：单官能团、双官能团以及多官能团活性稀释剂 3 类。在实际生产中，EB 油墨一般使用多种单体结合，来获得满意的固化速度、黏度、附着力、弹性、硬度、抗冲击强度、耐溶剂性等性能。

2. 固化机理及特点

电子束固化一般不需要光引发剂，可直接引发化学反应，物质的穿透力也比紫外光大得多。在整个干燥的过程中，电子辐射的作用好比一种特殊的引发剂，在电子束的照射下油墨能够瞬间干燥，干燥速度特别快，通常在 1/200s 就能完成固化。EB 油墨具有以下几方面的特点：

（1）固化速度快、固化质量好，不受墨层厚度限制：固化油墨最大的特点，在于使印刷、涂布上光和复合等工艺的联机作业成为可能，可以大大提高生产效率。而且电子束的穿透能力强，能穿透油墨层，使油墨固化彻底。此外，墨膜的耐磨性和抗化学性也比较好。

（2）环保、安全：从 EB 油墨的成分来看，EB 油墨的另一特点是安全、无有害挥发物，对环境、包装物没有污染，印刷品的气味比使用 UV 油墨还要小。

（3）固化产生热量少，印刷质量高：EB 油墨能在各种承印物上印刷，印刷质量优于溶剂型和水性油墨，与 UV 油墨的印刷质量相当。同时，电子束加工是一种冷加工，它产生的热量比 UV 少，当印刷有热敏性的薄膜等基材时这一点显得尤为重要，这就为其在软包装印刷领域应用提供了广阔的发展空间。另外，EB 含水量不超过 0.1%，在纸张印刷中，EB 对纸张含水量的影响较小，保证了纸张尺寸的稳定性。

（4）存放方便：EB 油墨在存放过程中不需要隔绝空气，这与普通油墨不同。EB 油墨的暗反应首先在墨罐底部发生，由底部慢慢向上固化。一般 EB 油墨的保质期为 1 年。

（5）可转制成 UV 油墨：EB 油墨的固化机理与 UV 油墨相似，其在组分上除了不加光引发剂外，与 UV 固化油墨类似。当 EB 油墨中加入一定量的光引发剂时，即可进行紫外光固化。

3. 前景

EB 油墨具有许多优点，但也有不足：例如至今 EB 油墨印刷时仍需要惰性气体辅助，否则固化效果差，墨层发黏和发黄；EB 油墨的使用对于配套的固化设备要求比较高；对油墨的黏度、黏着性的控制要求较高；对润湿液 pH 值和导电率有一定的要求，一般认为 pH 值控制在 3.8～4.1，导电率控制在 1000～2800s/m 是比较合适的；应采用专用的清洗液清洗，一般为异丙醇和正庚烷等溶剂的混合液；EB 油墨对橡皮棍、橡皮布有一定的侵蚀作用，应采用相应的胶棍和橡皮布。

EB 油墨在固化过程中的高能量使工序之间不需要固化，可以用于湿式叠印。相对于 UV 油墨来讲，EB 油墨不需要光引发剂、固化速度更快、固化更彻底、气味更小，这就更加增大了 EB 油墨的发展空间。随着 EB 油墨的原料和配套设备的降价以及设计配方的进一步成熟，EB 油墨将成为可以大力推广的实用、经济型油墨，现在 EB 油墨在软包装印刷中的使用呈不断增长的趋势。

（二）大豆油墨

石油系溶剂的油墨含有对人体有害的芳香族化合物成分，随着人们健康意识及环保意识的增强，其替代品近年来不断增加，其中环保型大豆油墨是众多替代品中较为出色的一种。最初，大豆油墨的研制是为了振兴美国的大豆农业和适应 VOC 限制的需要发展起来的，是由美国新闻发行协会（ANPA）倡导使用大豆油墨印刷报纸、电话本开始的，早在 1979 年美国就研制成功用大豆油作为制造油墨所需石油系溶剂的代用品。由于大豆油墨不含污染大气的挥发性有机化合物，无臭、无毒，因此该油墨的开发可以防止大气污染，是新型环保油墨。

（1）环保性优异：传统的石油基油墨中通常含有大量的挥发性有机化合物成分（VOC），且多为多环芳烃化合物（PAH），如 3-硝基苯丙酮等。近代医学已经证明，此类物质具有强烈的致癌作用。而大豆油墨中多环芳烃化合物含量低，使用时不会排放 VOC。同时由于能源危机，很多产业已将目光转向可再生的植物资源，大豆油墨中的大豆油取自天然，可无限再生，又能生物降解，无论从资源利用还是从环保角度都有传统油墨无可比拟的优势。

（2）耐擦性、耐光、耐热性好：传统石油基油墨的印刷耐擦性不良，大豆油墨本身甚为耐擦，如果印刷报纸，读者不受手沾黑的困扰，同时又没有不良刺激异味。大豆油墨的沸点比石油挥发成分高很多，而当油分受激光打印机或复印机加热时，不会挥发而粘在纸上，亦不会污染机器零件。

（3）废纸脱墨容易：以造纸技术闻名的美国密歇根大学的科研人员通过研究发现大豆油墨比传统油墨容易脱油墨，而且纸纤维损伤少，回收的再生纸品质佳。脱墨处理后的废大豆油墨残渣比较容易降解，利于污水处理。

（4）综合印刷成本低：大豆油墨的废弃处理方便，可以回填在新油墨中混合使用，不仅利于环保，同时降低了生产成本。另外，大豆油墨为兼用性油墨，不但可以用于涂布纸、无光涂布纸等薄纸，还可用于卡纸等厚纸的印刷，甚至还可以用于 E 瓦楞和细的瓦楞纸板；由于不含石油类的溶剂，在后期加工阶段，其与水性涂布上光油、UV 上光油比较，在密附性、光泽性方面的适性也更好。

目前，大豆油油墨的普及推广很快，欧洲率先，日本、韩国继之。如今，美国 10000 多家报社中的 1/3 已使用大豆油墨，尤其是其效果已被规模较大的 1300 家日报所肯定，其用量也由最初的 45 吨增至 2000 年的 41000 吨。在美国，大豆油墨正在逐步取代以冷凝轮转胶印油墨为中心的矿物油油墨，在日本也有 230 家油墨厂生产大豆油墨。

我国是一个农业大国，也是全球大豆的主产国，发展以大豆油墨为代表的植物油基油墨，不仅符合国家能源产业发展的政策，同时也可推进国内植物油脂工业的发展，扩大植物油脂的应用范围。

五、水性上光油和 UV 上光油

印刷上光作为包装印刷的表面加工技术之一，目前在包装印刷中应用十分普遍。印刷上光解决了覆膜的纸基不便回收，造成环境污染的难题。

印刷上光主要有油性上光（溶剂型上光）、水性上光和 UV 上光 3 类技术。从环保角度看，水性上光油完全遗弃了油性上光涂料中的有毒物质，以水为溶剂，具有极高的环保价值，采用水性上光油的印品可通过生物降解。特别是现代新型水性上光油是符合卫生、环保要求的"绿色材料"，被广泛应用于食品、医药等产品的包装上；UV 上光油也是目前世界上公认的节能环保型产品，也是我国当前正加紧研究和应用推广的新型绿色包装印刷材料。

（一）水性上光油

水性上光油主要分为传统水性上光油、现代新型水性上光油和催化型水性上光油 3 大类。其中，现代水性上光油既符合卫生和环保的要求，也有较好的上光性能，成为印刷厂家的首选"绿色材料"，应用也越来越广泛。

传统的水性上光油的主剂是溶解在水中或者悬浮于水中的高分子聚合物，这种上光油由作为主剂的高分子聚合物、用于调整性能的添加剂、修正体系 pH 值使之呈碱性的胺、溶剂（水）4 种基本成分组成。由于这种体系中的聚合物都是高分子，是高黏度的物质，从而限制了体系中高分子的含量，导致水的含量高达 50%～70%，这样往往达不到产品对光泽度的要求，也使干燥变得十分困难；同时，溶剂全部是水，水的表面张力又比较大，因而上光油不容易流平铺展，这使得上光效果不理想。另外，该体系为了得到水溶性需要加入酸或胺等附加成分，这些成分在干燥过程中会释放到空气中，成为一种附加的污染源。

新型水性上光油主要由主剂、溶剂、辅助剂 3 大类组成，在传统的水性上光油中加入助剂（主要是表面活性剂），就形成了现代新型水性上光油。新型水性上光油以乙二醇或丙二醇来取代 80% 的水，使水的含量降为 10%～25%，这使得现代的水性上光油一般都能达到 $50～80cd/m^2$（坎德拉每平方米）亮度单位，同时通过增加固体物质的含量甚至可以达 $90cd/m^2$（坎德拉每平方米）。调整上光油中的固体含量还可获得高光泽、普通光泽、亚光泽等不同的上光效果；另外也使得干燥速度有所提高，解决了传统水性上光油的干燥问题。

（1）成膜物质（主剂）：成膜物质通常为各类天然树脂或合成树脂。印刷品上光后膜层的品质及理化性能，如光泽度、附着性、干燥性、耐折性、后加工适性等均与成膜物质的选择有关。水性成膜树脂品种很多，但目前国内外使用较为普遍的是丙烯酸体系的共聚树脂。

(2) 溶剂：溶剂的主要作用是分散或溶解合成树脂及各类助剂，水性上光油的溶剂是水和少量辅助溶剂，水具有无色无味、无毒、来源广、价格低、挥发性几乎为零等一系列优点。但是，也有不足之处，如干燥速度慢，容易造成产品尺寸不稳定等，因此，使用时添加乙醇，以提高水性溶剂的干燥性能，改善水性上光油的加工适应性。

(3) 助剂：助剂是为了改善水性上光油的理化性能及加工特性。助剂的种类很多，经常使用的助剂包括助溶剂（共溶剂）、成膜助剂（固化剂）、表面活性剂、杀菌剂、防霉剂、流平剂、浸润剂、分散剂、消泡剂等。如正常情况下树脂和水属于不相混溶的体系，助溶剂的主要任务是使它们变得能相互混溶，降低黏度；单一的水挥发时其挥发性比溶剂低得多，加入一定量的辅助溶剂（如乙醇）后，可以提高水性溶剂的干燥性能，改善水性上光油的加工适性；又如水性上光油干燥涉及较大颗粒之间的融合，需要加入成膜助剂来改善水性助剂的成膜性，增加膜层内聚强度。

催化型水性上光油属于热固性涂料，它主要由 4 部分组成：多功能高分子、多功能交联高分子（可以修正主要的高分子和完成反应）、使前两种物质发生反应的催化剂和以水为主的混合系统的溶剂。这种上光油中的固体含量一般较高，水的含量为 20%～40%，一般在带有加热装置的卷筒印刷机上使用。催化型水性上光油中含有游离甲醛，而甲醛是一种致癌物质，对人体健康有害；同时使用催化型水性上光油进行上光的印品不能回收利用；但是催化型水性上光油的上光亮度很高，可达 100 亮度单位，可以与辐射固化型（UV 固化）上光油相媲美，而且它的价格比辐射固化型上光油低很多。鉴于此，催化型水性上光油一般应用于对卫生要求不太高的印刷品的上光，比如扑克、挂历等印刷品的上光。

水性上光油特别适合在食品、烟草包装上使用。烟草是一种极易吸味的植物，应用水性上光油从根本上杜绝了串味的可能。但水性上光油也还存在一些不足之处：缺乏 UV 固化所特有的光泽；对于非耐碱的油墨，有时因为碱性（pH 值为 8.0～9.0）使上光油发生水化和色偏；容易产生尺寸不稳定的问题，特别是对小于 $90g/m^2$ 的纸张；需要使用橡皮版或树脂版进行上光。

(二) UV 上光油

UV 上光油是 20 世纪 70 年代崛起的一种新技术，由于 UV 上光油能全固化，零 VOC 排放，在环保呼声日益高涨的今天，成为除水性上光油以外备受人们接受和推崇的环保型产品，UV 上光已成为我国纸品印后装饰的重要手段。塑料覆膜工艺由于环保问题逐步被淘汰后，UV 上光是唯一可达到覆膜质感的工艺，还是塑料表面特别是在柔性塑料表面印刷装饰的最佳工艺技术。UV 上光近年来发展很快，是目前纸包装行业比较常用的一种印刷上光方式，尤其是烟包装。

UV 上光油由聚合性双键的丙烯酸酯类预聚物、丙烯酸酯类单体、光引发剂、其他助剂组成。UV 上光油同 UV 油墨一样，以一种辐射固化的方式，当光油被高能辐射固化时变硬成膜。UV 上光的基本原理是利用紫外光照射，引发瞬间光化学反应，使印刷品表面形成具有网状化学结构的亮光涂层。

UV 上光油没有 VOC 排放，与 UV 油墨一样，UV 上光几乎不含溶剂，减少了空气污染，改善了工作环境，降低了发生火灾的危险性；另外，由于 UV 上光处理后的印刷品及裁切下来的纸边可以回收并重新造纸，提高了纸的利用率，解决了覆膜的纸基不便回收，造成环境污染的难题。所以，UV 上光不愧为绿色环保印刷工艺，符合当今国际潮流。但 UV 光油中的光引发剂、稀释剂对人的皮肤有一定的刺激作用。

UV 光油固化时分子间交联密度大，成膜性能优良，不仅光泽度高，而且耐磨性、耐水耐油性、膜的丰满度、膜的强度都是其他涂料所无法比拟的。经 UV 上光工艺处理后的印刷品，色彩明显较其他方法的鲜活，光泽丰满润湿，光泽度很高，涂层滑爽耐磨。能够用水和乙醇擦洗，防水防潮性好。UV 上光工艺是目前在国内标签印刷行业中轮转型、半轮转型标签机对纸张或薄膜材料上光通常采用的方法。UV 上光过程基本上不会产生静电，如在上光油中添加"除静电剂"，更可消除印刷品表面的静电，使上光后的其他加工工序顺利进行，如模切、排废、切张或复卷，最终客户使用标签时不会出现静电引起的各种贴标问题。

目前 UV 上光需进一步改进的主要缺点有：气味较重，对人体有刺激，不能与食品直接接触；对纸张和油墨的附着性较差，后加工适性较差。

第五节　绿色包装用塑料助剂

一、塑料助剂概述

塑料因其具有优异的高阻透性、高化学稳定性、耐热性高、透明性好、防紫外线好、易加工、耐冷冻性、质轻等优点，受到食品包装业的青睐。利用塑料材料包装食品，不仅能延长食品的保质期，还能起到保香、防氧化、防潮以及防止食品受到挤压等作用。同时，利用塑料材料包装食品还具有携带非常方便的优点。

目前，我国用于食品包装用的塑料材料主要有聚乙烯（PE）、聚丙烯（PP）、聚对苯二甲酸乙二醇酯（PET）、聚氯乙烯（PVC）、聚偏二氯乙烯（PVDC）、聚碳酸酯（PC）、聚苯乙烯（PS）、聚酰胺（PA）、聚乙烯醇（PVA）等；21 世纪后，为满足塑料包装节能、环保、可回收利用或易被自然降解的要求，生物降解塑料、光降解材料、水溶性塑料等新型塑料也逐渐成为国内外食品包装业研究的热点。

在塑料食品包装材料中，树脂是主要原料，一般含量为 40%～100%。用于食品包装的塑料原料大部分为热塑性树脂，其加工流动性比较差；为了易于加工成型，一般都会在加工过程添加一定量的加工助剂，以保证该材料具有适合食品包装的性能。

塑料助剂是指在塑料生产和加工过程中，需要添加的各种辅助化学品。大部分助剂是添加在合成材料或产品中，因此，常被称为"添加剂"。它们可以改善塑料的工艺性能、提高加工效率、改进制品性能、提高塑料的寿命和使用价值。塑料助剂按照基本功能分为以下几种：

（1）抗老化作用的助剂：如抗氧化剂、光稳定剂、热稳定剂、防霉剂等。

（2）改善力学性能的助剂：如树脂交联剂、补强剂、填充剂、偶联剂、抗冲击剂、橡胶硫化剂、硫化促进剂、硫化活化剂、硫化防焦剂等。

（3）改善加工性能的助剂：如润滑剂、脱模剂、塑解剂、软化剂等。

（4）柔软化和轻质化的助剂：如增塑剂、发泡剂等。

（5）改善表面性能的助剂：如润滑剂、抗静电剂、防雾滴剂、着色剂等。

（6）防火助剂：如阻燃剂、烟雾抑制剂等。

塑料是由单体聚合形成的高分子聚合物，虽然塑料本身没有毒性，但合成过程中不可避免会残存部分未反应的游离单体，例如氯乙烯、乙烯、苯乙烯、双酚A、甲醛等，这些游离单体具有一定毒性可能会迁移到食品中，为人体健康带来安全隐患；同时塑料助剂在一定温度和压强下也会从塑料包装中析出，迁移到包装内的食品中，对人体健康造成威胁。对这些影响塑料食品包装安全性因素必须严加监管。

二、主要的塑料助剂

根据加工助剂的功能，塑料食品包装材料中一般加入以下加工助剂：增塑剂、填充剂、热稳定剂、着色剂、润滑剂、发泡剂、阻燃剂、抗静电剂等。

1. 增塑剂

增塑剂是与聚合物兼容、添加在聚合物中能增加可塑性，又不影响聚合物特性的物质。

增塑剂和被增塑的聚合物必须兼容，即液-液互溶。根据"相似相容"原理，增塑剂和被增塑的聚合物分子的极性应相近，一类聚合物只能被一种和几种增塑剂增塑。例如聚氯乙烯可被邻苯二甲酸酯增塑，硝化纤维素可被樟脑增塑，乙酸纤维素可被邻苯二甲酸二甲酯、二乙酯或磷酸戊酯增塑，尼龙（聚酰胺）只能被水增塑。

增塑剂的80%～85%用于聚氯乙烯（PVC）塑料，小部分用于橡胶、纤维素、乙酸乙烯酯树脂、ABS树脂和涂料。

重要的增塑剂有：邻苯二甲酸酯、脂肪族二元酸酯、磷酸酯、环氧化合物、聚酯、含氯化合物、苯多酸等，还有：硬脂酸乙烯酯、丙烯酸辛酯、丙烯酸乙烯酯等内增塑剂。

邻苯二甲酸二（2-乙基）己酯（DEHP）是邻苯二甲酸酯的一种。DEHP是最广泛使用的增塑剂，除了乙酸纤维素、聚乙酸乙烯外，与绝大多数工业上使用的合成树脂和橡胶均有良好的相容性。邻苯二甲酸酯增塑剂对人体存在潜在的雌激素作用和致癌作用，造成内分泌失调，影响其正常生育能力。将其作为食品包装增塑剂使用，包装与油脂或水等液体接触，极易析出并迁移到食品中，影响人体健康。我国《食品容器、包装材料用添加剂使用卫生标准》严格规定了DEHP从食品包装材料迁移到食品的迁移量为1.5mg/kg；DINP（邻苯二甲酸二异壬酯）为9mg/kg，与世界发达国家的规定一致。合格的塑料包装材料，迁移量应不会超出有关标准。

2. 填充剂

填充剂系一种相对惰性的物质，加于塑料中以降低成本，有时也可增进塑料的物理性能，如硬度、刚度及冲击强度等。最常用的填料有黏土、硅酸盐、滑石、碳酸盐等。一般填充剂的用量在 20%～50%，食品塑料包装加入填充剂后会在加热过程中随着食品温度的升高而溶解在食品中，人体长期摄入这些有害物质会导致消化不良和肝系统病变等，严重者会患胆结石等。

3. 热稳定剂

热稳定剂是一种能阻止塑料因受热发生降解作用，或在阳光和紫外线照射下容易老化降解。由于聚氯乙烯的热敏性突出，所以热稳定剂多用于聚氯乙烯类塑料的配混中。根据化学结构，可分为铅盐、复配型金属盐、有机锡和特定用途热稳定剂四大类。

①铅盐：是最早应用的一类热稳定剂，常用品种有三碱式硫酸铅、二碱式亚磷酸铅等。多用于不透明聚氯乙烯板、管及电线和电缆护套制造中。众所周知，铅是重金属元素，人体摄入铅会造成神经系统、免疫系统和消化系统损害，尤其是婴幼儿摄入铅盐后会引起血铅中毒，故不能用于食品包装中。

②复配型金属盐：最通用的一类热稳定剂。常以液体、糊剂或粉末的预配形式出售。常用品种有钡-镉、钡-钙-锌、钡-锌、钙-锌和钙-镁-亚锡-锌。这类热稳定剂常与有机辅助剂，如亚磷酸酯类、环氧化合物、多元醇以及酚类抗氧剂等并用，组成适应不同加工工艺和制品应用要求的复配型热稳定剂。

③有机锡：这类热稳定剂主要用于要求透明的各种软聚氯乙烯制品。常用品种有马来酸酯类、硫醇盐和羧酸酯类。其中，马来酸二正辛基锡可作为无毒热稳定剂，用于食品及医药包装材料。

④特定用途热稳定剂：指某些有特定效果的纯有机化合物，如碱性乳液聚合聚氯乙烯中使用的 α-苯基吲哚、氨基巴豆酸酯类，石棉填充聚氯乙烯地板材料中使用的季戊四醇或双氰胺。

正确选择和配合热稳定剂可达到最佳的协同效应。为了适应无毒和高耐候性的特定要求，热稳定剂研究的重点是开发混合金属盐和有机锡化合物的新品种，少用重金属而又可提高稳定效果的品种，以及具有协同效应的低毒或无毒的复合型品种。

4. 着色剂

为了美化和装饰塑料而在物料中加入的含色料的添加剂称为着色剂。着色剂的加入能吸引消费者对产品的关注从而获得更高的收益。着色剂主要分颜料和染料两种，一般都含有重金属成分或偶氮类。着色剂的加入使得食品必然与其接触从而进入人体内，会损害食用者的健康，故应严格按照有关标准予以限制。

5. 润滑剂

润滑剂是在塑料加工中，能降低塑料粒子之间的摩擦、塑料大分子之间的摩擦、塑料对加工设备金属表面的粘附性，以及改善塑料熔体流动性，提高加工效率的添加剂。尤其在聚氯乙烯加工中，润滑剂是必不可少的添加剂。在塑料加工中，一种润滑剂难于满足全面的要求，故在生产中常将几种润滑剂并用。

6. 发泡剂

能在特定条件下产生大量气体，使塑料形成连续或不连续微孔型结构的添加剂叫发泡剂。具有这种微孔结构的塑料，称为泡沫塑料或微孔塑料。根据产生气体的方式，发泡剂可分为物理发泡剂和化学发泡剂两大类。物理发泡剂一般是无味、无毒的惰性气体，或稳定性良好、沸点低的不燃性液体。常用惰性气体有氮、二氧化碳和空气，常用低沸点液体有四氯乙烷、氯甲烷和戊烷等。此外，可溶出性固体化合物，如食盐也是常用的物理发泡剂。物理发泡剂适用于聚苯乙烯、聚乙烯、聚丙烯、聚氯乙烯等的发泡。化学发泡剂在室温下稳定，而在塑料加工温度下能分解释出大量气体的化合物，在泡沫塑料制造中应用很普遍。工业上常用的化学发泡剂大多是释放氮为主要气相成分的有机化合物，或能分解并分别释放氨或二氧化碳的碳酸氢铵和碳酸氢钠。化学发泡剂多适用于各种热塑性塑料的发泡；为了降低化学发泡剂的分解温度，改善其分散性和提高发泡量，也常使用一种能活化化学发泡剂的发泡促进剂，或称助发泡剂，如水杨酸、尿素等。

7. 阻燃剂

能阻止塑料引燃或抑制火焰蔓延的添加剂为阻燃剂，多为含卤素、磷、锑、硼、铝等元素的无机或有塑料添加剂的化合物。按其使用方式，可分为反应型和添加型两大类。反应型阻燃剂作为单体参与合成树脂的聚合反应，对塑料性能影响较小；添加型阻燃剂则在塑料配混过程中，以一般方法混入合成树脂，使用方便，适应性强，但常会影响塑料性能。常用品种有三氧化二锑（锑白）、三水合氧化铝、硼酸锌、偏硼酸锌、四溴丁烷、六溴联苯、磷酸三（2,3-二氯丙基）酯等。大多数阻燃剂常按多种机理发挥其功能，因此，常同时使用几种阻燃剂以求达到最佳的协同效应。由于塑料在建筑、汽车、飞机等工业领域中应用日益广泛，对阻燃要求日趋严格，所以阻燃剂的增效性配方研究成为实用研究的重要课题。此外，塑料燃烧生成的烟雾和毒性气体所引起的生理效应日益受到重视，所以，开发不挥发性阻燃剂，以增大表面结焦层及其稳定性，减少燃烧时毒性气体的逸散，也是当代阻燃剂研究的重点课题之一。

8. 抗静电剂

多数聚合物都是绝缘体，体积电阻很大，在加工和使用过程中，其表面一经摩擦就容易产生静电。这种静电会吸引灰尘。一般当静电积累到高于500V时，就会放电产生火花，会引起火灾。高于8000V时，则会产生触电事故。抗静电剂是添加在树脂中或者涂覆在塑料制品、合成纤维表面防止聚合物产生静电危害的化学品。常使用的抗静电剂主要有：胺的衍生物、季铵盐、磷酸酯、硫酸衍生物、咪唑啉衍生物、聚乙二醇衍生物、炭黑、金属粉末、金属盐、金属氧化物等。它们大多数是表面活性剂。抗静电剂按其使用方法分为外部抗静电剂和内部抗静电剂两类：外部抗静电剂一般都配成0.5%～2.0%的溶液附着在塑料、合成纤维的表面。它们只是在表面形成一层膜，耐久性差，又称为"暂时性"抗静电剂。塑料常用阳离子型的表面活性剂和两性离子型的表面活性剂做外部抗静电剂。阳离子型抗静电剂对聚合物表面的附着能力强，主要有各种脂肪胺、季铵盐和烷基咪唑啉；内部抗静电剂在树脂加工过程中，或者单体聚合过程中，添加在树脂中。它们与树脂混为一体，耐久性好。又称为永久性抗静电剂。内部抗静电剂要求耐热性好、与树脂相容性好、不损害树脂性能、混炼容易、能与其他助剂并用、用于薄膜和板材时不发黏、不刺激皮肤、无毒、价廉。非离子型抗静电剂热稳定性好、耐老化，可作内部抗静电剂使用。主要品种有环氧乙烷加成产物和多元醇的酯。

第九章 食品包装安全性

食品包装使用量大面广，按包装材料可分为塑料、纸质、金属、玻璃、复合材料等食品包装，按包装技法又可分为防潮包装、防水包装、防霉包装、保鲜包装、速冻包装、透气包装、微波杀菌包装、无菌包装、充气包装、真空包装、脱氧包装、泡罩包装、贴体包装、拉伸包装、蒸煮袋包装等。食品包装是食品商品的组成部分，它使食品在离开工厂到消费者的流通过程中，防止生物的、化学的、物理的外来因素的损害；它作为食品接触材料，更需防止包装材料中的有害成分向食品中迁移，直接侵害人体健康。因此，食品包装的防护性及食品包装材料的安全性直接影响着食品安全性，十分重要！本章将对食品包装安全性的检测指标、迁移的机理及安全限量的确定以及食品包装材料的安全性法规进行介绍。

第一节 食品包装安全性的检测指标

食品包装材料因分子结构、添加的助剂及成型工艺不同而在安全性上表现出较大差异。为保证食品的安全性，必须对食品包装材料及食品包装制作时有关安全的各项性能进行检测。主要的安全检测性能有：

1. 阻隔性能

指包装材料对氧气和水汽的阻透性能，它包括透气阻隔和透湿阻隔，是食品包装的一项核心检测项目。包装材料透气阻隔性能好，可以阻止气体侵入，避免商品受潮霉变；有些食品又需要有较好的透气性和透湿性，以利于包装内外的气体交换。

2. 机械性能

包括抗压、抗冲击力、拉伸强度、拉断力、剥离强度、耐穿刺性等性能。保护食品在储藏堆码、运输流通、搬运装卸等过程中能抵抗外力破坏。

3. 热封性能

热封性能也是食品包装材料的一项核心性能。热封是复合包装材料最普遍、最实用的一种制袋方式。由于材料的配方问题，常出现包材的热封性能不稳；自动包装更应掌握热封温度、时间、压力，避免漏封、虚封，否则会影响包装外观和食品安全。

4. 溶剂残留量

一般产生于油墨印刷、干性复合工艺使用溶剂的生产工艺过程中，常用的溶剂有甲苯、丁酮、乙酸、乙酯等。包装材料中的残留溶剂会向包装食品迁移，对人体和环境造成危害。

5. 化学成分组成测试

为保证消费者的饮食安全，必须对食品包装材料、辅料中所含有毒有害的重金属及有机化合物进行严格的限制，以避免迁移。这是保证食品安全的重要检测项目。

6. 迁移性能

迁移具有潜在性的危害。迁移测试用于评测包装材料向食品中流失出来的有毒有害物质的含量水平。迁移量除取决于迁移物质本身的性质和用量外，还与接触物质（如肉类、油脂、酒精中就容易迁移）和环境条件（如温度、时间）有关。迁移测试是新型包装材料的必选测试。

7. 密封性要求

指对食品包装的整体密封性能。包装在其成型、充填、热封、杀菌等过程中，如产生微小孔洞就会导致包装密封性不好，从而引发食品包装的安全问题。

我国目前对化学成分组成测试和迁移测试尚未普及。

第二节　食品包装应防止害虫和微生物的侵害

食品包装除对有关安全的各项性能进行检测外，还需特别重视防止害虫的攻击和微生物的侵害。水果和蔬菜包装常因受到啮齿动物及昆虫的攻击而会损坏，这种损坏的风险除了和外包装质量有关外，还和产品本身的性质有关。例如产品的气味透过包装的越多，啮齿动物及昆虫攻击的概率就越大；对光滑而坚硬的物质，啮齿动物及昆虫攻击的概率就比较小。聚丙烯（PP，30μm）和聚酯（50μm）比低密度聚乙烯（LDPE，50μm）和聚苯乙烯（50μm）的强度好，因此能够更好地抵抗啮齿动物的侵害。

对于食品包装，还可采取不同的措施来抵抗有害生物的袭击：可以用三氢化磷（PH_3）、甲基溴化物（CH_3Br）防治昆虫，但是要确保不能对人体产生任何伤害或不良影响；采用 CO_2 和 N_2 混合形成一种充气包装的环境，也能明显降低微生物的攻击作用；另外，200～500Gy 的离子辐射也能杀死微生物，起到消毒杀菌的作用。

食品的污染一般发生在被包装之后：一是食品本身的污染；二是外包装容器的污染。如果外包装容器在制造、储存和包装过程中，已被细菌和霉菌污染，那么食品一定会被污染。

例如，玻璃包装出炉时是绝对消毒的，但是在冷却及储存过程中会被污染；塑料包装也存在类似的问题，它在较高温度下制造，这样的温度足以达到消毒杀菌的目的，但它可能会被空气中产生的微小生物体（霉及细菌孢子）所污染。另外，空气也会使塑料污染，另外摩擦产生的静电会吸引带有细菌的尘埃。

食品包装人员如果缺乏卫生知识，也会导致食品受到污染，这就要求他们在接触食品时要保持完全无菌状态，以免细菌传递到包装上；对于食品包装而言，每平方分米的包装允许的微生物数量为10~50个，并且不允许有大肠杆菌的存在。不同食品所允许的微生物的含量参照相应的国家法规和标准。对于已消毒的食品，微生物控制应更加严格。

食品包装的消毒方法，需根据使用的包装材料确定：玻璃包装、金属包装可以用高温消毒，而塑料包装一般不能用这种方法，因为在高温下，塑料的品质和特性会发生改变，故塑料包装常使用热空气、蒸汽、γ辐射等方法消毒，但需注意这些消毒方法也会改变塑料的颜色或使塑料变形：在干热的消毒条件下，160℃下160min 或 170℃下 60 min 或 180℃下 30min，微生物能被消灭，但多数塑料包装在这种温度下会发生扭曲变形或熔化；在120℃时蒸汽消毒需要 20min，聚苯乙烯和聚酯材料包装也将发生扭曲，聚苯乙烯将变成乳白色。

β射线消毒对塑料包装损害较小，用于食品包装比较安全；紫外线具有杀菌作用，也可用于食品包装杀菌；但这些杀菌方法在高速包装生产线上使用，其杀菌能力会大大降低。乙烯氧化物也可用来对食品包装消毒，但必须注意它的毒性和易燃性。双氧水可以消毒，对塑料的害处较小，但是这种消毒只是暂时的，效果不够理想。

第三节 食品包装材料的安全性——"迁移"的机理及特性

1. 食品包装材料的"迁移"机理

食品包装材料中的有害成分向食品中迁移，将直接侵害人体健康，严重影响食品包装的安全性，因此预防食品包装材料中的有害成分向食品中迁移是保障食品安全的重要措施。

食品包装材料的"迁移"是指包装材料中化学物质在一定温度、一定时间下，向与食品接触的内表面扩散并被溶剂化或溶解的现象。"迁移"是一个扩散（动力学因素）和平衡（热力学因素）的传质过程。

迁移物在聚合薄膜中扩散迁移可分为三个相互联系的阶段：渗透质在聚合物内扩散、渗透质在聚合物与食品界面处溶解、渗透质溶入食品。

2. 食品包装材料"迁移"的事例

食品包装材料中由于有害成分迁移而引起的食品安全事故近年屡屡发生：如甘肃某食品厂生产的薯片包装袋被检查发现印刷油墨的苯残留量是国家标准允许的3倍、严重超标，存在向食品渗透迁移的潜在危害；我国出口到欧盟的果汁饮料，在法国抽样检查时也发现包装物中含有一种名为异丙基噻吨酮的化合物，这种有害物质易迁移而渗入果汁中，故全部产品遭到退回；中国台湾白酒塑化剂因迁移发生的食品安全事件引发人们关注助剂引起的食品安全问题；外卖快餐兴起后，2021年我国网上外卖用户规模高达4.6亿，外卖快餐多为一次性塑料包装，食品也多为含油脂类食品，两者即热装入，常温储存，接触时间不长；有人对此进行了迁移实验，检测出4种塑化剂（邻苯二甲酸二乙酯DEP、邻苯二甲酸二异丁酯DIBP、邻苯二甲酸二丁酯DBP、邻苯二甲酸二己酯DEHP）有迁移，但迁移量较低，尚未构成塑化剂污染，但长期食用外卖快餐，不仅会诱发三高，也难免遇到迁移量超标而受害。因此对食品包装材料向食品迁移这种潜在性危害必须引起高度重视。

3. 各类食品包装材料最易发生迁移的成分

食品包装材料的迁移最多发生在塑料、纸包装的油炸、蒸煮、微波炉食品包装上，陶瓷包装的釉成分也易发生迁移。易迁移的成分如下。

（1）塑料包装材料：塑料本身无毒，但在聚合反应中有一些可能致癌的单体残留，如氯乙烯、苯乙烯等；聚合物组成成分在某些条件下和再生生产过程中会降解产生一些低分子物质；为改善聚合物材料的加工和使用性能，需在聚合过程中加入各种添加剂（增塑剂、稳定剂、着色剂、抗氧化剂、润滑剂等），而添加剂均不同程度地存在一些毒性，如DEHA增塑剂、酞酸酯类增塑剂、双酚A等；上述物质在加工、流通、使用的一定条件，如较高温度（40℃）、强光、辐射、微波加热、蒸煮等下，经一定的时间就会从聚合物材料中向与其直接接触的食品迁移。

（2）纸包装材料：在使用化学法制浆造纸和用氯漂白时，纸和纸板通常会残留一定的碱液、盐类及氯元素等化学物质，这些残留物溶入食品中就会对安全造成威胁；另外纸张是由纤维组成的多孔结构，其紧密程度不如塑料，污染物在孔隙中空气的扩散速率要远远高于在聚合物中的扩散速率，所以纸张对于迁移的包装防护性能不如塑料，因此纸包装不能完全阻隔表面油墨中有毒有害物质向食品迁移；增塑剂是改善油墨塑性的添加助剂，是使用较多、含量较高的油墨成分，且经常同时使用两种以上的增塑剂，油墨行业最常用的增塑剂是邻苯二甲酸二辛酯（DOP）、邻苯二甲酸二丁酯（DBP）和近年流行的环保增塑剂乙酰基柠檬酸三丁酯（ATBC）。其中邻苯二甲酸酯类物质可危害男性生殖健康，将其用于包装材料可对食品安全构成潜在威胁，故已被欧盟在纸包装制品和儿童玩具中禁用或限制使用。

（3）金属包装材料：金属是惰性物质，不会与被包装的食品发生作用。但包装高酸性食品时易被其腐蚀，此外金属离子还易析出，从而影响食品风味；内壁涂料涂层中的化学污染物，如双酚、酚醛清漆甘油醚及其衍生物也会在罐头的加工和储藏过程中向内容物迁移造成污染，通过罐头食品进入体内，造成内分泌失调及遗传基因变异；罐头外壁上含苯溶液的涂料及油墨也可能通过渗透而污染食品。

（4）陶瓷包装材料：陶瓷也属惰性物质，不会与被包装的食品发生作用，故陶瓷容器能保持食品的风味。但陶瓷釉层的着色颜料中含有铅、砷、镉等有毒成分的金属盐类物质，当烧制质量不佳、彩釉未能形成不溶性硅酸盐时，使用中其含有的有毒有害重金属元素铅或镉就易溶出而迁移溶入食品中，造成对人体健康的危害。

（5）玻璃包装材料：常用作食品包装的是钠-钙-硅系列玻璃。高温熔炼好的玻璃具有极好的化学惰性，不会与被包装的食品发生作用；但是熔炼不好的玻璃制品则可能发生来自玻璃原料的有毒物质溶出问题；同时还应注意避免玻璃原料中重金属如铅等的超标；对加色玻璃，则应注意着色剂中重金属颗粒溶出的安全性。

（6）包装印刷油墨：如果使用含苯、正己烷、卤代烃等有害有机溶剂稀释油墨，或作油墨的主要原料，或采用含苯类物质有机溶剂型黏合剂进行薄膜复合时，由于印刷或加工过程中苯类溶剂挥发不完全，可能造成苯类物质在包装材料中残留而渗透到被包装食品里，造成食品异臭味，人食后则可能引起癌症或血液系统疾病。

4. 典型食品包装材料及污染物质的迁移特性

（1）塑料食品包装的迁移特性：塑料在食品包装材料中应用最广泛，主要有聚苯乙烯（PS）、聚乙烯（PE）、聚丙烯（PP）、尼龙（PA）、聚对苯二甲酸乙二醇酯（PET）、聚碳酸酯（PC）和用聚氨酯作黏合的复合薄膜等，是最常见发生迁移危害的材料，也是当前研究迁移的重点。其迁移特性为：①塑料合成高分子材料中最可能发生迁移的成分大多是低相对分子质量化合物，如聚合物的单体、加工助剂和添加剂、复合薄膜黏结剂和印刷油墨的溶剂残留（主要是苯溶剂残留）等。②聚氯乙烯中氯乙烯单体向食品迁移后对人体心血管有害，美国已禁止用于食品包装；聚苯乙烯的苯乙烯单体迁移后则使食品带有有害的异臭味，美国对5473个家庭1年内消费的奶酪及其聚苯乙烯包装罐进行的评估表明，聚苯乙烯包装罐中残存的苯乙烯单体已迁移到乳酪中，致使被统计人群的人天摄入量为1～35μg，平均达到12μg左右。③邻苯二甲酸酯类物质（PAEs）[邻苯二甲酸二乙基己酯（DEHP）、邻苯二甲酸二丁酯（DBP）、邻苯二甲酸二环己酯（BBP）、邻苯二甲酸丁基苄基酯（DCHP）等]是塑料理想的增塑剂，它在遇到水和有机溶剂等物质后会不断从塑料制品中溶出，转移到食品或环境中，影响人体内分泌，严重时将导致畸形、癌变和致基因突变，其毒性近年已受到国际上重视。④多层塑料或者纸塑复合的牛奶包装常采用光固化胶印油墨印刷装潢，其中作为光引发剂的2-异丙基噻吨酮（光引发剂-ITX）会透过包装渗透、迁移到牛奶或奶粉之中，对人体造成伤害。德国对市场上137种牛奶包装进行调查，发现其中36种包装中存在2-异丙基噻吨酮的残留，占26%，并且2-异丙基噻吨酮已经向奶制品内发生迁移的有27种，在被包装牛奶中2-异丙基噻吨酮的最高检出量达到357μg/kg。

（2）纸质食品包装的迁移特性：纸质食品包装常需进行防水、防油、黏合、印刷等处理，其中存在的微量元素、蜡、荧光增白剂、施胶剂、有机氯化物、增塑剂、芳香族碳水化合物、有机挥发性物质、固化剂、防油剂、可抽提性氨、杀菌剂以及表面活性剂等小分子化学残留物均可能迁移到食品中。其迁移特性为：①纸浆和纸质包装材料表面存有大量的有机挥发性物质，包括烷烃、链烯烃、醛、醇、酮、杂环类、丙烯酸类、硫化物类以及萜类物质，这些有机挥发性物质以散发气味的形式迁移到食品中。②使用氯气漂白的包装纸中含有多氯代二苯并二噁英（PCDDs）、多氯代二苯并呋喃（PCDF）、多氯联苯（PCPs）等致癌物质，迁移到被包装的食品内会对人体造成巨大伤害。③茶叶袋纸、咖啡过滤纸、纸碟、厨房擦纸以及餐纸等均含荧光增白剂，含量约 50mg/kg；打包食品纸袋中的荧光增白剂含量比较高，约为 430～1160mg/kg；荧光增白剂在水中的溶解度远大于在油脂类中的溶解度，故在温度较高的情况下会迁移到湿度较大的食品中，一般很难迁移到油脂高的食品中。④作为增塑剂的邻苯二甲酸酯（PAEs）物质具有生殖毒性、胚胎毒性和遗传毒性，但因其水解和光解速率非常缓慢，迁移入纸包装的量很少。⑤不同种类的小分子污染物和挥发物都可能迁移到不同脂肪含量的干食物中，其迁移量由纸样性质、食品中的脂肪含量、化学物的性质和迁移物的挥发性决定；对高脂肪含量的食物，接触时间越长、温度越高，迁移量越大。⑥在 70℃下进行 30min 的迁移试验，印刷油墨中烷基苯会渗透纸张迁移到食品中。⑦在高温条件下，迁移物向模拟液中的迁移速度很快，在 70℃下需要 4h 达到迁移平衡，在 100℃下 1h 就可达到迁移平衡。⑧在冷藏或室温下，用覆有聚乙烯（PE）膜的纸材料包装食品，其 PE 膜对迁移并不具有完全的阻隔性，但是污染物在 0.030mm 厚涂层的纸中较 0.012mm 厚涂层的纸中的迁移速度缓慢；如覆聚丙烯（PP）膜，则随其厚度增加、污染物向食品中的迁移量会减少，但是在饮食中的迁移物浓度仍会大于 0.5μg/kg，表明 PP 膜对污染物的迁移不具有可靠的阻隔性。

（3）塑料食品薄膜中双酚 A 的迁移特性：双酚 A（BPA）聚合的聚碳酸酯材料广泛用于食品包装中制作婴儿奶瓶、餐具、饮料瓶和食品包装容器的涂层。双酚 A 在加热时能析出并迁移到食物中，可能会扰乱人体代谢过程，对婴儿发育、免疫力有影响，甚至致癌；它还有雌性荷尔蒙，会导致婴儿出现女性化的变化。故美、加等国已将其列为危险化学物质，我国则禁止将双酚 A 用于婴幼儿食品容器。

实验表明，双酚 A 向接触的食品中的迁移具有如下规律：①在脂肪类、酒精类、水性类、酸性类四类食品模拟物中均能迁移，尤其向酒精类模拟物中迁移最严重；在微波加热尤其是大频率下双酚 A 的迁移速率最快，因此塑料食品包装容器使用微波加热应谨慎防止有害物迁移。②在相同温度下，迁移量随时间增加而逐渐增加；在 60℃，接触时间大于 20min 时，双酚 A 向酒精类食品模拟物的迁移量达到饱和。③在相同的接触时间下，随着温度的增加，双酚 A 在四类食品模拟物中的迁移量均逐渐增加；而当温度升至 60℃时，迁移量增速最大。因此对于含有双酚 A 的塑料食品包装，加热温度不宜超过 60℃。

（4）食品复合薄膜残留溶剂的迁移特性：复合薄膜由于具有多功能的保护性能，因而被广泛用于食品包装；但复合薄膜的黏合剂及印刷油墨中均会有溶剂残留，溶剂残留主要是乙酸乙酯和甲苯，后者是公认的致癌物质，迁移到食品中后将对人体产生巨大的伤害。溶剂残留迁移具有如下规律：①在四类食品模拟物中，乙酸乙酯的迁移量很小，甲苯迁移量大；甲苯在四种食品模拟物中的迁移量顺序为脂肪类食品＞酒精类食品＞水性类食品＞酸性类食品，原因是甲苯与脂肪的极性相近，相容性好，故选择复合膜包装脂肪类食品应尤为慎重，必要时可增加内层膜的厚度阻止有机溶剂的迁移。②高频率微波加热情况下残留溶剂的溶出速度较常温浸泡情况快，也表明复合膜食品包装使用微波加热时应慎防有害物迁移。

（5）塑料食品包装中挥发性有机化合物（VOC）的迁移特性：用于食品的塑料包装材料，尤其是复合塑料的制造、印刷过程中均要使用大量的黏合剂、印刷油墨及有机溶剂，排放出数量众多的 VOC 污染物；在运输存储的过程中，包装材料里残留的 VOC 也会缓慢地迁移到包装袋的内部和大气中，对食品及环境造成污染；其中乙酸乙酯、甲苯、二甲苯、丙酮等多类物质均有毒性，易对人体呼吸系统、肝脏和神经系统造成伤害。其迁移有以下规律：① VOC 的迁出量随着放置时间的增加而越来越少，并逐渐趋于饱和。② VOC 的迁移与温度有关，温度越高，VOC 的迁移率就越高。

第四节　"迁移"量的实验测定和模型计算

食品包装材料对食品安全发挥了重要的作用，它能有效地保护食品，防止其变质；但其中有害的化学物质迁移，如与食品直接接触的塑料薄膜高分子材料内部存留的添加剂、加工助剂、聚合物单体、低聚体等化学物质会向食品发生迁移，又会给食品质量和安全带来负面影响，对人体造成潜在性的直接危害。因此，对食品包装材料中化学物质的迁移及迁移量进行研究，并据此制定安全的限量标准或法规非常必要。

食品接触材料的安全问题，主要指材料接触食品过程中其有害成分迁移到食品中所产生的对食品质量和安全的影响。因此，评价食品接触材料是否安全，主要考虑其含有的有害化学组分是否迁移及迁移量是否达到危及人类健康的水平。欧美等国家对特定的有害物质迁移的安全限量都制定了相应的法规（见本章第五节）。目前，确定迁移安全限量的主要方法有两种。

（1）迁移实验：通过在实验室中进行迁移实验和检测食品中有害物质的含量来判定；
（2）数学模型：利用数学模型来对迁移进行预测，可部分取代迁移实验的开展。

1. 迁移实验

迁移实验是指食品包装材料与食品或食品模拟物在一定温度下接触一定时间后，检测从材料迁移到食品或食品模拟物的有毒有害物质含量。迁移实验的基本规则和欧盟规定的食品模拟物（液）的分类见本章第四节。近年，随着食品安全检测技术的迅速发展，已逐渐建立了一系列危害因子的检测方法，如表面等离子共振、毛细管电泳、色谱质谱联用以及基于抗体的酶联免疫反应等。

30 多年来，美国食品与药品管理局（FDA）和欧盟委员会（EC）开展了大量关于包装材料化学物质迁移的理论与实验研究。但由于食品接触材料和食品的多样性，需要选用不同的食品模拟物进行大量的迁移实验，因而迁移实验过程比较复杂，进行迁移实验需要花费大量的时间和金钱；测试分析更是需要昂贵的先进仪器设备（运用气相色谱和气质联用法、质谱联用法、高效液相色谱与质谱联合法、电感耦合等离子质谱法等），以致在一般实验室很难开展。因此各国开始研究迁移模型，期望通过数学模型来预测化学物质的迁移，以保证食品的安全。由于化学迁移遵循基本的化学物理定律,所以可用数学和计算机来建立模型,这样既便于研究又降低了成本。一些塑料材料已建立了组分迁移的经验式规律,近年在化学物质向食品模拟物迁移的数学模型方面已取得了显著成果。但由于食品模拟物过高估计了迁移量,因而应用数学模型获得的结果存在一定的局限性。

美国和欧盟已先后将模型预测用作验证包装产品是否符合相关法令的有效手段。

2. 数学模型

(1) 菲克第一和第二定律

1855年菲克提出物质扩散现象的宏观规律:在单位时间内通过垂直于扩散方向的单位截面积的扩散物质流量(称为扩散通量用J表示)与该截面处的浓度梯度成正比,也就是说,浓度梯度越大,扩散通量越大。

浓度梯度是指当界面两侧溶液间存在浓度差时,在界面允许溶质自由通过的条件下,高浓度侧与低浓度侧的溶质在空间上的分布是均匀递减的,此种浓度差在空间上的递减称为浓度梯度。

菲克第一定律描述物质从高浓度区向低浓度区迁移的扩散过程。其扩散方程的微分数学表达式如下:

$$J = -D \frac{dC}{dx} \tag{9-1}$$

式(9-1)中,D称为扩散系数(m^2/s),它是描述扩散速度的重要物理量,它相当于浓度梯度为1时的扩散通量,D值越大扩散越快;C为扩散物质(组元)的体积浓度(原子数/m^3或kg/m^3),dC/dx为用微分表示在空间上分布的浓度梯度;"$-$"号表示扩散方向为浓度梯度的反方向,即扩散组元由高浓度区向低浓度区扩散。扩散通量J的单位是$kg/m^2 \cdot s$。

菲克第一定律只适用于J和C不随时间变化的稳态扩散的场合,即在扩散过程中,各处的扩散组元的浓度C只随距离x变化,而不随时间t变化。但实际上,大多数扩散过程都是在非稳态条件下进行的,即在扩散过程中,J随时间和距离变化。通过各处的扩散通量J随着距离x在变化,就和稳态扩散时扩散通量处处相等、不随时间发生变化不同了。故对于非稳态扩散,就要应用菲克第二定律了。

菲克第二定律是在第一定律的基础上推导出来的。菲克第二定律指出,在非稳态扩散过程中(J随时间和距离变化),在距离x处,浓度随时间的变化率等于该处的扩散通量随距离变化率的负值,即将其代入上式,得到用偏微分表示的扩散方程的数学表达式如下:

$$\frac{\partial C}{\partial t} = \frac{\partial}{\partial x}\left(D \frac{\partial C}{\partial x}\right) \tag{9-2}$$

这就是菲克第二定律的微分方程数学表达式。通常认为迁移仅发生在包装材料厚度方向上,因此可用一维的二阶偏微分方程式(9-2)来描述。当扩散系数D与浓度无关时,(9-2)式简化为:

$$\frac{\partial C}{\partial t} = D\frac{\partial^2 C}{\partial x^2} \tag{9-3}$$

上式中，C 为扩散物质的体积浓度（kg/m³），t 为扩散时间（s），x 为距离（m）。实际上，固溶体中溶质原子的扩散系数 D 是随浓度变化的，为了使求解扩散方程简单些，往往近似地把 D 看作恒量处理。

式（9-2）和式（9-3）都是偏微分方程，求解时应先作变换，令其变成一个常微分方程，再结合初始条件和边界条件求出方程的通解。利用通解可以解决包括非稳态扩散的具体问题。当扩散系数 D 与浓度无关时，对于简单定解条件（初始条件和边界条件）可用分离变量法或拉普拉斯变换法对其进行求解。而当扩散系数与浓度相关或者定解条件比较复杂时，需用数值方法包括有限差分法或有限元法进行求解。

（2）食品包装材料（主要指塑料）迁移数学模型

在多数情况下，质量迁移遵循 Fick 菲克扩散定律，且多数扩散过程是非稳态扩散，即材料中某一点的浓度是随时间和距离而变化。菲克第二（扩散）定律的微分方程可用来描述迁移物从聚合物包装材料迁移到食品模拟物中的过程，具体如式（9-4）。

$$\frac{\partial C_p}{\partial t} = D_p\frac{\partial^2 C_p}{\partial x^2} \tag{9-4}$$

式中，C_p 是包装材料中迁移物在时间 t（s）和位置 x（cm）处的浓度（kg/m³）水平；D_p 是迁移物在包装材料中的扩散系数（cm²/s）。

为简化模型的影响因素，通常使用如下假设：1）初始时刻，包装材料（P）和食品（F）中的化学物分布均匀；2）在整个迁移过程中，扩散系数 D 和分配系数 $K_{F,P}$ 为常数；3）迁移物从包装材料一侧厚度方向上进入食品；4）整个迁移过程符合菲克定律；5）迁移过程的任何时刻，扩散都是平衡的；6）忽略包装材料的边界效应。

在单层迁移模型中（单层迁移模型系指食品包装材料采用单层包装形式，这种包装形式在日常生活中随处可见，如果汁、饮料瓶、油桶、火腿肠等），包装材料的尺寸一般都视为有限体积，称为有限包装（当假设迁移物在食品包装材料内的浓度为常数时，称之为无限包装）；而食品模拟物的体积则可以根据情形分为无限食品，即包装材料的体积远小于食品模拟物的体积和有限食品，即包装材料的体积与食品模拟物的体积相差不大。

①有限包装有限食品的迁移模型：在初始时刻，假定迁移物在包装材料中分布均匀，而食品中不含任何迁移物，故食品中迁移物的初始浓度 $C_{F,0}=0$，但经过某一段时间，迁移过程结束后，迁移物浓度将趋于某一平衡值 $C_{F,e}$，根据边界条件和假定条件，使用拉普拉斯变换法或傅里叶级数法可由公式（9-4）求得公式（9-5）。

$$\frac{M_{F,t}}{M_{F,e}} = 1 - \sum_{n=1}^{\infty}\frac{2\alpha(1+\alpha)}{1+\alpha+\alpha^2 q^2 n}\exp\left(\frac{-Dq_n^2 t}{L_p^2}\right) \tag{9-5}$$

式中，$\alpha = \dfrac{V_F}{V_P} K_{F,P}$ 为平衡时食品中的迁移物与塑料包装材料中的迁移物的质量比，其中 $K_{F,P}$ 为迁移物在食品和包装材料间的分配系数，是一常数；V_F，V_P 分别表示食品的体积和塑料包装的体积（cm³）；$M_{F,t}$ 是 t 时刻食品中迁移物的量；$M_{F,e}$ 为平衡时，食品中迁移物的量；L_P 为塑料包装薄膜厚度；q_n 为方程 $\tan q_n = -\alpha q_n$ 的正数根。

时间 t 较大时，式（9-5）能够较快收敛，而当时间 t 较小时，则使用误差函数，其等价形式式（9-6）更易于收敛：

$$\frac{M_{F,t}}{M_{F,e}} = (1+\alpha)[1 - e^{\omega} erfc(\omega^{0.5})] \tag{9-6}$$

试中，$\omega = \dfrac{Dt}{\alpha^2 L_P^2}$。

②有限包装无限食品的迁移模型：发生在迁移物从有限体积的包装材料中迁移到无限体积的食品中时，代入初始条件和边界条件，使用傅里叶级数法可求得从零时刻到 t 时刻，迁移物进入食品中的量与迁移平衡时迁移量之比公式为式（9-7）：

$$\frac{M_{F,t}}{M_{F,e}} = 2\left(\frac{Dt}{L_P^2}\right)^{0.5} \left\{\frac{1}{\pi^{0.5}} + 2\sum_{n=1}^{\infty}(-1)^n ierfc\left[\frac{nL_P}{(Dt)^{0.5}}\right]\right\} \tag{9-7}$$

（3）食品包装材料迁移数学模型参数分析

迁移过程包括扩散和分配两个过程，这两个参数决定了包装材料中化合物的迁移水平和迁移过程。

①扩散系数：迁移物在包装材料中的扩散系数是迁移模型中的一个十分重要的参数。扩散系数与温度有着直接的关系，可用 Arrhenius 方程描述：

$$D = D_0 \exp\left(-\frac{E}{RT}\right) \tag{9-8}$$

式中，D_0 为标准状态下的扩散系数，为定值；E 为扩散活化能；R 为气体常数；T 为温度。D_0 和 E 值可以从试验数据中获得。

②分配系数：迁移物在聚合物 P 和食品或者模拟物 F 之间的分配系数 $K_{F,P}$ 受很多因素如温度、pH 值和迁移物的分子结构、分子大小等的影响，但受温度影响很小。迁移物在聚合物和食品中的分配系数，与迁移物在聚合物和食品中各自的溶解度有关。$K_{F,P}$ 可利用下式（9-9）计算。

$$K_{F,P} = \frac{C_{F,e}}{C_{P,e}}, \quad C_{P,e} = \frac{(C_{F,0} - C_{F,e}) m_F}{m_P} \tag{9-9}$$

式中，$C_{P,e}$ 为平衡时聚合物中污染物浓度；$C_{F,e}$ 为平衡时食品中污染物的浓度；$C_{F,0}$ 为 $t=0$ 时食品中污染物的浓度；m_F 为迁移单元中食品的质量；m_P 为迁移单元中聚合物的质量。

第五节　食品包装安全性法规

1. 欧盟食品包装安全性法规

为保证食品安全，欧盟制定的食品包装技术法规主要是食品包材良好管理规范（GMP）。按确定的重量或容量预包装食品［指经预先定量包装好或装入（灌入）容器中，向消费者直接提供的食品］的法规（76/211/EEC）。食品营养标签法规（90/94/EEC）。与食品接触的包装材料安全限量法规（89/109/EEC、2002/72/EC），又称为食品包装材料安全限量法规。

（1）对食品包装的总体要求：所有食品接触材料与器具必须依据 GMP 进行生产（GMP 称为生产质量管理规范。它要求制药、食品等生产企业应具备良好的生产设备，合理的生产过程，完善的质量管理和严格的检测系统，确保最终产品质量、包括食品安全卫生等符合法规要求）；所有食品接触材料与器具实行标签制度；给出食品接触材料与器具允许存在物质的清单和纯度标准，以及进入食品的物质总迁移量或特定迁移量；给出食品接触材料和器具成分迁移实验的基本规则（设定模拟食物的模拟液体、接触时间和温度）。

（2）总迁移极限和特定迁移极限：总迁移极限 OML 是指在一定温度和时间条件下，污染物从与食品接触的包装材料或容器向食品或食品模拟物中迁移的质量总和；总迁移极限要求不超过 60mg/kg（对容器可换算为 10mg/dm^2），一般限制在 0.01～60mg/kg 范围内。特定迁移极限 SML（累积饮食浓度，即安全摄入量），适用于某些单独授权的物质，指某种迁移物质在食品范围内或食品摸拟物中允许的最大浓度（mg/L）。通常根据容许的日摄入量 TDI 设定。如我国根据国际上通用的安全摄入量规定，对婴儿毒奶粉事件中的三聚氰胺，规定安全摄入量为 0.32mg/kg 体重。

2009 年，欧盟制定了食品包装印刷油墨最大迁移值，规定食品包装印刷油墨材料中的 4-甲基二苯甲酮及二苯甲酮的总迁移极限值必须低于 0.6mg/kg。

关于陶瓷特定迁移极限：对陶瓷表面的高毒性金属——铅和镉的释放作了限制。规定在不同用途下的铅和镉的特定迁移极限如下：对不可充的制品，或内部深度不超过 25mm 的可充装制品，铅的特定迁移极限为 0.8mg/dm^2，镉为 0.07mg/dm^2；对其他所有可充装制品，铅的特定迁移极限为 4.0mg/L，镉为 0.3mg/L。

关于塑料迁移极限：塑料迁移极限是包装材料安全限量法规中最重要也是最复杂的。对所有与食品接触的塑料材料的总体迁移限制为 60mg/kg 或 10mg/dm^2；对于不可能设立可接受日摄入量或容忍日摄入量的某种物质，其特定迁移限制为 0.01mg/kg；而对有毒性怀疑和缺乏数据的物质，则特定迁移限制为 0.05mg/kg。关于氯乙烯允许单体含量，允许 PVC 中氯乙烯的最大单体含量为 0.701mg/kg，且这种材料及制品向食品释放的氯乙烯一定不能以检测极限为 0.01mg/kg 的分析方法检测出。

关于个别物质迁移极限的规定：允许再生纤维素膜（玻璃纸）中一缩乙二醇和二甘醇在食物中迁移极限为 30mg/kg；对婴儿橡皮奶头中的亚硝胺，在使用能够检测 0.01mg/kg 亚硝胺和 0.1mg/kg 可硝化物质的已验证方法时，不能检测出弹性体或橡皮奶头中有亚硝胺和可亚硝化的物质。

（3）食品包装的"许可标记"原则：欧盟规定与食物接触的材料和制品必须附有"用于食品"的词句。材料包括塑料、纸、陶瓷、橡胶等。

（4）关于迁移实验的基本规则：迁移测试用于评测包装材料向食品中流失出来的有毒有害物质的含量水平。迁移量除取决于迁移物质本身的性质和用量外，还与接触物质（如肉类、油脂、酒精中就容易迁移）和环境条件（温度、时间等）有关。迁移测试需根据一定的试验基本规则、模拟食品包装材料的迁移过程，在气相色谱分析仪等现代化仪器上完成实验测试，实验测试的主要步骤包括：实验准备，包括模拟液的选择、试样浸泡、萃取、提纯、分析鉴定。

由于食品组成特性的复杂性，很难直接测量分析食品中的迁移物质，故需对不同的迁移物选用相应的食品模拟液。食品主要分为水性食品、酸性食品、酒精类食品和脂肪类食品四种，食品模拟液也相应分为四种类型：蒸馏水、稀酸溶液（3g/100mL 醋酸）、乙醇/水混合液（体积分数15% 乙醇）、脂肪食品模拟液（橄榄油、玉米油等）。2011 年，新法规 UE 10/2011 中添加了新的固体干性食物的模拟物——Tenax。

浸泡时间和温度是影响污染物迁移的重要因素：食品包装材料在常温下，要测定出物质的迁移情形，需要经历较漫长的迁移时间，从而不利于实验室的数据分析。长期的实验研究证实：在一定条件下，短时间的较高温度与长时间的低温处理，具有同样的效应。实验时为了有效省时，可根据具体情况加速处理，如在室温下使用的食品接触物质其迁移实验可以在 40℃下进行 10d 等效于 20℃下 6～12 个月。

2. 美国食品包装安全性法规

美国在 20 世纪 30 年代就通过数学模型和实验测试对迁移问题进行研究：基于迁移实验和数学模型分析所得的数据，通过毒理学实验，相继制定了与食品接触包装材料及器具的安全限量法规，对食品包装材料的成分和可能迁移物质的迁移量进行了严格限制。食品包装材料安全限量标准是指对一种潜在性危害，即食品包装材料中的有害物质（残留单体、添加剂、助剂等）可能向食品迁移、伤害人体健康的限量。20 世纪 50 年代，美国食品药品监督管理局（FDA）第一个颁布了"食品接触包装材料及器具关于迁移的安全法规"。2004 年 10 月美国官方正式公布对上述法规修订后的公示法案《包装中的毒物》，该法案持有与欧共体相同的观点，规定了与欧盟 94/62/EC 和其修正案 2004/12/EC 相同的技术指标。以后又相继发布了《美国联邦食品、药品和化妆品法案》《食品安全现代化法》和食品警示标签等法规。

（1）《包装中的毒物》的主要规定：为减少包装废弃物在焚烧和填埋中的危害，首要措施是减少添加的重金属铅、镉、汞、六价铬的含量，其限量同欧盟。在玻璃或陶瓷包装中，镉的含量不得超过百万分之一（1ms/ks），六价铬含量不得超过百万分之五（5ms/ks），铅的含量不得超过百万分之五（5ms/ks）。

（2）美国 FDA 在联邦法规 21 卷《美国联邦食品、药品和化妆品法案》的主要规定：食品必须在符合卫生要求的条件中包装；食品包装材料的生产必须依据良好的生产管理规范（GMP）；迁移实验规则同欧盟。食品包装材料中的活性物质迁移到食品中是造成食品不安全的重要原因，故将其定义为间接添加剂。与食品接触的包装材料及其组成成分必须符合要求，须通过化学成分组成和迁移两种方法的测试。

（3）FDA对食品警示标签的主要规定：所有警示标签均应放置于专门的边框内，以黑体"警告"打头，字体大小及用语须符合相应要求。FDA规定的警示标签大体有三种：一是针对未加工的肉禽产品因储存、解冻、烹饪方法不当可能滋生致病微生物，须加贴"强制性安全操作说明"标签；二是FDA要求含铁膳食增补剂除在营养标签中明示铁的来源和含量以外，还应有警示性说明，即含铁产品的意外过量服用是6岁以下儿童致命性中毒的重要因素；三是FDA建议将消费者购买后应冷藏保存的食品分别加附不同的警示性标签，标签用语要区分食品冷藏是为了保证安全还是为了保证质量，以特别引起消费者对食品安全问题的重视。FDA还要求食品包装商提交一份"食品接触证明"，凭此判定接触食品的一种材料及其使用方法和相关数据是安全可靠的；向美国进口的食品包装或用于食品包装的材料，都必须符合FDA的严格测试，确保该包装材料满足FDA的规定。

（4）《食品安全现代化法》的主要规定：美国2009年还通过，要求食品和药物管理局在2009年12月31日以前要评估双酚A的风险。该国各州将逐步禁止食品和饮品容器中含有双酚A物质。

3. 我国食品包装安全性法规

（1）与食品接触包装材料安全限量法规相关的卫生标准：《中华人民共和国食品卫生法》中规定：食品容器、食品包装材料和食品用设备、工具必须符合卫生标准和卫生管理办法的规定；利用新的原料生产的食品容器、食品包装材料和食品用设备、工具，生产经营企业在投入生产前，必须提交该产品卫生评价所需资料。2016年又相继发布一批新的食品包装安全标准：GB 9685—2016《食品安全国家标准食品 接触材料及制品用添加剂使用标准》；GB 4806.1—2016《食品安全国家标准 食品接触材料及制品通用安全要求》，GB 4806.7—2016《食品安全国家标准 食品接触用塑料材料及制品》及其系列标准；GB 31604.1—2015《食品安全国家标准 食品接触材料及制品迁移》及其系列标准；GB 18454—2019《液体食品无菌包装用复合袋》等。

（2）有关迁移检测的法规和措施：2005年颁布《食品用塑料及纸制品的包装、容器、工具等制品市场准入强制生产许可认证》，规定了须进行迁移检测；食品包装企业从2007年起实施QS（食品质量安全）和GMP（食品包材良好管理规范）认证制度；2008年又颁布《进出口食品包装容器、包装材料实施检验监管工作管理规定》。2008年，我国卫生部表示要建立与国际接轨的、包括食品包装材料迁移量检测评估的食品安全风险评估中心。2012年起实施卫生部《食品安全国家标准预包装食品标签通则》；2015年之后相继出台限制迁移量及检测的有关标准：GB 31604.1—2015《食品安全国家标准 食品接触材料及制品迁移》，GB 31604.2—2016《食品安全国家标准 食品接触材料及制品 高锰酸钾消耗的测定》、GB 31604.8—2016《食品安全国家标准 食品接触材料及制品 总迁移量的测定》；2021年实施卫生部修订的《食品安全国家标准 预包装食品标签通则》，规定加工食品包装上必须标明食品配料表（添加剂须标注塑化剂）、净含量、生产者、生产日期、保质期、致敏物质等。

（3）环保油墨、涂料及黏合剂标准：包装印刷油墨中由于含有苯、正己烷、卤代烃等有害稀释溶剂，在印刷或加工过程中由于苯类溶剂挥发不完全，可能造成苯类物质在包装材料中残留，渗透到被包装食品里，造成食品异臭味，人食后可能引起癌症或血液系统疾病。我国近几年塑料食品包装袋只有50%～60%合格，主要不合格项就是苯残留超标。

油墨中着色剂多属重金属颗粒，在一定的加工温度下也会溶出、迁移到食品上，人食后不易排出，从而引发人体内脏器官病症。我国2008年制定了胶印油墨、凹印及柔印油墨的环境标志技术要求。重金属类：铅、镉、六价铬、汞，限值分别为90mg/kg、75mg/kg、60mg/kg、60mg/kg，总量≤100mg/kg。化学物质类：苯类溶剂含量，苯类溶剂包括苯、甲苯、二甲苯和乙苯，其含量≤1%；挥发性有机化合物（VOC）含量，热固轮转胶印油墨VOC含量≤25%，单张胶印油墨和冷固轮转胶印油墨VOC含量≤4%（胶印），卤代烃、苯和苯类溶剂的含量分别≤5000mg/kg、500mg/kg、5000mg/kg，水基凹印油墨VOC含量≤30%，水基柔印油墨VOC含量≤10%，醇基凹印油墨中氨及其化合物的含量≤3%、甲醇含量≤2%，醇基柔印油墨中甲醇含量≤0.3%（凹印及柔印）。

2016年发布GB 4806.10—2016《食品安全国家标准 食品接触用涂料及涂层》及其系列标准，对食品包装使用涂料及涂层厚度进行了限制。GB 9685—2016《食品安全国家标准 食品接触材料及制品用添加剂使用标准》和GB 2760—2014《食品添加剂使用标准》严格限定了黏合剂、涂料、印刷油墨和食品包装塑料的主要助剂使用添加剂的品种及用量。

第十章 绿色包装的减量化低碳化及再利用

包装减量化是绿色包装设计和使用的首选原则；回收再利用（含重复使用及回收再生）是实现废旧包装再资源化，减少废弃物对环境的影响，实现"绿色物流"和循环经济的重要举措；它们和包装材料的可降解腐化被称为绿色包装的"3R1D"原则，目前被世界公认为包装绿色化的发展方向。

低碳化则是绿色经济的核心，低碳、减排、绿色、环保将是世界经济转型升级的方向和手段，也必然是绿色包装的重要发展方向和手段。

第一节 包装减量化低碳化及再利用的重要性

一、减量化低碳化及再利用的概念

1. 减量化

减量化是固体废物管理领域的重要概念。减量化的含义包含三点：第一是减少垃圾的产生量，也就是源头削减/废物预防。第二是减少垃圾的最终处置量，即在垃圾处理过程中，通过压实、破碎等物理手段，或通过焚烧、热解等化学的处理方法，减少垃圾的数量和体积，从而方便运输和处置。第三是指减少垃圾的排放量，即垃圾产生后，经过回收阶段，减少需要进入城市生活垃圾处理处置系统的垃圾数量。减量化是循环经济的重要内容。

包装废弃物也属固废物。绿色包装中要求的减量化，重在从设计源头减少原材料使用量和最终废弃物产生量。

2. 低碳化

工业革命以来的世界是高碳的，以煤炭和石油为能源，造成高碳消耗和高碳排放，其后果是全球气候变暖和气候灾难。1997年的《京都议定书》后，气候变化和生态环境问题上升为世界经济发展的焦点，低碳、减排、绿色、环保成为引领时代的新时尚，世界经济由"高碳"走向"低碳"成为必然的选择，全球掀起了"低碳化"的第四次浪潮。一时间，碳关税、碳足迹、碳交易、碳排放、碳中和、低碳技术等新概念相继涌现。低碳技术涉及能源、交通、建筑、农业、工业、服务、消费等部门及方面，以及可再生能源及新能源、煤的清洁高效利用、油气资源和煤层气的勘探开发、二氧化碳捕获与埋存等领域开发的有效控制温室气体排放的新技术。

美国是世界第一大能源消费国和进口国，过高的油价、对石油进口的过度依赖，已经严重威胁到美国的国家安全和全球战略。奥巴马政府2007年推出"碳关税"法案，并决定以经济低碳化作为经济转型升级的主要政策手段，积极推动国会对气候问题设立《清洁能源安全法案》；我国改革开放后成为制造业大国，但高速发展的经济在很大程度上依靠高耗能、高污染的资源性产业，故我国政府也于2007年提出要大力发展节能减排（希望到2010年，单位GDP能耗比2005年降低两成、主要污染物排放减少一成。）的"低碳经济"，大力开发核能、水电、风电等清洁能源，建立以低能耗、低污染、低排放为基础的"三低"经济模式。2014年，李克强在国务院召开的节能减排及应对气候变化工作会议上，进一步强调要促进节能减排和低碳发展，推动改善生态环境提高人民生活质量。会议原则通过《2014—2015年节能减排低碳发展行动方案》，并研究讨论了我国应对气候变化的行动方案。

包装工业无论是纸、塑料、金属、玻璃包装生产量均很大，消耗资源和电力都很大；同时包装消费的用量也巨大，在使用、流通、回收、再利用时也要消耗大量电能，所以低碳化对包装工业也十分重要。设计减量化、使用清洁能源、节能减排和回收再利用是包装实现低碳化的主要途径。

3. 再利用

再利用是指将废物直接作为产品或者经修复、翻新、再制造后继续作为产品使用，或者将废物的全部或者部分作为其他产品的部件予以使用。再利用是循环经济的重要内容。在《中华人民共和国循环经济促进法》中规定："在废物再利用和资源化过程中，应当保障生产安全，保证产品质量符合国家规定的标准，并防止产生再次污染。""企业事业单位应当建立健全管理制度，采取措施，降低资源消耗，减少废物的产生量和排放量，提高废物的再利用和资源化水平。"

凡商品均有包装，故包装使用量大，又多属一次性使用，所以废物量也大，从回收经济价值，或从减少固废物污染及"白色污染"来看，回收再生或再利用纸和纸板、塑料、金属、玻璃包装的废弃物都具有重要意义。

二、包装减量化是绿色包装的首选原则

1. "3R1D"原则

在第四章中已经介绍,1991年,德国联邦会议依据20世纪80年代中期美国环保部门针对治理包装废弃物对环境造成的污染进行的民意调查,公布了《德国包装条例(Verpackungsgesetz)》,法令强调包装要与环境相协调,并在欧洲最先提出了与环境相协调的包装应遵循的"3R1D"原则:即"reduce"包装减量化,"reuse"包装再利用,"recycle"包装回收再生,"degradable"包装材料降解腐化。

"3R1D"原则已被世界上公认为是包装绿色化的发展方向,而其中又首推包装减量化。所谓包装减量化,就是从源头上,包括原材料选择、产品结构设计、能源利用、加工工艺编制、辅助剂添加等方面减少资源、能源的使用量,在满足包装功能的前提下,使包装成为用量最少的适度包装。目前欧美等工业发达国家均将包装减量化列为发展无公害包装的首选措施。

2. 包装减量化是保护环境的重要措施

包装减量化,从源头上减少了最终废弃物数量,而且在生产过程中减少了原材料、辅助材料等各种资源成分之间以及与能源之间生成的各种废弃物、副产品的可能性,减少了废气、废液、废物的产生,从而保护了生态环境,减少了对环境的污染,因此包装减量化是实现包装与环境相协调的重要措施,也是实施包装清洁生产、循环经济的最根本、最重要的原则。在清洁生产和循环经济中,减量化原则要求用较少的原料和能源投入来达到既定的生产目的和消费目的,减量化包装则表现为朴实而不奢华浪费。

3. 包装减量化是节约包装资源的主要手段

包装是一个资源耗用型产业,生产的产品70%以上为一次性使用,使用后即成为废弃物,产品生命周期较其他工业产品短,故消耗资源量大(包括原材料、辅助材料、能源、水资源等)。因此包装工业节约资源十分重要,除延长包装产品的寿命、对包装废弃物回收再利用外,包装减量化是一项十分重要的手段。在我国商品市场上,目前和绿色包装相悖的过度包装还比比皆是,尤其是快递业兴起后过度包装更甚,因此实行包装减量化更具有迫切性。

消耗资源的必然结果是对环境造成污染,无节制地耗费资源正是粗放工业生产的最大特点,因此节约资源,实行包装减量化是减少包装对环境造成污染,保护环境的根本手段,也是包装工业从传统粗放生产转向循环经济模式的重要措施。

三、包装回收再利用的迫切性

1. 包装废弃物对环境的污染日益严重

包装废弃物的污染防治也是当今世界治理环境污染的重要课题。全世界每年产生100亿吨固体垃圾,其中包装废弃物所形成的固体垃圾约占1/3,按体积计算,包装废弃物更占到总体积的1/2。美国年产固体垃圾2亿吨,其中包装废弃物大约有6000万吨。包装废弃物污染已成为仅次于水质污染、海洋湖泊污染、空气污染的第四大污染,严重破坏环境。

我国因包装工业2009年的年产值已超过1万亿人民币而成为世界第二包装大国。三年新冠疫情发生前的2019年，中国包装行业规模以上企业数量（年主营业务收入2000万元及以上全部工业法人企业）从2015年的7539家增加到7916家，包装行业规模以上企业营业收入为10032.53亿元，包装行业产量中以塑料薄膜和箱纸板产量增长较快：2019年塑料薄膜产量为1594.62万吨；箱纸板产量为1301.56万吨。根据智研咨询发布的咨询报告显示：2019年我国包装行业中纸和纸板容器细分行业营业收入2897.17亿元；塑料薄膜行业营业收入2704.93亿元，塑料包装箱及容器行业营业收入1592.39亿元；金属包装容器及材料行业营业收入1167.30亿元；玻璃包装容器行业营业收入610.15亿元；软木制品及其他木制品制造行业营业收入409.77亿元。但作为包装大国，目前我国包装废弃物回收率仍低，除PET瓶和饮料罐回收利用情况较好以外，其他类型包装物的回收利用率都相对较低；资源的二次利用率只相当于发达国家的1/4～1/3。随着我国经济的增长和人民生活水平的提高，一次性消费品和快递包装还在大量增加，包装废弃物还在快速增长，对大气、水及土地的污染和因填埋而对土地的侵占越来越严重，因此回收利用包装废弃物已是我国一项十分迫切的任务。

2. 回收包装废弃物具有重要的经济和环保意义

包装废弃物的回收利用，对节约能源和降低环境污染具有重要的经济意义与环保意义，表10-1是3种包装容器回收利用的影响数据。

表10-1 3种包装容器回收利用的影响数据

废弃物	废纸	废两片罐	废马口铁皮罐
能源节约比例 /%	70～75	95～97	65
空气污染降低比例 /%	74	95	85
水污染降低比例 /%	35	97	75

世界各国都在逐年提高包装废弃物回收的具体目标。欧盟要求包装废弃物按重量的回收率为50%～65%，再生利用率为25%～40%；德国要求的回收率为玻璃80%、马口铁80%、铝材80%、纸板80%、纸80%、塑料80%、复合材料80%。要求包装材料的复用与再生率应达到一定指标的国家还有法国（85%）、英国（58%）、丹麦（50%）、荷兰（60%）、美国（25%～60%）、奥地利（80%）、比利时（40%～75%）。欧盟议会通过提案要求包装回收率从2007年1月1日起，从25%提高到65%，而且60%的垃圾必须通过焚烧实现能源回收。

包装工业属于资源消耗型产业，其产品的生命周期比其他工业产品要短，必须走可持续发展的循环经济之路。包装制品多属一次性使用，废弃物量大，虽然它们的原材料来自石油、铁矿、铝钒土、石英砂等不可再生资源，但由于其生产的塑料、钢板、铝板、玻璃等又均属可再生的材料，因此成为当前世界公认的，也是最易操作的具有回收经济价值的废弃物。德国、欧洲、日本、美国均通过制定法律或市场运作回收包装废弃物，使包装材料循环再生而成为循环经济发展的典型。在日本、德国和美国等发达国家，循环经济正成为一股潮流和趋势。

面对国际上发展循环经济的趋势，我国应把发展包装循环经济确立为包装工业发展的战略目标，进行全面规划和实施。包装工业必须改变粗放型的发展模式，由传统的"资源—产品—废弃物"的线性模式，转变为"资源—产品—再生资源"的多重闭合的环境友好型模式。包装行业要以资源高效利用为核心，以"减量化、再利用、再循环"为原则，以生命周期分析为发展载体，以清洁生产为手段，积极开展绿色包装生产、消费和循环再生利用。在包装工业领域，加强环境管理、积极开展清洁生产，加强对包装废弃物回收利用，满足循环经济的发展需要，对于节约资源、减少浪费、控制污染都具有不可估量的影响。

另外，包装循环经济除需重视回收包装废弃物外，制浆造纸、金属桶制作、玻璃熔炼、塑料制品制作等工艺也均会产生水、大气、固体、噪声等严重污染，因而也需十分重视实施清洁生产；各类包装在设计中，更应遵循减量化原则，大力反对浪费资源的过分包装，严格限制手提袋、餐饮具等一次性包装；推行模块化和长寿命设计方法；推行金属、玻璃包装等清洗、杀菌后重复利用。从而使包装工业按照循环经济模式得到更全面的发展。

第二节 包装减量化的判据及主要途径

一、包装减量化的判据

包装如何选择原材料，如何进行结构设计才算减量化呢，下面介绍两种判别方法。

1. 按包装成本和空位进行判别

减量化包装是适度包装而不是过分包装，一些国家对一般商品包装是否过分包装常用以下习惯方法判别。

①发达国家对不同种类的商品，其包装费用占整个生产成本形成了如下的习惯规定：酒类、罐头，美国分别是20%～30%和25%，英国是8%～15%和17%，日本是18%和15%；儿童食品包装，世界各国平均为40%；一般食品，世界多数国家定位为15%。

②日本在近年制定的《包装新指引》中规定，包装容器内的空位不应超过容器体积的20%；包装成本则不应超过产品售价的15%。

③我国月饼销售包装是典型的过度包装，为了限制这一行为，不少城市制定了月饼的适度包装暂行办法：规定销售月饼的包装总成本（月饼盒、保鲜袋、托盘、外包装箱和封条等包装物实际耗用的进货价和计数）不高于每盒月饼零售价的20%，更不能用红木、水晶等名贵高价材料制作月饼盒；月饼盒内不得放茶具、茶叶、瓶酒等其他商品；月饼体积与月饼盒容积之比大于20%。

2. 欧盟"94/62/EC 指令"对包装减量化的规定

包装减量化必须在正确选用材料基础上进行适度包装的结构设计。欧盟"94/62/EC关于包装和包装废弃物处理的欧洲议会和理事会指令"基于保障健康和生命安全，保护环境和国家生态安全，保障消费者利益，对资源和能源合理利用等原则对包装材料提出了一系列限制要求；同时还要求包装在保证包装功能和安全的前提下，具有最小适当重量（体积）。

94/62/EC 指出，包装应在保证包装功能和安全的前提下，具有最小适当的重量（体积）。包装减量化应满足的"性能指标"有以下十项。

①满足产品保护功能。包装应保护产品，能够抵抗振动、压缩、湿气、光、氧化等破坏作用，以及微生物污染和其他有害物侵害，并具有保鲜、保味等作用。

②符合包装制造规程。包装容器的厚度、公差、尺寸大小和形状以及是否用模具加工，材料选择和消耗、废弃物等，都满足包装设计的特性范围要求。

③满足包装（充填物）操作要求。灌装机、打包机进行灌装和打包操作时，要求在周转、搬运、灌装和封口时具有稳定性；对粉粒装入鼓形硬容器中，要求预留适当的空隙，避免在使用前沉降。

④满足物流管理要求。包装应能抵御露天的运输和配送，并且应与托盘、装卸系统、仓储系统配合，确保产品足够的安全防护。

⑤满足产品介绍和行销需要。包装上应有商标、标签、标志和产品说明、图像等，以供使用者（消费者）鉴别产品和促进销售。

⑥为使用者（消费者）能接受，包装定量大小应符合人体工学相关的操作，在预计的保存期内应为开启和再次使用提供方便等。

⑦满足资料数字的需要。包装上应提供产品资料、使用方法、条形码、生产日期、指导储藏期和有效期。

⑧满足安全需要。包装上应有安全的设计，如防止儿童打开、受损迹象、危险警告、满足安全开启的第一次开启装置、清楚确认后释放终止等。

⑨符合立法规定。包装应符合法律、法规和国际贸易规则的所有协议。

⑩符合其他议题的要求。这些议题可能有经济的、社会的和环境的含意。

包装供应商（制造商）须按上述十项"性能指标"履行合格评定程序，证明其出口商品包装符合减量化要求，只有通过合格评定，出口商品的包装方能通过海关。

二、包装减量化的主要途径

1. 包装结构和工艺设计减量化

日本松下电器公司通过对家电缓冲衬垫结构的改进设计，减少了材料用量，在两年内减少了聚苯乙烯发泡缓冲材料用量 30%，从而减少了废弃物产生量。美国 CMB 公司设计出节省铝的啤酒缩口罐，使底盖小一些、罐壁薄一些，从而使每罐节约金属 6%，同时使罐形强度更大。洗衣粉行业近年来从配方工艺上改进推行减量化，一是浓缩技术，即在洗衣粉配方中将有效成分提高，相对地减少了成型填充物料，从而使同容积的产品效能提高了 2~3 倍，使在包装、存储和运输方面都达到了节约的目的；另一项是通过改进配方和成型工艺，使洗衣粉的表面密度由 0.30～0.42g/mL 提高到 0.55～0.65g/mL，有的甚至超过 0.75g/mL，从而节约了大量包装材料。

2. 包装轻量化

包装轻量化是各类包装推行减量化的一项重要措施，其中尤以玻璃瓶罐轻量化最具代表性。长期以来，由于玻璃瓶的壁较厚，重量较大，而且易于撞损破裂而污染内装物品造成损失，同时瓶罐过重也增加了运输成本，因此提高玻璃瓶罐强度和玻璃瓶罐轻量化引起了世界各国玻璃容器制造业的极大重视，取得了许多可喜成果。目前，瓶罐轻量化在世界发达国家已经相当普遍，其重量减轻率一般为 15%～40%。德国 ORERLAN 生产的瓶罐 80% 已轻量化，在生产工艺上采取了如下三方面措施，①改进生产工艺：主要依靠玻璃生产技术的改进。它对生产工艺过程的各环节，从原料、配料、熔炼、供料、退火、加工、强化等都必须严格控制。小口压吹、冷热端喷涂等实现轻量化的先进技术，已在德国、法国、美国等发达国家广泛应用。轻量化和薄壁化，除采用合理的结构设计以外，主要是采用化学和物理的强化工艺以及表面涂层强化方法，提高玻璃的物理机械强度。②运用优化设计方法降低原料耗量：运用优化设计探讨玻璃最佳瓶形，使玻璃容器的重量小而容量大，降低原料耗量，这对回收瓶来讲意义更大。③研究合理的结构使壁厚减小：减小玻璃容器的壁厚可使垂直荷重能力减弱，但可使应力分布均匀、冷却均匀和增加容器的"弹性"，使耐内压强度和冲击强度反而得以提高。同时可采取如下措施以保证垂直荷重强度稍微降低或不被降低：瓶罐的总高度要尽量低，瓶罐口部的加强环要尽量小或取消加强环，小口瓶的瓶颈不要细而长，瓶罐肩部不要出现锐角，要圆滑过渡，瓶罐底部尽量少向上凸出。

高强度薄壁轻量化玻璃瓶罐由于降低了产品原料成本，节约了能源和减少了成品运输费用；同时提高了生产效率，小口瓶近年由于采用了压-吹工艺，使玻璃均匀分布，故能高速生产薄壁轻质瓶；另外，还由于在瓶子表面施加了各种涂层和防破塑料膜，提高了薄壁瓶的强度和安全性，因而增强了与其他包装容器的竞争力，轻量化玻璃瓶具有很好的发展前景。我国山东某玻璃厂已引进全套小口压吹轻量薄壁啤酒瓶生产线，试制成功 330mL 瓶质量为 160g 左右，比老式瓶轻 54%，即每吨玻璃生产的瓶子数量将增加 1.18 倍，瓶耐压 20kPa 以上。

以软代硬也是轻量化、节约资源、减少污染的重要途径，如在美国，推行用塑料袋代替金属罐和玻璃瓶、塑料瓶包装；日本大力开发具有多种功能的五层、七层复合薄膜包装取代硬包装；加拿大市场上用砖形铝箔包装咖啡代替金属罐包装，可节省 88% 的资源；加拿大市场上 50% 牛奶用塑料袋包装，每年减少了 3000 吨固体废物。欧盟各成员国常将包装成本、环境与市场等问题一并进行考虑，对金属包装制品的发展方向是在保证强度的前提下减轻重量，减重后的饮料罐其经济效益可以抵消保护环境的花费，如 330mL 铝罐可以减少 29% 的重量，而钢罐可减重 24%。

3. 包装薄壁化

包装薄壁化是降低材料的壁厚，同包装轻量化一样也是包装减量化的一个重要方向。世界上许多国家为了节约原材料，减少流通运输费用，都十分重视研发高强度、多功能、低克重的包装纸、纸板、瓦楞纸板；研发强度高、壁厚小的塑料薄膜，取得了一系列丰硕的成果。如日本采取二阶段吹瓶技术，减小薄聚酯瓶厚度，将61g重的饮料瓶减轻为52g。近年来，工业发达国家还十分重视减小金属板厚度，如制造200L钢桶原来采用1.2～1.5mm厚的钢板，现在国外已采用0.8～1.0mm的钢板制造；我国北京奥瑞金制罐有限公司21世纪初也已成功地将制造三片罐的马口铁薄板厚度从原来的1.8mm降至1.5mm；从而节约了大量的金属包装材料。

4. 变一次性包装为多次重复使用的包装

一次性包装，如塑料薄膜背心袋使用量大，消耗资源多，又不易回收和自行降解，是造成"白色污染"的源头。我国北京、大连等多地为解决背心薄膜袋污染环境，制定法令规定在全市经营销售中，必须使用厚度在0.025mm以上可多次使用的塑料袋，并提倡使用布袋购物；许多超市的塑料包装袋也均要顾客购买，以此减少塑料购物袋使用数量，节约包装资源。

5. 推行产品绿色设计

绿色设计通常也称为生态设计、环境设计、生命周期设计等。它是面向产品整个生命周期的设计，可从根本上防止环境污染，节约资源和能源。概括起来，绿色设计是这样一种设计，即在产品整个生命周期内，着重考虑产品的环境属性（可拆卸性、可回收性、可维护性、可重复利用性等）并将其作为设计目标，在满足环境目标节约资源的同时，保证产品应有功能、使用寿命和质量等。

对一些复杂的包装产品，如金属桶、金属箱、大型木板或瓦楞纸板箱、蜂窝纸板包装箱推行绿色设计可取得延长产品寿命、减少资源损耗的功效。

绿色设计的方法主要有模块化设计和长寿命设计两种：

模块化设计就是对一定范围内不同功能、不同性能、不同规格的产品进行功能分析的基础上，划分并设计出一系列功能模块，通过模块的选择和组合可以构成不同的产品，以满足不同需要。模块化设计使得产品具有良好的拆卸回收性，体现了绿色设计的本质。

长寿命设计就是在设计中以产品使用寿命为依据，保证使用寿命周期内的经济指标、使用价值与环境要求，同时谋求必要的可靠性、安全性与最佳的经济效益而使产品的使用寿命尽量延长，以减小资源的消耗，它也充分体现了绿色设计的本质与核心。

第三节 低碳化技术及包装低碳化途径

发展低碳经济须依靠低碳技术支撑。低碳技术涉及能源、交通、建筑、农业、工业、服务、消费等方面。能源低碳化就是要发展对环境、气候影响较小的低碳能源：一类是清洁能源，如核电、天然气等；另一类是可再生能源，如风能、太阳能、生物质能等。交通低碳化指发展新能源汽车和电气轨道交通，现已成为发展交通的新亮点。建筑低碳化指建筑节能和利用太阳能代替常规能源，建筑节能即在设计上引入低碳理念，选用隔热保温的建筑材料、合理设计通风和采光系统、选用节能型取暖和制冷系统等；太阳能代替常规能源指通过太阳能热水器和光伏阳光屋顶等途径，为建筑物和居民提供采暖、热水、空调、照明、通风、动力等一系列功能。农业低碳化主要强调植树造林、节水农业、有机农业等方面。工业低碳化是建立低碳化发展体系的核心内容，是全社会循环经济发展的重点，工业低碳化主要是发展节能工业，重视绿色制造，鼓励循环经济。服务低碳化要求中国服务业的发展必须走低碳化道路，着力发展绿色服务、低碳物流和智能信息化。消费低碳化则要从绿色消费、绿色包装、回收再利用三个方面进行消费引导。在消费过程中应当选用可回收、可再利用、对环境友好的产品，包括可降解塑料、再生纸以及采用循环使用零部件的机器等；对消费使用过可回收利用的产品，如汽车、家用电器等，要修旧首选减量化，发展减量化包装利废，重复使用和再生利用。

包装工业要实现低碳经济，发展低碳包装，可从如下举措着手：

1. 首选减量化，发展减量化包装

减量化是指包装产品在原材料选择、结构设计、工艺设计等各个环节，减少对主材料和辅助材料（包括衬垫、油墨、黏合剂等）的用量。减量化是包装绿色化的首选，也是包装"碳减排"的首选。包装减量化要求选择包装材料和设计包装制品在厚度上要薄壁化，如瓦楞纸板能用三层就不要用五层，对塑料薄膜、金属薄板也应在保证强度前提下尽量用薄的；在重量上则通过原料配方和形状结构设计使制品轻量化，如轻量化玻璃瓶等；对工艺设计则要求通过采用先进设备和优化工艺过程，减少产品资源消耗，国外制罐铝板材料每减薄 0.01mm，每千罐可节省原材料价值 0.22 美元；北京奥瑞金制罐有限公司通过技术革新，将三片番茄罐罐身的马口铁薄板从 0.2mm 减少到 0.15mm，将番茄罐上下底盖的马口铁薄板从 0.18mm 减少到 0.16mm；1 亿个罐共能节约马口铁薄板 412 吨，获得了显著的经济效益；又如某纸箱厂将瓦楞纸箱边角余料从 15% 下降到 10%，使纸板材料重量减少 25g/m³。

低碳包装还应尽量选用满足绿色低碳、可循环使用的材料：低碳包装应尽量选用满足绿色低碳的材料，原材料质轻环保可再生，在生产、流通、仓储等环节均不会对自然环境和人类健康造成伤害，减少 CO_2、SO_x、NO_x 等温室气体排放，资源能最大化利用，如高强度低克重纸板、轻量化玻璃、取代马口铁制罐的轻质镁材料、高水溶性薄膜等。

2. 追寻"碳足迹"，实现节能减排的低碳生产

对包装进行"碳足迹"分析，可知包装的碳排放主要是由生产中用煤和能源中用电所造成，因此节约用电、减少用煤是包装"碳减排"的最重要举措。例如追寻瓦楞纸箱碳足迹，生产线中需耗热的各生产单元，有纸板预热、瓦楞成型定型、黏合固化等单元需消耗热量，依靠锅炉蒸汽通过面纸预热辊、芯纸预调辊、瓦楞辊、压力辊、三联预热器、上胶机预热辊、加热板及制胶系统等蒸汽供热单元供热。耗热量应等于蒸汽供热量，据此就可算出供热蒸汽需消耗的用煤量。大量消耗煤，煤燃烧就必然会产生使地球变暖的二氧化碳 CO_2、甲烷 CH_4、氧化亚氮 N_2O 等温室气体。因 CO_2 在大气中含量最大，对温室效应影响也最大，以 CO_2 为当量基准因子，其他气体折合成基准因子的当量单位，即可算出影响温室效应的以

CO_2 表示的影响潜值总和，这就是瓦楞纸箱用煤所造成的直接碳排放；再加上生产线上各种机械设备、计算机、工作照明的耗电所造成的间接碳排放，两者相加后，以 CO_2 表示的影响（排放）总值就是瓦楞纸箱生产的总的碳排放量，也是其碳足迹的总值，可用于评价瓦楞纸箱生产过程中所排放的温室气体对环境的影响。

计算瓦楞纸箱生产的碳足迹，是企业减少碳排放的第一步。企业应据此找出耗热进行碳排放最大的生产单元和主要问题，淘汰高耗能落后工艺、技术和设备，调整企业的产品工艺；通过设计节能、工艺节能、设备节能、办公节能，用燃油锅炉代替燃煤锅炉，使工艺水循环利用等一切手段，提高蒸汽系统热效率，最大限度地减少能源和燃煤消耗，达到节能降耗减少碳排放的目的。

3. 节约资源、发展包装循环经济，发展回收再利用包装

包装废弃物的回收再利用主要有两种方式：一是重复再利用，如瓦楞纸箱、钢桶等可通过修复重用，聚酯瓶、碳酸饮料瓶等则可通过清洗—灭菌—消毒后再利用，德国对碳酸饮料瓶经灭菌消毒后可重复利用 75～80 次；二是回收再生，常用的方法有材料回收再生、改性回收再生、化学回收再生等方式，我国目前的回收再生以第一、二种用得多，但第三种代表了今后回收再生的方向，它利用热解还原反应将包装废弃物的原有成分还原出来，从而获得宝贵的石油、天然气及其他原料，如北京盈创再生资源有限公司建成回收利用废旧聚酯切片生产的作业线，使用世界先进的设备和工艺将废旧聚酯瓶直接生产出食品级聚酯原料，销售额达 5 亿多元人民币，并相当于为国家节约原油 30 万吨。

发展回收再利用包装不仅具有节约资源、保护环境、发展包装循环经济的重要意义，而且直接减少了能源消耗，减少了碳排放，故是包装碳减排的重要手段：回收废纸制浆较木材制浆能节约能源和水资源 50%～70%；回收废塑料制成包装容器较用树酯制成新包装节约能源 85%～96%；回收铝两片罐比从开采铝钒土矿制成新罐能节约能源 95%；回收废铁桶罐和玻璃容器制成新包装也比用铁矿石和石英砂生产包装节约能源 50%～75%。因此工业发达国家均高度重视包装废弃物回收再利用，欧盟、德国对塑料、纸、金属、玻璃废弃物回收利用率均在 60% 以上，美国、日本对瓦楞纸板回收率达到 85%；我国与之相比差距还很大，除纸、易拉罐回收率高一些、超过 50% 外，其他均还较低，尤其是塑料废弃物，除用于垃圾焚烧场回收能源外，回收再生率仅为 10% 左右，这是和我国至今尚无一部强制性的包装废弃物回收利用法（核心是生产者为废弃物回收付费）和尚无一个规范性的回收利用网络有关。

发展回收再利用包装不仅要重视废弃后回收再利用，更应从设计源头上选用易分离、易回收再生的材料，如用单层材料取代不易分离的复合材料；对复杂结构容器应按模块化设计，便于回收时拆卸再用。

4. 保护森林资源，减少碳排放，发展代木包装

森林资源是陆地生态系统的主体，具有多方面保护生态系统的重要作用，而且能吸收固定大量的碳，减少碳排放，具有重要的"碳减排"意义；我国在世界上属于森林覆盖率

较小的国家，因此保护森林资源、发展代木包装对我国具有特别重要的意义。代木包装可以纸代木（瓦楞纸板、蜂窝纸板箱）、以塑代木（塑料周转箱、塑木包装箱）、以钢代木（集装架、集装箱）、以土代木（菱镁土包装箱）、以竹代木（竹胶板箱）等。从节约资源和保护环境的角度看，以我国具有丰富资源的竹或其他植物纤维取代木纤维具有重要意义，我国纸包装中现使用非木材浆的已为数不少，有近 1000 万，占世界上非木材浆的 80%~90%，这些非木材浆的原料是稻秆、麦秆等农业废弃物，焚烧这些农业废弃物将全部转化成二氧化碳；若将这些农业废弃物用来制浆生产包装，则至少可减少排放一半以上的二氧化碳，所以今后进一步扩大利用竹或其他植物纤维制造非木材浆的纸包装、用高强度竹胶板箱取代木包装箱对"碳减排"而言应用前景十分广阔，也是我国包装对减少全球碳排放作出的一大贡献。

5. 引进碳排放权交易、积蓄碳汇，是包装碳减排的重要途径

《京都议定书》规定：应对气候变化由发达国家带头减排、发展中国家无须强制减排（即"共同但有区别"原则），发达国家须在 2008—2012 年将二氧化碳、二氧化硫等五种温室气体排放水平在 1990 年的基础上平均减少 5.2%。由于发达国家在现有基础上进行碳减排的成本比发展中国家高 5~20 倍，所以单靠自身减排能力很难满足《京都议定书》设定的目标，于是《京都议定书》同时规定发达国家可以通过资金援助和技术转让的方式在没有减排指标的发展中国家实施环保项目，通过购买经认证后的减排量来履行减排义务。这种方式形成的市场运作机制称为清洁发展机制（或称碳排放权交易）CDM（Clean Development Mechanism），由此产生了碳排放权交易（碳汇）市场。

包装引进碳排放权交易，积蓄碳汇，赚取碳汇的途径有很多：

植树造林：森林的光合作用能吸收固定大量的碳，减少碳排放。人工林固碳定量虽比原始林低很多，但只要提高蓄积量，注意保护生物多样性，人工林还是很好的碳固定载体。目前，我国已有一些省市通过植树造林减少碳排放，与买方进行了森林碳汇贸易。中国绿色碳基金会确定每吨二氧化碳的吸收指标可卖 178 元。重庆森林工程拟建 5500 万亩森林，每年可吸收二氧化碳 2750 万吨。

发展代木包装：巴西政府在哥本哈根大会上推出"通过减少砍伐和毁坏森林而减少碳排放计划"，以保证森林可持续发展，我国生产出口的竹地板就受到巴西政府的推崇和奖励；我国多年在代木包装发展上取得令人瞩目的成就也可能成为一种碳汇形式。

从发达国家引入先进技术进行技术改造、淘汰高能耗设备和落后产能，将经认证后的碳减排量再卖给对方，也是一种互利的碳汇方式：如我国钢铁行业积极依据联合国提倡的清洁发展机制，从工业发达国家引入干熄焦余热发电、小高炉发电、燃气/蒸气联合循环发电等项目，再将减少的二氧化碳排放量卖给需要的发达国家，从而在获得收益的同时加快了淘汰落后产能的速度。

第四节 回收处理包装废弃物的重要举措

参照国外对包装废弃物的回收处理的经验，回收处理包装废弃物需要认真了解3个问题：一用是国家立法，强制限制包装废弃物；二是建立专门的包装废弃物回收再利用体系；三是开发回收再利用，尤其是回收再生技术。

一、国家立法，强制回收

1. 包装环保法规的两种类型

为保护环境，节约资源和能源，许多工业发达国家均首先以国家立法的形式，用强制手段对包装废弃物进行回收处理，对包装资源进行循环使用，通过立法来管理包装的生产、流通和使用，以立法来促进绿色包装的发展。加强法律、法规、政策的引导和规范是保证废弃物资源化在各方面、各环节互相配套和正确衔接的一项必不可少的重要手段。

包装废弃物的回收利用涉及产品的设计部门、生产企业和商业消费者，是一项系统工程。具体而言，其包括组织上解决回收网络的设置、回收再生工艺的研究、回收设施的建设、金融税收的优惠、成绩的奖励；技术上采取安全、经济、先进的回收再生技术；管理上采取科学有效的措施等。这一切没有一个完善的法制体系是不可能的，它需要严密的立法为资源的回收利用奠定基础。发达国家为此而制定了一系列法律、法规和章程，以解决废弃物回收、储运、保管、再生、利用、处理和处置过程中的各种问题。

目前，各国实施的包装废弃物回收利用法规概括起来可以分为两种类型：

① 单一性的包装法规。如禁止或限制某种包装材料的使用等。

② 综合性的包装法规。如欧盟、德国、法国等制定的包装废弃物处理法令等。它的立法原则主要是"污染者付钱"及"推动包装技术进步"。各工业先进国家普遍认为，当代包装工业应对包装污染生态环境的状况负有重要的责任，为此制造商、进口商和零售商应负起包装废弃物回收与利用的责任，对商品包装所带来的污染予以控制。

综合性的包装法规一般包括3个方面的内容：一是从包装材料的使用和限制上规定减少包装废弃物的措施；二是对制造商和销售商明确规定对其生产和销售的包装制品承担回收、再利用和处理的责任，规定各类包装废弃物回收率及循环利用的指标；三是建立使包装材料再循环的回收再生体制、机构及运营办法，规定可回收包装的标志，如欧盟和德国的"绿点"标志。

2. 德国的包装环保法规

德国是世界上最重视包装废弃物回收和环保工作的。德国包装废弃物在1990年时占生活垃圾重量的30%和体积的50%，根据当时的垃圾产生状况，基于对资源、垃圾场容量和塑料能源利用方法的有限性，预计到2000年垃圾填埋的处理能力将达到极限。德国于1991年通过《德国包装条例（Verpackungsgesetz）》（简称《包装条例》），1996年《循环经济法》正式生效。《包装条例》的实施首次形成了循环经济思想,成为推动德国包装废弃物再生利用的决定性动力。德国也因此建立了世界上第一个包装废弃物回收再生利用系统(双向系统,DSD)。《包装条例》对所有包装废弃物的回收规定了具体的定额指标和期限。

德国《包装条例》的原则是:①包装必须保护环境,而且所用的包装材料能再利用与回收。②通过以下手段减少包装废弃物的产生:为保护商品与销售商品,包装的数量与质量应限制在最低范围之内;在技术条件许可并与商品有关规定一致的情况下,必须使包装有再次使用的可能;若无再次使用的条件,包装材料可再生循环后加工利用,最大限度地减少包装垃圾的焚烧或填埋,节约资源。③明确规定包装回收与再利用义务。对于运输包装,制造商和销售商有义务回收使用过的运输包装,会同公共废弃物处理组织,实施再利用;若消费者希望接受运输包装商品,则应履行销售包装回收义务;运输、销售两用包装视为销售包装处理。二重包装(中间包装、销售二重包装)商品的销售商有义务在销售店内或销售店附近拆取二重包装免费回收;销售商在自身无法除去二重包装时,有义务以明确、易懂的告示告知消费者在销售店或附近拆取二重包装并放置在合适的地方;销售商有义务在销售店或附近,为消费者提供方便的二重包装回收箱。不同材料,即使无标签说明,也应尽可能分类投放。对于销售包装,销售商有义务在销售店或附近,免费回收消费者使用过的销售包装。④对于可回收商品包装采用"绿点"标志。"绿点"标志印刷于包装的主画面,表示该包装被接受为零售包装,同时该包装材料是可以回收再生的。包装商必须向废弃物回收循环公司 DSD 付费才能取得该"绿点"标记。同时要与该公司的回收中心订立合同,如果是塑料包装,包装商应向塑料材料测试机构 VGK 付费,以证明该塑料是可以回收的,回收中心凭 VGK 的证明才能接受回收。使用塑料的包装商也可以预先向塑料可回收再生顾问公司 EwVK 进行咨询,该公司是一种免费组织,提供关于塑料包装的回收再生性的免费服务。取得"绿点"标记,一般可以通过在德国的代理商代为申请。"绿点"标记的收费率按包装尺寸而定。

3. 美国的包装环保法规

美国在 1965 年就制定了《固体废弃物处理法》,并成为第一个以法律形式将固体废弃物利用确定下来的国家。美国目前管理陆地废弃物的两个主要法规是 1984 年国会通过的《资源保护与回收法》和《综合环境响应、补偿和责任法》,其中《资源保护与回收法》是目前世界上比较详细、完整的一部法律。该法强调国会要资助各州政府的环保局建立有关废弃物处理、资源回收、环境保护的规划与回收技术及设备的研究与开发,资助专业人员的培训等。美国于 1988 年开始实行环境标志制度,有 36 个州联合立法,在塑料制品、包装袋和容器上使用"绿色标志"。甚至还率先使用"再生标志",以证明其可重复回收,再生使用。1994 年,美国已有 37 个州分别立法并各自确定包装废弃物的回收定额,有 100 多项回收再用法律生效。佛罗里达州政府推行《废弃物处理预收费法》,为了鼓励包装容器生产商支持该法的实施,该法规规定只要达到一定的回收再利用水平即可申请免除包装废弃物的税收。

美国现无类似于欧盟及德国等国家的包装法令。作为世界工业大国,美国于 1973 年颁布了《军用包装材料废弃处理》标准,并于 1993 年由 36 个州立法通过一项塑料回收标志办法。美国立法规定，所有境内行销的产品，都要打上这个标志，既不需要负担太多额外成本，又可大大增加消费性塑料回收率。美国在全美化学工业协会及州政府推动之下，这个塑料分类标识活动很快在全美普及（图10-1）。

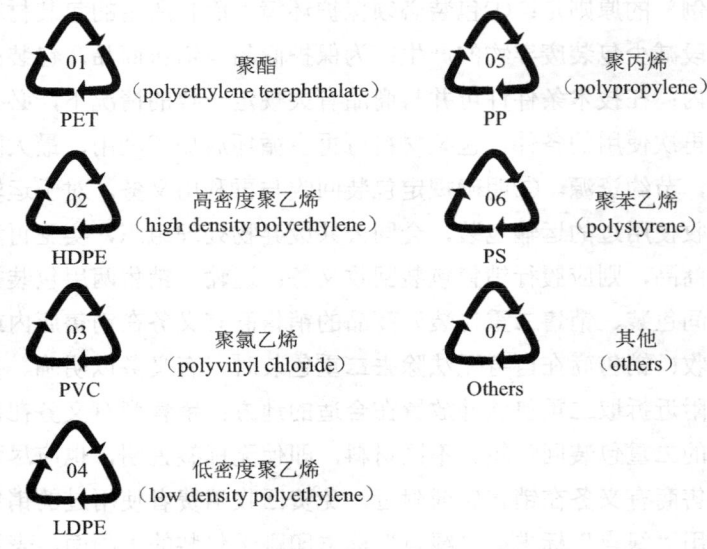

图 10-1 美国塑料回收标志

美国在立法回收包装废弃物的做法上，与欧洲存在以下区别：

①美国强调制定总体回收目标，而不是对某种具体材料提出指令，回收对不同材料和产品采用不同方式。欧洲一些国家则较注重各种材料的回收目标，如德国和英国等。

②美国强调让市场、经济和环境因素来决定各种材料的相对回收率，并认为可回收物品也是商品。在欧洲则较注重立法作用和统一回收率及行动时间表。

③美国拒绝制定不合理的高回收目标或建立不现实的短期组织机构，提倡长期回收运动。欧洲较注重制定高回收目标及保证体系。但欧洲方式运行成本较高，有时回收材料会充斥市场。如德国的回收处理成本为 500 美元/吨，而美国回收处理成本为 100～200 美元/吨，约为德国的 1/3。美国回收材料由于主要是市场因素驱动，因此更适合市场需要。

④美国主张让最基本的废弃物的收集、分类和处理由政府机构来做，认为欧盟的二元收集处理系统的同时运行将导致过高成本。

⑤美国强调处理所有固体废弃物，而不仅是包装废弃物。废弃物问题应当作为一个整体提出来加以解决。

⑥美国的另一原则是当废弃物转变为能量，或即使是掩埋具有更加经济或环境意义时，不强行再生利用。美国经验表明：再生利用可以扶持，但不能强制实行。从实际效果看，欧洲方式具有较高的回收再利用率，且各成员国比较统一，而美国方式回收成本低，经济效果更好。欧盟于 1994 年正式通过《欧盟包装指令与废弃包装物指令》，以协调各国的包装法规。

4. 我国的包装环保法规

20世纪90年代，由于塑料袋和发泡塑料制作的一次性快餐盒在我国大量使用，造成破坏景观、污染环境、危害人体健康的所谓"白色污染"问题。环保等部门曾多次下达指令，但收效甚微。目前，保健品等的过度或欺骗性包装问题也受到各方关注，亟待立法解决。我国现在对固体废弃物的管理方针是"以减量化为基础，无害化为主体，资源化为目标"，当前以发展填埋、焚烧处置技术为主，但也积极重视研发回收利用技术。

目前我国尚未建立起一个完整的包装废弃物法律体系和包装废弃物回收利用体系。我国有关包装废弃物的立法主要是参考ISO 14000和德国、欧盟的有关法令或指令于2018年制定GB/T 16716—2018《包装与环境》中的GB/T 16716.1—2008《包装与包装废弃物的第一部分处理和利用通则》，其主要内容有：

①应回收和复用包装的品种有：纸包装，即瓦楞纸箱、硬纸板箱、纸夹板、各类纸袋、各类纸盒、纸浆模塑制品、蜂窝纸板制品、纸托盘等；木包装，即普通木箱、框架木箱、胶合板箱（桶）、纤维板箱、运输包装木制托盘等；塑料包装，根据国务院环境保护行政主管部门制定、调整并公布废弃塑料制品强制回收利用目录的要求，凡列入回收目录的塑料包装或容器可回收利用，未列入回收目录的则禁止回收利用，均按包装废弃物的办法处理；金属包装，即薄钢板桶、镀锌铁桶、铝桶、铁塑复合桶等；玻璃包装，即各类玻璃酒瓶、饮料瓶、罐头瓶、医药瓶等。

②回收包装复用的办法有：原厂复用，即把完整无损或虽有破损，但经过修整能够重新使用的包装，供给原商品生产厂家使用；同类通用，即对统一规格尺寸的包装，在生产同类商品的厂家通用；异厂代用，即将原厂家暂不用的回收包装，通过试装、套装，改作异厂使用；改制包装，即将破损较多或找到原物复用销路的包装作原材料，按使用单位要求的规格尺寸重新制作包装；改制其他产品，即利用回收包装作原材料改制其他产品，使之废物利用，一物多用，变废为宝。同时，还可从回收的相关废弃塑料中重新提炼柴油和汽油或其他有用物质，让其重归大自然；原制品再生，即利用回收包装作原材料生产同类或不同规格的包装产品；能量回收，即将包装废弃物在焚化处理时所产生的热能加以充分利用。

③对包装废弃物的处理原则是：为加强包装废弃物的处理，全国各大中城市凡有条件的均应建立专门的回收处理机构及相关企业。在处理一般包装废弃物时，应按其性质分离、分类管理，贯彻节约资源的原则，尽可能综合利用或作回炉处理，确实无法利用的方予最终处理。其最终处理必须交专门的回收处理机构实施。包装废弃物的处理应及时，并符合我国乃至国际环保的有关规定。包装废弃物的储存、运输和处理，应将有害包装废弃物和无害包装废弃物加以分离，并分别严格按各自的技术要求进行处理。包装废弃物在储存、运输和处理过程中，应针对废弃物各自不同性质采取有效的防护措施，确保操作人员的安全，防止发生意外事故或其他危害。

④规定包装废弃物处理的技术要求有：无毒害的包装废弃物可采取焚烧的办法处理。附着有爆炸物污染的包装废弃物应在消除爆炸物后方能进行焚烧或填埋处理。有害包装废弃

物在堆积、运输和处理时应有明显标志。盛装过农药或其他毒害品的包装废弃物在未作无害处理的条件下，只能作填埋处置。包装废弃物的堆积、运输和处理应用专用场地和设施，防止雨淋、潮湿、霉变、渗漏、飞扬、外泄及产生恶臭和污染。该办法还规定，对回收的包装资源应做好储存、清洗、分类、整理打包等工作，避免雨淋、暴晒、受潮、虫蛀和污染；危险品包装应单独储存和运输。可降解塑料包装制品与非降解塑料包装制品也应分开储存和运输；运输回收包装的车辆应保持清洁卫生。

我国与包装废弃物和包装有关的法律法规还有《中华人民共和国环境保护法》《中华人民共和国固体废物污染环境防治法》《中华人民共和国清洁生产促进法》《中华人民共和国食品安全法》《中华人民共和国循环经济促进法》等。

2015年施行的《中华人民共和国环境保护法》要求各级政府部门应当引导公民对废弃物进行分类处理，依照规定妥善地解决生活中产生的垃圾，尽量降低生活污染物对环境造成的损害。2016年通过修订的《中华人民共和国固体废物污染环境防治法》要求尽力实现固体废弃物的无害化循环利用，该法第十八条的内容主要涉及的是包装及回收管理，要求避免产品因过度包装对环境造成的更为严重的污染；对于国家强制回收的产品和包装，经营企业必须严格按照国家的有关规定对废弃物进行回收，设置专门的回收场所，并在显著位置安装危险废弃物的识别标志。

2012年通过修订的《中华人民共和国清洁生产促进法》，其中提到了产品包装回收规定内容，对于包装材料使用上要遵循的几项原则，应当综合考虑各种因素，例如产品的生命周期、对生态环境的影响以及对人类健康的影响等，在方案选择上应当优先考虑污染小、无公害、易于回收或者能自然分解的产品包装，产品包装的设计成本和制造成本要严格控制，禁止出现过度包装；国务院经济贸易主管部门应当根据我国目前产品包装的现状制定强制回收产品包装的目录，对于强制回收的包装物，在回收过程中应当秉承经济性原则，能够循环利用的尽量进行再次利用。

2015年开始施行新修订的《中华人民共和国食品安全法》，该法对于直接关系到食品安全的包装器皿、材质以及说明书等有严格的要求，食品的包装材料、包装方式应当按照国家规定的食品包装要求以及卫生要求，包装配备的说明书上应当标明食品的成分、材料、生产日期、净重、产地、生产厂家、生产地址、保质期以及是否含有添加剂等，对于特殊人群以及婴儿食用的产品还应当在产品的包装上注明产品的营养成分以及主要构成。

2009年正式实施的《中华人民共和国循环经济促进法》规定：企业在生产属于强制回收内容的产品或者包装物时，必须对已经使用过的废弃物品进行回收，企业在对产品或者包装物进行设计时，应当坚持减少废弃物以及合理利用资源的目标，选择无毒害、易分解以及易于回收再利用的材料，防止出现不合理的包装导致环境污染。

总体来说：我国针对包装废弃物回收、再利用、管理方面的专门法规尚不健全，不能适应电商蓬勃兴起，快递业迅速发展后废弃包装海量增加的情况。因此参照国外制定包装环保法规的经验，明确"谁污染谁治理"原则，包装的生产商、供应商应对包装废弃物的回收负起经济责任；同时明确判定"过度包装"的标准和限制的对策，尽快制定我国的《包装法》或《包装及包装废弃物管理法》，以此来强化国家对过度包装及包装废弃物的限制、回收、利用和管理。

二、建立包装废弃物回收利用体系

世界上建立包装废弃物的回收利用体系有两种做法：一是废弃物的收集、分类和处理由政府机构来做（美国），二是建立由民营机构和地方政府监督的二元收集处理系统（德国、欧盟）。从运行效果来看，以后者为好，世界上许多国家建立了民营的资源回收再循环机构，负责对包装废弃物的收集、回收、分拣、利用、焚烧、掩埋（或称回收、再循环、处理）。回收再循环机构可由包装链上的公司，如包装材料和包装制品的生产商、进口商、批发商、零售商与回收再循环企业组成一个公司或组织；也可由民间单独或合股组成有限股份公司。欧洲建立的回收再循环机构均负责回收贴有该机构指定的回收再生"绿点"标志（图10-2）的包装废弃物，进行分拣处理，能利用的再利用，能回收再生的就运往各个再生工厂（如塑料再生工厂、铝再生工厂、玻璃制品厂、造纸厂等）进行资源再生利用，不能再利用或再生利用（即再循环）的废弃物即送去焚化炉或填埋场进行焚烧或填埋处理。

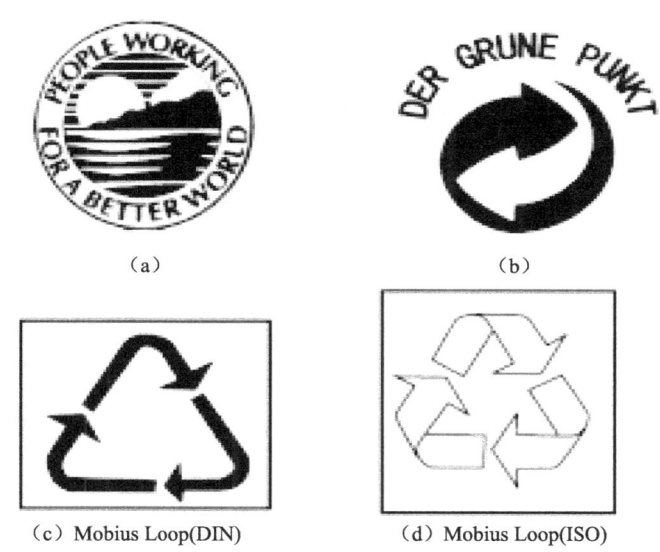

图 10-2 常见绿色标志

欧洲许多国家回收再循环机构的运营都是通过指定回收再生"绿点"（绿色）标志进行。凡参加该机构的企业的包装材料或包装制品均应贴上指定标志，并按产品的数量缴纳机构费用。贴有回收标志的包装废弃物，均由回收再循环机构负责回收利用和处理，不带标志的包装废弃物则不负责回收，而由生产商、销售商自己回收，并且必须再利用及处理，不能污染环境。

回收再生标志的种类较多，美国消费者委员会通过调查，归纳了如图 10-2 所示的 4 类。（a）标志是制造商的标识语。"People working For A Better world"意为"人们为更美好的世界工作"，是一种宣传语。（b）标志是德国 DSD 使用的已支付了处理费的"绿点"标志，目前在欧洲已有越来越多的国家使用。（c）标志是德国标准化组织 DIN 登记，用以表明回收塑料材质的三角形标志，其间要填上表明塑料类型的数字，与图 10-1 所示的美国塑料回收标志相似。（d）标志的弯曲箭头的标志是在 ISO 注册的回收标志，称为茂比斯环，用以表明该包装可以回收或含有回收材料。ISO 统一回收标志是有意义的，不一致的标志系统在世界上使用会妨碍国家间的贸易发展。下面重点介绍德国的 DSD 回收再循环机构（包装废弃物回收利用体系）。

（一）德国 DSD 系统

DSD 公司由来自包装工业、消费品工业和商业的大约 95 家工商企业在德国工业联邦联合会和德国工商会的倡导下成立的私营经济机构，也是目前唯一依据包装条例专门从事包装废弃物收集、分选和再生利用的全国性政策执行和协调机构。DSD 的工作就是对获得它的许可证的包装废弃物进行回收、分类、处理、循环使用。DSD 一方面在全国范围内设立方便消费者的回收体系，另一方面还必须实现所规定的回收目标。

DSD 公司是非营利性组织，享受包装法规规定的免税政策，有 380 余名员工，由 3 人组成董事会负责具体运营，并由包装制品企业、产品生产企业、销售商店以及废弃物管理部门各出 3 名代表组成拥有最高权力的监督机构；由包装工业、消费品工业、商业和垃圾处理经济业的 12 名代表组成监事会（负责监督董事会的工作）和由政界、工业界、商业界、经济界和科学界以及消费者组织的代表组成管理委员会（负责协调各有关机构和组织的工作）；由政界、工商界、科研单位与消费者组织再组成顾问委员会，作为 DSD 与各类社会团体的媒介，协调公司的工作。

DSD 回收公司在全国的回收体系是依靠其与 537 家私人及废品管理公司签约以及与大约 900 家地方政府达成协议而建立起来的。DSD 回收公司为了公众利益与私人企业签约，是一种不受地域经济限制的模式。在这一领域，它不仅有着积极影响，还促进了业务的发展与生产进步。DSD 公司作为一个私人所有，从事为公众利益服务的组织，在国家环境政策要求的前提下，以收费经营的方式，协调地方政府、废弃物管理部门与回收公司各方的利益，明晰各方职责权益，使回收工作得以顺利开展。

DSD 公司没有政府人事和财政上的支持，是非营利性股份公司，其经营活动所需资金来源于向企业颁发"绿点"标志所收取的许可证费。德国政府不对 DSD 公司进行监督，由 16 个州政府来进行监督。DSD 公司必须每年向州政府提供数量流量报告，证明其已达到包装条例中对每一种包装材料规定的回收利用率。为保证达到规定的回收利用率，包装条例规定 DSD 公司的回收系统必须设在最终消费品附近并遍布整个区域，对已回收和分选的包装物不允许采用填埋的方法处理。

"绿点"标志是 DSD 公司的许可证使用标志。DSD 公司对委托他们给包装废弃物回收的包装企业及进口商发放许可的"绿点"标志并收费，收费标准根据包装的类型、重量、体积等进行计算。塑料包装的费用比其他所有材料的费用都高。复合包装根据不同的材料按比例计费。在德国所有在包装上印有"绿点"标志的销售包装，都由 DSD 公司负责进行回收利用。DSD 公司利用专门设置的垃圾收集箱进行回收和分类，然后运往 DSD 的签约企业——再生工厂进行加工再生（或制成其他产品），实现再循环生产。据统计，2000 年 DSD 公司已拥有使用其"绿点"标志的企业 17900 个，回收 34000 万吨包装废弃物，并进行了有效的回收与再利用。

"绿点"标志许可证对限制和减少废旧包装材料起着重要的作用。包装上没有"绿点"标志的商品在德国商店的货架上几乎看不到，因为商店如销售没有"绿点"标志的商品，那么商店就必须自己履行回收再利用的义务。工商企业为了减少"绿点"许可证费，不断优化其包装与包装材料，大量减少了包装废弃物并节约了资源。

德国双向回收系统（DSD）是成功实现对全国商品包装废物进行回收利用的专业组织，建立了较为完善的回收利用系统，包括废物的收集、分拣、统计，分拣废物的再生利用，并负责废物追踪、数据收集和向环境保护主管部门报告。DSD 是德国唯一由企业组建的一套完整的全国性的回收系统。

DSD 公司按照包装条例规定，在统一现有的收集分类系统的同时，就所采用的操作方式与各地政府进行协商，因而对"绿点"废旧包装物没有统一的收集系统。总体上讲，有送往系统和收取系统两种基本类型。DSD 的送往系统和收取系统，即"双向回收系统"，是 DSD 运作收集的一大特点。

送往系统是指消费者自己收集使用过的包装并送到住所附近的回收箱中。每个家庭直接进行分类回收，将纸类和玻璃（按颜色不同再分类）包装，送往附近的回收箱分别投放。塑料、复合材料、铝、马口铁等轻质包装使用黄色回收袋或回收箱，而纸和纸箱则使用其他色的回收袋或回收箱。

收取系统是指在黄色垃圾回收桶、袋中回收的轻型包装（塑料包装、复合软包装、饮料箱、铝和镀锡板包装等），由 DSD 公司委托的回收处理公司定期收取。有些地方废纸也采用收取系统回收处理，即捆扎收集或收集在蓝色垃圾桶内，由回收处理公司取走。收取系统是 DSD 公司的标准模式。与地方政府垃圾回收系统相反的是，DSD 公司不向家庭收取费用。DSD 公司在整个收集、分类、处理和再生利用的过程中只起监督、管理和协调的作用，并不具体参与收集、分类、处理和再生利用的操作。垃圾回收处理公司是与 DSD 公司签订合同的合作伙伴，他们的任务是根据和相应县、区的协议完成必要的回收和分选工作。

DSD 公司回收处理工作促成了两个方面的进步。一是促成企业为减少回收费用而减少包装用材或改变材料组分，降低生产成本，促成企业使用对环境友好并可回收利用的材料，促成包装减量化，不少企业淘汰了作为辅助包装的纸盒或金属罐，促成玻璃包装轻量化，从而在保护环境的同时有效地节约了资源。二是促成了分类处理技术不断进步，成本不断降低。早先的分类处理技术是十分复杂的，1999年DSD公司建立了第一家轻质包装全自动分类处理厂，可以处理汉诺威市110万人口产生的轻质包装废弃物，对塑料废弃物先聚合成块，再进行粒化，得到了质量较好的回收塑料；DSD公司在特里尔市支持私人和地方政府建立了另一所分类处理轻质包装废弃物的先进现代化处理厂，该厂将轻质包装废弃物干式机械分类技术与塑料分离新技术结合起来，在近红外高科技的支持下，使塑料废弃物分成PE、PP、PET、PS 4个品种，纯度超过92%。分类处理新技术在德国的广泛应用，使包装废弃物分类成本降低了50%，回收塑料的品质也得到了很大的提高，从而培育了再生原材料市场。

"绿点"标志在德国乃至国际上已成为一种权威的绿色包装"通行证"，没有"绿点"标志的商品在德国是不受欢迎的。DSD公司已建立了一个先进的、行之有效的回收利用的循环经济体系。在它的强烈影响下，欧盟通过了一系列包装准则，要求所有成员国均需采取措施，建立使用回收标志的废旧包装回收系统。由此，采用"绿点"标志的国家在欧盟和其他地区发展开来。可以看到，奥地利的ARA回收系统，法国、西班牙等国的回收体系都是基于德国的DSD系统而建立的。DSD系统提供了一个良好的典范与开端，它必将对人类合理使用资源、保护生态环境、发展循环经济、促进社会可持续发展作出积极贡献。

"绿点"标志作为财经标志在全世界170多个国家得到保护并申请了专利，同时得到欧洲联盟和国际世贸组织的承认。DSD公司将使用这一标志的权利转授给了由DSD公司成立的欧洲控股公司欧洲包装回收组织。该标志已在奥地利、法国、比利时、西班牙、葡萄牙、卢森堡以及爱尔兰等国应用。此外，瑞典、挪威、希腊、英国和日本也与DSD公司建立了联系。

（二）建立我国的包装废弃物回收利用体系

我国至今尚未建立专业的包装废弃物回收管理系统，对包装废弃物的回收处理还远未形成规模，没有进入产业化和科技化阶段，很多地方的废品回收还局限于个体收购者走街串巷式的自发行为，个体回收存在假冒伪劣、扰乱市场的缺陷。虽然目前在一些大城市已经开始实施垃圾分类回收，但在广大的中小城市和农村地区，人们的垃圾回收意识和环保意识依然薄弱，尤其是电商蓬勃兴起，废弃包装海量增加，给环境保护造成巨大负担！过去相关管理部门对快递过度包装的治理也出台过《快递暂行条例》《邮件快件绿色包装规范》《快递包装绿色产品认证规则》等一系列制度规范，但内容多属倡导性、鼓励性要求，很难对快递企业和个人形成刚性约束，即便一些快递行业龙头积极推广电子面单、瘦身胶带、包装回收箱，但大量地方代理商仍然难以被有效监管，快递废纸箱在垃圾桶堆积如山的情况仍得不到治理。为此国家邮政局相关人士已于2022年10月表示，将主动与上下游有关部门协同治理，通过出台限制快递过度包装等强制性国家标准，像"限塑"一样，以更强的政策执行合力倒逼生产企业、消费者、包装回收企业等上下游全链条共同努力，推动快递包装"绿色化"。

因此，回收、利用、管理好包装废弃物，须尽快制定一部法律效力强的包装及包装废弃物管理法规，同时也须建立起有效的回收处理系统，成立专业化的包装废弃物回收处理公司，对此可借鉴外国经验，尤其是德国DSD的经验，成立专业的包装废弃物回收公司来组织包装材料的回收再利用。该公司可由全国或地方的包装链企业（包括包装材料生产商、包装产品制造商、销售商及负责再循环处理的部门）联合成立。按照市场机制运作，该公司可通过对废弃包装回收进行收费来运作，对于加入回收利用系统的生产商和销售商可以在其商品包装物上使用统一回收的专用标志，以表示市场准入。

专业的包装废弃物回收公司通过与环卫部门协调配合，建立起包装废弃物回收网络及加工体系。回收网络应包括设在居民区内的废弃物交投点，它负责收集居民家庭的废旧物资；与交投点和区域内单位相联系的回收站则负责回收企事业单位、物业管理部门的废旧物资和集中交投点的废旧物资；集散中心负责把回收站收集到的废旧物资加以整理和粗加工，并运送至利用"二次资源"的工厂进行回收再生利用的加工；利用"二次资源"进行生产和加工的工厂是网络中不可缺少的部分，也是能产生经济效益的环节。回收网络不仅要提供分类垃圾箱、运输设备等废弃物回收设备，还应把分类后的包装废弃物运往回收站分类打包，最后再运到包装废弃物处理工厂分别进行处理，能复用的再次使用，能再生的，运往各个再生工厂（如塑料再生工厂、铝再生工厂、玻璃厂和造纸厂）再生利用，不能复用或再生的废弃物，则送往焚烧和卫生填埋场进行处理。

专业的包装废弃物回收公司对包装废弃物回收处理情况应按时反馈到环保部门，以便于环保部门对有关法律、法规提出合理的意见和建议，以进一步完善法律、法规，完善整个包装废弃物的回收处理体系。

三、开发包装材料的回收再利用技术

开发包装材料的回收再利用技术是做好回收处理包装废弃物的技术支撑。针对各类各种包材开发出符合卫生标准、理化性能和低碳环保的回收复用和回收再生技术十分重要！详见本章第五节和第十一章。

第五节　回收包装废弃物的处理处置技术

一、包装废弃物的层次管理原则

包装废弃物属于固废物，其处理处置技术也类似于固废物。固废物处理处置技术主要有五种，即回收复用、回收再生、堆肥化、焚烧和填埋。对这五种处理处置技术如何应用，欧洲经历了一个认识过程，早先对固废物的管理主要是重视处理处置（图10-3），到20世纪末，西方工业国家对城市固废物管理经历了一场革命性的转变，这场革命的核心内容就是从单纯的收集、处理处置转向了废物避免和回收循环利用，形成了图10-4所示的倒金字塔式的管理模式，被称为固废物垃圾综合管理模式（IwM），即对固废物的管理在收集和分类

后，先将能回收再利用的物质再利用；不能再利用的物质进行焚烧，回收热能；对不能再利用也不能进行焚烧的物质才最终处置——卫生填埋（图10-5）。

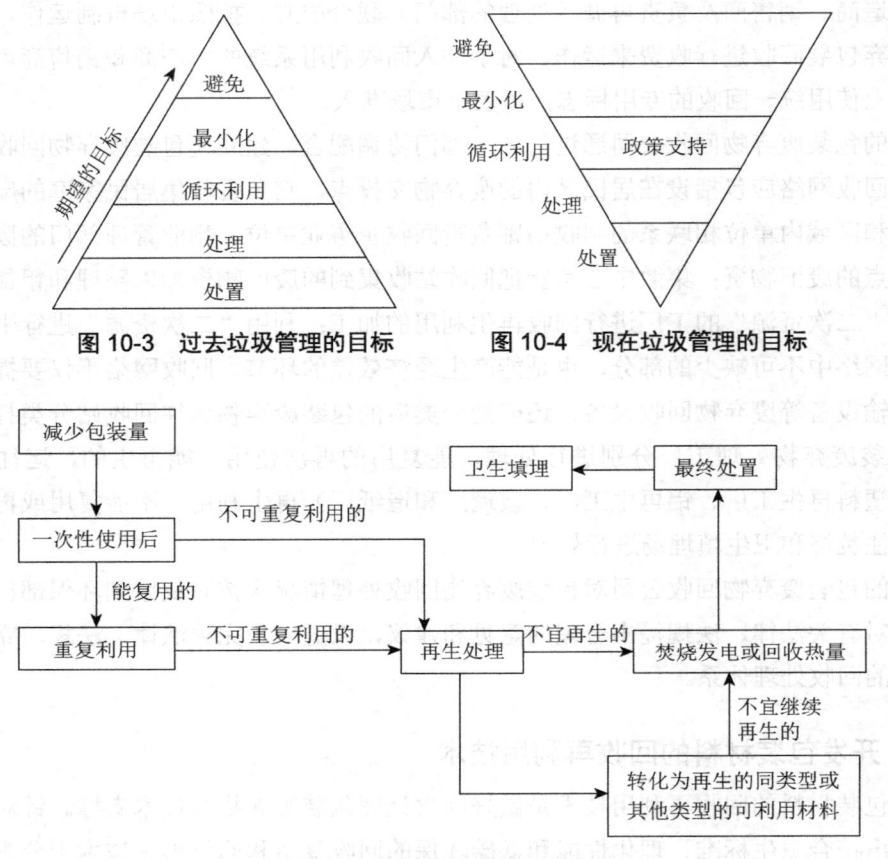

图 10-3　过去垃圾管理的目标　　图 10-4　现在垃圾管理的目标

图 10-5　包装废弃物的处理流程

在垃圾综合管理（IwM）模式基础上。欧洲首先形成了对固废物管理的层次原则，具体情况如下：

①先是避免和减少固废物的产生，即对产品和包装在产品结构设计时尽量减少使用的量，即减量化，从源头上减少废弃物。特别是减少那些处理难度大、处理时产生污染严重的包装品种。包装减量一方面可减少污染源，降低回收处理费用；另一方面可节约资源与能源。包装减量的办法包括：改进产品设计和制造工艺；改进产品的包装设计，减少包装用量，如用经济包装或用大容器包装；设计可再重复使用的包装，并开发耐用的和可进行修复使用的包装制品；减少包装材料的有毒化学物质，尽可能用单质包装材料制作包装，对于复杂材料包装宜采用易拆卸分离的结构；同时，还应尽量选用不加镀层、涂层的包装材料。

②废弃物产生后，应对其进行收集和分类，凡能重复利用和可回收再生（包括材料再生和进行堆肥化，生产农肥）的应先进行回收循环利用。

③不能再利用，但含有要求热值的物质，可进行焚烧，焚烧的目的一是回收热能，可用

于供热及发电,二是对最终处置的废弃物进行减容。

④对热值太低,又不能再利用的物质以及焚烧后的炉灰,可进行最终处置——卫生填埋,在具备条件时,卫生填埋产生的填埋气体(沼气)还可进行回收利用。

欧洲提出的固废物管理层次原则已为世界许多国家所接受,也应是我国对包装废弃物在内的固废物的管理方向。

二、包装废弃物的再利用技术

如前所述,对城市固体废弃物(MSw)包括包装废弃物的处理处置有填埋、焚烧、回收复用、回收再生和堆肥化五种方法。通常将回收复用、回收再生和堆肥化称为回收再利用技术;填埋和焚烧称为最终处置技术。图10-6是回收包装废弃物的主要处理处置技术。由于各国国情不同,对MSw的处理方法也有较大差别,日本进行填埋、焚烧和回收利用的分别为23%、64%和13%。

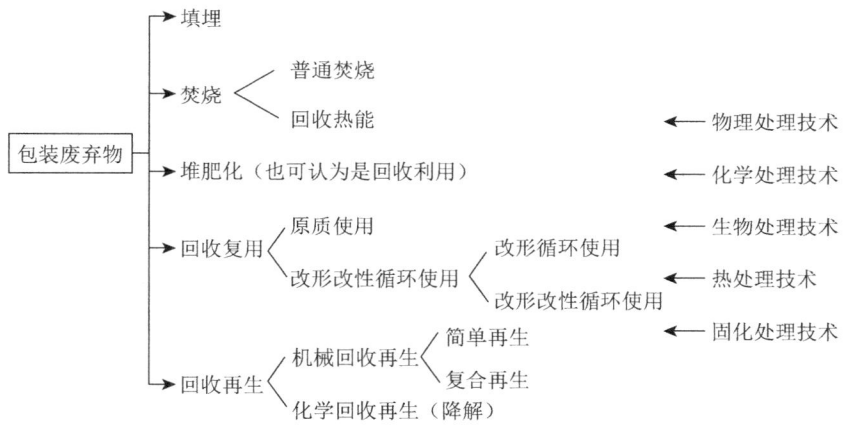

图10-6 包装废弃物回收处理技术

1. 回收复用

回收复用是一种有效节约原料资源和能源、减少包装废弃物的重要手段,也是发展循环经济的重要内容。废旧包装的回收复用比起再生利用是更大的节约,很多包装材料尤其是运输包装在经过一次甚至是数次使用后基本完好,只需稍加修整或消毒即可再次使用。例如,饮料周转箱和托盘、塑料托盘、周转箱、大包装箱、大容量饮料瓶、装液体用塑料桶、可折叠小周转箱、可折叠大周转箱、刚性托盘容器、专用可回收容器等。包装回收复用时有两种形式:

(1)原质使用:指不改变包装的性质和品质的重复使用,也即进行包装原有功能的回收利用。毫无疑问,不使用非一次性的包装或材料是节约资源和减少废料污染的有效途径。可通过包装立法对玻璃、塑料容器(啤酒瓶、饮料瓶等)及塑料托盘、周转箱实行押金或租金制度,强制进行回收复用。另外,还应将饮料软包装改为瓶装,减少一次性包装。

（2）改形改性循环使用：指将用过的包装或包装材料回收，再次进行处理加工后，使之成为有价值的产品加以使用。有的进行处理后要改变原来的形状，而不改变性质，但有的进行处理后则又改变形状又改变性质。

循环是减少和利用包装废料的一种重要方法。在发达国家为了提高包装的循环量，曾立法要求生产部门使用一定量的再生料，并发展技术以减少循环的费用，使循环包装产品的价格能与原始新料包装产品相竞争。循环成功与否还与再生材料的价值、市场和使用比例有关。

改形改性循环使用包装的方法主要有两类。一是改形循环使用，主要是指那些包装废弃物通过回收处理，在处理时将其原有形状结构破坏，但其性质（主要是化学性质）却未改变，再加工后仍可作为原有功能的包装使用，如常见的废纸及废纸箱（盒）等以及塑料包装的回炉，它们分别进行制浆造纸和熔炼制膜便可制得包装用的纸、塑料装（箱、盒、袋等）。二是改形改性循环使用，指彻底改变包装废物的形状与性质的处理，最后得到有价值的另一种非包装产品，如将塑料包装废物回收进行特殊的处理得到汽油。

发展回收复用包装可采取以下对策：

①推行押金制度和有偿回收。用于包装废弃物管理的经济手段主要有排污收费、产品收费、押金退款制度，实行有偿回收。押金、退款制度对回收包装废弃物很有效，很多国家都在实施。瑞士推行了一种每个罐头盒、每个饮料容器预付 0.5 法郎的押金制度，以保证包装容器的回收利用。瑞典、美国、澳大利亚等国对金属罐实行押金退款制度，返还率达 80%～90%；丹麦、芬兰、德国、荷兰、挪威、瑞典等国对塑料饮料容器实行此项制度，返还率均超过 60%，特别是挪威、瑞典对 PET 瓶的押金退款制度使之返还率达到 90%～100%；对玻璃瓶的押金退款制度最为普遍，如丹麦、奥地利、比利时、芬兰、德国、法国、瑞典、美国等。美国还实行一种"有偿回收"的办法，在一些公共场所设置玻璃自动回收机，当空瓶投入机器后，会自动付出硬币。机器将空瓶压碎，再按透明和有色两种分类储存。

②开发灭菌洗涤技术和重灌装的浓缩产品，提高回收复用率。瑞典等国重视使用灭菌洗涤技术，使 PET 瓶重复使用 20 次后废弃，有一家最大的乳品厂近年还推出一种重复使用 75 次的聚碳酸酯塑料瓶。德国大量使用可回收的碳酸酯瓶罐，采用新技术，可回收再利用 100 次以上。美国等国大力发展浓缩的洗涤用品和相关的重灌装技术，如 Downy 和 Tide 等织物洗涤品均是可重灌装的浓缩产品，其重灌率达到 40%。

③发展周转包装和可回收包装，努力提高运输包装的复用率。食品及禽蛋的周转箱已在我国推广使用，集装箱运输，尤其是灌装散ف水泥也在我国发展很快，在日本和我国还研究开发了钢桶的修复技术和设备，努力提高钢桶的复用率。

新思界产业研究中心制定的《2018—2023 年全球及中国可回收包装产业深度研究报告》指出，全球可回收包装市场规模将从 2018 年的 379 亿美元增长到 2023 年的 512 亿美元，预计汽车、耐用消费品和食品、饮料等行业对可回收包装的需求将持续增长，又以汽车行业为甚。澳大利亚 Brambles 是可回收包装市场的主要生产厂家,该公司生产可重复使用的塑料包装箱、托盘(塑料、木材)、专用可回收容器、垃圾箱和安全处理设备。美国 Schoeller Allibert 是一家全球性包装制造商,提供可回收的运输包装解决方案,包括可折叠小周转箱、可折叠大周转箱、刚性托盘容器、饮料周转箱和托盘、推车,以及可折叠的中型散装容器。

在汽车、耐用消费品等行业发展可回收包装,作为运送商品的载体,有利于抑制物流活动对环境的污染,减少资源消耗,也有利于规划和实施运输、仓储、装卸搬运、流通加工、包装、配送等作业流程的物流活动,从而能有力促进实现绿色物流。我国目前在汽车及家用电器等行业已普遍推广使用可回收包装。

2. 回收再生

回收再生也称为再资源化技术,是保护环境、促进包装材料循环再生利用的一种最积极的废弃物回收处理方法,是 MSw 和包装废弃物处理的主要方向。回收再生技术分为机械回收再生技术和化学回收再生技术。机械回收再生又可以分为简单再生和复合再生两种。

简单再生主要用于包装容器厂家的边角废料,也包括易清洗回收的一次性使用的废弃物,其成分比较简单、干净。再生料可单独使用或以一定比例掺混在新料中使用,并可采用现有工艺和设备,是目前主要采用的行之有效的方法。目前,塑料包装回收优先采用这种回收方法,此法受到技术与经济因素的制约,必须分类回收。

复合再生主要用于商品流通消费后通过不同渠道收集的包装废弃物,这种废弃物杂质多、脏污较严重。复合再生主要包括材料回收再生和改性回收再生,它们是当前回收再生的主要方式,各国都投以较大的人力和物力进行研究开发。

化学回收再生作为协调塑料与环境的可行性办法受到了各国的重视,该方法也被称为废塑料的最终分解再利用,它把塑料废弃物由聚合物分解为单体、化合物、燃料等可再用成分,使塑料回收真正成为闭环过程。回收再生后的产品不再以塑料形式出现。它具有大量处理废弃物的潜力,既能实现再资源化,又能达到真正治理塑料固废物对环境的污染。典型的化学回收再生,进行最终分解再利用的例子是废塑料热分解油化技术和解聚单体还原技术。化学回收再生虽然从反应机理而言并不新颖,但要全部进入实用化还有不少工程技术问题有待解决。

3. 堆肥化

堆肥化就是将废弃物运到市郊或农村作肥料处理,此法要求包装废弃物必须具有足够的分解度,以便在进行化学处理时能够被分解,并适于制作农田堆肥。

堆肥化是古老的、传统处理生活垃圾的方法,但随着技术的进步和生物降解塑料的开发,近年来开始被欧美国家认为是处理大规模 MSw 的可行性方法。具有导向性的欧盟的规划中把堆肥化作为包装材料回收利用的一种方式,即重新利用有机废弃物来改良土壤,并正在建立有机物回收和堆肥化联合会(ORCA)。该联合会以欧洲政府部门和立法局的名义印发有关堆肥化文件,论述有关 MSw 的堆肥化不但可作为正在受到威胁的泥土的补给,而且有助于阻止欧洲大陆质量的逐渐下降。德国、英国、法国在新的有关废弃物处理法规指导下，也开始把堆肥化作为一种回收利用方式。德国目前约有15个城市采用堆肥化方法处理MSw中的有机成分，拟广泛推广应用堆肥化系统，并建议生物降解包装材料的堆肥化应当被认为等同它们的回收。

堆肥化技术虽已逐渐进入实用化，并被认为是一个有发展潜力的处理方法。但目前还存在一些问题，特别是尚缺乏堆肥化产品的质量标准，意大利、法国一些地方曾出现对某些堆肥化产品杂质含量过高的抱怨。因此进一步完善堆肥化设备与处理技术，提高产品的肥效，尽快建立堆肥产品的质量标准是堆肥化技术能否迅速开展运用的关键。

我国堆肥化技术的研究已经起步，为使之在改良土壤、增进肥力方面发挥更大的作用，今后应更进一步加大研究和应用力度。

三、包装废弃物的最终处置技术

通常将填埋和焚烧（焚烧也可回收热能，用于供热和发电）称为固废物的最终处置技术。欧洲大多数国家以焚烧为主，美国以填埋为主。

1. 焚烧

焚烧即将废弃物丢入焚烧炉中焚化，是日本和欧洲国家处理MSw的一种有效方法。焚烧处理效率高，能彻底消灭固废物中的病毒细菌，副作用小，是一种比较彻底又方便的处理方法。

由于有些废弃物焚烧时会产生有害气体及烟尘而造成空气的二次污染，形成公害；尤其是排放物可能导致酸雨，剩余灰烬中残存重金属及有害物质，对生态环境及人类健康造成危害；加之焚烧炉设备投资大、处理费用高，因此现在单纯焚烧处理已逐渐受到限制，而回收热能用于供热和发电的焚化日益受到重视。

焚烧主要是针对具有较高热值的塑料类及布袋、草袋类等包装废弃物。焚烧废弃物可获取能量，可最大限度地减少对自然环境的污染。良好的焚烧装置不会引起二次污染，但造价很高，设备损耗及维修运转费用高，必须形成规模，才能取得经济效益。近几年，丹麦等国家的焚烧技术已达到很高的水平，焚烧后不会造成空气的二次污染，而且焚烧时的热能可用于发电。

为此，一方面对焚烧炉进行改进，设置排烟脱硫设备或电器吸尘机，使垃圾充分燃烧；另一方面，则通过焚烧回收热能，用于发电。通过焚烧回收热能和发电被认为是一种再资源化手段而日益受到重视。日本和欧洲一些国家主要通过焚烧发电，比利时等国则通过焚烧供给工业用蒸汽。卢森堡90%的MSw用于焚化处理，丹麦为75%，日本为64%。美国则认为焚烧排放的气体有害国民健康，浪费可用资源，焚烧回收热能的成本又很高，因此使用焚烧的比例比西欧和日本低。但近年美国业已开始重视这方面技术的发展。

我国人口众多，消耗的废弃物绝对数量也多，焚烧对我国应是一种处理废弃物可选用的方法，尤其是焚烧后能量可供发电、取暖，有较大的经济效益和社会效益。

2. 填埋

填埋是将包装废弃物深埋于地下，要求至少不影响地表植物的生长。在填理过程中，需要对填埋单元进行防渗处理，并用无毒无害的覆盖材料按规定技术要求覆盖垃圾表面，并对收集到的渗滤水进行处理。

填埋作为垃圾的最终处理方式是处理量大、技术简单、经济省力、历史悠久的一种最简单的方法，具有处理成本较低，处理技术相对简单、利于推广普及，可选用非耕地作为填埋场（如滩地、山谷、低洼地、沟渠等），无须对垃圾进行预处理等特点。

填埋同时也是 MSw 处理中最下策的方法，占用了地球上有限的土地资源，同时废弃物长期掩埋地下缺少氧化，自然降解缓慢，不利于生态环境，且易造成二次污染（如污染地下水源等）。现代化的填埋场地增设了防渗衬垫，设置了渗出液引流装置和甲烷排放装置，虽然避免了普通填埋场的缺陷，但却使投资和填埋处理费急剧增加。有人认为把性能尚未充分利用的包装材料填埋掉，对资源是一种极大的浪费。

近年随着 MSw 的迅速增加和填埋处理费急剧增加，填埋这种方式已被德国等许多国家所摒弃。对于我国，在其他方法尚未普及起来的时候，利用城郊农村的山谷、低地填埋，也不失为解决废弃物处理的一种方法。

第十一章　包装材料的回收再利用技术

包装废弃物回收再利用除回收复用外，主要指回收再生。回收再生制成的新包装材料和制品，较利用天然原材料生产包装材料更能节约能源，如回收铝材制成新的包装材料较从铝土矿制造铝材能节约能量95%；回收钢铁或玻璃废品将节约从原矿石或石英砂生产这两种产品所需能量的50%左右；塑料废弃物回收再生制成零件或包装容器，比纯树脂制造塑料节约能量85%～96%。在使用质量上，回收的金属和原金属没有什么差别，回收的塑料和纸张一般比原材料的使用价值差一些，但仍然有用且便宜。而且许多包装材料再生时加入少量的原有材料后还可提高其强度、韧性等，令使用价值提高。因而回收再生材料（制品）具有较好的耗能比和使用价值。

包装材料（制品）多属一次性使用，废弃物量大；虽然它们的原材料来自石油、铁矿、铝钒土、石英砂等不可再生资源，但由其生产的塑料、钢板、铝板、玻璃等又均属可再生的材料。包装废弃物是当前世界公认的，也是最易操作具有回收经济价值的废弃物，从而使包装材料循环再生成为当代循环经济的典型。

包装废弃物回收再利用前需进行预处理。预处理包括分选（手工分选和机械分选）、清洗（型材清洗和碎材清洗）、分离（密度、漂浮、静电、流体、热、溶解、光学分离）、干燥、破碎、压实等工序。

第一节　纸包装材料的回收再利用技术

纸包装材料主要指瓦楞纸箱、各种纸盒、纸箱、纸罐、纸袋及相关的广告纸板等。这些纸包装材料从本质上讲，并非单质的纤维材料，还包括了在印刷、制箱、成型（板与立体结构）工艺中，加入的各种辅助材料，如油墨、胶黏剂、表面薄层（涂料与塑料薄膜等）、铁钉等。因此，这里所讲的纸包装材料回收利用只是以纤维材料为主体的纤维材料。

一、纸包装材料回收利用的途径与方法

纸包装材料回收利用途径与方法多种多样，主要有两大类，一类是作纸包装原料，将其制成浆；另一类是制成与原包装功能不同的各种制品。

纸包装材料回收利用制成纸浆的方法是将回收的废弃纸包装原料、经过软化、分散后，再通过过滤、离心分离除去铁钉、胶、塑料膜和其他异物，最后得到纸浆。这种回收纸浆根据用途不同，还得用表面活性剂将印刷油墨乳化分解，使用这种回收纸浆时可按不同比例加入原纸浆便可制得不同的包装用纸。

纸包装回收利用还有下列途径：

将回收的纸包装进行粉碎、制浆、制成农用育苗钵，或称纸模营养钵（制造时纸浆中加入营养剂）。将回收的纸塑复合包装材料进行打碎制浆，变成纤维浆，再经模压制得花钵或花盆（真花或假花均可）。

纸塑包装制品，特别是多层复合的无菌包装饮料罐（筒、砖形盒等），进行分类回收利用十分困难，可将其直接碎后再加胶黏剂，再模压（高温高压）而得到画板、文具盒、文具筒、玩具等。

另外还有将多种包装回收纸进行破碎后，加入特殊的胶黏剂制成各种家具。

还可以对回收回来的瓦楞纸纸板和其他纸板较厚的纸盒，进行清洁处理，再根据其材料的质量设计成各种工艺品、超市货物陈列托盘等。这种利用是对包装纸箱板不进行破碎的原形使用，在发达的欧洲国家较为普遍。

二、纸包装材料回收利用中的制浆工艺

纸包装回收利用中的制浆工艺包括碎解分散与疏解。

1. 碎解分散

纸包装的碎解分散主要是将废纸用水软化后，再用化学或机械的方法把黏合成块的纤维分离出来，即制浆。废弃纸的碎解分散就是将废弃纸用水力碎浆机破碎使之成为纤维悬浮液，然后经离心与搅拌等方式使废弃纸中的各种杂质和水分去除。

2. 碎解分散设备及碎浆程序

水力碎浆机有许多种类，如立式、卧式，单转盘、双转盘，间歇式、连续式等。它的主要构件是槽体、转盘、底刀环。转盘的圆周度为1000m/min，槽体直径 1～6m，容量为 34～57m³，生产能力为 4～200t/d。其中废纸碎解制浆主要用立式机，图 11-1 为立式连续操作的水力碎浆机工作原理。

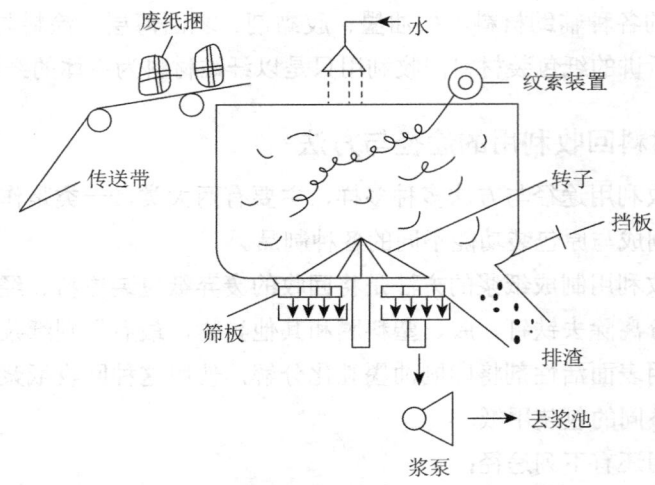

图 11-1 立式连续操作的水力碎浆机工作原理

碎浆机工作原理：利用转盘转动时带动水产生涡流，使废旧纸在水的回转和回转刀刃的切断下碎解成为纤维悬液。

立式水力碎浆机的制浆程序是：废纸捆经过传送带连续运到碎解机的进料口处，经过拆捆将整包的废纸投入碎浆机内。纸在机内通过机械的高速旋转运动而被碎解，而废纸中夹杂的破布条、绳索、铁丝、塑料膜等杂物经过绞索装置将它们拉成辫状拖出来。对于那些相对密度较大的杂质，如金属、砂石、玻璃等则从底部排渣通道排出。

在整个碎浆过程中，破浆温度，转盘转动速度及废纸浓度是关键的三个影响因素：①提高温度可促使废纸软化，易碎解，易降低其内黏度加快流动速度，减少动力的消耗，这种加热可采用废气加热，温度控制在 25～80℃ 为好。②转盘速度决定破碎纸浆和分散纤维的时间，速度太快动力消耗大，所以要作综合考虑，进行最佳的选择。③在能保证碎解良好地进行下，适度提高废纸浆浓度不会影响碎解的速度，还可提高工作效率。

3. 疏解

疏解指进一步分散碎解制浆纤维，以提高其纸浆质量。在碎浆中，往往由于碎解程度不够充分，碎解机动力消耗过大而难以胜任，所以还要采用二级碎裂设备疏解机来完成，它消耗动力少，疏解效率高。疏解机的种类较多，如多级疏解机、高频疏解机、纤维分离机等，通常使用效果较好的纤维分离机。它一般安装在水力碎解机之后，利用废纸与杂质之间的相对密度差，进一步去除浆料中的重（轻）杂质，同时通过设备中筛缝和水力作用使纤维疏解。经过二次疏解，可获得较洁净的纸浆，纤维损失小。

4. 废纸制浆

废纸制浆与一般的造纸制浆原理及流程相似。只是省掉其中一些工序，如蒸煮等。具体可参考相关的制浆造纸资料，现只列出废纸回收制浆的主要工艺流程以供比较，见图 11-2。

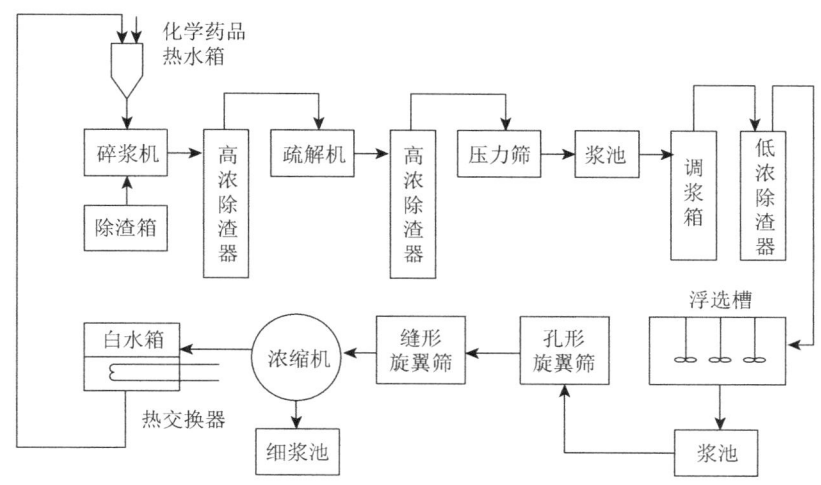

图 11-2 废纸回收制浆的主要工艺流程

三、废纸脱墨

废纸脱墨是废纸制浆重新再生的关键环节。原废纸经过印刷后存有各种痕迹或颜色，如不在碎解时将颜色彻底脱除，那么造出的纸浆无法使用。脱墨过程应与碎解过程同步进行。

印刷油墨主要是以炭墨、颜料以及一些填充剂等粒子分散在有连接料的溶剂中（连接料是具有一定相对分子质量的聚合物树脂、植物油、矿物油、松香等），这些颜料粒子包裹于具有黏性的连接料中经印刷而黏附于纸张的纤维上；而脱墨则恰好是与之相反，是将油墨彻底从纸上剥离脱除，也就是说要破坏这些粒子与纤维的黏附力；为此要采用各种方法，或用化学药品，或采用加热与机械的共同作用，使连接料皂化并溶解，导致油墨和颜料从纤维表层分离下来。

脱墨方法有浮选法、蒸煮法、洗涤法、超声波法等多种，而目前使用最多的是浮选和洗涤法。

（1）浮选法：浮选法是清洗油墨粒子的一种较有效的方法。其工作原理是采用表面活性剂絮凝油墨粒子，通过体系内的放气管产生的气泡吸附油墨粒子后上浮而将油墨粒子分离。其原理如图 11-3 所示。从图 11-3 可以清楚地看到浮选法的工作体系及原理：在注有废纸浆液的浮选槽内，微小的气泡从下而上穿过浆孔，将分离后的油墨粒子吸附于气泡上，然后升到槽液面形成泡沫，再由真空抽除设备将附有油墨的泡沫抽去。

（2）洗涤法：洗涤法是一种最简单的脱墨方法。其工作原理是一边分散脱去附着许多油墨的纤维，一边加入表面活性剂，利用表面活性剂的亲油性与油墨强烈吸引在一起，在表面活性剂的亲水性与水介质强烈作用下而使油墨粒子与纤维分开而分散于水介质中，以便于通过冲洗过滤将油墨除去。

洗涤法脱墨所用设备为浓缩洗涤机。该机工作时利用浓缩与反复冲洗，过滤浆料使其中的油墨粒子除去，过滤的废水可经澄清循环再用。在脱墨过程中，为了使油墨有效地脱离纸浆纤维，还必须加入脱墨剂。其脱墨剂品种很多，但无论哪种脱墨剂，其成分主要是皂化剂、分散剂、吸收剂和漂白剂等。

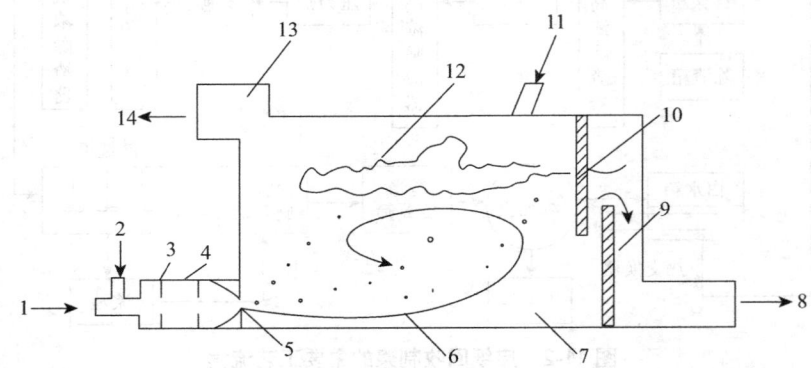

1-含油墨的悬浮液入口；2-空气入口；3-充气室；4-混合室；5-入口喷嘴；
6-流动方向；7-分离槽；8-脱墨后的悬浮液；9-堰；10-挡板；11-通风口；
12-泡沫；13-真空抽泡沫；14-油墨出口

图 11-3　浮选法脱墨原理示意

四、去除废包装纸中异物

废包装纸中的异物取决于废包装纸的来源和种类。废包装纸的回收利用目的不同，对其异物清除要求也有不同。废纸中混入塑料是造纸原料的主要障碍，因此必须除去废纸加工中的塑料薄膜或热熔物。包装材料的塑料薄膜混入纸浆中，抄纸时易挂在网上，可用陈化椰子酸乳液等清洗剂除去；但复合纸上的塑料或热熔物则不能用简单的方法除去，这些塑料多为聚乙烯，其代表产品是牛奶纸盒。

牛奶纸盒原纸采用 100% 优质中性硫酸盐阔叶木浆作原料，牛奶盒上复合聚乙烯层大多经过印刷。如果能用压力筛浆机将聚乙烯复合层除去，只把原纸充分疏解出来，就可同未漂硫酸盐木浆一样使用。压力筛浆机能很好地去除塑料、热熔物、铝箔、金属、橡胶、沥青等加工杂质。

第二节　塑料包装材料的回收再利用技术

一、废旧塑料的分类回收

用于包装的塑料大致可分为两大类，热塑性塑料和热固性塑料。热塑性塑料是成型后可被熔化、再成型的塑料；热固性塑料成型后不可通过压力和加热使之再成型。几乎所有用于包装的塑料都是热塑性塑料，如聚乙烯（PE）和聚丙烯（PP）（均为聚烯烃族的成员）、聚苯乙烯（PS）、聚氯乙烯（PVC）、聚对苯二甲酸乙二醇酯（PET）、尼龙、聚碳酸酯、聚醋酸乙烯、聚乙烯醇等。部分热固性塑料用作涂层，尤其是罐头的涂层，还有一部分用于容器的盖罩，某些热固性塑料也用于现场发泡的聚氨酯衬垫中。

废塑料的分类回收是指依据废塑料的使用过程和成分的差别进行回收。生产过程中塑料制品厂产生的废塑料由于比较干净、成分单一，容易分类回收；大量的商业包装用废塑料也相对容易回收；使用后的塑料制品可依据其主要成分进行回收，例如农膜、家用塑料袋一般是聚乙烯（PE）制成；编织袋、绳、汽车用保险杠、仪表盘一般是聚丙烯（PP）制成；废旧塑料鞋底、硬质板材管材一般是聚氯乙烯（PVC）制成；各种泡沫制品、保温材料一般是聚苯乙烯（PS）制成。分类回收的难度主要在于回收价格问题，如果人们都觉得回收废塑料有利可图，分类回收就容易实现。

塑料分类回收后，经过分选（人工分选、磁选分选、风力分选、静电分选等），清洗（人工清洗、机械清洗），破碎（破碎设备上进行破碎或剪切）后，即可进行再利用。

二、重复利用的回收工艺与原则

再作包装的直接回收利用指将回收来的塑料包装，不加任何物理与化学的变性与变形处理，而是利用其原有的结构、形状、功能直接用于原来的包装产品或其他相关产品的包装。

1. 技术与工艺

再作包装的直接回收利用技术与工艺路线为

分类→挑选→初次水洗→酸洗→碱洗→消毒→二次水洗→硫酸氢钠浸泡→再次水洗→蒸馏水洗→50℃烘干（低温烘干）→待用（成为成品包装物）。

其中挑选是十分严格的，一定是刚用后就丢弃的，基本没有什么污染，上面无划痕，透明、光滑如新瓶一样方属基本合格。

各道工艺都围绕着清洗和清毒进行。特别是作为食品包装的直接回收利用，在烘干前还应增加一道检验工序，以检查是否达到相关（所要包装）食品包装的卫生要求。

作为非食品或对化学成分要求不是很严格的产品包装，如机油、洗涤剂等包装产品，相对卫生要求不是很严格，根据具体情况，消毒工序可以不要。不过要视其回收的包装是否用于有毒物品的包装，如农药包装等。如果回收的是有毒产品包装，清洗和消毒处理要求也是很严格的。

2. 应用范围

本技术与工艺主要适用于一些硬质、光滑、干净、易清洗的较大容器，如托盘、周转箱、大包装盒及大容量的饮料瓶、盛装液体的桶等。这些容器经过技术处理，卫生检测合格后便可重新使用。

可再作包装直接回收利用的产品主要有：食用油瓶、饮料瓶（矿泉水、可乐饮料等）、工业用油瓶、桶（机油、润滑油等）、桶装水、食品及超市售货与供货周转箱及托盘、建筑材料（粉体类）及饲料袋等。

3. 注意问题

关于塑料包装回收利用中的重复包装直接利用，应注意利用的一些相关问题。特别是在具体的回收利用实施过程中，需严格坚持如下几个原则。

（1）同一物原则：塑料包装回收前的包装物品应与回收后的包装利用所包物品相同。即原来是植物油包装瓶回收直接利用也应用于植物油的包装，不宜去包装其他物品。因为有些物品改变包装材料后有可能产生对物品不利的化学反应，这又需要试验、验证和检测，尤其是食品。

（2）同一性原则：有的塑料包装其化学成分较为稳定，可能实现更物包装的非同一种产品的包装。但最好坚持原来是包装酸性物品的，回收利用最好也用于包装酸性物品，即回收前后包装物品性质应相同。

（3）同一行原则：指回收前用于包装农药行业的塑料包装，回收利用后也作农药行业产品包装，依此类推，前包装日化品后也包装日化品；前包装食品后也包装食品等。

（4）否决性原则：对于某些产品的包装，不能直接利用的坚决不用。例如药品的包装，就是绝不能直接使用回收利用的包装。

（5）准确性原则：对某些回收利用的塑料包装，有关信息必须清楚、准确，不清楚的绝不直接利用。如回收来的塑料包装，无法判断该包装是用于何种产品的包装（或曾包装过何种产品），绝不轻易直接利用。有必要时进行有关检测化验。

（6）规程严格性原则：对直接回收利用，应有严格的处理规程。坚持严格分类和消毒与检验。否则会因直接回收利用包装而造成重大失误（产品变性、人畜中毒等）。

三、原料型直接回收再生技术与工艺

原料型直接再生利用是指废旧塑料经过相应前处理直接破碎塑化，再进行成型加工制得再生塑料制品的方法。直接再生利用也包含加入适当助剂组分（稳定剂、防老化剂、着色剂等）进行配合，加入助剂只是起到改善加工性能、外观或抗老化作用，并不能提高再生制品的基本力学性能和改变理化性质。直接再生利用的废旧塑料依据来源、清洁程度、混杂程度、使用目的的不同可以分为三类：第一类是把单一品种的干净的废塑料直接循环回用或经过破碎后加以利用，例如工厂产生的边角料等不合格品、商业部门回收的包装料和防震材料这类废旧塑料不需要分拣、清洗、鉴定，大都经破碎后掺入新料中使用；第二类是必须经过鉴定、清洗干燥、破碎后造粒或直接塑化后成型，例如废农膜、使用后的一次性塑料制品、家电配件和外壳、汽车配件等；第三类是经过特别的预处理后再利用。总之，废塑料直接再生利用也是简单再利用，有的可直接回用；有的经过粉碎、切碎后再经简单加工为填充物、防震包装材料，生产无纺布、隔音隔热板、加塑混凝土和土地改良剂等；还可以熔融切片造粒，作为半成品出售。

1. 技术原理

塑料包装原料型回收利用技术原理指废旧塑料，经前期处理破碎后直接塑化，再进行成型加工或造粒，有些情况需添加一定量的新树脂，制成再生塑料制品的过程。它可采用现有技术、设备，既经济又高效。在这个过程中还要加入适当的添加剂（如防老化剂、润滑剂、稳定剂、增塑剂、着色剂等），能改善外观及抗老化并提高其加工性能，但对材料的力学强度和性能无影响（不会提高而尽可能减少强度的降低）。

2. 工艺

塑料包装原料型回收利用工艺路线为

粗洗→破碎→清洗→干燥→塑化、均化→造粒或制品。

塑化工艺就是将废旧塑料放于塑料混炼机或塑料挤出机内，经机内螺旋辊的旋转挤压，同时加热使之熔融，直接造粒或成型制品。

均化工艺是将废旧包装塑料、各种助剂或改性剂（增塑剂、润滑剂、稳定剂、抗老化剂等）实施混炼，使之均匀混合的一种技术。均化有两种方式：一是混炼与塑化同步完成，即将破碎的废塑料与各种助剂（增塑剂等）捏合，均化后直接成型得到制品（容器等）；另一种是均化后造粒，均化造粒可使各物料混合得十分均匀，这也是作为回收利用中提高原料质量的关键。

造粒是将废塑料经熔化挤出后用快速运动的刀具将其切成均匀的细小颗粒。造粒工艺有冷切造粒与热切造粒两种。冷切是挤出的熔体经过冷水槽冷却后由切粒机切成粒。热切是熔体挤出后直接被旋切刀切粒，同时用喷水雾的方式加以冷却，以防颗粒之间相互黏结影响质量。

3. 回收工艺与设备

利用这种回收的粒子原料制造各种制品（包装与其他），其工艺完全可利用现有塑料成型加工工艺与设备，主要包括挤出、注塑、压延、吹塑、模压、热压、发泡、浇铸、纺丝成型等工艺及设备，这些成型工艺与设备都较为成熟并在塑料成型加工中广泛使用，可参考塑料加工与设备方面的资料。

4. 其他问题

所得到的回收塑料原料粒子的使用应注意如下几点。

（1）降低使用。完全使用回收原料粒子加工包装制品，可能得到的包装制品质量达不到原生料所制包装的要求，这时可采用降低使用的方式。

（2）按比例加入使用。将原生料与再生料按一定比例配比，然后制造包装，以提高质量。

（3）复合处理。将用回收再生塑料粒子制得的包装与其他高性能材料复合，以提高再生塑料包装性能。

（4）加入增强成分。在用回收再生塑料粒子制造包装的过程中，加入提高包装性能的添加剂，以提高再生塑料的包装性能。

四、改性型回收再生技术与工艺

废塑料大量的再利用是采取复合改性利用，它能改善再生料的力学性能、满足专用制品要求，包括采用活化的无机填料进行的填充改性、用纤维进行的增强改性、用弹性体进行的增韧改性、用不同树脂制备高分子的合金改性、改变废塑料高分子链结构的化学改性等。

塑料包装改性回收再生方法有两类：一类为物理改性，即通过混炼工艺制备复合材料和多元共聚物；另一类为化学改性，即通过化学交联、接枝、嵌段等手段来改变材料性能。

废塑料的改性处理，也会造成材料某些方面的力学性能的降低，例如，增韧改性提高了塑料的耐冲击性能，但却使其模量下降了，因此，废塑料的改性利用要根据实际情况加以取舍。

1. 物理改性

废塑料的物理改性是建立在混炼工艺基础上，借助混炼设备完成的改性技术。物理改性包括活化无机粒子的填充改性、废旧塑料的增韧改性、废旧塑料的增强改性、回收塑料的合金化等多种。

（1）活化无机粒子的填充改性：这种填充改性主要是用活化后的无机填料加入废旧热塑性塑料中，既降低生产成本，又可提高制品的强度。这种改性要有量的控制，同时还要配以较好的表面活性剂，以增强它们之间的亲和性。

废塑料的活化无机粒子填充改性所用的无机填料主要有 $CaCO_3$、高岭土、硅灰石、滑石粉、钛白粉、云母、氢氧化铝、玻璃微珠等。它们各有独特的性能，对塑料的填充起到了独特的作用。如 $CaCO_3$ 惰性高、无毒、不含结晶水，填充塑料可提高抗冲击性能，在加工温度下使塑料稳定性好，成型硬化时收缩率小；又如氢氧化铝，粉末细微质轻、呈白色，加入塑料中可以起阻燃的作用。

填料表面与树脂表面在复合过程中形成界面层，对再生材料性能影响很大。为取得较好的复合效果，要对填料进行活化处理。其方式是用偶联剂与填料充分均匀混合，使两者紧密亲和，偶联剂的加入量一般为填料的 0.5%～2.0%。

（2）废旧塑料的增韧改性：增韧改性就是在旧塑料中加入弹性体或共混热塑弹性体（TPO、TPR、TPV），通过共混来提高再生塑料的韧性。

废旧塑料再生后往往抗冲击性能较差。原因是材料在使用中老化了，大分子链有所降解，所以力学性能有所下降。其耐冲击性能随老化程度加剧而逐渐降低。

对于废塑的增韧改性利用有很多实例：例如用橡胶增韧改性，聚丙烯（PP）是一个最普通的例子，橡胶具有良好的高弹性和耐寒性、耐磨性、耐屈挠性，其玻璃化温度均低于100℃，所以将橡胶加入废旧的 PP 或其他塑料中共混，不仅可提高旧 PP 材料的韧性、抗冲击性，还大大改善了旧 PP 材料的耐寒性。在增韧中的投料比通常是 5/95～15/85（质量比），因为橡胶少了，增韧效果不明显多了则使共混体模量下降。共混多采用双辊塑炼机，辊温要控制在 170～180℃，以保证共混的良好效果。表 11-1 为顺丁橡胶 BR 与 PP 共混体的抗冲击强度。

表 11-1　BR 与 PP 共混体的抗冲击强度

质量配比（BR/PP）	CaCO₃/ 份	BaSO₄/ 份	滑石粉 / 份	缺口冲击强度/(J/m)
0/75	0	0	25	23.54
5/70	0	0	25	61.78
5/70	25	0	0	83.36
5/70	0	25	0	77.47

（3）废旧塑料的增强改性：废塑料回收利用的增强改性，是加入纤维，以提高其强度和模量的技术。主要适用于聚丙烯（PP）、聚氯乙烯（PVC）、聚乙烯（PE）等塑料品种。这种改性又称为纤维增强改性，若纤维增强的是热塑性塑料，称之为热塑性玻璃钢；对回收的包装废旧塑料也可以用纤维来增强，但塑料必须是热塑性的。增强后复合材料各方面性能将大大提高，强度、模量均会超过原废旧塑料的值，其耐热性、抗蠕变性、抗疲劳性均有所提高，而制品成型收缩率却变小了；而且这种增强改性过的热塑性玻璃钢可反复加工成型，有很好的应用潜力。纤维增强塑料的机理如图 11-4 所示。

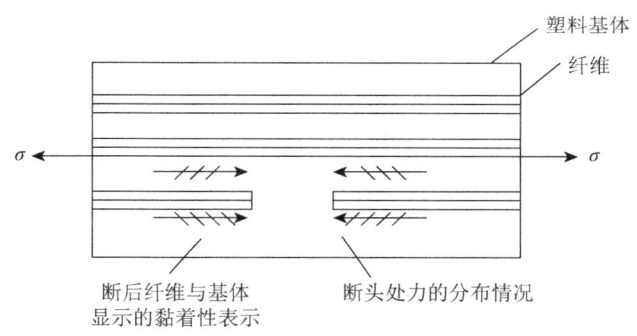

图 11-4　纤维对塑料的增强机理

由图 11-4 可知，这种增强机理是依靠其复合作用，利用纤维的强度以承受应力，利用基体树脂的塑性流动及其纤维的黏着性以传递应力。

纤维增强塑料的加工工艺一般有两种。一种是稍短的纤维，可直接混合塑化造粒；另一种是将长纤维活化在螺杆挤出机的料口送入，然后与塑料融体掺混均匀，最后切粒而成。

材料在复合时，纤维的加入量最高在 30% 左右，过量了往往会导致性能下降，其原因是过量的纤维在机械作用力下受损严重，长纤维变短，所以影响了强度。

纤维的活化一般采用硅烷偶联剂、乳化剂和润滑剂等配合剂共同制成乳液，然后将纤维浸泡、干燥等制备而成。

（4）回收塑料的合金化：废塑回收合金化即所谓高分子合金，又称为高分子共混物，是两种或两种以上的不同结构的聚合物混合体，它是通过物理共混和化学共聚的方法生成具有"金相"结构的多组分的高聚物混合体系。它是当今材料学，特别是工程材料中备受器重的材料，是改善高聚物性能的有效途径。

作为单一的均聚物来说其性能优势有限,因此而受到限制;但若几种聚合物在相容作用下混合为一体,其结构及分子间的力发生了变化,则使材料兼具多种优良的性能,如韧性、耐冲击、耐高温性,还具有高强度和易加工性。回收废旧塑料容器分拣相当困难,可采取合金共融方式直接处理它们,并有目的地加入某种具有特性的主要再生塑料,以达到预期的力学效果,这样将最大限度地利用塑料的废旧资源,发挥再生塑料的使用价值,并获得巨大的经济效益。

制备再生塑料合金的方法,是采用双滚筒密炼机及单/双螺杆挤出机进行密炼,使其各组分在熔融状态下均匀混合,并在充分塑化后造粒或直接成型。

2. 化学改性回收利用

对塑料包装回收利用的化学改性,就是通过化学反应的手段对材料性能改善进行的改性,使其在分子结构上发生变化,从而获得更优良的特殊性能。

废塑料回收利用的化学改性法有多种,常用的有交联改性、接枝改性、氯化改性和原位反应挤出改性等。无论哪种化学改性,其本质是要在原有的大分子链上或链间产生化学反应而改变(提高)材料的性能。

(1)交联改性:回收废塑料的交联改性是依靠分子链上或链端的反应性基团进行再次反应,或在链上接上某种特征基团或接上一个特性支链,或在大分子链间反应基团进行反应,以形成交联结构,从而使高分子的结构改变,改善和提高其性能。

交联改性有化学交联和辐射交联两种。化学交联较为方便,所以普遍被采用。化学交联通常是在材料的软化点之上使材料充分塑化,然后加入过氧化物类的交联剂并混合均匀,使在交联剂分解温度以下进行造粒和制成坯型,待用时再加热到能产生交联反应的温度以上完成固化成型。交联后材料各方面性能均大大提高,如耐寒、耐热、耐磨、耐溶剂、机械强度、弹性上升,克服了分子间的流动、尺寸稳定等。若交联过程中采用轻度交联,即在保持热塑性的前提下提高力学性能最理想。

辐射交联即应用辐射源的各种高能射线(如 γ 射线),将加有交联剂的材料辐射而交联。表 11-2 显示了废旧低密度 PE 膜辐射交联前后的性能变化。

表 11-2 废旧低密度聚乙烯交联前后的性能对照

性能	低密度聚乙烯	
	交联前	交联后
热封温度 /℃	125~175	150~250
拉伸强度 /MPa	10~20	50~100
断裂伸长 /%	50~600	60~90

(2)接枝改性:接枝改性又称接枝共聚改性,主要用于聚烯烃塑料回收利用的改性。接枝改性目的是为了提高聚烯烃与金属、极性材料、无极填料的黏合性或增容性;其原理是在混炼塑化过程中加入接枝单体引起接枝反应。所用的接枝单体一般是丙烯酸类、马来酸酐及

其酯类、马来酰亚胺类等。

接枝改性的方法有辐射法、熔融共混法。两种方法反应过程的原理基本一致，即在过氧化物引发剂存在下，废旧高聚物上的易反应基团先与过氧化物反应，然后断键，形成新的自由基，再去引发体系中的另一种单体或接上另一种组分的聚合链自由基，形成接枝共聚物，从而使材料具有特殊的物理性能和一定的功能，如耐冲击、易于染色、易于感光或易于吸水等。

（3）氯化改性：氯化改性也是针对聚烯烃塑料的改性处理。将废料（PE、PP、PVC等）包装材料进行洗涤、脱水、粉碎后，送入反应釜中进行氯化，即可得到用途广泛的系列氯化再生塑料；氯化改性中需加入液态氯、引发剂和分散剂等。

例如聚乙烯烃氯化改性制得氯化聚乙烯（CPE），其具体的氯化工艺路线如图11-5所示。在100℃左右氯化反应时间大于1h，含氯量可达35%，分级后的粒子具有良好的性能，可用来替代市售CPE。该法可用于PVC（聚氯乙烯）低发泡鞋底和硬质PVC的改性，具有良好的经济效益。

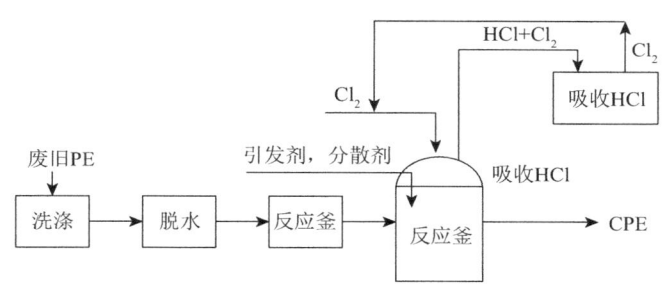

图11-5　制造CPE的工艺路线

经氯化改性后的废塑料，一般均具有很好的性能和用途，例如氯化改性后得到的氯化聚丙烯，它具有优良的黏结性能，可制造胶黏剂，用于黏结PE、PP、PVC、PA（聚合酶）、金属等材料，还可用在包装复合膜、双层PP膜、PP膜纸、PP膜/铝箔等中作胶黏剂，还可以用作涂料、印刷油墨及极性树脂的加工助剂等。

（4）原位反应挤出改性：这种新的改性方法，实质是在特制螺杆挤出机中一边实施组分共混、一边进行接枝化学改性；且可进一步连续地进行改性共聚物的再混合。它可以直接得到改性粒料，也可直接通过成型机或模具成型，体现了改性与成型的连续化。

原位反应挤出的改性及成型工艺的具体操作办法，是用一种长径比很大的（L/D＞40）单螺杆或双螺杆挤塑机一次性地完成共混、改性及成型（或造粒）。

原位反应挤出设备除大的长径比外，在机身适当位置还有几个加料口和减压口，其设备的构造原理见图11-6。

原位反应挤出工艺进行的塑料高分子材料改性及其加工成型，主要优点如下：其一，多相材料的相容性提高，促进了材料热力学稳定及力学性能的稳定；其二，实现了共混、改性、成型连续化，显著提高了生产效率；其三，使通用大品种塑料改性成工程塑料或结构材料成为可能；其四，生产场地面积小，污染少，节能，自动化程度高。

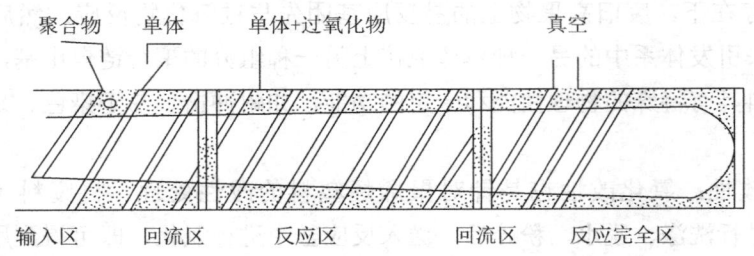

图 11-6　原位反应挤出机原理

该改性工艺特别适合双组分或多组分高聚物间的增容共混，即组分间有极性和非极性的聚合体的共混。接枝反应时的引发剂常用过氧化物。原位反应挤出工艺对原树脂或回收废旧塑料同样适用。

五、分解再利用技术与工艺

废塑料不可能无限地回收循环利用下去，最终总要以不可用废物形式进入环境中，或者改变其塑料的基本物理、化学性质而成为其他物质，下面是几类典型的最终分解处理再利用技术。

1. 废塑料热分解油化技术

热分解是把废塑料在无氧或低氧条件下高温加热使其分解，它可产生各种有机气体，一般温度越高，气态的碳氢化合物比例越高。热分解温度取决于废塑料的种类和组成以及回收的产品。温度超过 600℃的高温热分解主要产物是混合燃料气，如 H_2、CH_4、轻烃；温度在 400～600℃热分解主要产物为混合烃、石脑油、重油、煤油混合燃料油等液态产物和蜡。聚烯烃等热塑性塑料裂解主要产物是燃料气和燃料油；废 PS 塑料热解产物主要是苯乙烯单体，而 PVC 塑料热分解产生 HCl 酸性气体。

废塑料制品中含硫较少，热分解得到的油品含硫成分也较少，是优质低硫燃料。废塑料油化技术最为典型的是废聚乙烯的油化技术，有热解法、催化热解法（一步法）、热解-催化改性法（二步法）。热解法所得产物组成分散，利用价值不大，热解与催化同时进行，优点是裂解温度低，制得的汽油辛烷值低；催化热解法（一步法）是热解与催化同时进行，优点是裂解温度低，时间短，液体收率高，投资少，缺点是催化剂用量大，裂解产生的炭黑和杂质难以分离；热解-催化改性法（二步法）是将废料进行热解后对热解产物再进行催化改性得到油品，是一种应用最多、比较有发展前景的工艺，国内外都很重视这项技术。

目前，我国有关部门已成功研制出利用回收废 PE、PP 塑料生产无铅汽油、柴油技术，并已进行规模化生产，生产的成套设备已出口美国，该技术在国际上领先，对于治理"白色污染"是一条很好的途径。其工艺原理如下：将废塑料经初步分拣后加入反应器中，在催化剂及一定温度作用下进行裂化反应,反应后生成汽油混合物,经冷藏进入储罐分离杂质和水分,再加热后进入分馏塔将汽油混合物分开,轻组分为汽油,重组分为柴油,残渣作为焦油处理,重新参加二次反应。

2. 聚苯乙烯塑料制涂料技术

发泡聚苯乙烯塑料(EPS)的发泡剂与分散剂未对树脂在分子结构上发生变化,也未使泡沫体增添树脂的新组分,故可将非PS(聚苯乙烯)泡塑清除,利用PS生产快干漆、防水涂料、白乳胶、地板胶、生物标本胶、指甲油涂饰剂等。

3. 废塑料的水解回收聚合物技术

废塑料的化学分解法适用于较单一品种的无污染型废塑料,比较典型的是水解法。水解法适用于含有水解敏感基团的高聚物,这类高聚物多由缩聚反应而制得,水解反应其实质是缩合反应的逆反应,以聚氨酯(PU)泡沫塑料为例,水解工艺及主要产品如下:

PU泡沫塑料→粉碎→进料(双螺杆挤出机)→300℃→高温挤塑→中间加料口送水→混合浆料→水解→分离产物。

双螺杆挤出机既是制浆混炼室,又是水解反应器,制浆和水解反应约需5~30min。当螺杆低速旋转时,将加入的泡沫塑料进行塑化并在向前推进中与水掺混形成浆料,边混边进行水解,通过温度和反应时间控制水解程度;其水解产物主要是聚酯和由异氰酸酯产生的二胺,二者混合产物的分离可用蒸馏法,先蒸出二胺,后纯化聚酯;也可采用往混合产物加入酸与胺反应使之沉淀,经过滤所得滤液为聚酯,沉淀物则含二胺。

4. 废塑料的焚烧处理回收热能

我国目前并没有专门的废塑料焚烧炉,废塑料往往是和城市垃圾一同焚烧,由于废塑料的热值很高,达到3.30×10^4~4.18×10^4kJ/kg,故随着城市垃圾焚烧量的增加,对于难以回收、再生利用的废塑料,就可通过焚烧回收热量;并且随着城市生活垃圾中废塑料比重日益增加,焚烧回收热能、供给热水、生产蒸汽和发电的作用会越来越大。但是焚烧法投资大,设备损耗及维修运转费用高,还要对燃料产生的排放气体进行控制,防止产生二次污染物对大气环境的影响。

5. 废塑料其他处理方式

废塑料还有许多其他处理方式,诸如用废塑料燃烧产生的碳和氢作为炼铁的还原剂,用废旧塑料制造释放肥料的包膜材料,以及用废塑料作土壤疏松和改良剂,废塑料醇解生产其分离产物等。

六、几种常用塑料包装材料的回收再生工艺

1. 聚乙烯(PE)回收再生工艺

利用废旧PE膜造粒一般采用湿法挤出造粒的比较多,湿法加工采用排水式挤出机2台,上下设置成为一套机组。湿膜直接加入第一台挤出机进行排水、塑化后料物流入下一台挤出机加料口再进行挤出过滤、模头切粒、鼓风机冷却,然后由管道输送至料仓。湿膜造粒

的关键工艺要求是：湿膜加料时（即第一台挤出机）要采用人工强迫饱料加入，才能使湿膜中水分在挤出机的加料阶段自行排除，否则水分会混入塑化段，造成料体中含有水分影响吹膜。湿法造粒原则上只能适用于 HDPE（高密度聚乙烯）废旧膜，但随着造粒加工的发展以及工业废膜与生活废膜的混同，加工时不可能严格地将 DHPE 和 LDPE（低密度聚乙烯）废袋膜挑选清楚，所以造粒加工过程中二者混合料粒比例很大，只需适当调整一下挤出机的温度也可以进行混合料的生产；但生产出来的是混合料粒，如需料粒能够单独进行吹膜使用，则混合比例不应超过 50%，或者按照生产制品的要求来配比废塑料。

2. 废聚丙烯（PP）的再生利用

利用废聚丙烯制作编织袋、打包带、捆扎绳、仪表盘、保险杠等是最常见的利用方法。其再生利用工艺如下：

（1）PP 再生打包带：废旧 PP 塑料进入单螺杆塑化机之前应先进行清洗、破碎、干燥处理；进入单螺杆塑化机后的工艺过程：挤出塑化→打包带机头→冷却水箱→前牵伸辊→加热水箱→后牵伸辊→轧花纹→卷取。

（2）拉丝与纺绳：进入单螺杆塑化机后的工艺过程：挤出塑化→拉丝机头→水冷却→第一牵伸辊→热处理→第二牵伸辊→再热处理→热处理牵伸辊→卷取。

3. 聚苯乙烯（PS）的回收再生工艺

（1）回收再造粒：废旧聚苯乙烯泡沫塑料的主要来源是包装材料和各种缓冲包装内衬。回收材料中含有大量的非聚苯乙烯杂质及油污，在回收处理之前，必须对它们进行分离和清洗；回收再造粒的过程包括熔融造粒和溶剂造粒。

回收再生的聚苯乙烯泡沫塑料综合性能低于原生树脂塑料。因此这种聚苯乙烯颗粒塑料主要用于制造一些低值产品，如纽扣、文具以及一些盆、盒、罐等；如果要提高产品的附加值和品质，可在造粒前加入一些改性剂、脱膜剂、颜料等。

回收再造粒已开发出专门的设备，图 11-7 是英国橡塑研究协会研制的一种聚苯乙烯泡沫塑料的回收设备，聚苯乙烯泡沫塑料由料斗加入，同时加入少量溶剂，加热到 145℃使聚苯乙烯熔融流动底部，再经冷却、粉碎、造粒后即可重新使用。

（2）回收再发泡：聚苯乙烯泡沫塑料多作一次性包装用品。大部分泡沫塑料使用后本身性能和成色变化不大，因此可利用这些泡沫塑料再制可发性聚苯乙烯。回收再发泡利用可最大限度发挥聚苯乙烯的特点，是其回收利用的主要方向。

将再生聚苯乙烯制成可发性聚苯乙烯（EPS），方法是通过浸渍等方法在聚苯乙烯中再加入发泡剂，根据不同的发泡剂加入方法及发泡方法，废旧聚苯乙烯再发泡的工艺过程可分为溶解聚合浸渍法、球化浸渍法、凝胶浸渍法以及珠粒破碎再模塑法等。

4. 聚氯乙烯（PVC）的回收再生工艺

（1）再生 PVC 管材和再生钙塑管材：PVC 管材在我国南方城市有很大的市场，北方城市室内也在使用，它可替代金属管材，其工艺过程为废塑料破碎→粗炼→精炼→粉碎→挤出→切割→成品。

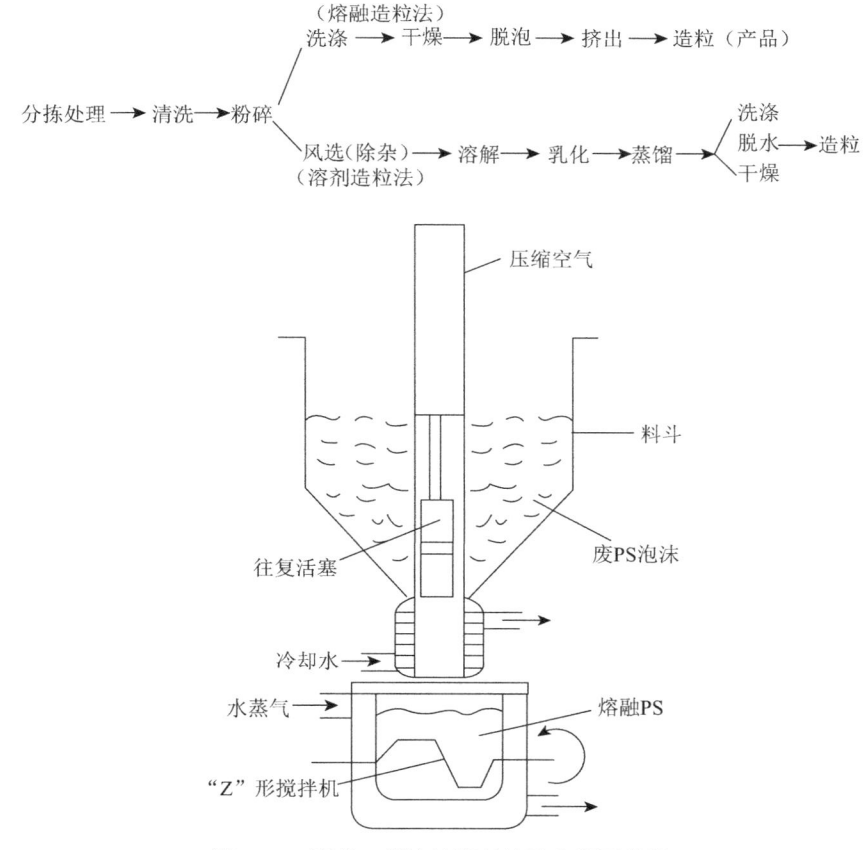

图 11-7 聚苯乙烯泡沫塑料熔融和凝固装置

（2）制钙塑地板，工艺过程为破碎→捏合→粗炼→精炼→放片→压光→冷却→冲切→成品。

（3）回收 PVC 鞋底制鞋底料，工艺过程为清洗干燥→切碎→捏合→挤出塑化→切粒→冷却→包装。

第三节 玻璃包装材料的回收再利用技术

回收利用玻璃包装主要指玻璃瓶的包装回收利用。目前玻璃包装的回收利用主要有四种类型：包装复用、回炉再造、原料回收、转型利用。

常见的玻璃包装瓶（罐）很多，例如日常用到的玻璃包装瓶（罐），有汽水瓶、啤酒瓶、调味品瓶、白酒瓶、食品瓶、药品瓶、化妆品瓶、色酒瓶（如葡萄酒、保健酒等包装瓶）、化工产品瓶（包括化学试剂瓶），所有这些品种的玻璃瓶中，能被回收利用，特别是作包装复用的并不多。

一、废弃玻璃瓶的包装复用

1. 复用方式

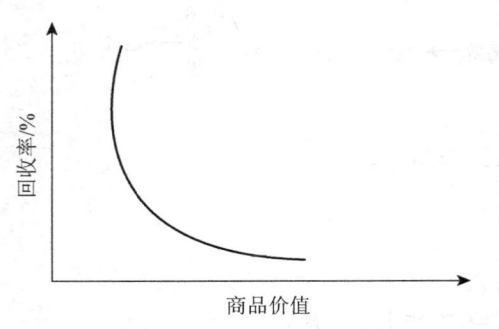

图 11-8　玻璃瓶回收利用率与商品价值的关系曲线

所谓废弃玻璃瓶的包装复用指回收利用后再作包装利用,又可分为同物包装利用和更物包装利用,同物包装利用还包括同品牌和异品牌的包装利用。目前,玻璃瓶包装的回收复用主要为低价值量大的包装瓶,如啤酒瓶、酱油瓶、食醋瓶及部分罐头瓶等;而作为高价值的白酒瓶、药品(医用)瓶、化妆品瓶几乎不进行回收复用,包装回收利用率与商品价值的关系见图11-8。

由图 11-8 看出,价值越高的商品其玻璃瓶回收率越低。

2. 复用方法

复用工艺路线为挑拣分类→清理清洗(水冲)→洗涤剂清洗→水洗→烘干水分→消毒→待用。

挑拣分类指将不同品种类别(相近形状结构瓶)的玻璃瓶按结构形状分类,以便于按用途进行使用。清理指将瓶身上的标贴,特别是塑料标贴标签清除干净,同时还将瓶口损伤、有缺口的瓶清除,以保证在使用中不发生事故。洗涤剂清洗是将瓶中污垢去除,使之更为清洁卫生。消毒工艺是食品包装的必需工艺,医药用品或化妆品更是要求严格消毒。这种复用方法最大的缺点是要消耗大量的水和能源。

二、回炉再造

回炉再造是指将回收的各种包装玻璃瓶用于同类或相近包装瓶的再制造,这实质上是一种为玻璃制造提供半成品原料的回收利用。

即将回收的玻璃瓶,进行初步清理清洗,按色彩分类等预处理;再回炉熔融,用回炉再生的料通过吹制等不同工艺去制造各种玻璃包装瓶。

三、原料回用

原料回用的玻璃瓶指将不能复用的各种玻璃瓶包装废物用作添加原料的利用方法。再生的产品不仅是玻璃包装制品,同时也包括其他建材及日用玻璃制品等。

适量加入碎玻璃有助于玻璃的制造,这是因为碎玻璃与其他原料相比可以在较低温度下熔融。因此回收玻璃瓶需要的热量较少,而且炉体磨损也可减少。研究表明在玻璃制造中,掺入 30% 或更多些的碎裂玻璃是适宜的。目前玻璃容器工业在制造过程中约使用 20% 的碎玻璃,以促进融熔以及与沙子、石灰石和碱等原料的混合,碎玻璃中 75% 来自玻璃容器的生产过程,25% 来自消费后的容器。

将废弃玻璃包装瓶（或碎玻璃料）用于玻璃制品的原料回用，应注意如下问题：

（1）精细挑选去除杂质：在玻璃瓶回收料中去除金属和陶瓷等杂物，特别是用于容器制造更需讲究，这是因为玻璃容器制造中需要使用高纯度的原料，例如在碎玻璃中有金属瓶盖等可能形成干扰熔炉作业的氧化物、陶瓷和其他外来物质，会在容器生产中形成缺陷。

（2）颜色挑选：回收利用时颜色也是个重要问题，这是因为带色玻璃在制造无色火石玻璃时是不能使用的；生产琥珀色玻璃时只允许加入10%的绿色玻璃和/或火石玻璃，因此回收的碎玻璃必须用人或机器进行颜色挑选。碎玻璃不进行颜色挑选直接使用，只能生产浅绿色玻璃容器。

四、转型利用

玻璃瓶包装的转型利用是指将回收的玻璃包装直接加工，转为其他有用材料的方法。利用方法分为两类：一种是非加热型，另一种是加热型。

1. 非加热型

非加热型也称机械型利用，其方法是将回收的玻璃直接粉碎或先经过清洗、分类、干燥等预处理，然后采用机械的方法将它们粉碎成小颗粒，或研磨加工成小玻璃球待用。其利用途径有如下几种：

①将玻璃碎片添入路面材料、建筑用砖、玻璃棉绝缘材料和蜂窝状结构材料；②将粉碎的玻璃直接与建筑材料成分共同搅拌混合，制成整体建筑预制板；③粉碎了的容器玻璃还可以用来制造反光板材料和服装用装饰品；④用于装饰建筑物表面使其具有美丽的光学效果；⑤直接研磨后用于合成工艺美术品或小的装饰品（如纽扣）等；⑥玻璃和塑料废料的混合料可以模铸成合成石板，以及用于生产污水管道。

2. 加热型

加热型利用是将废玻璃捣碎，用高温熔化炉将其熔化后，再用快速拉丝的办法制得玻璃纤维。这种玻璃纤维可广泛用于制作石棉瓦、玻璃缸及各种建材与日用品。

玻璃瓶的生产是耗能最多的包装产品之一，它的回收利用很有价值，玻璃瓶包装的回收循环利用是今后的方向。图11-9为玻璃瓶的回收利用循环图。

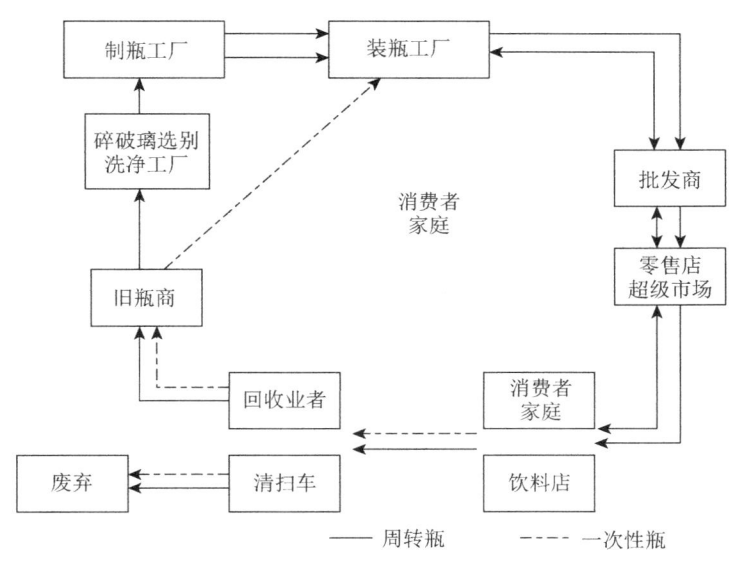

图11-9　玻璃瓶的回收利用循环图

第四节 金属包装材料的回收再利用技术

金属包装制品主要有两大类:一类是小型的易拉罐、罐头盒、点心盒或一些包装油漆、油脂、蜡等的铝、铁罐;另一类就是大不锈钢储罐或盛装罐及工业油或民用食用油的铁桶等。

金属包装的回收利用根据金属包装类别和金属包装材料的性能而有所不同。归纳起来主要有复用、回炉再造、其他利用。图 11-10 和图 11-11 分别是日本铝质饮料罐的生产消费废弃流程和回收利用流程。

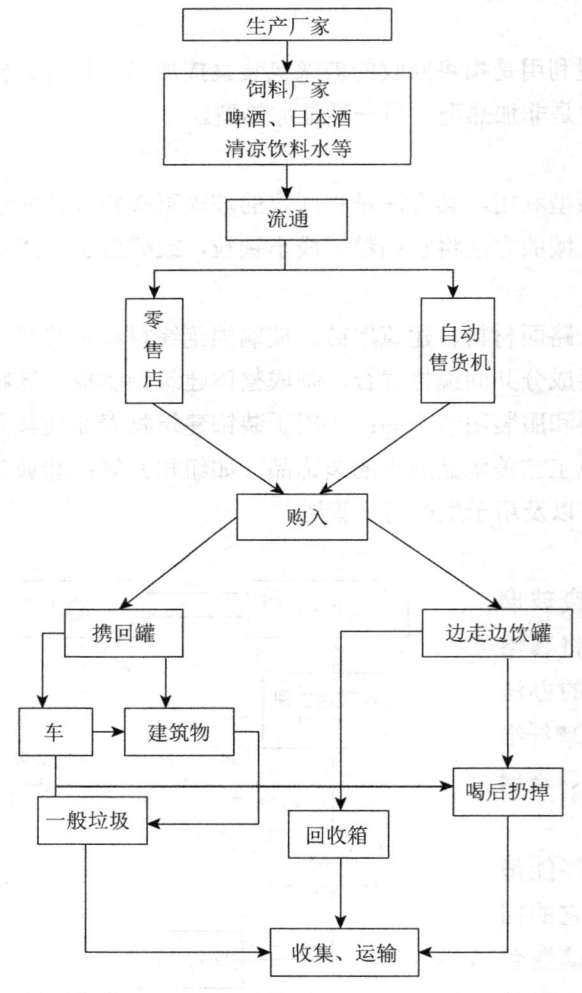

图 11-10 日本铝罐生产消费废弃流程

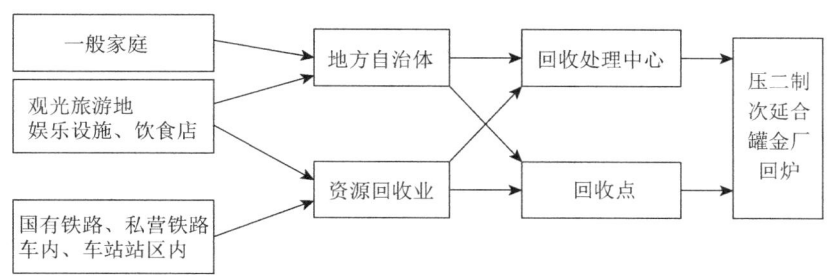

图 11-11　日本铝罐回收利用流程

一、复用

将回收后的金属包装容器重新复用，主要适用于那些大的钢桶包装。复用方法是将各种不同规格、不同用途的储罐先翻修整理，然后洗涤、烘干、喷漆再用。

二、回炉再造

将回收到的废旧空罐、铁盒等分别进行除漆等前期处理，铝罐要进行去铁，然后打包送到冶炼炉里重熔铸锭，轧制成铝材或钢材。

各种金属包装罐的回炉处理都与其原质材料的冶炼熔选方法相同。即铁、铝、钢的回炉重铸与其原始制造一样，只是规模小些而已；依据金属类别不同，分别制得钢条、铝条等。

三、其他利用

①将大型钢桶包装切开整形得到优质钢板；②制作工艺品，如将铝质易拉罐用于制取室内装饰花盆；③将铝质易拉罐剪切后冲裁制成高压锅热熔片等。

参 考 文 献

[1] 曹占芳，钟宏，符剑刚. 有机脲类快速固化环氧粉末涂料的研究 [J]. 广州化学，2006，31（1）：19-23.
[2] 柴福莉，王家俊. 壳聚糖和乳清分离蛋白在食品包装中的应用 [J]. 包装工程，2006，3：37-38.
[3] 常元勋. 环境中有害因素与人体健康 [M]. 北京：化学工业出版社，2004.
[4] 陈全东. 黏合剂在软包装上的应用分析 [J]. 塑料包装，2005，15（4）：37-40.
[5] 陈新，陈洪等. 包装环境生态学 [M]. 长沙：国防科技大学出版社，2002.
[6] 陈蓁蓁，刘勇. 德国包装废弃物的回收和处理 [J]. 城乡建设，2000（11）：42-43.
[7] 程侣柏. 精细化工产品的合成及应用 [M]. 大连：大连理工大学出版社，2004.
[8] 程胜高，罗泽娇，曾克峰. 环境生态学 [M]. 北京：化学工业出版社，2003.
[9] 戴宏民. 绿色包装 [M]. 北京：化学工业出版社，2002.
[10] 戴宏民. 新型绿色包装材料 [M]. 北京：化学工业出版社，2005.
[11] 戴宏民，戴佩燕. 食品包装材料生态化发展下的非石油基降解塑料 [J]. 包装学报，2015，7（1）：1-6.
[12] 戴宏民. 包装与环境 [M]. 北京：印刷工业出版社，2007：106-116.
[13] [佚名]. 国内外可食性与全降解食品包装材料发展现状与趋势 [EB/OL].[2015-05-15].
[14] 段丽艳，王春鹏，储富祥. 纤维素基可生物降解共混高分子材料的制备和性能 [J]. 高分子材料科学与工程，2008，24（9）：32-35.
[15] 陈庆，刘宏. 三大生物降解塑料未来 5 年市场需求预测 [J]. 塑料工业，2010，38（2）：1-3.
[16] 李倩，刘晨光. 纳米技术在食品科学中的应用研究进展 [J]. 中国农业科技导报，2009，11（6）：24-29.
[17] 张宏康，G.S.Mittal. 纳米复合食品包装材料研究进展 [J]. 食品工业，2011（5）：82-84.
[18] 宋贤良，叶盛英，黄苇，等. 纳米 TiO_2/玉米淀粉复合涂膜对圣女果保鲜效果的研究 [J]. 食品科学，2010，31（12）：255-259.
[19] 贾云芝，陈志周，迟建. 纳米 SiO_2 改性玉米淀粉/聚乙烯醇复合薄膜研究 [J]. 中国食品学报，2012，12（1）：59-64.
[20] 戴宏民，戴佩燕. 非石油基食品包装生物降解塑料的研制方法及关键技术 [J]. 包装学报，2015，7（2）：1-4.
[21] 周磊，汤脱险，魏鬼等. 完全生物降解塑料的研究进展 [J]. 安徽农业科学，2012，40（13）：7867-7871.
[22] 宋莉. 长春经开区倾力发展以聚乳酸为主的生物制造产业 [N]. 长春日报，2015-02-12（6）.
[23] [佚名]. 三大生物降解塑料未来 5 年市场需求预测 [EB/OL].[2010-08-04].http://www.gotoread.com/mag/11159/contribution144337.
[24] 闵恩泽，傅军. 绿色化工技术的进展 [J]. 化工进展，1999（3）：5-9，14.
[25] [佚名]. 绿色化学 [EB/OL]. [2015-04-22]. http://baike.haosou.com/doc/5414953-5653095.html.
[26] 戴宏民，戴佩燕. 提高食品包装材料安全性的途径 [J]. 包装学报，2014，6（1）：1-4.
[27] 戴宏民，戴佩燕. 生态包装的发展动态及我国的对策：上 [J]. 中国包装，2014（3）：66-69.
[28] 戴宏民，戴佩燕. 生态包装的基本特征及其材料的发展趋势 [J]. 包装学报，2014，6（3）：1-9.

[29] [佚名]. 美国或禁止食品包装中使用部分化学物质 [EB/OL]. [2014-12-15]. http://www.tech-food.com/news/detail/n1166343.htm.

[30] 戴宏民. 我国包装发展低碳经济的对策 [J]. 中国包装, 2010（8）：7-9.

[31] 戴宏民, 戴佩燕. 绿色包装发展的新趋势 [J]. 包装学报, 2016,（1）.

[32] 李心萍等. 包装减一分, 绿色加一分 [N]. 人民日报, 2021-12-15.

[33] 肖永清. 解读绿色环保包装的材料新趋势 [J]. 印刷质量与标准化, 2015（5）：8-15.

[34] [佚名]. 国家包装印刷业 VOCs 排放标准明年有望出台 [EB/OL]. [2014-12-15]. http://news.pack.cn/show-272445.html

[35] 郭志. 欧盟 EuP 指令电视机生态设计的实施措施解析及应对 [J]. 电器, 2009（9）：62-63.

[36] 汪芳, 张云勇, 房秉义, 等. 物联网、云计算构建智慧城市信息系统 [J]. 移动通信, 2011（15）：49-53.

[37] 任芳. 绿色仓储与配送的新发展 [J]. 物流技术与应用, 2015（4）：55.

[38] 贡祥林, 杨蓉. "云计算"与"云物流"在物流中的应用 [J]. 中国流通经济, 2012（10）：29-33.

[39] 戴宏民. 德国 DSD 系统和循环经济 [J]. 中国包装, 2002（6）：53-55.

[40] 戴宏民, 戴佩华. 绿色包装的评价标准及环境标志 [J]. 包装工程, 2005（5）：13-15.

[41] 戴宏民, 戴佩华. 城市生活垃圾应积极推行垃圾综合管理模式 [J]. 重庆工商大学学报：自然科学版, 2004, 21（4）：105-110.

[42] 邓宝祥, 于瑞香. 环保型水性上光油 [J]. 中国包装, 2005（1）：75-76.

[43] 邓南圣, 王小兵. 生命周期评价 [M]. 北京：化学工业出版社, 2003.

[44] 范军. 电离与非电离辐射对眼部的损害 [J]. 中国眼镜科技杂志, 2005（5）：79-83.

[45] 冯培勇. 水性 UV 油墨固化干燥机理及影响因素 [J]. 印刷世界, 2005（3）：7-9.

[46] 顾红, 祝琳华, 李锡蓉. 从包装材料的使用与回收谈绿色包装 [J]. 包装工程, 2005, 26（3）：215-217.

[47] 郭彩凤, 徐博. 我国包装废弃物回收的现状与策略 [J]. 中国包装, 2004（3）：58-60.

[48] 郭连城, 辛志伟, 张永真, 等. 国外环境标志产品评价方法的研究与发展 [J]. 环境科学动态, 1997（2）：9-12.

[49] 郭新华, 子勇. 大豆复合蛋白膜性能研究 [J]. 包装工程, 2005（1）：62-63.

[50] 管仲连, 涂方祥, 杨琳. 打赢绿色战争 [M]. 北京：化学工业出版社, 2006.

[51] 国家环保总局污染控制司. 城市固体废物管理与处理处置技术 [M]. 北京：中国石化出版社, 2001.

[52] 侯海涛. 新型金属包装环保预涂装涂料 [J]. 四川建材, 2004（6）：2-4.

[53] 环境保护总局环境工作评估中心. 技术导则与标准 [M]. 北京：中国环境科学出版社, 2006.

[54] 蒋绚. 走近电离辐射 [J]. 现代物理知识, 2003, 15（6）11-13.

[55] 金振华, 秦明南. 环保型水性油墨的应用及有关问题 [J]. 湖南包装, 2004（2）：26-28.

[56] 李华玲, 杜秀月, 冉敬文等. 生化需氧量 BOD 测定方法进展 [J]. 盐湖研究, 2005, 13（9）：62-65.

[57] 李振基, 陈小麟, 郑海雷. 生态学 [M]. 北京：科学出版社, 2004.

[58] 李志广, 黄红军, 张敏等. 一种可剥性气相防锈涂料的研制 [J]. 材料保护, 2006, 39（2）：42-44.

[59] 林宣贤. 饮品渗透压的营养学意义及测定方法 [J]. CFI, 1996（8）.

[60] 刘鄂. 电离辐射及其电离辐射环境保护 [J]. 新疆环境保护, 1997, 19（4）：55-61.

[61] 彭国勋. 运输包装 [M]. 北京：印刷工业出版社, 1999.

[62] 彭国勋，许晓光. 包装废弃物的回收 [J]. 包装工程，2005，26（5）：10-13.

[62] 彭国勋，郑安节. 轻型蜂窝纸板的开发 [J]. 包装工程，2005（1）：49-51.

[63] 任文伟，郑师章. 人类生态学 [M]. 北京：中国环境科学出版社，2004.

[64] 任欣，中外环境标志的比较 [J]. 中国环境科学，1999（2），189-192.

[65] 沈春燕. UV 油墨的固化原理 [J]. 丝网印刷，2005（3）：35-37.

[66] 苏晓婷，毛静馥，王永权. 试论噪音对人身心健康的影响 [J]. 中国公共卫生管理，1998，14（2）.

[67] 孙好芬，曾宪杰，毕勇志. BOD_5 测试技术及其影响因素的探讨 [J]. 青岛建筑工程学院学报，2005，26（3）：58-61.

[68] 孙诚. 包装结构设计（第二版）[M]. 北京：中国轻工业出版社，2003.

[69] 邰玉韦. 渗透压辨析 [J]. 中学生物学，2005，21（7）：9-10.

[70] 田子贵，顾玲. 环境影响评估 [M]. 北京：化学工业出版社，2005.

[71] 谭京梅，梁坤，孙可伟. 包装废弃物的处理 [J]. 中国资源综合利用，2003（4）：31-34.

[72] 王灿才. EB 油墨特性与市场前景 [J]. 印刷世界，2005（5）：39-40.

[73] 王寿兵，杨建新，胡聘. 生态标志和产品的生命周期评价 [J]. 上海环境科学，1999（1）：10-12.

[74] 王余良. 包装材料及制品 [M]. 北京：中国轻工业出版社，2005.

[75] 王震，杨凯. 包装废弃物的全过程减量化控制 [J]. 环境导报，2000（1）：4-6.

[76] 吴仁涛，张海霞. VAE 型水性纸塑覆膜胶的应用研究 [J]. 化学与黏合，2005，27（2）：81-84.

[77] 武军. 绿色包装 [M]. 北京：中国轻工业出版社，2001.

[78] 徐新华，吴忠标，陈红. 环境保护与可持续发展 [M]. 北京：化学工业出版社，2000.

[79] 阎素斋，李文信. 特种印刷油墨 [M]. 北京：化学工业出版社，2004.

[80] 杨福馨，侯林清，杨连登. 包装材料的回收利用与城市环境 [M]. 北京：化学工业出版社，2002.

[81] 杨建新，徐成，王如松. 产品生命周期评价方法及应用 [M]. 北京：气象出版社，2002.

[82] 杨秋萍，韩锋. 大豆油墨的研究概况 [J]. 大豆通报，2005（1）：22-23.

[83] 杨玉江，赵由才. 欧盟各国固体废弃物管理模式的分析和比较 [J]. 环境卫生工程，2004，12（3）：141-143.

[84] 杨祖彬，曾莉红. 绿色包装的环境性能及绿色化对策 [J]. 重庆环境科学，2003，25（7）：29-34.

[85] 俞丽珍. 新型铝箔衬纸复合用酪蛋白胶的研制 [J]. 应用化工，2005，34（4）：229-231.

[86] 张合平，刘云国. 环境生态学 [M]. 北京：中国林业出版社，2001.

[87] 张希平，李翠萍. 噪音的危害与控制初探 [J]. 山西护理杂志，1995，9（3）：106-107.

[88] 张筱雷. 建立我国再生资源回收利用体系支持经济可持续发展战略 [J]. 科技与经济，2000，17（6）：57-59.

[89] 赵延伟. 包装废弃物综合治理研究 [J]. 包装工程，2000，21（6）：4-8.

[90] 中华人民共和国商务部. 欧盟商品包装 [M]. 出口商品指南，47-48，82-84.

[91] 周震，武兵. 印刷油墨的配方设计与生产工艺 [M]. 北京：化学工业出版社，2004.

[92] 周中平，赵毅红，朱慎林. 清洁生产工艺及应用实例 [M]. 北京：化学出版社，2002，5：102-115.

[93] 周仲凡，梁占彬，李娜等. 包装废弃物的污染控制 [J]. 中国包装，2000，20（1）：39-41.

[94] 朱梅生. UV 柔性版印刷油墨的应用与推广 [J]. 印刷世界，2005（5）：19-20.

[95] 朱坦，徐鹤，吴婧. 战略环境评估 [M]. 天津：南开大学出版社，2005.

[96] 威廉·拉什杰，库伦·默菲. 垃圾之歌 [M]. 周文萍，连惠幸，译. 北京：中国社会科学出版社，1999.

[97] Frosch R. A. Industrial ecology：philosophical introduction [J]. Proc. National Acad. Sci. USA：1992，89：800-803.

[98] Jens-Chr Sorensen. 2000 年欧洲包装趋势. 1999 国际包装信息大会会刊，1999，92-95.

[99] UNEP. 1996 Environmental Impact Assessment：Issues，Trends and Practice United. Nation Environment Programme. Nairobi.

[100] 戴宏民，戴佩华. 食品包装材料的迁移规律及预防对策 [J]. 包装工程，2012（11）.

[101] 潘幸珍. 复合瓦楞纸板结构性能的研究 [D]. 南京林业大学硕士研究生论文，2015，11，2.

[102] 吴文慧. 关于瓦楞原纸环压强度提高途径的探讨 [J]. 制浆与造纸工艺，2016，47（3）.

[103] 戴宏民. 非石油基降解塑料是食品包装材料生态化的发展趋势 [J]. 包装学报，2015（1）.

[104] 戴宏民，戴佩华，戴佩燕. 绿色包装发展的新趋势 [J]. 包装学报，2016（1）.

[105] 康智勇，杨浩雄. 我国塑料食品包装的安全性分析 [J]. 中国塑料，2018，10.

[106] 张泓，朱蕾，张俭波. 我国食品包装用粘合剂安全风险研究及安全管理建议 [J]. 中国塑料，2017，5.

[107] 年鹤，王晓敏. 瓦楞纸箱生产碳足迹的计算方法与实例分析 [J]. 包装工程，2011，5.

[108] 戴宏民. 我国包装发展低碳经济的对策 [J]. 中国包装，2010，8.

[109] 鲍南. 快递包装"绿色化"就得出点硬招 [N]. 北京晚报，2022-10-19.

[110] [佚名]. 低碳化. [EB/OL]. [2022-11-2].

[111] 王舟晶. 构建我国包装法律法规研究 [D]. 湖南工业大学硕士研究生论文，2018，10，15.

[112] 刘建龙，刘柱. 绿色低碳包装材料应用和发展对策研究 [J]. 包装工程，2015，10.

[113] 曾润. 谈低碳包装设计的循环发展应用之趋势 [J]. 艺术研究 2020，4.

[114] 喻莉，吴茂华. 云计算在促进绿色物流发展中的应用 [J]. 中外企业家，2015（11）：3-4.

[115] 徐红霞. 高强度瓦楞纸板及其生产工艺 [J]. 中华纸业，2014，12.

[116] 戴宏民，戴佩华. 包装管理（第四版）[M]. 北京：印刷工业出版社，2022.

[117] 戴宏民，刘彦容. 基于 Web 的 LCA 数据管理信息系统的研究与开发 [D]. 重庆工商大学 LCA 课题组，2007，6.

[118] 郝倩，苏荣欣等. 食品包装材料中有害物质迁移行为的研究进展 [J]. 食品科学，2014（21）：279-282.

[119] 刘志刚，王志伟. 塑料包装材料化学物向食品迁移的模型研究进展 [J]. 高分子材料科学与工程，2007（5）：19-21.

[120] 程凤林. 塑料包装材料中化学物迁移数学模型研究 [J]. 吉林化工学院学报，2011（7）：77-78.

[121] [佚名]. 《GB 16798—2019 食品机械安全卫生》标准全文及编制说明. [EB/OL]. [2023-5-17].